建筑材料与构造

(第2版)

艾学明 主编
季 翔 主审

东南大学出版社
SOUTHEAST UNIVERSITY PRESS
·南京·

内 容 提 要

本书根据"建筑材料与构造"课程教学标准编写。本书系统性强，设计概念新，在内容的选材上以大量性民用建筑为主，理论与实践相结合，教材和教学相结合，深度上适合本专科层次的教学要求。

本书主要讲述了建筑材料及建筑构造，包括建筑材料的基本性质特征、规格及应用范围，建筑的种类、构造组成及各构配件的构造要求、构造设计方法、构造节点图的绘制等。内容丰富翔实，文字简明扼要，说理清楚透彻。书中含有大量的图表和图例，便于读者学习、查找和参考。

全书共9章，分别是第1章建筑材料基本知识，第2章建筑构造设计概论，第3章地基与基础，第4章墙体构造，第5章楼地层，第6章楼梯与电梯，第7章屋顶构造，第8章门和窗，第9章园林建筑基本构造。

本书可作为专科、应用型本科学校建筑设计技术、园林工程技术、城镇规划、中国古建筑工程等专业的教材，也可作为相关专业工程技术人员的参考用书。

图书在版编目（CIP）数据

建筑材料与构造 / 艾学明主编. —2版. —南京：东南大学出版社，2018.6（2020.8重印）
 ISBN 978-7-5641-7830-7

Ⅰ.①建… Ⅱ.①艾… Ⅲ.①建筑材料－高等职业教育－教材②建筑构造－高等职业教育－教材 Ⅳ.①TU5 ②TU22

中国版本图书馆 CIP 数据核字(2018)第 138338 号

建筑材料与构造（第 2 版）

出版发行	东南大学出版社
出 版 人	江建中
社　　址	南京市四牌楼 2 号
邮　　编	210096
经　　销	全国各地新华书店
印　　刷	常州市武进第三印刷有限公司
开　　本	787 mm×1092 mm　1/16
印　　张	21
字　　数	524 千
版　　次	2018 年 6 月第 2 版
印　　次	2020 年 8 月第 2 次印刷
书　　号	ISBN 978-7-5641-7830-7
印　　数	4001—7000 册
定　　价	49.00 元

* 本社图书若有印装质量问题，请直接与营销部联系，电话：025-83791830。

前　言

"建筑材料与构造"是建筑设计、园林工程等专业掌握技能、走向社会所必修的一门重要职业技术课程,也是高职类院校多个专业的基础平台课,同时更是一门实践性很强的课程,它是从事建筑设计、园林工程等工作的人员所必须掌握的专业理论知识和职业技能。学好本课程对于学生毕业后从事各自的岗位工作提供了重要的知识保障。"建筑材料与构造"课程源于"房屋建筑学"和"建筑构造",但它又不等同于"房屋建筑学"和"建筑构造",其内容主要包括各类工业与民用建筑的类型、材料组成、构造设计以及新型材料的应用等。随着我国建筑业的快速发展,新型节能环保材料不断涌现,新型的建筑材料、装饰材料、园林建筑材料、中国古建筑材料的构造工艺不断更新,这一切都必将反映在"建筑材料与构造"课程内容中。

"建筑材料与构造"是根据高职高专"建筑材料与构造"课程教学标准和高等职业技术教育的特点,结合建筑设计、园林工程、城市规划、中国古建筑等专业高等职业技术应用型人才的要求编写的多专业基础平台课的配套教材。全书是对建筑材料、建筑构造以及园林建筑材料等多门课程的整合,整体以房屋构造的组成为基本构架,将建筑材料的相关内容融入房屋构造的各组成部分中,而园林建筑材料与构造的内容则主要安排在第9章,其他章节略有叙述。全书各部分内容互相照应,紧密联系,以突出材料的技术性能和在房屋构造中的应用,使全书形成一个完整的体系。

为适应新形势发展需要,加快"建筑材料与构造"课程建设步伐,建立健全新的"建筑材料与构造"的理论教学体系和实践教学体系,势在必行。为此,本书在介绍"材料"和"构造"基本知识和基本理论时,以大量节点构造设计为例进行分析。

为了适应高职高专建筑设计技术、园林工程技术、城市规划、中国古建筑等专业人才培养目标的要求,此书编写时着重体现以下特点:

首先,以提高本专业学生的实际工作能力为原则,选择和组织全书的编写内容。

其次,全书重点突出实用性,基本理论则以够用为度,知识交代力求简单明了,直截了当,实现图文简洁、一目了然的宗旨。

最后,本书采用最新的国家标准和规范,以介绍现行的材料和构造为主。

由于本书在选材上以大量性民用建筑为主,将教材和教学有机结合,所以在实际应用中具有较强的可操作性和针对性,在具体的教学过程中,可指导学生多做设计,设计深度以构造方法为主,也可绘制部分节点施工图。由于设计选题不同,各章节、各知识点的内容在讲授时,可以有详有略,也可以根据具体情况,节选部分章节内容进行讲授。

本书由艾学明主编,季翔主审。黄金凤、杨洁、杨宁宁、张晨、朱璐、付迅、鲁安琪等同志,参与了本书资料收集和文字校对工作。

本书在编写过程中参考和引用了一些专家、学者的著作、教材和资料,在此深表谢忱。

由于时间仓促及编者水平有限,书中难免存在错误和不足,恳请广大读者批评指正。

编　者

2018 年 6 月

目 录

1 建筑材料基本知识 ··· 1
  1.1 建筑材料的分类 ··· 1
    1.1.1 按材料的化学成分分类 ·· 1
    1.1.2 按材料的用途分类 ·· 1
  1.2 建筑材料的基本性质 ··· 2
    1.2.1 材料的物理性质 ·· 2
    1.2.2 材料的力学性质 ·· 7
    1.2.3 材料的耐久性 ··· 9
  1.3 常用的建筑材料 ··· 9
    1.3.1 石材 ··· 9
    1.3.2 水泥和其他胶凝材料 ··· 15
    1.3.3 混凝土和砂浆 ··· 25
    1.3.4 砖和其他砌体材料 ··· 34
    1.3.5 钢材和其他金属材料 ··· 38
    1.3.6 木材 ·· 44
    1.3.7 建筑塑料 ·· 49
    1.3.8 防水材料 ·· 54
    1.3.9 绝热与吸声材料 ··· 59
    1.3.10 装饰材料 ·· 62
  复习思考题 ·· 63

2 建筑构造设计概论 ··· 65
  2.1 概述 ··· 65
    2.1.1 建筑构造设计的内容和特点 ·· 65
    2.1.2 建筑构造设计在建筑设计中的作用 ····································· 65
    2.1.3 建筑构造设计在建筑工程实施中的作用 ······························· 65
    2.1.4 建筑构造设计研究的方法 ··· 66
  2.2 建筑构造组成 ·· 66
  2.3 影响建筑构造设计的因素与设计原则 ·· 68
    2.3.1 影响建筑构造设计的因素 ··· 68
    2.3.2 建筑构造设计原则 ·· 68
  2.4 建筑的分类 ·· 69
    2.4.1 按建筑使用功能分类 ··· 69

2.4.2 按建筑规模大小分类 …………………………………………………… 69
 2.4.3 按建筑层数分类 ……………………………………………………… 69
 2.4.4 按承重结构的材料分类 ……………………………………………… 69
 2.4.5 按建筑结构形式分类 ………………………………………………… 70
 2.4.6 按建筑的耐火等级分类 ……………………………………………… 71
 2.4.7 按建筑耐久年限分类 ………………………………………………… 72
2.5 建筑模数协调统一标准 ……………………………………………………… 73
 2.5.1 建筑模数 ……………………………………………………………… 73
 2.5.2 预制构件的三种尺寸 ………………………………………………… 75
 2.5.3 标注定位轴线 ………………………………………………………… 75
 2.5.4 定位轴线的编号 ……………………………………………………… 78
2.6 确定建筑物的级别 …………………………………………………………… 80
 2.6.1 民用建筑等级 ………………………………………………………… 80
 2.6.2 地震知识 ……………………………………………………………… 81
 能力训练 ………………………………………………………………………… 83
 复习思考题 ……………………………………………………………………… 85

3 地基与基础 …………………………………………………………………… 86
3.1 地基 …………………………………………………………………………… 86
 3.1.1 天然地基 ……………………………………………………………… 86
 3.1.2 人工地基 ……………………………………………………………… 87
3.2 基础的类型与埋深 …………………………………………………………… 89
 3.2.1 基础的类型 …………………………………………………………… 89
 3.2.2 基础的埋置深度 ……………………………………………………… 92
3.3 常用刚性基础构造 …………………………………………………………… 93
 3.3.1 砖基础 ………………………………………………………………… 93
 3.3.2 石基础 ………………………………………………………………… 94
 3.3.3 混凝土及毛石混凝土基础 …………………………………………… 94
3.4 桩基础 ………………………………………………………………………… 95
3.5 地基沉降与基础沉降缝构造 ………………………………………………… 96
 3.5.1 地基沉降 ……………………………………………………………… 96
 3.5.2 基础沉降缝构造 ……………………………………………………… 97
 复习思考题 ……………………………………………………………………… 97

4 墙体构造 ……………………………………………………………………… 98
4.1 墙体的类型及设计要求 ……………………………………………………… 98
 4.1.1 墙体的类型 …………………………………………………………… 98
 4.1.2 墙体的设计要求 ……………………………………………………… 101
4.2 块材墙构造 …………………………………………………………………… 107

  4.2.1 墙体材料 …………………………………………………………… 107
  4.2.2 墙体的组砌方式 …………………………………………………… 110
  4.2.3 墙体的尺寸 ………………………………………………………… 112
  4.2.4 墙身的细部构造 …………………………………………………… 113
 4.3 隔墙构造 ………………………………………………………………… 126
  4.3.1 块材隔墙 …………………………………………………………… 126
  4.3.2 轻骨架隔墙 ………………………………………………………… 127
  4.3.3 板材隔墙 …………………………………………………………… 130
  4.3.4 隔断 ………………………………………………………………… 132
 4.4 墙体饰面装修 …………………………………………………………… 136
  4.4.1 抹灰类墙面装修 …………………………………………………… 136
  4.4.2 涂料类墙面装修 …………………………………………………… 138
  4.4.3 陶瓷贴面类墙面装修 ……………………………………………… 140
  4.4.4 石材贴面类墙面装修 ……………………………………………… 141
  4.4.5 清水砖墙饰面装修 ………………………………………………… 142
  4.4.6 特殊部位的墙面装修 ……………………………………………… 143
 能力训练 ……………………………………………………………………… 144
 复习思考题 …………………………………………………………………… 144

5 楼地层 …………………………………………………………………………… 145
 5.1 楼板的类型及设计要求 ………………………………………………… 145
  5.1.1 楼板层的基本组成及设计要求 …………………………………… 145
  5.1.2 楼板的类型及选用 ………………………………………………… 148
 5.2 钢筋混凝土楼板 ………………………………………………………… 148
  5.2.1 装配式钢筋混凝土楼板 …………………………………………… 149
  5.2.2 现浇式钢筋混凝土楼板 …………………………………………… 150
  5.2.3 装配整体式钢筋混凝土楼板 ……………………………………… 152
 5.3 地坪层构造 ……………………………………………………………… 152
  5.3.1 素土夯实层 ………………………………………………………… 153
  5.3.2 垫层 ………………………………………………………………… 153
  5.3.3 面层 ………………………………………………………………… 153
 5.4 楼地面装修 ……………………………………………………………… 153
  5.4.1 整体地面 …………………………………………………………… 153
  5.4.2 块料地面 …………………………………………………………… 154
  5.4.3 塑料地面 …………………………………………………………… 156
  5.4.4 地面变形缝 ………………………………………………………… 158
  5.4.5 顶棚装修 …………………………………………………………… 158
 5.5 阳台及雨篷 ……………………………………………………………… 159
  5.5.1 阳台的类型、组成及要求 ………………………………………… 160

  5.5.2 阳台承重结构的布置 …………………………………………… 161
  5.5.3 阳台栏杆 …………………………………………………………… 162
  5.5.4 雨篷 ………………………………………………………………… 166
 复习思考题 ………………………………………………………………………… 168

6 楼梯与电梯 ………………………………………………………………………… 169
6.1 楼梯的形式与尺度 ………………………………………………………… 169
  6.1.1 楼梯的组成 ……………………………………………………… 169
  6.1.2 楼梯形式 ………………………………………………………… 170
  6.1.3 楼梯尺度 ………………………………………………………… 172
6.2 钢筋混凝土楼梯构造 ……………………………………………………… 177
  6.2.1 预制装配式钢筋混凝土楼梯基本形式 ………………………… 177
  6.2.2 预制装配梁承式楼梯构件 ……………………………………… 179
  6.2.3 梯段与平台梁节点处理 ………………………………………… 181
  6.2.4 构件连接 ………………………………………………………… 182
  6.2.5 现浇整体式钢筋混凝土楼梯构造 ……………………………… 182
6.3 踏步和栏杆扶手构造 ……………………………………………………… 186
  6.3.1 踏步面层及防滑处理 …………………………………………… 186
  6.3.2 栏杆与扶手构造 ………………………………………………… 187
6.4 室外台阶与坡道 …………………………………………………………… 191
  6.4.1 台阶尺度 ………………………………………………………… 191
  6.4.2 台阶面层 ………………………………………………………… 191
  6.4.3 台阶垫层 ………………………………………………………… 191
  6.4.4 坡道 ……………………………………………………………… 195
6.5 电梯与自动扶梯 …………………………………………………………… 196
  6.5.1 电梯 ……………………………………………………………… 196
  6.5.2 自动扶梯 ………………………………………………………… 198
 能力训练 …………………………………………………………………………… 199
 复习思考题 ………………………………………………………………………… 200

7 屋顶构造 …………………………………………………………………………… 201
7.1 屋顶的形式与设计要求 …………………………………………………… 201
  7.1.1 屋顶的形式 ……………………………………………………… 201
  7.1.2 屋顶的设计要求 ………………………………………………… 203
7.2 屋顶的排水 ………………………………………………………………… 205
  7.2.1 排水坡度 ………………………………………………………… 205
  7.2.2 屋顶排水方式 …………………………………………………… 207
  7.2.3 有组织排水常用方案 …………………………………………… 208
7.3 平屋顶构造 ………………………………………………………………… 211

  7.3.1 平屋顶的组成与构造层次 ………………………………………………… 211
  7.3.2 平屋面的设计 …………………………………………………………… 214
  7.3.3 细部构造 ………………………………………………………………… 217
 7.4 坡屋顶构造 …………………………………………………………………… 225
  7.4.1 坡屋顶的构造组成 ……………………………………………………… 225
  7.4.2 坡屋顶的支承结构 ……………………………………………………… 227
  7.4.3 坡屋顶的屋面构造 ……………………………………………………… 230
  7.4.4 坡屋顶的细部构造 ……………………………………………………… 236
 7.5 屋顶的保温和隔热 …………………………………………………………… 241
  7.5.1 屋顶保温 ………………………………………………………………… 241
  7.5.2 屋顶隔热 ………………………………………………………………… 243
 复习思考题 ………………………………………………………………………… 248

8 门和窗 ……………………………………………………………………………… 250
 8.1 门窗的形式与尺度 …………………………………………………………… 250
  8.1.1 门的形式与尺度 ………………………………………………………… 250
  8.1.2 窗的形式与尺度 ………………………………………………………… 253
 8.2 木门构造 ……………………………………………………………………… 254
  8.2.1 平开门的组成 …………………………………………………………… 254
  8.2.2 门框 ……………………………………………………………………… 255
  8.2.3 门扇 ……………………………………………………………………… 257
  8.2.4 成品装饰木门窗 ………………………………………………………… 258
 8.3 铝合金及彩板门窗 …………………………………………………………… 258
  8.3.1 铝合金门窗 ……………………………………………………………… 258
  8.3.2 彩板门窗 ………………………………………………………………… 263
 8.4 塑料门窗 ……………………………………………………………………… 263
  8.4.1 塑料门窗类型 …………………………………………………………… 264
  8.4.2 设计选用要点 …………………………………………………………… 264
  8.4.3 塑料门窗安装 …………………………………………………………… 264
 8.5 遮阳 …………………………………………………………………………… 265
  8.5.1 遮阳的类型 ……………………………………………………………… 265
  8.5.2 门窗遮阳系数 …………………………………………………………… 266
 复习思考题 ………………………………………………………………………… 267

9 园林建筑基本构造 ………………………………………………………………… 268
 9.1 景墙 …………………………………………………………………………… 268
  9.1.1 墙基础 …………………………………………………………………… 268
  9.1.2 墙体 ……………………………………………………………………… 269
  9.1.3 顶饰 ……………………………………………………………………… 270

9.1.4 墙面饰 …… 272
9.1.5 墙洞口装饰 …… 273
9.1.6 墙身变形缝 …… 275
9.2 园路与铺地 …… 276
9.2.1 园路 …… 276
9.2.2 铺地 …… 284
9.3 梯道与楼梯 …… 284
9.3.1 梯道与楼梯的基本要求 …… 284
9.3.2 梯道的构造 …… 285
9.3.3 园梯 …… 285
9.3.4 滑梯 …… 286
9.4 花架 …… 287
9.4.1 花架的类型 …… 287
9.4.2 花架的体量尺度 …… 288
9.4.3 花架的构造做法 …… 288
9.4.4 木坐凳的构造 …… 289
9.5 廊与亭 …… 290
9.5.1 廊的一般构造要求 …… 290
9.5.2 廊的类型 …… 291
9.5.3 廊的结构实例 …… 292
9.5.4 亭的基本构造知识 …… 293
9.5.5 传统亭的构造实例 …… 296
9.5.6 现代亭的构造实例 …… 302
9.6 石景与水景 …… 305
9.6.1 园林石材 …… 305
9.6.2 置石 …… 306
9.6.3 假山 …… 308
9.6.4 护坡、驳岸与挡土墙 …… 312
9.6.5 动水致景的构造 …… 317
能力训练 …… 320
复习思考题 …… 321

主要参考文献 …… 323

1 建筑材料基本知识

1.1 建筑材料的分类

建筑物和构筑物所用的材料及制品统称为建筑材料,它是一切建筑工程的物质基础。建筑材料的分类方法通常有两种,一是按材料的化学成分分类,二是按材料的用途分类。

1.1.1 按材料的化学成分分类

按材料的化学成分,建筑材料可分为无机材料、有机材料和复合材料三大类。其中无机材料又可分为金属材料与非金属材料两类。复合材料是指由两种或两种以上的材料,组合成为一种具有新的性能的材料。复合材料往往具有多种功能,因此,它是现代材料的发展方向。

建筑材料的具体分类见表 1-1。

表 1-1 建筑材料按化学成分分类

无机材料	金属材料	黑色金属(主要为 Fe 元素)	如:钢、铁等
		有色金属	如:铝、铜、锌、铅及其合金
	非金属材料	天然材料	如:砂、黏土、石子、大理石、花岗岩等
		烧土制品	如:砖、瓦、玻璃、陶瓷等
		胶凝材料	如:石灰、石膏、水泥、水玻璃等
		保温材料	如:石棉、矿物棉、膨胀蛭石等
		混凝土及硅酸盐制品	如:混凝土、砂浆、硅酸盐制品等
有机材料		天然材料	如:木材、竹材、植物纤维等
		胶凝材料	如:沥青、合成树脂等
		保温材料	如:软木板、毛毡等
		高分子材料	如:塑料、涂料、合成橡胶等
复合材料		金属材料与非金属材料复合	如:钢筋混凝土、钢纤维增强混凝土等
		有机材料与无机材料复合	如:聚合物混凝土、玻璃纤维增强塑料等
		金属材料与有机材料复合	如:轻质金属夹芯板、铝塑板等

1.1.2 按材料的用途分类

建筑材料按其用途可分为结构材料与功能材料两大类。

结构材料指用作承重构件的材料,承重构件梁、板、柱所用的材料,如砖、石材、砌块、钢材、混凝土等都是结构材料。

功能材料指所用材料在建筑上具有某些特殊功能,如防水、装饰、隔热等功能。常见的有：

(1) 防水材料：沥青、塑料、橡胶等。

(2) 饰面材料：墙面砖、石材、彩钢板、彩色混凝土等。

(3) 吸声材料：多孔石膏板、塑料吸声板、膨胀珍珠岩等。

(4) 绝热材料：塑料、橡胶、泡沫混凝土等。

(5) 卫生工程材料：金属管道、塑料、陶瓷等。

无论是什么类型的材料，都有一个标准。建筑材料标准，是企业生产的产品质量是否合格的技术依据，也是供需双方对产品质量进行验收的依据。按标准合理地选用材料，能使结构设计、施工工艺相应标准化，可加快施工进度，使材料在工程实践中具有最佳的经济效益。我国目前常用的标准有以下三大类：

国家标准。有强制性标准（代号 GB）、推荐性标准（代号 GB/T）。

行业标准。如住房和城乡建设部行业标准（代号 JGJ），国家建材工业行业标准（代号 JC），冶金工业行业标准（代号 YB），交通运输部行业标准（代号 JT），水电行业标准（代号 SD）等。

地方标准（代号 DBJ）和企业标准（代号 QB）。

标准的表示方法为：标准名称—部门代号—编号—批准年份。

例如：国家标准《硅酸盐水泥、普通硅酸盐水泥》(GB 175—1999)。

1.2 建筑材料的基本性质

建筑材料的基本性质是指材料处于不同的使用条件和使用环境时，通常必须考虑的最基本的、共有的性质。因为建筑材料所处工程的部位不同，使用环境不同，人们对材料的使用功能要求不同，要求的作用就不同，要求的性质也就有所不同。

1.2.1 材料的物理性质

1) 材料与质量有关的性质

(1) 材料的密度，是指材料在绝对密实状态下单位体积的质量，按下式计算：

$$\rho = m/V \tag{1-1}$$

式中：ρ——密度（g/cm^3 或 kg/m^3）；

m——材料的质量（g 或 kg）；

V——材料的绝对密实体积（cm^3 或 m^3）。

材料在绝对密实状态下的体积，是指不包含材料内部孔隙的实体积。在建筑工程材料中，除了钢材、玻璃、沥青等少数接近于绝对密实的材料外，绝大多数材料都含有一定的孔隙。在测定有孔隙材料的密度时，应先把材料磨成细粉，烘干至恒定质量以排除内部孔隙，然后用李氏瓶（密度瓶）测得其实体积，再用式（1-1）计算得到密度值。

(2) 材料的表观密度，是指材料在自然状态下单位体积的质量。按下式计算：

$$\rho_0 = m/V_0 \tag{1-2}$$

式中：ρ_0——材料的表观密度（g/cm^3 或 kg/m^3）；

m——材料的质量（g 或 kg）；

V_0——材料的表观体积（cm³ 或 m³）。

材料在自然状态下的体积，是指包括实体积和孔隙体积在内的体积。对于形状规则的材料，直接测量体积；对于形状不规则的材料，可用蜡封法封闭孔隙，然后再用排液法测量体积；对于混凝土用的砂石骨料，直接用排液法测量体积，此时的体积是实体积和闭口孔隙体积之和，即不包括与外界连通的开口孔隙体积。由于砂石比较密实，孔隙很少，开口孔隙体积更少，所以用排液法测得的密度也称为表观密度。

材料内常含有水分，材料的质量会随其含水率的变化而变化，因此测定表观密度时应注明其含水状态。材料的表观密度大小取决于材料的密度、孔隙率、孔隙构造和其含水情况。

（3）材料的堆积密度，是指粉状或粒状的散粒材料，在堆积状态下单位体积的质量。按下式计算：

$$\rho'_0 = m/V'_0 \tag{1-3}$$

式中：ρ'_0——材料的堆积密度（g/cm³ 或 kg/m³）；

m——材料的质量（g 或 kg）；

V'_0——材料的堆积体积（cm³ 或 m³）。

粉状或粒状材料的质量是指填充在一定容器内的材料质量，其堆积体积是指所用容器的容积而言。因此，材料的堆积体积包含了颗粒之间的空隙，即材料的堆积密度通常是指材料在气干状态下的堆积密度，它同时取决于材料颗粒的表观密度、颗粒堆积的密实程度和材料的含水状态。特别是在园林建筑工程中，计算材料用量、构件的自重、配料计算以及确定堆放空间时经常要用到材料密度、表观密度和堆积密度等数据。

常用的建筑材料密度、表观密度、堆积密度见表 1-2。

表 1-2　常用的建筑材料密度、表观密度、堆积密度、孔隙率

材料名称	密度（g/cm³）	表观密度（kg/m³）	堆积密度（kg/m³）	孔隙率（%）
钢　材	7.85	7 850	—	—
花岗岩	2.6～2.9	2 500～2 850	—	0～0.3
石灰石	2.6～2.8	2 000～2 600	—	0.5～3.0
碎石或卵石	2.6～2.9	—	1 400～1 700	—
普通砂	2.6～2.8	—	1 450～1 700	—
烧结黏土砖	2.5～2.7	1 500～1 800	—	20～40
水　泥	3.0～3.2	—	1 300～1 700	—
普通混凝土	—	2 100～2 600	—	5～20
沥青混凝土	—	2 300～2 400	—	2～4
木　材	1.55	400～800	—	55～75

（4）材料的密实度，是指材料体积内被固体物质充实的程度。用 $D = V/V_0 = \rho_0/\rho$ 表示。

对于绝对密实材料，因 $\rho_0 = \rho$，因此密实度 $D=1$ 或 $D=100\%$。对于大多数建筑材料，因 $\rho_0 < \rho$，因此密实度 $D<1$ 或 $D<100\%$。

（5）材料的孔隙率，是指材料内部孔隙的体积占材料总体积的百分率。用 $P=1-D$ 表

示。D 为材料的密实度。

密实度和孔隙率是从不同的两个方面反映材料的同一性质,对同一材料,其 $D+P=1$。

材料的许多性质(如强度、吸湿性、抗冻性、吸声性等)均与孔隙率的大小密切相关,同时还与孔隙的构造特征有关。孔隙特征是指孔隙的形状、大小和分布状态。在工程实践中,经常通过控制材料的孔隙率和孔隙特征来改善材料的某些性能。

几种常用的建筑材料孔隙率见表 1-2。

(6) 材料的填充率和空隙率,填充率是指散粒材料在其堆积体积中,被颗粒实体体积填充的程度;空隙率是指散粒材料在其堆积体积中,颗粒之间的空隙体积所占的比例。

空隙率的大小反映了散粒材料的颗粒相互填充的致密程度。空隙率可作为控制混凝土骨料级配与计算含砂率的依据。

2) 材料与水有关的性质

(1) 亲水性与憎水性

与水接触时,有些材料能被水润湿,而有些材料则不能被水润湿,对这两种现象来说,前者为亲水性,后者为憎水性。具有亲水性的材料称为亲水性材料,否则称为憎水性材料。

材料具有亲水性或憎水性的根本原因在于材料的分子结构。亲水性材料与水分子之间的分子亲和力,大于水分子本身之间的内聚力;反之,憎水性材料与水分子之间的亲和力,小于水分子本身之间的内聚力。

在工程实践中,材料是亲水性或憎水性,通常以润湿角的大小划分,润湿角为在材料、水和空气的交点处,沿水滴表面的切线与水和固体接触面所成的夹角。其中润湿角 θ 愈小,表明材料愈易被水润湿。当材料的润湿角 $\theta<90°$ 时,为亲水性材料,如木材、砖、混凝土、石等;当材料的润湿角 $\theta>90°$ 时,为憎水性材料,如沥青、石蜡、塑料等。水在亲水性材料表面可以铺展开,且能通过毛细管作用自动将水吸入材料内部;水在憎水性材料表面不仅不能铺展开,而且水分不能渗入材料的毛细管中,如图 1-1 所示。憎水性材料具有较好的防水性与防潮性,常用作防水材料,也可用于亲水性材料的表面处理,以减少吸水率,提高抗渗性。

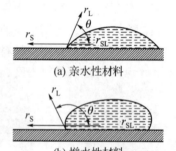

图 1-1 材料湿润示意图

(2) 吸水性

材料在水中吸收水分的性质,称为材料的吸水性。吸水性的大小以吸水率来表示,吸水率常有质量吸水率与体积吸水率两种表示方法:

① 质量吸水率,是指材料在吸水饱和状态下,所吸水量占材料在干燥状态下的质量百分率。

② 体积吸水率,是指材料在吸水饱和时,所吸水的体积占材料自然体积的百分率。

材料的吸水率与其孔隙率有关,更与其孔隙特征有关。因为水分是通过材料的开口孔吸入并经过连通孔渗入内部的。材料内与外界连通的细微孔隙愈多,其吸水性就愈强;闭口孔隙,水分不易进入;开口的粗大孔隙,水分容易进入,但不能存留,故吸水性较小。各种材料的吸水率差别很大,如花岗石等致密岩石的质量吸水率仅为 0.2%~0.7%,不同混凝土的质量吸水率为 2%~3%,烧结普通黏土砖的质量吸水率为 8%~20%,木材或其他一些轻质材料的质量吸水率常大于 100%。

材料的吸水性会对其性质产生不利影响。如材料吸水后,其质量增加,体积膨胀,导热性增大,强度与耐久性下降。

(3) 吸湿性

材料的吸湿性是指材料在潮湿空气中吸收水分的性质。干燥的材料处在较潮湿的空气中时,便会吸收空气中的水分;而当较潮湿的材料处在较干燥的空气中时,便会向空气中放出水分。前者是材料的吸湿过程,后者是材料的干燥过程。由此可见,在空气中,某一材料的含水多少是随空气的湿度变化的。

材料在任一条件下含水的多少称为材料的含水率,其计算公式为:

$$W_h = (m_s - m_g)/m_g \times 100\% \tag{1-4}$$

式中:W_h——材料的含水率(%);

m_s——材料吸湿状态下的质量(g 或 kg);

m_g——材料在干燥状态下的质量(g 或 kg)。

材料的含水率受所处环境中空气湿度的影响。当空气中的湿度在较长时间内稳定时,材料的吸湿和干燥过程处于平衡状态,此时材料的含水率保持不变,其含水率叫做材料的平衡含水率。

(4) 耐水性

材料的耐水性是指材料长期在饱和水的作用下而不破坏,强度也不显著降低的性质。衡量材料耐水性的指标是材料的软化系数(K_p)。软化系数反映了材料饱水后强度降低的程度,是材料吸水后性质变化的重要特征之一。一般材料吸水后,水分会分散在材料内微粒的表面,削弱其内部结合力,强度则有不同程度的降低。当材料内含有可溶性物质时(如石膏、石灰等),吸入的水还可能溶解部分物质,造成强度的严重降低。材料耐水性限制了材料的使用环境,软化系数小的材料耐水性差,其使用环境尤其受到限制。软化系数的波动范围在 0~1 之间。工程实践中通常将软化系数 $K_p > 0.85$ 的材料称为耐水性材料,可以用于水中或潮湿环境中的重要工程。用于一般受潮较轻或次要的工程部位时,材料软化系数 K_p 也不得小于 0.75。

(5) 材料的抗渗性

抗渗性是指材料在压力水作用下抵抗水渗透的性能。建筑工程中许多材料常含有孔隙、孔洞或其他缺陷,当材料两侧的水压差较高时,水可能从高压侧通过内部的孔隙、孔洞或其他缺陷渗透到低压侧。这种压力水的渗透,不仅会影响工程的使用,而且渗入的水还会带入能腐蚀材料的介质,或将材料内的某些成分带出,造成材料的破坏。

材料的抗渗性不仅与材料本身的亲水性和憎水性有关,还与材料的孔隙率和孔隙特征有关。材料的孔隙率越小且封闭孔隙越多,其抗渗性越强。经常受压力水作用的建筑工程和园林室外工程等,应选用具有一定抗渗性的材料。而任何部位采用的防水材料也应具有不透水性。

(6) 抗冻性

材料吸水后,在负温作用条件下,水在材料毛细孔内冻结成冰,体积膨胀所产生的冻胀压力造成材料的内应力,会使材料遭到局部破坏,例如表面出现剥落、裂纹,产生质量损失和强度降低。随着冻融循环的反复,材料的破坏作用逐步加剧,这种破坏称为冻融破坏。

抗冻性是指材料在吸水饱和状态下,能经受反复冻融循环作用而不破坏,强度也不显著降低的性能。

抗冻性以试件在冻融后的质量损失、外形变化或强度降低不超过一定限度时所能经受的冻融循环次数来表示,或称为抗冻等级。

材料的抗冻等级可分为 F_{15}、F_{25}、F_{50}、F_{100}、F_{200} 等,分别表示此材料可承受 15、25、50、100、200 次的冻融循环。材料的抗冻性与其内孔隙构造特征、材料强度、耐水性和吸水饱和程度等因数有关。抗冻性良好的材料,对于抵抗温度变化、干湿交替等破坏作用的能力也较强。所以,抗冻性常作为评价材料耐久性的一个指标。

3) 材料与热有关的性质

(1) 导热性

当材料两面存在温度差时,热量从材料一面通过材料传导至另一面的性质,称为材料的导热性。导热性用导热系数 λ 表示。导热系数的定义和计算式如下所示:

$$\lambda = Qd/[FZ(t_1 - t_2)] \qquad (1-5)$$

式中:λ——导热系数[W/(m·K)];

　　　Q——传导的热量(J);

　　　F——热传导面积(m²);

　　　Z——热传导时间(s);

　　　d——材料厚度(m);

　　　$(t_1 - t_2)$——材料两侧温度差(K)。

在物理意义上,导热系数为单位厚度(1 m)的材料、两面温度差为 1 K 时,在单位时间(1 s)内通过单位面积(1 m²)的热量。

导热系数是评定材料保温隔热性能的重要指标,导热系数小,其保温隔热性能好。材料的导热系数主要取决于材料的组成与结构。一般来说,金属材料的导热系数大,无机非金属材料导热系数适中,有机材料导热系数最小。例如,铁的导热系数比石灰大,大理石的导热系数比塑料大,水晶的导热系数比玻璃大。孔隙率大且为闭口微孔的材料导热系数小。此外,材料的导热系数还与其含水率有关,含水率增大,其导热系数明显增大。

(2) 热容量

材料在受热时吸收热量,冷却时放出热量的性质称为材料的热容量。单位质量材料温度升高或降低 1 K 所吸收或放出的热量称为热容量系数或比热。比热的计算式如下所示:

$$c = Q/[m(t_1 - t_2)] \qquad (1-6)$$

式中:c——材料的比热[J/(g·K)];

　　　Q——材料吸收或放出的热量(J);

　　　m——材料质量(g);

　　　$(t_1 - t_2)$——材料受热或冷却前后的温差(K)。

当对建筑物或构筑物进行热工性能计算时,需了解材料的导热系数和比热。几种常用材料导热系数和比热参见表 1-3。

表 1-3　几种常用材料导热系数和比热

材料名称	导热系数 λ [W/(m·K)]	比热 c [J/(g·K)]	材料名称	导热系数 λ [W/(m·K)]	比热 c [J/(g·K)]
钢材	55	0.46	隔热纤维板	0.05	1.46
花岗岩	2.9	0.8	玻璃棉板	0.04	0.88
普通黏土砖	1.8	0.88	泡沫塑料	0.03	1.3
普通混凝土	0.55	0.84	密闭空气	0.025	1.0
松木	0.15	1.63	水	0.6	4.19

（3）耐燃性和耐火性

耐燃性是指材料在火焰或高温作用下可否燃烧的性质。

按照遇火时的反应将材料分为非燃烧材料、难燃烧材料和燃烧材料三类。

① 非燃烧材料。在空气中受到火烧或高温作用时，不起火、不碳化、不微烧的材料，称为非燃烧材料，如：砖、混凝土、砂浆、金属材料和天然或人工的无机矿物材料等。

② 难燃烧材料。在空气中受到火烧或高温作用时，难起火、难碳化，离开火源后燃烧或微烧立即停止的材料，称为难燃烧材料，如石膏板、水泥石棉板、水泥刨花板等。

③ 燃烧材料。在空气中受到火烧或高温作用时，立即起火或燃烧，离开火源后继续燃烧或微燃的材料，称为燃烧材料，如胶合板、纤维板、木材、织物等。

耐火性是指材料在火焰或高温作用下，保持其不破坏、性能不明显下降的能力。用其耐火时间(h)来表示，称为耐火极限。通常耐燃的材料不一定耐火（如，钢筋），耐火的材料一般耐燃。

1.2.2　材料的力学性质

1）材料的强度与强度等级

（1）材料强度

材料的强度是材料在应力作用下抵抗破坏的能力。通常情况下，材料内部的应力多由外力（或荷载）作用而引起，随着外力增加，应力也随之增大，直至应力超过材料内部质点所能抵抗的极限，即强度极限，材料发生破坏。

在工程实践中，通常采用破坏试验法对材料的强度进行实测。将预先制作的试件放置在材料试验机上，施加外力（荷载）直至破坏，根据试件尺寸和破坏时的荷载值，计算材料的强度。

根据外力作用方式的不同，材料强度有抗拉、抗压、抗剪强度等，其计算式如下所示：

$$f = F_{max}/A \tag{1-7}$$

式中：f——材料强度(MPa)；

F_{max}——材料破坏时的最大荷载(N)；

A——试件受力面积(mm^2)。

材料的抗弯强度与受力状态、截面形状有关，不同种类的材料其强度不同，同种材料其强度随孔隙率及宏观构造特征的不同也有很大差异。一般来说，材料的孔隙率越大，其强度越低。此外，所测量的材料强度值还与试验时材料的形状、尺寸、表面状态、含水率及试验时的加荷速度等有关。因此，测定材料强度时，应严格按国家标准规定的方法进行。

(2) 强度等级

强度等级是指按照材料相应的强度值的不同,将其划分成若干个不同的强度级别。脆性材料(水泥、混凝土、砖、砂浆)主要以抗压强度来划分等级,而塑性材料(钢筋)主要以抗拉强度来划分等级。抗压强度等级符号均由表示材料品种的相应字母和相应的等级强度值两部分组成。例如,M5 表示砂浆的强度等级为 5 MPa;C20 表示混凝土的强度等级为 20 MPa;Mu7.5 表示砖的强度等级为 7.5 MPa。

(3) 比强度

比强度是指材料强度与其表观密度之比。它是衡量材料轻质高强性能的一项重要指标。普通混凝土、低碳钢、松木(顺纹)的比强度分别为 0.012、0.053、0.069。比强度越大,则材料越轻质高强。选用比强度大的材料或提高材料的比强度,对减轻结构自重、降低工程造价等具有重大意义。

2) 材料的弹性和塑性

材料在外力作用下产生变形,当外力取消后能够完全恢复原来形状的性质称为弹性。这种完全恢复的变形称为弹性变形(或瞬时变形)。

材料在外力作用下产生变形,如果外力取消后,仍能保持变形后的形状和尺寸,并且不产生裂缝的性质称为塑性。这种不能恢复的变形称为塑性变形(或永久变形)。

实际上,完全的弹性或塑性材料是不存在的。一部分材料在受力不大的情况下,只产生弹性变形,当外力超过一定限度后,便产生塑性变形,如低碳钢。有的材料如混凝土在受力时,弹性变形与塑性变形同时产生,当外力取消后,弹性变形消失,而塑性变形不能消失。

3) 材料的脆性和韧性

(1) 脆性

材料受力达到一定程度时,突然发生破坏,并无明显的变形,材料的这种性质称为脆性。大部分无机非金属材料均属脆性材料,如天然石材、烧结普通砖、陶瓷、玻璃、普通混凝土、砂浆等。脆性材料的特点是塑性变形很小,抵抗冲击、振动荷载的能力差,抗压强度高而抗拉、抗折强度低。在工程实践中使用时,应注意发挥这类材料的特性。

(2) 韧性

材料在冲击或动力荷载作用下,能吸收较大能量而不破坏的性能,称为韧性或冲击韧性。韧性以试件破坏时单位面积所消耗的功表示。韧性材料的特点是塑性变形大,抗拉、抗压强度较高。建筑钢材、木材、橡胶等属于韧性材料。对于承受冲击振动荷载的路面、桥梁等结构,应选用具有较高韧性的材料。

4) 硬度和耐磨性

(1) 硬度

材料的硬度是指材料表面的坚硬程度,是抵抗其他硬物刻划、压入其表面的能力。通常用刻划法、回弹法和压入法测定材料的硬度。

钢材、木材、混凝土等材料的硬度常采用压入法测定。刻划法用于天然矿物硬度的划分,按滑石、石膏、方解石、萤石、磷灰石、长石、石英、黄晶、刚玉、金刚石的顺序,分为 10 个硬度等级。材料的硬度愈大,则其耐磨性愈好,加工愈困难。

(2) 耐磨性

耐磨性是材料表面抵抗磨损的能力。材料的耐磨性用磨耗率表示。

1.2.3 材料的耐久性

材料的耐久性是泛指材料在使用条件下,受各种内在或外来自然因素及有害介质的作用,能长久地保持其使用性能的性质。

材料在建筑物之中,除要受到各种外力的作用之外,还经常要受到环境中许多自然因素的破坏作用。这些破坏作用包括物理、化学、机械及生物的作用。

物理作用分为干湿变化、温度变化及冻融变化等。这些作用将使材料发生体积的胀缩,或导致内部裂缝的扩展。时间长久之后即会使材料逐渐破坏。在寒冷地区,冻融变化对材料会起着显著的破坏作用。在高温环境下,经常处于高温状态的建筑物或构筑物,所选用的建筑材料要具有耐热性能。在建筑中,考虑安全防火要求,须选用具有防火性能的难燃或不燃的材料。

化学作用包括大气、环境水以及使用条件下酸、碱、盐等液体或有害气体对材料的侵蚀作用。

机械作用包括使用荷载的持续作用,交变荷载引起材料疲劳、冲击、磨损、磨耗等。

生物作用包括菌类、昆虫等的作用而使材料腐朽、蛀蚀而破坏。

砖、石料、混凝土等矿物材料,多是由于物理作用而破坏,也可能同时会受到化学作用而破坏。金属材料主要是由于化学作用引起的腐蚀。木材等有机质材料常因生物作用而破坏。沥青材料、高分子材料在阳光、空气和热的作用下,会逐渐老化而使材料变脆或开裂。

材料的耐久性指标是根据工程所处的环境条件来决定的。例如处于冻融环境的工程,所用材料的耐久性以抗冻性指标来表示。处于暴露环境的有机材料,其耐久性以抗老化能力来表示。

1.3 常用的建筑材料

1.3.1 石材

1) 天然石材的特点、形成与分类

(1) 天然石材的特点

天然石材蕴藏量丰富、分布广泛,便于就地取材;石材结构紧密,抗压强度大;耐磨性好,吸水性小,耐冻性也强,使用年限可达百年以上,而且装饰性好。但也有一定的缺点,比如自重大,用于房屋建筑会增加建筑物的自重;硬度大,给开采和加工带来困难;质脆,耐火性差,当温度超过 800 ℃ 时,由于其中二氧化硅(SiO_2)的晶型发生转变,造成体积膨胀而导致石材开裂,失去强度。

(2) 岩石的形成与分类

岩石是由各种不同的地质作用所形成的天然矿物的集合体。组成岩石的矿物称造岩矿物。由一种矿物构成的岩石称单成岩,这种岩石的性质由其矿物成分及结构构造决定。由两种或两种以上矿物构成的岩石称为复成岩,这种岩石的性质由其组成矿物的相对含量及结构构造决定。

大部分岩石都是由多种造岩矿物所组成,如花岗岩,它是由长石、石英、云母及某些暗色矿物组成,因此颜色多样。只有少数岩石是单成岩,如白色大理石,是由方解石或白云石所组成。由此可见,岩石并无确定的化学成分和物理性质,同种岩石,产地不同,其矿物组成和结构均有差异,因而岩石的颜色、强度等性能也均不相同。

各种造岩矿物在不同的地质条件下,形成不同类型的岩石,通常可分为三大类,即岩浆岩(或称火成岩)、沉积岩、变质岩。

① 岩浆岩。岩浆岩又称火成岩,它是因地壳变动,地壳深处的熔融岩浆上升到地表附近或喷出地表经冷凝而成。岩浆岩是组成地壳的主要岩石,占地壳总质量的89%。根据岩浆冷却情况不同,岩浆岩又可分为深成岩、喷出岩和火山岩三种。

② 沉积岩。沉积岩又称水成岩。它是由露出地表的各种岩石(母岩)经自然风化、风力搬迁、流水移动等作用后再沉淀堆积,在地表及距地表不太深处形成的岩石。沉积岩为层状构造,其各层的成分、结构、颜色、层厚等均不相同。表观密度比岩浆岩小,密实度较差,吸水率较大,强度较低,耐久性也较差。

沉积岩分布广泛,而且埋藏于距地表不太深处,故易于开采。建筑上常用的有砾岩、石膏、石灰岩,其中最重要的是石灰岩。石灰岩是烧制石灰和水泥的主要原料,也是配制混凝土的骨料。石灰岩还可以用来砌筑基础、勒脚、墙体、拱、柱、路面、踏步、挡土墙等。

③ 变质岩。变质岩是由原生的岩浆岩或沉积岩,经过地壳内部高温、高压的作用,使岩石原来的结构发生变化,产生熔融再结晶而形成的岩石。通常沉积岩在变质时,由于受到高压重结晶的作用,形成的变质岩较原来的沉积岩更为紧密,建筑性能有所提高,例如,由石灰岩或白云岩变质而成的大理石,由砂岩变质而成的石英岩均比原来的岩石坚实耐久。相反,原为深成岩的岩石,经过变质后,产生了片状构造,其性能反而不及原来的深成岩,例如,由花岗岩变质而成的片麻岩,比花岗岩易于分层剥落,耐久性降低。建筑上常用的变质岩有大理石、石英岩等。

2) 常用天然石材

(1) 花岗石

花岗石是岩浆岩中的深成岩,为典型的深成岩,其矿物组成主要为长石、石英及少量暗色矿物和云母。其中长石含量为40%~60%,石英含量为20%~40%。

花岗石为全晶质结构岩石,化学成分主要是SiO_2(含量为67%~75%)及少量的Al_2O_3、CaO、MgO和Fe_2O_3。所以花岗石为酸性岩石。花岗石主要化学成分见表1-4。某些花岗石含有微量放射性元素,对这类花岗石应避免用于室内。

表1-4 花岗石主要化学成分

化学成分	SiO_2	Al_2O_3	CaO	MgO	Fe_2O_3
含量(%)	67~75	12~17	1~2	1~2	0.5~1.5

花岗石的主要物理力学特性:

① 表观密度大。表观密度为2.5~2.8 g/cm³。

② 结构致密、强度高。抗压强度一般在100~250 MPa,抗折强度为8.0~35.0 MPa。

③ 孔隙率小、吸水率低。吸水率小于1%。

④ 材质坚硬。肖氏硬度为80~110,莫氏硬度为5~7,具有优异的耐磨性。

⑤ 化学稳定性好。不易风化变质,具有高抗酸腐蚀性。

⑥ 装饰性好。花岗石一般经加工磨光后,表面平整光滑,色彩斑斓,质感坚实,华丽庄重。

⑦ 耐久性好。细粒花岗石的使用年限可达 500～1 000 年,粗粒花岗石可达 100～200 年。

⑧ 耐火性差。花岗石中的石英在 573 ℃时会发生晶型转变,产生体积膨胀,故火灾时花岗石会产生严重开裂而破坏。

花岗石板材的分类与等级:

根据《天然花岗石建筑板材》(GB/T 18601—2001)规定,花岗石板材按形状分为普型板(PX)、圆弧板(HM)和异型板(YX)三种。普型板为长方形或正方形板,异型板为除长方形、正方形板或圆弧板之外的其他形状板。

按表面加工程度,花岗石又分为:镜面板(JM)、亚光板(YG)、粗面板(CM)三种。镜面板表面平整,具有镜面光泽;亚光板饰面平整细腻,能使光线产生漫反射现象;粗面板表面粗糙平整,如具有较规则加工条纹的机创板或剁斧板等。

花岗石按板材的规格尺寸偏差、平面度公差、角度公差、外观质量等将板材分为优等品(A)、一等品(B)和合格品(C)三个等级。

花岗石板材的品种与规格:

我国花岗石储量丰富,较著名的品种有济南青、将军红、白虎涧、莱州白(青、黑、红、棕黑等)、岑溪红等。国际上著名的花岗石板材有印度红、啡铅、巴拿马黑、蓝眼睛、积架红、蓝珍珠、拿破仑红、巴西黑、绿星石等。

天然花岗石的机创板和剁斧板等粗面板按图纸要求加工,而镜面板等其他板材则按部颁标准生产,其标准规格尺寸见表 1-5。

表 1-5 天然花岗石板标准规格(mm)

长	宽	厚	长	宽	厚	长	宽	厚	长	宽	厚
300	300	20	600	300	20	610	610	20	1 067	762	20
305	305	20	600	600	20	900	600	20	1 070	750	20
400	400	20	610	305	20	915	610	20			

注:本表摘自 JC 205—1992。

花岗石是公认的高级建筑结构与装饰材料,但由于其开采运输困难,修琢加工及铺贴施工耗工费时,因此造价较高,一般只用在一些重要工程的重点装饰部位,例如:广场地面、台阶、基座、踏步、栏杆、檐口、柱面、门厅地面、墙面、纪念碑、墓碑、铭牌、街边石、城市雕塑等。

(2) 辉绿岩

辉绿岩是岩浆岩中的喷出岩,它的主要矿物成分是石英、辉石、斜长石、角闪石等,它的主要化学成分见表 1-6。

表 1-6 辉绿岩主要化学成分

化学成分	SiO_2	TiO_2	Al_2O_3	Fe_2O_3	FeO
(%)	55.48	1.45	15.34	3.84	7.78
化学成分	MgO	CaO	Na_2O	K_2O	H_2O
(%)	5.79	8.94	3.07	0.97	1.89

辉绿岩为多斑状结构,斑晶一般为斜长石,晶粒较细密。辉绿岩抗压抗折强度比花岗石高,抗压强度在 125～350 MPa,抗折强度在 15～55 MPa。硬度较花岗石略低,肖氏硬度在

40~90。辉绿岩表观密度为 2.6~3.0 g/cm³。也具有很强的耐酸碱性。因此,辉绿岩具有较好的雕刻性,广泛地被用于浮雕、沉雕或人物肖像影雕等。

(3) 大理石

大理石是以我国云南省大理命名的石材,云南大理盛产大理石,花纹色彩美观,品质优良,驰名中外。

大理石的主要矿物成分和化学成分:

大理石是由石灰岩、白云岩变质而成,属于变质岩,主要矿物成分是方解石、白云石。化学成分以 $MgCO_3$、$CaCO_3$ 为主的碳酸盐类,其他还有 CaO、MgO 和 SiO_2 等。大理石是石灰岩在高温重压下重结晶的产物,所以呈粒状变晶结构,粒度粗细不一致,结构密实、抗压强度高、吸水率低、表面硬度不大,属中硬石材。

大理石的主要物理力学特性:

① 表观密度大。表观密度为 2.5~2.7 g/cm³。

② 质地紧密而硬度不大,其莫氏硬度在 4 左右,肖氏硬度在 50 左右,故大理石较易进行锯解、雕琢和磨光等加工。

③ 力学性能高。抗压强度大约为 50~150 MPa,抗折强度为 7.0~25.0 MPa。

④ 装饰性好。大理石一般均含多种矿物,故常呈多种色彩组成的花纹。加工后,表面光洁细腻,如脂似玉,纹理自然,十分诱人。纯净的大理石为白色,称汉白玉,纯白和纯黑的大理石属名贵品种。

⑤ 吸水率小。一般吸水率为 0.1%~0.5%。

⑥ 耐磨性好。其磨耗量较小,但耐磨性不如花岗石。

⑦ 耐久性好。一般使用年限为 40~100 年。

⑧ 抗风化性较差。因为大理石主要化学成分为碳酸盐类,易被酸性介质侵蚀,故除质地特纯的汉白玉、艾叶青品种外,一般大理石不宜用于室外。$CaCO_3 + H_2SO_4 + H_2O = CaSO_4 + 2H_2O + CO_2 \uparrow$,大理石怕酸雨侵蚀,从而失去表面光泽,甚至出现麻面斑点等现象。

大理石板材的分类与等级:

根据标准《天然大理石建筑板材》(GB/T 19766—2005)规定,天然大理石板材按形状分为普型板(PX)、圆弧板(HM)两种。普型板为长方形或正方形的平板,圆弧板为装饰面轮廓线的曲率半径处处相同的饰面板材。

按表面加工程度又分为:粗磨、细磨、半细磨、精磨、抛光五种。

按板材的规格尺寸偏差、平面度公差、角度公差、外观质量等将板材分为优等品(A)、一等品(B)和合格品(C)三个等级。

大理石的主要品种与规格:

我国生产的天然大理石板材,著名的品种有汉白玉、丹东绿、雪浪、秋景、雪花、艾叶青、东北红等。世界较著名的名品有印度红、巴西蓝、挪威蓝、卡拉奇白、金花米黄、大花绿等。

大理石装饰板材的板面尺寸有标准规格与非标准规格两大类。我国国家标准《天然大理石建筑板材》(GB/T 19766—2005)规定,普型板的标准规格见表 1-7。

天然大理石板材为高级饰面材料,适用于大型建筑的室内地面、柱面、墙面、楼梯踏步等,有时也可作为楼梯栏杆、服务台、门脸、墙裙、窗台板、踢脚板、卫生间台面等。

在一些广场地坪和庭院小径路面,可用大理石边角料做成"碎拼大理石"地面,格调优美,乱中有序,别有风韵,且造价低廉。大理石边角余料可加工成相同尺寸的矩形、方形块料,或锯割成整齐而大小不一的矩形、方形块料,或锯割成整齐的各种多边形,也可不经锯割而呈不规则毛边碎块。

表1-7 普型板大理石板的标准规格(mm)

长	宽	厚	长	宽	厚	长	宽	厚	长	宽	厚
300	150	20	400	400	20	900	600	20	1 200	900	20
300	300	20	600	300	20	915	610	20	1 220	915	20
305	152	20	600	600	20	1 067	762	20			
305	305	20	610	305	20	1 070	750	20			
400	200	20	610	610	20	1 200	600	20			

(4) 其他

① 砂岩。它是一种由石英颗粒和其他矿物质天然黏结并压实而成的砂质岩石。它的种类由不同的胶凝材料和含有不同的其他矿物质所确定。例如,当胶凝材料是石英时就称为石英岩。坚实耐久的砂岩则是由硅质材料与硅质胶结料黏结而成。硅质颗粒是不能破坏的,因而砂岩的破坏是由于黏结层失效的缘故。由于这种耐久性很好的砂岩可以分割成 1.2~2.4 m 见方的大小,所以它是很理想的铺面材料。砂岩的色彩范围是由银灰色或浅黄色至各种深浅的粉红和棕红色。

② 石灰岩。石灰岩是沉积岩中最重要的一种,主要由方解石组成的石灰质岩石,往往含有化石。石灰岩的耐久性一般低于砂岩,当将它用于铺面或台阶面层时,应事先进行抗冻性试验。石灰岩的颜色可由纯白色至米黄色和蜂黄色。它是烧制石灰和水泥的主要原料,也是配制混凝土的骨料。石灰岩还可以用来砌筑基础、勒脚、墙体、拱、柱、挡土墙等。石灰岩中的湖石和英石是砌筑假山的主要材料。

③ 青白石。青白石是一种比较贵重的水层变质岩,色青带灰白。因色彩和花纹的不同,有不同的名称,南方地区多称为:青石、青白石等;北方地区称为:青白石碴、艾叶青、砖碴石、豆瓣绿等。青白石质感细腻、质地较硬、表面光滑、不易风化。多用于高级建筑的柱顶石、阶条石、铺地石、栏板和石雕等。

④ 砾石与卵石。砾石是经流水冲击磨去棱角的岩石碎块。砾石的色彩从浅黄色到米黄色、银色,深到黄褐色、棕褐色的范围内变化。一般可以用于铺设车道或人行道。具有造价便宜,维护费用低廉的特点。

卵石通常采自砾石场或白垩层。经筛选后约 25~75 mm 直径的卵石方能使用,一般呈卵形。海滩上的卵石易被腐蚀,不宜使用。在白垩层中生成的硅质岩球,或者沉淀在砾石层底部的卵砾石都是非常耐久的。在园林工程中,天然的砾石与卵石都能做成半渗透路面,有利于承受沉陷或冻胀。另外,在种植物或水塘附近,还可将卵石与其他铺面材料掺合在一起使用,以改善那里的环境;或将卵石做成护树铺面,阻碍人或车辆靠近,以防伤害树根;或用卵石在小路交汇处做成禁行标记,防止有人抄近路等等。

3) 常用人造石材

人造石材是人们模仿高级天然石材的花纹色彩,通过人工合成方法生产出来的人造石。主要模仿大理石和花岗石,因而又称人造大理石或人造花岗石。人造石材有 50 多年的历史,我国 20 世纪 70 年代从国外引进人造大理石技术,80 年代进入迅速发展时期,目前有些产品的质量,已达到国际同类产品的水平,并成功地应用于一些高级建筑工程中。

(1) 人造石材的类型

人造石材按其材料的不同,通常可分为 4 类:

① 有机型人造石材。有机型人造石材是以有机树脂为胶黏剂,与石碴、石粉固化剂、促进剂及颜料等配制成混合物,经浇注成型、固化、脱模、烘干、抛光等工序而制成。有机树脂常用不饱和聚酯树脂。

② 无机型人造石材。无机型人造石材由无机胶凝材料为胶黏剂,掺入各种装饰骨料、颜料,经配制、搅拌、成型、养护、磨光等工序而制成。无机胶凝材料常用白水泥、高铝水泥或氯氧镁水泥(菱苦土)为原料。

③ 烧结型人造石材。烧结型人造石材的生产方法与陶瓷工艺相似,它是将长石、石英、辉绿石、方解石等粉料和赤铁矿粉,以及一定量的高岭土共同混合,一般配合比为:石粉 60%,高岭土 40%,然后用混浆法制备坯料,用半干压法成型,再在窑炉中以 1 000 ℃左右的高温焙烧而成。

④ 复合型人造石材。复合型人造石材是用无机胶凝材料(如水泥)和有机高分子材料(树脂)作为胶结料。制作时先用无机胶凝材料将碎石、石粉等集料胶结成型并硬化,再将硬化体浸渍于有机单体中,使其在一定的条件下集合而成。

(2) 人造石材的常用品种

① 树脂型人造石材。树脂型人造石材是以不饱和聚酯树脂为胶结料而生产的聚酯合成石。聚酯合成石由于生产时所加颜料不同,采用的天然石料的种类、粒度和纯度不同,以及制作的工艺方法不同,所制成的石材的花纹、图案、颜色和质感也就不同,通常制成仿天然大理石、天然花岗岩、天然玛瑙石的花纹和质感,故分别称人造大理石、人造花岗石和人造玛瑙石。

聚酯合成石与天然岩石比较,密度较小,强度较高,其物理力学性能见表 1-8。

表 1-8 聚酯合成石物理力学性能

抗压强度 (MPa)	抗折强度 (MPa)	抗冲击强度 (J/cm^2)	密度 (g/cm^3)	吸水率 (%)	表面光泽度 (度)	硬度 (肖氏)	线膨胀系数 ($\times 10^{-5}$)
>100	38 左右	15 左右	2.10 左右	<0.1	>100	40 左右	2~3

聚酯合成石具有以下一些特性:

a. 装饰性好。树脂型人造石材的表面光泽度高,色彩花纹仿真性强,质感与装饰效果完全可与天然大理石和天然花岗石媲美。

b. 强度高。可将其制成薄板,不易碎,重量又轻。施工时可直接用聚酯砂浆或 108 胶水泥浆黏贴,这对减轻结构自重及降低建筑成本有利。

c. 耐腐蚀。因采用不饱和聚酯树脂为胶结料,故合成石具有良好的耐酸、碱腐蚀性和抗污染性。对醋、酱油、鞋油、机油、口红、墨水等均不着色或着色十分轻微。

d. 耐久性好。冷热(0℃时 15 min 与 80℃时 15 min)交替 30 次,表面无裂纹,颜色无变化。80℃时烘100 h,表面无裂纹,色泽微变黄。

e. 制作简单,可加工性好。制作与加工都比天然石材容易,生产设备与工艺简单。

f. 易老化。由于采用有机胶结料,若在室外长期受到阳光、空气、热量、水分等综合作用后,随着时间的延长,会逐渐产生老化,从而失去光泽,颜色变暗,降低了装饰效果。

树脂型人造石材主要用于室内地面、柱面、墙面,也可用于一些工作台面板、卫生洁具等,还可以做成建筑浮雕、壁画等。

② 微晶玻璃装饰板。微晶玻璃装饰板是应用受控晶化高科技而得到的多晶体,其主要原料是含硅铝的矿物原料,通常采用普通玻璃原料或废玻璃或金矿尾砂等,加入芒硝作澄清剂,硒作脱色剂,采用特殊的制造工艺,使微晶玻璃中充满微小晶体后(每立方米约10亿晶粒),玻璃固有的性质发生变化,即由非晶型变为具有金属内部结构的玻璃结晶材料,是一种新的半透明或不透明的无机材料。

微晶玻璃装饰板结构致密、强度高、耐磨、耐蚀,在外观上纹理清晰、色泽鲜艳、无色差、不褪色。除比天然石材具有更高的强度、耐磨性、耐蚀性外,还具有吸水率小、无放射性污染、颜色可调整、规格大小可控的优点,还能生产弧形板。目前已代替天然花岗石用于墙面、柱面、地面等处。

表1-9为微晶玻璃装饰板与大理石、花岗石板的主要性能比较。

表1-9 微晶玻璃装饰板与大理石、花岗石板的主要性能比较

性　能	微晶玻璃装饰板	大理石板	花岗石板
密度(g/cm³)	2.70	2.70	2.70
抗压强度(MPa)	300～549	60～150	100～300
抗折强度(MPa)	40～60	8～15	10～20

③ 水磨石板。水磨石板是以水泥和大理石粉末为主要原料,经过成型、养护、研磨、抛光等工序制成的一种建筑装饰用人造石材。一般预制水磨石板是以普通混凝土为底层,以添加颜料的白水泥和彩色水泥与各种大理石粉末拌制的水泥石屑面层所组成。

水磨石板具有美观、适用、强度高、施工方便等特点,颜色根据需要可任意配制,花色品种多,并可在使用施工时拼铺成各种不同的图案。适用于建筑物的地面、墙面、柱面、窗台、踢脚、台面、楼梯踏步等处,还可制作成桌面、水池、假山盘、花盘、茶几等。

④ 仿花岗石水磨石砖。仿花岗石水磨石砖,是使用颗粒较小的碎石米,加入各种颜色的色料,采用压制、粗磨、打蜡、磨光等生产工艺制成。其砖面的颜色、纹理和花岗石十分相似,光泽度较高,装饰效果好。应用于内外墙面和地面。

⑤ 艺术石。由精选硅酸盐水泥、轻骨料、氧化铁混合加工倒模而成。所有石模都是精心挑选的天然石材制造。其具有质量轻、吸水率低、耐光、隔热、吸声、强度高、耐腐蚀、耐风化、抗冻、不变形、不褪色、无毒等特点,质感、色泽和纹理与天然石材无异,不加雕饰就富有原始、古朴的雅趣。应用于内外墙面、园林景观等场所。

1.3.2 水泥和其他胶凝材料

建筑工程中,将散粒材料(如砂子、石子)或块状材料(如砖或石块)黏合为一个整体的材料,统称为胶凝材料。胶凝材料是建筑工程中重要的建筑材料,常用的胶凝材料类型见表1-10。

表 1-10 常用的胶凝材料类型

胶凝材料	有机胶凝材料		沥青类,天然树脂类,合成树脂类
	无机胶凝材料	气硬性胶凝材料	石膏,石灰,水玻璃,菱苦土
		水硬性胶凝材料	硅酸盐水泥,铝酸盐水泥,其他水泥

1) 水泥

水泥是水硬性矿物胶凝材料。粉末状的水泥与水混合成可塑性浆体,经过一系列的物理化学作用后,变成坚硬的水泥石块体,并能将散粒状(或块状)材料黏结成为整体。

水泥是工程中用量最大的建筑材料之一,是制造混凝土、钢筋混凝土、预应力混凝土构件的最基本的组成材料,广泛用于各类工程。水泥按其主要水硬性矿物名称分为硅酸盐系水泥、铝酸盐系水泥、硫酸盐系水泥和硫铝酸盐系水泥、磷酸盐系水泥等。

建筑工程中,常用的是硅酸盐系水泥,有硅酸盐水泥、普通硅酸盐水泥、火山灰质硅酸盐水泥、矿渣硅酸盐水泥、粉煤灰硅酸盐水泥、复合硅酸盐水泥等。

(1) 硅酸盐水泥

由硅酸盐水泥熟料、石灰石(0~5%)或粒化高炉矿渣、适量石膏磨细制成的水硬性胶凝材料,称为硅酸盐水泥。硅酸盐水泥分两种类型,不掺加混合材料的称Ⅰ型硅酸盐水泥,其代号为P·Ⅰ;在硅酸盐水泥熟料粉磨时掺加不超过水泥质量5%的石灰石或粒化高炉矿渣混合材料的称为Ⅱ型硅酸盐水泥,其代号为P·Ⅱ。

硅酸盐水泥熟料的矿物组成主要包括:

硅酸三钙($3CaO·SiO_2$,简写为C_3S),含量37%~60%;

硅酸二钙($2CaO·SiO_2$,简写为C_2S),含量15%~37%;

铝酸三钙($3CaO·Al_2O_3$,简写为C_3A),含量7%~15%;

铁铝酸四钙($4CO·Al_2O_3·Fe_2O_3$,简写为C_4AF),含量10%~18%。

除以上4种主要熟料矿物外,水泥中还含有少量游离氧化钙、游离氧化镁和碱,国家标准明确规定其总含量一般不超过水泥量的10%。

水泥的建筑技术性能,主要是由水泥熟料中的几种主要矿物水化作用的结果所决定的。水泥的各种矿物单独与水作用时所表现的特性见表1-11。

表 1-11 硅酸盐水泥熟料矿物水化、凝结硬化特性

性能指标		熟料矿物名称			
		硅酸三钙(C_3S)	硅酸二钙(C_2S)	铝酸三钙(C_3A)	铁铝酸四钙(C_4AF)
水化、凝结硬化速度		快	慢	最快	快
28 d 水化热		多	少	最多	中
强度	早期	高	低	低	低
	后期	高	高	低	低
耐化学侵蚀		中	良	差	优
干缩性		中	小	大	小

由表1-11可知,水泥中各熟料矿物的含量,决定着水泥某一方面的性能,当改变各熟料矿物的含量时,水泥性质即发生相应的变化。

硅酸盐水泥的技术性质:

a. 细度。细度是指水泥颗粒的粗细程度,它直接影响着水泥的性能和使用。凡水泥细度不符合规定者为不合格品。水泥细度采用筛析法或比表面积法测定。筛析法是以在 0.080 mm 方孔筛上的筛余量不得超过 10%。比表面积法要求硅酸盐水泥所具有的总表面积应大于 300 m^2/kg。

b. 凝结时间。水泥凝结时间分初凝时间和终凝时间。从加入拌合用水至水泥浆开始失去塑性所需的时间,称为初凝时间。自加入拌合用水至水泥浆完全失去塑性,并开始有一定结构强度所需的时间,称为终凝时间。国家标准规定,硅酸盐水泥的初凝时间不得早于 45 min,终凝时间不得迟于 6.5 h。凡初凝时间不符合规定者为废品,终凝时间不符合规定者为不合格品。水泥的凝结时间在施工中具有重要意义。初凝不宜过快是为了保证有足够的时间在初凝之前完成混凝土成型等各工序的操作;终凝不宜过迟是为了使混凝土在浇捣完毕后能尽早完成凝结硬化,以利于下一道工序及早进行。

c. 体积安定性。水泥的体积安定性,是指水泥在凝结硬化过程中,水泥体积变化的均匀性。如果水泥凝结硬化后体积变化不均匀,水泥混凝土构件将产生膨胀性裂缝,降低建筑物质量,甚至引起严重事故。这就是水泥的体积安定性不良。体积安定性不良的水泥作废品处理,不能用于工程中。

d. 强度及强度等级。水泥强度是表明水泥质量的重要技术指标,也是划分水泥强度等级的依据。强度检验方法是由按质量计的水泥、标准砂和水按 1∶3∶0.5 的水灰比拌制的一组塑性胶砂,制成 40 mm×40 mm×160 mm 的标准试件,试件连模一起在湿气中养护 24 h 后,再脱模放在标准温度(20±1 ℃)的水中养护,分别测定 3 d 和 28 d 抗压强度和抗折强度,根据测定结果,按表 1-12 规定,可确定硅酸盐水泥的强度等级(各强度等级的强度值不得低于表中的规定)。

表 1-12 硅酸盐水泥的强度等级要求

强度等级	抗压强度(MPa)		抗折强度(MPa)	
	3 d	28 d	3 d	28 d
42.5	17.0	42.5	3.5	6.5
42.5R	22.0	42.5	4.0	6.5
52.5	23.0	52.5	4.0	7.0
52.5R	27.0	52.5	5.0	7.0
62.5	28.0	62.5	5.0	8.0
62.5R	32.0	62.5	5.5	8.0

注:R 表示早强型。

e. 碱含量。碱含量是指水泥中 Na_2O 和 K_2O 的含量。在水泥中含碱是引起混凝土产生碱-骨料反应的条件。当使用活性骨料时,要使用低碱水泥。国家标准规定:水泥中碱含量(按 $Na_2O+0.658 K_2O$ 计算)不得大于 0.360%或由供需双方商定。

国家标准中还规定:凡氧化镁、三氧化硫、安定性、初凝时间中任一项不符合标准规定的,均为废品。凡细度、终凝时间、强度低于规定指标时称为不合格品。废品水泥在工程中严禁使用。若水泥仅强度低于规定指标时,可以降级使用。

水泥石的防腐:

水泥制品在一般使用条件下,具有较好的耐久性,但在某些侵蚀介质(软水、含酸或盐的水等)作用下,强度降低甚至造成建筑物结构破坏,这种现象称为水泥石的腐蚀。

水泥石的腐蚀前提是其外环境和内环境能起化学反应,腐蚀性化合物必须是一定浓度的溶液状态,如较高的温度、一定的湿度、较快的流速、钢筋的锈蚀等。所以,使用水泥时,可通过根据侵蚀环境特点,合理选用水泥品种、提高水泥石的紧密度、加做保护层等措施加以防止。

硅酸盐水泥的应用和存放。硅酸盐水泥具有一些良好的特性,在运输和储存水泥期间应特别注意防水、防潮。工地储存水泥应有专用仓库,库房要干燥。水泥要按不同品种、强度等级及出厂日期分开存放,散装水泥应分库存放;袋装水泥存放时,地面垫板要高出地面30 cm,四周高墙 30 cm,堆放高度不应超过 10 袋,水泥的储存应考虑先存先用,防止存放过久。水泥存放期一般不应超过 3 个月,超过 6 个月的水泥必须经过试验才能使用。

受潮水泥多出现结块,轻微结块能用手指捏碎,或以适当方法压碎后,恢复受潮水泥的部分活性,并重新测定其强度等级,用于次要工程。

(2) 掺混合材料的硅酸盐水泥

凡在硅酸盐水泥熟料中,掺入一定量的混合材料(活性混合材料或非活性混合材料)和适量石膏共同磨细制成的水硬性胶凝材料,均属掺混合材料的硅酸盐水泥。在水泥熟料中加入混合材料后,可以改善水泥的性能,调节水泥的强度,增加品种,提高产量,降低成本,扩大水泥的使用范围,同时可以综合利用工业废料和地方材料。这类水泥根据掺入混合材料的数量和品种不同有:普通硅酸盐水泥、矿渣硅酸盐水泥、火山灰质硅酸盐水泥、粉煤灰硅酸盐水泥和复合硅酸盐水泥等。

① 普通硅酸盐水泥。凡由硅酸盐水泥熟料、6%～15%混合材料(活性混合料≤15%,非活性混合料≤6%)、适量石膏磨细制成的水硬性胶凝材料,称为普通硅酸盐水泥(简称普通水泥),其代号为 P·O。

普通水泥强度等级分为:32.5、32.5R、42.5、42.5R、52.5、52.5R。各强度等级水泥的各龄期强度不得低于表 1-13 中的数值。普通水泥的初凝时间不得早于 45 min,终凝不得迟于 10 h。在 0.080 mm 方孔筛上的筛余量不得超过 10%。沸煮法检测安定性必须合格。普通水泥中烧失量不得大于 5.0%。

表 1-13 普通硅酸盐水泥各龄期的强度要求

强度等级	抗压强度(MPa)		抗折强度(MPa)	
	3 d	28 d	3 d	28 d
32.5	11.0	32.5	2.5	5.5
32.5R	16.0	32.5	3.5	5.5
42.5	16.0	42.5	3.5	6.5
42.5R	21.0	42.5	4.0	6.5
52.5	22.0	52.5	4.0	7.0
52.5R	26.0	52.5	5.0	7.0

注:R 表示早强型。

普通硅酸盐水泥中绝大部分是硅酸盐水泥熟料,其性能与硅酸盐水泥相近。但因为掺入了少量的混合材料,与硅酸盐水泥相比,早期硬化速度稍慢,3d 的抗压强度稍低,抗冻性与耐磨性也稍差。

② 矿渣硅酸盐水泥。凡由硅酸盐水泥熟料和粒化高炉矿渣、适量石膏磨细制成的水硬性胶凝材料,称为矿渣硅酸盐水泥(简称矿渣水泥),代号 P·S。水泥中粒化高炉矿渣掺量按质量百分比计为 20%～70%。矿渣水泥中三氧化硫的含量不得超过 4.0%。

矿渣水泥强度等级分为 32.5、32.5R、42.5、42.5R、52.5、52.5R。各强度等级水泥的各龄期强度不得低于表 1-14 中的规定。矿渣水泥对细度、凝结时间及体积安定性的要求均与普通水泥相同。矿渣水泥的密度通常为 2.8～3.1 g/cm^3,堆积密度约为 1 000～1 200 kg/m^3。

表 1-14 矿渣水泥、火山灰质水泥及粉煤灰水泥各龄期的强度要求

强度等级	抗压强度(MPa)		抗折强度(MPa)	
	3 d	28 d	3 d	28 d
32.5	10.0	32.5	2.5	5.5
32.5R	15.0	32.5	3.5	5.5
42.5	15.0	42.5	3.5	6.5
42.5R	19.0	42.5	4.0	6.5
52.5	21.0	52.5	4.0	7.0
52.5R	23.0	52.5	5.0	7.0

注:R 表示早强型。

矿渣水泥中熟料的含量比硅酸盐水泥少,掺入的粒化高炉矿渣量比较多,与硅酸盐水泥相比,有凝结硬化慢,早期强度低、后期强度增长较快,水化热较低,抗碳化能力较差,保水性差、泌水性较大,耐热性较好,硬化时对湿热敏感性强等特点。

③ 火山灰质硅酸盐水泥。凡由硅酸盐水泥熟料和火山灰质混合材料、适量石膏磨细制成的水硬性胶凝材料称为火山灰质硅酸盐水泥(简称火山灰质水泥),代号 P·P。水泥中火山灰质混合材料掺量按质量百分比计为 20%～50%。

火山灰质水泥的技术要求同矿渣水泥,在性能方面有许多共同点(参见表 1-14)。火山灰质水泥需水量大,在硬化过程中的干缩较矿渣水泥更为显著,在干热环境中易产生干缩裂缝。因此,使用时必须加强养护,使其在较长时间内保持潮湿状态。另外,火山灰质水泥颗粒较细,泌水性小,故具有较高的抗渗性,宜用于有抗渗要求的混凝土工程。

④ 粉煤灰硅酸盐水泥。凡由硅酸盐水泥熟料和粉煤灰、适量石膏磨细,制成的水硬性胶凝材料称为粉煤灰硅酸盐水泥(简称粉煤灰水泥),代号 P·F。水泥中粉煤灰掺量按质量百分比计为 20%～40%。

粉煤灰水泥的细度、凝结时间及体积安定性等技术要求与普通水泥相同。粉煤灰水泥的水化硬化过程与火山灰质水泥基本相同,其性能也与火山灰质水泥有许多相似之处(参见表 1-14)。粉煤灰水泥的主要特点是干缩性比较小,甚至比硅酸盐水泥及普通水泥还要小,因而抗裂性较好。由于粉煤灰的颗粒多呈球形微粒,吸水率小,所以粉煤灰水泥的需水量小,配制的混凝土和易性较好。

⑤ 复合硅酸盐水泥。凡由硅酸盐水泥熟料、两种或两种以上规定的混合材料、适量石膏磨细制成的水硬性胶凝材料,称为复合硅酸盐水泥(简称复合水泥),代号 P·C。水泥中混合材料总掺量按质量百分比计应大于 15%,但不超过 50%。允许用不超过 8% 的窑灰代替部分混合材料,掺矿渣时混合材料掺量不得与矿渣硅酸盐水泥重复。

按照国家标准规定,水泥熟料中氧化镁的含量不得超过5.0%。如水泥经压蒸安定性试验合格,则熟料中氧化镁的含量允许放宽到6.0%。水泥中三氧化硫的含量不得超过3.5%。复合硅酸盐水泥各强度等级水泥的各龄期强度不得低于表1-15的数值。

表1-15 复合水泥各龄期的强度要求

强度等级	抗压强度(MPa)		抗折强度(MPa)	
	3 d	28 d	3 d	28 d
32.5	11.0	32.5	2.5	5.5
32.5R	16.0	32.5	3.5	5.5
42.5	16.0	42.5	3.5	6.5
42.5R	21.0	42.5	4.0	6.5
52.5	22.0	52.5	4.0	7.0
52.5R	26.0	52.5	5.0	7.0

注:R表示早强型。

⑥ 常用水泥的特性见表1-16。

表1-16 常用水泥的特性

品 种	主要特性
硅酸盐水泥	1.凝结硬化快;2.早期强度高;3.水化热大;4.抗冻性好;5.干缩性小;6.耐蚀性差;7.耐热性差
普通硅酸盐水泥	1.凝结硬化较快;2.早期强度较高;3.水化热较大;4.抗冻性较好;5.干缩性较小;6.耐蚀性差;7.耐热性差
矿渣硅酸盐水泥	1.凝结硬化慢;2.早期强度低,后期强度增长快;3.水化热较低;4.耐蚀性较好;5.干缩性大;6.耐蚀性较好;7.耐热性好;8.泌水性大;9.抗碳化能力差
火山灰质硅酸盐水泥	1.凝结硬化慢;2.早期强度低,后期强度增长较快;3.水化热较低;4.抗冻性差;5.干缩性大;6.耐蚀性较好;7.耐热性较好;8.抗渗性好
粉煤灰硅酸盐水泥	1.凝结硬化快;2.早期强度高,后期强度增长较快;3.水化热较低;4.抗冻性差;5.干缩性较小,抗裂性较好;6.耐蚀性较好;7.耐热性较好
复合硅酸盐水泥	与所掺两种或两种以上混合材料的种类、掺量有关,其特性基本与矿渣硅酸盐水泥、火山灰质硅酸盐水泥、粉煤灰硅酸盐水泥的特性相似

⑦ 常用水泥的选用。在各类建筑工程中,针对其工程性质、结构部位、施工要求和使用环境条件等,进行选用。常用水泥的选用见表1-17。

(3) 其他品种水泥

① 铝酸盐水泥。以铝酸钙为主要成分的铝酸盐水泥熟料,经磨细而成的水硬性胶凝材料称为铝酸盐水泥(高铝水泥),其代号为CA。铝酸盐水泥的主要矿物成分为铝酸一钙($CaO \cdot Al_2O_3$)和二铝酸钙($CaO \cdot 2Al_2O_3$),有时还含有很少量的硅酸二钙($2CaO \cdot SiO_2$)和其他铝酸盐。

铝酸盐水泥按Al_2O_3含量百分数分为CA—50(50%≤含量<60%)、CA—60(60%≤含量<68%)、CA—70(68%≤含量<77%)、CA—80(77%≤含量)四类。

铝酸盐水泥的主要特性和应用如下:

表 1-17 常用水泥的选用

		混凝土工程特点及所处环境条件	优先选用	可以选用	不宜选用
普通混凝土	1	在一般气候环境中的混凝土	普通水泥	矿渣水泥、火山灰质水泥、粉煤灰水泥、复合水泥	—
	2	在干燥环境中的混凝土	普通水泥	矿渣水泥	火山灰质水泥、粉煤灰水泥
	3	在高湿度环境中或长期处于水中的混凝土	矿渣水泥、火山灰质水泥、粉煤灰水泥、复合水泥	普通水泥	—
	4	厚大体积的混凝土	矿渣水泥、火山灰质水泥、粉煤灰水泥、复合水泥	—	硅酸盐水泥
有特殊要求的混凝土	1	要求快硬、高强（>C60）的混凝土	硅酸盐水泥	普通水泥	矿渣水泥、火山灰质水泥、粉煤灰水泥、复合水泥
	2	严寒地区的露天混凝土、寒冷地区处于水位升降范围内的混凝土	普通水泥	矿渣水泥（>32.5级）	火山灰质水泥、粉煤灰水泥
	3	严寒地区处于水位升降范围内的混凝土	普通水泥（>42.5级）	—	矿渣水泥、火山灰质水泥、粉煤灰水泥、复合水泥
	4	有抗渗要求的混凝土	普通水泥、火山灰质水泥	—	矿渣水泥
	5	有耐磨要求的混凝土	硅酸盐水泥、普通水泥	矿渣水泥（>32.5级）	火山灰质水泥、粉煤灰水泥
	6	受侵蚀性介质作用的混凝土	矿渣水泥、火山灰质水泥、粉煤灰水泥、复合水泥	—	硅酸盐水泥

a. 快凝早强。主要用于工期紧急（如筑路、桥）的工程、抢修工程（如堵漏）等；也可用于冬期施工的工程。

b. 水化热大。不宜用于大体积混凝土工程。

c. 较高的耐热性。

d. 抗碱性极差。不得用于接触碱性溶液的工程。

e. 抗矿物水和硫酸盐作用的能力很强。

f. 自然条件下，长期强度及其他性能略有降低的趋势；因此，铝酸盐水泥不宜用于长期承重的结构及处于高温高湿环境的工程中。

铝酸盐水泥制品不能进行蒸汽养护；铝酸盐水泥不得与硅酸盐水泥或石灰相混，以免引起闪凝和强度下降；铝酸盐水泥也不得与尚未硬化的硅酸盐水泥混凝土接触使用。此外，在运输和储存过程中要注意铝酸盐水泥的防潮，否则吸湿后强度下降快。

② 膨胀水泥。膨胀水泥在水化过程中能产生体积膨胀，在硬化过程中不仅不收缩，而且有不同程度的膨胀。使用膨胀水泥能克服和改善普通水泥混凝土的一些缺点（常用水泥在硬化过程中常产生一定收缩，造成水泥混凝土构件裂纹、透水和不适宜某些工程的使用），提高水泥混凝土构件的密实性和混凝土的整体性。

膨胀水泥按主要成分有硅酸盐型、铝酸盐型、硫铝酸盐型和铁铝酸钙型几类,其膨胀机理都是水泥石中所形成的钙矾石的膨胀。其中,硅酸盐膨胀水泥凝结硬化较慢,铝酸盐膨胀水泥凝结硬化较快。

膨胀水泥常用于水泥混凝土路面、机场道面或桥梁修补混凝土。此外还用于防止渗漏、修补裂缝及管道接头等工程。

③ 白色和彩色硅酸盐水泥。白色硅酸盐水泥简称白水泥,其性能与硅酸盐水泥基本相同。根据国家标准规定,白色硅酸盐水泥分为32.5、42.5、52.5、62.5四个强度等级,各强度等级水泥的各龄期强度不得低于表1-18的数值。

表1-18 白色硅酸盐水泥各龄期的强度要求

强度等级	抗压强度(MPa)			抗折强度(MPa)		
	3 d	7 d	28 d	3 d	7 d	28 d
32.5	14.0	22.5	32.5	2.5	3.5	5.5
42.5	18.0	26.5	42.5	3.5	4.5	6.5
52.5	23.0	33.5	52.5	4.0	5.5	7.0
62.5	28.0	42.5	62.5	5.0	6.5	8.0

白水泥的细度要求为0.080 mm,方孔筛筛余量不得超过10%;其初凝时间不得早于45 min,终凝时间不得迟于12 h;体积安定性用沸煮法检验必须合格,同时熟料中氧化镁的含量不得超过4.5%,白水泥中三氧化硫含量不得超过3.5%。

彩色硅酸盐水泥在装饰工程中,常用于配制各类彩色水泥浆、砂浆和混凝土,用以制造各种水磨石、水刷石、饰面及雕塑和装饰部件等制品。

彩色硅酸盐水泥根据其着色方法不同,有三种生产方式:一是直接烧成法,在水泥生料中加入着色原料而直接煅烧成彩色水泥熟料,再加入适量石膏共同磨细;二是染色法,将白色硅酸盐水泥熟料或硅酸盐水泥熟料、适量石膏和碱性着色物质共同磨细制得彩色水泥;三是将干燥状态的着色物质直接掺入白水泥或硅酸盐水泥中。当工程使用量较少时,常用第三种办法。

彩色硅酸盐水泥有红色、黄色、蓝色、绿色、棕色、黑色等颜色。彩色硅酸盐水泥强度等级分为27.5、32.5、42.5三级。各级彩色水泥各规定龄期的强度不得低于表1-19的数值。

表1-19 彩色硅酸盐水泥各龄期的强度要求

强度等级	抗压强度(MPa)		抗折强度(MPa)	
	3 d	28 d	3 d	28 d
27.5	7.5	27.5	2.0	5.0
32.5	10.0	32.5	2.5	5.5
42.5	15.0	42.5	3.5	6.5

彩色硅酸盐水泥的细度要求为0.080 mm,方孔筛筛余量不得超过6.0%;其初凝时间不得早于1 h,终凝时间不得迟于10 h;体积安定性用沸煮法检验必须合格,彩色硅酸盐水泥中三氧化硫的含量不得超过4.0%。

白色和彩色硅酸盐水泥主要应用于建筑装饰工程中,常用于配制各类彩色水泥浆、水泥砂浆,用于饰面刷浆或陶瓷铺贴的勾缝,配制装饰混凝土、彩色水刷石、人造大理石及水磨石等制品,并以其特有的色彩装饰性,用于雕塑艺术和各种装饰部件。

2) 建筑石膏

(1) 建筑石膏的制备与技术要求

石膏是以硫酸钙为主要成分的气硬性胶凝材料,其制品具有一系列的优良性质,在建筑领域中得到广泛的应用。建筑工程中最常用的品种是建筑石膏,主要成分是 β 型半水石膏。它是将天然二水石膏在 107~170 ℃温度下煅烧成半水石膏,经磨细而成的一种粉末状材料。反应式如下:

$$CaSO_4 \cdot 2H_2O \xrightarrow{107 \sim 170\ ℃} CaSO_4 \cdot \frac{1}{2}H_2O + 1\frac{1}{2}H_2O$$

建筑石膏为白色,密度为 2.6~2.75 g/cm³,堆积密度为 800~1 000 kg/m³。建筑石膏按强度、细度、凝结时间指标分为优等品、一等品和合格品三个等级。

建筑石膏按产品名称、抗折强度及标准号的顺序进行产品标记。例如,抗折强度为 2.5 MPa 的建筑石膏表示为:建筑石膏 N2.5GB/T 9776—2008。

建筑石膏硬化后有较大的孔隙率,强度较低,表观密度较小,导热性较低,吸声性较好。建筑石膏在储运过程中,应防止受潮及混入杂物。不同等级的石膏应分别储运,不得混杂,一般储存期为 3 个月,超过 3 个月,强度将降低 30%左右,超过储存期限的石膏应重新进行质量检验,以确定其等级。

(2) 建筑石膏的硬化机理

建筑石膏与水拌合后,可调制成可塑性浆体,经过一段时间反应后,将失去塑性,并凝结硬化成具有一定强度的固体。

建筑石膏的凝结硬化主要是由于半水石膏与水相互作用,还原成二水石膏:

$$CaSO_4 \cdot \frac{1}{2}H_2O + 1\frac{1}{2}H_2O \longrightarrow CaSO_4 \cdot 2H_2O$$

在这个过程中,浆体中的自由水分因水化和蒸发而逐渐减少,二水石膏胶体微粒不断增加,浆体稠度变大,颗粒之间的摩擦力和黏结力逐渐增加,因而浆体可塑性逐渐降低,此时称之为"凝结"。其后,浆体继续变稠,胶体微粒逐渐成为晶体,晶体逐渐长大、共生并相互交错,使浆体逐渐产生强度,并不断增长,直到完全干燥,晶体之间的摩擦力和黏结力不再增加,强度才停止发展,这个过程称为"硬化"。实际上,石膏的凝结和硬化是一个连续的、复杂的物理化学变化过程。

(3) 建筑石膏的特性与应用

建筑石膏具有凝结硬化快,硬化初期体积略有膨胀,孔隙率大,防火性好,耐水性差,塑性变形大等特性。

建筑石膏在建筑工程中的用途广泛,目前主要用于室内抹灰与粉刷、石膏装饰制品和生产各种石膏板等。

3) 石灰

石灰是人类在建筑中最早使用的胶凝材料之一,生产石灰的主要原料是以碳酸钙为主要成分的天然岩石,常用的有石灰石、白云石、白垩等。另外,也可以利用化学工业副产品,例如用电石(碳化钙)制取乙炔时的电石渣,其主要成分是氢氧化钙,即消石灰。将这些原料经过煅烧生成生石灰,其化学反应式如下:

$$CaCO_3 \xrightarrow{900 \sim 1100\ ℃} CaO + CO_2$$

生产时由于火候或温度控制不均,石灰中常含有欠火石灰(未分解的碳酸钙内核的石灰)和过火石灰(表面被熔融的黏土杂质所形成的玻璃物质所包裹的石灰)。使用时会影响工程质量。欠火石灰使用时,产浆量较低,质量较差,降低了石灰的利用率;过火石灰使用时,会影响工程质量。

(1) 石灰的熟化与硬化

① 石灰的熟化。生石灰(CaO)加水生成氢氧化钙的过程,称为石灰的熟化或消解过程,其化学反应式为:

$$CaO + H_2O \longrightarrow Ca(OH)_2 + 64\ kJ/mol$$

石灰熟化时放出大量的热,其体积膨胀 1～2.5 倍。工地上熟化石灰常用的方法有两种:消石灰浆法和消石灰粉法。

一般的,当石灰已经硬化后,其中过火石灰才开始熟化,体积膨胀,引起隆起和开裂。为了消除过火石灰的这种危害,石灰浆应在储灰池中"陈伏"两周以上,"陈伏"期间,石灰浆表面应留有一层水,与空气隔绝,以免石灰碳化。

② 石灰的硬化。石灰在空气中的硬化包括两个硬化过程:

a. 干燥结晶。石灰浆在使用过程中,因游离水分逐渐蒸发和被砌体吸收,使得 $Ca(OH)_2$ 溶液过饱和而逐渐结晶析出,促进石灰浆体的硬化。同时,干燥时毛细孔隙逐渐失水,使得由于水表面张力作用而产生的毛细管压力增大,氢氧化钙颗粒间的接触变得紧密,从而使浆体产生一定的强度。

b. 碳化作用。$Ca(OH)_2$ 与空气中的 CO_2 作用,在有水的条件下,生成不溶解于水的碳酸钙晶体的过程称为碳化。其反应式如下:

$$Ca(OH)_2 + CO_2 + nH_2O \Longrightarrow CaCO_3 + (n+1)H_2O$$

形成的碳酸钙晶体结构致密,强度较高。但由于空气中的 CO_2 含量少,使得碳化过程进行得缓慢。当石灰浆处于干燥状态时,碳化反应几乎停止;当石灰浆含水过多,碳化作用仅限于在表面进行。所以,石灰硬化是一个相当缓慢的过程。

(2) 石灰的技术要求与特性

① 技术要求。建筑工程中所用的石灰,分成三个品种:建筑生石灰、建筑生石灰粉和建筑消石灰粉。

根据石灰中氧化镁的含量,可将生石灰分为钙质石灰(MgO 含量<5%)和镁质石灰(MgO 含量≥5%);将消石灰分为钙质消石灰(MgO 含量<4%)、镁质消石灰(MgO 含量为 4%～24%)和白云石质消石灰(MgO 含量为 24%～30%)。

建筑生石灰根据有效氧化钙和氧化镁的含量、未消化残渣含量(即欠火石灰、过火石灰和杂质的含量)、二氧化碳含量(欠火石灰含量)、产浆量(1 kg 生石灰制成石灰膏的体积),划分为优等品、一等品和合格品。

建筑生石灰粉根据有效氧化钙和氧化镁的含量、二氧化碳含量及细度,划分为优等品、一等品和合格品。

建筑消石灰根据有效氧化钙和氧化镁的含量、游离水含量、体积安定性和细度,划分为优等品、一等品和合格品。

② 石灰的特性、应用与储存：石灰具有保水性与可塑性好，凝结硬化慢、强度低，耐水性差，干燥收缩大等特性。

生石灰经加工处理后可得到很多品种的石灰，如生石灰粉、消石灰粉、石灰乳、石灰膏等。石灰粉与其他材料混合，还可制成硅酸盐制品、碳化石灰板、石灰土、三合土、石灰砂浆、混合砂浆、建筑涂料等。

生石灰会吸收空气中的水分和二氧化碳，生成碳酸钙粉末，从而失去黏结力，所以在工地上储存时要防止受潮，且不宜太多太久。另外，石灰熟化时要放出大量的热，因此应将生石灰与可燃物分开保管，以免引起火灾。通常进场后可立即陈伏，将储存期变为熟化期。

4）菱苦土

菱苦土是一种气硬性无机胶凝材料，是由含有 $MgCO_3$ 为主的原料在 750～850 ℃高温条件下煅烧，经磨细而得到的一种白色或黄色的粉末，其主要成分是氧化镁（MgO），属镁质胶凝材料。

菱苦土密度为 3.10～3.40 g/cm³，堆积密度为 800～900 kg/m³。

菱苦土在加水拌合后，迅速水化并放出大量热，但凝结硬化很慢，硬化后的强度也很低。加筋的菱苦土具有较高的强度，若在菱苦土中加入泡沫剂可制成轻质多孔的绝热材料。

菱苦土与植物纤维黏结性好，不会引起纤维的分解。因此，常与木丝、木屑等木质纤维混合应用，制成菱苦土板。有时还加入滑石粉、石棉、细石英砂、砖粉等填充材料，应用大理石或中等硬度的岩石碎屑为骨料，可制成菱苦土类地板等制品。

菱苦土板有较高的密实度与强度，而且具有吸声、隔热的效果，可作内墙、顶棚板和其他建筑材料之用。菱苦土地板具有保温、无尘土、耐磨、防火、表面光滑和弹性好等特性，若填加耐碱矿物颜料，可将地面着色，是良好的地面材料。

菱苦土耐水性较差，在运输或储存时应避免受潮，也不可久存。因为菱苦土吸收空气中的水分变成 $Mg(OH)_2$，再碳化成 $MgCO_3$，将失去其化学活性。

1.3.3 混凝土和砂浆

1）混凝土

凡由胶凝材料、颗粒状的粗细骨料和水（必要时掺入一定数量的外加剂和矿物混合材料）按适当比例配制，经均匀搅拌、密实成型，并经过硬化后而成的一种人造石材称为混凝土。在工程中，应用最广的是以水泥为胶凝材料，以砂、石为骨料，加水拌制成混合物，经一定时间硬化而成的水泥混凝土，简称普通混凝土。

(1) 混凝土的分类

按胶结材料可分为：水泥混凝土、石膏混凝土、沥青混凝土及聚合物混凝土等。

按表观密度可分为：重混凝土（$\rho_0 >$ 2 500 kg/m³）、普通混凝土（ρ_0 介于 1 900～2 500 kg/m³）、轻混凝土（ρ_0 介于 600～1 900 kg/m³）及特轻混凝土（$\rho_0 <$ 600 kg/m³）。

按性能与用途可分为：结构混凝土、防水混凝土、防射线混凝土、耐酸混凝土、装饰混凝土、耐火混凝土、补偿收缩混凝土、水下浇筑混凝土、道路混凝土等。

按施工方法可分为：泵送混凝土、喷射混凝土、振密混凝土、压力灌浆混凝土、离心混凝土等。

按掺合料可分为：粉煤灰混凝土、硅灰混凝土、磨细高炉矿渣混凝土、纤维混凝土等。

按强度分类:低强度混凝土、中强度混凝土、高强度混凝土。

(2) 混凝土的特点

① 使用方便。硬化前的混凝土具有良好的可塑性,可浇筑成各种形状和尺寸的构件及结构物。

② 价格低廉。原材料丰富且可就地取材,其中80%以上用量的砂石料,资源丰富,能耗低,符合经济原则。

③ 高强耐久。普通混凝土的强度为20～55 MPa,具有良好的耐久性。

④ 和易性好。改变组成材料的品种和数量,可以制成不同性能的混凝土,以满足工程上的不同要求;也可用钢筋增强,组成复合材料(钢筋混凝土),以弥补其抗拉及抗折强度低的缺点,满足各种结构工程的需要。

⑤ 有利环保。混凝土可以充分利用工业废料,如矿渣、粉煤灰等,降低环境污染。

混凝土的主要缺点是自重大、抗拉强度低、呈脆性、易产生裂缝、硬化速度慢、生产周期长等。

(3) 普通混凝土的组成材料

组成混凝土的基本材料是水泥、水、砂子和石子。一般砂子、石子的总含量占其总体积的80%以上,主要起骨架作用,故分别称为细骨料和粗骨料。水泥加水形成水泥浆,包裹在砂粒表面并填充砂粒间的空隙形成水泥砂浆,水泥砂浆又包裹石子并填充石子间的空隙而形成混凝土。水泥浆在硬化前起润滑作用,使混凝土拌合物具有良好的流动性;硬化后将骨料胶结在一起形成坚硬的整体——人造石材混凝土。

① 水泥。配制混凝土时,应根据工程性质、部位、施工条件、环境状况等,按各品种水泥的特性合理地选择水泥的品种。通常水泥强度等级选为混凝土强度等级的1.5～2.0倍。

② 骨料。普通混凝土用骨料按粒径大小分为两种,粒径大于4.75 mm的称为粗骨料,粒径小于4.75 mm的称为细骨料。普通混凝土中所用细骨料有天然砂和人工砂两种;普通混凝土通常所用的粗骨料有碎石和卵石两种。我国在《建筑用砂》(GB/T 14684—2001)和《建筑用卵石、碎石》(GB/T 14685—2001)中规定,建筑用砂石按技术质量要求分为Ⅰ类、Ⅱ类、Ⅲ类。Ⅰ类宜用于强度等级大于C60的混凝土;Ⅱ类宜用于强度等级C30～C60及有抗冻、抗渗或其他要求的混凝土;Ⅲ类宜用于强度等级小于C30的混凝土和建筑砂浆。不同等级的砂石对泥、石粉和泥块的含量以及有害杂质的含量要求不同,同时还应合理地选择颗粒级配和砂的细度模数。

③ 水。水也是混凝土的主要组成部分之一,水质不良不仅影响混凝土的凝结硬化,还影响混凝土的强度和耐久性,并加速钢筋混凝土中钢筋(特别是预应力钢丝)的锈蚀。因此,《混凝土拌合用水标准》(JGJ 63—2006)对混凝土用水提出了具体的质量要求。拌制及养护混凝土宜采用饮用的自来水及清洁的天然水。海水与生活污水不能用于拌制混凝土,地表水、地下水和工业废水必须按标准规定检验合格后方可使用。对混凝土用水的质量要求是:不影响混凝土的凝结和硬化;无损于混凝土强度发展及耐久性;不加快钢筋锈蚀;不引起预应力钢筋脆断;不污染混凝土表面。

④ 外加剂。为改善混凝土性能,常在混凝土拌合过程中掺入混凝土外加剂。其掺量一般不超过水泥质量的5%。混凝土外加剂按其主要功能分为四类:

a. 改善混凝土拌合物流变性能的外加剂,包括各种减水剂、引气剂和泵送剂等。

b. 调节混凝土凝结时间、硬化性能的外加剂,包括缓凝剂、早强剂和速凝剂等。

c. 改善混凝土耐久性的外加剂,包括引气剂、防水剂和阻锈剂等。

d. 改善混凝土其他性能的外加剂,包括加气剂、膨胀剂、防冻剂、着色剂等。

其中,减水剂、引气剂、早强剂、缓凝剂等在工程上最常用。

(4) 普通混凝土的主要技术性质

① 新拌混凝土的和易性。新拌混凝土是指将水泥、砂、石和水拌合的尚未凝固时的拌合物。和易性是指混凝土拌合物易于各工序施工操作(搅拌、运输、浇筑、捣实)并能获得质量均匀、成型密实的混凝土的性能。其中包括流动性、黏聚性和保水性等。

流动性是指新拌混凝土在自重及施工振捣的作用下,能够流满模型、包围钢筋的能力(满足运输和浇捣要求的流动性)。黏聚性是指混凝土拌合物在施工过程中,其组成材料之间有一定的黏聚力,不致发生分层和离析的现象,使混凝土保持整体均匀的性能。保水性是指混凝土拌合物具有一定的保持内部水分的能力,在施工过程中不致产生严重的泌水现象。

混凝土拌合物的流动性、黏聚性、保水性,三者之间互相关联又互相矛盾。如黏聚性好则保水性往往较好,但当流动性增大时,黏聚性和保水性往往变差;反之亦然。因此,所谓拌合物的和易性良好,就是要使这三个方面的性能在某种具体条件下,均达到良好,使矛盾得到统一。

② 硬化后混凝土强度。混凝土的强度包括抗压、抗拉、抗弯和抗剪等,其中抗压强度最大,故混凝土主要用来承受压力。混凝土的抗压强度是结构设计的主要参数,也是混凝土质量评定的指标。

按照国家标准《普通混凝土力学性能试验方法标准》(GB/T 50081—2002)的规定,混凝土立方体抗压强度(简称混凝土抗压强度),是指按标准方法制作的边长为 150 mm 的立方体试件,在标准养护条件(温度 20 ± 3 ℃,相对湿度大于 90% 或置于水中)下,养护至 28 d 龄期,经标准方法测试、计算得到具有 95% 以上的保证率的抗压强度值(用标准试验方法测定的抗压强度总体分布中的一个值,强度低于该值的百分率不超过 5%),称为混凝土立方体的抗压强度。

为便于设计选用和施工控制混凝土,将混凝土强度分成若干等级,即强度等级。强度等级是按立方体抗压强度标准值($f_{cu,k}$)划分的。普通混凝土通常划分为 C7.5、C10、C15、C20、C25、C30、C35、C40、C45、C50、C55、C60 等 12 个等级(≥C60 以上的混凝土为高强混凝土)。强度等级表示中的"C"为混凝土强度符号,"C"后边的数值,即为抗压强度的标准值。例如,强度等级为 C40,表示立方体抗压强度标准值为 40 MPa。

混凝土的强度主要取决于水泥强度及其与骨料的黏结强度。也就是主要取决于水灰比和水泥强度、骨料特性、集浆比。此外,混凝土强度还受养护条件(温度、湿度、龄期等)及试验条件的影响。

③ 硬化混凝土的耐久性。混凝土结构物除要求具有设计强度,以保证建筑物能安全承受荷载外,还应具有耐久性,即保证混凝土在长期自然环境及使用条件下保持其使用性能。混凝土的耐久性主要包括抗渗、抗冻、抗侵蚀、碳化、碱—骨料反应等性能。

a. 混凝土的抗渗性。混凝土的抗渗性,是指混凝土抵抗水、油等压力液体渗透作用的能力。提高混凝土抗渗性的关键是提高密实度,改善混凝土的内部孔隙结构。具体措施有降低水灰比,采用减水剂,掺加引气剂,选用致密、干净、级配良好的骨料,加强养护等。

b. 混凝土的抗冻性。混凝土的抗冻性是指混凝土在饱和水状态下遭受冰冻时,抵抗冻融循环作用而不破坏的能力。抗冻性是以 28 d 龄期的试块在吸水饱和后于 $-20\sim-15$ ℃

和 15~20 ℃反复冻融循环,以同时满足强度损失率不超过 25%,质量损失率不超过 5%时的最多循环次数来确定。混凝土抗冻性以抗冻等级来表示,抗冻等级分为:F10、F15、F25、F50、F100、F150、F200、F250、F300 等 9 个等级。F 为等级符号,后面的数字分别表示混凝土能够承受反复冻融循环的最少次数。

影响混凝土抗冻性的主要因素有水泥品种、水灰比及骨料的坚固性等。提高抗冻性的措施是提高密实度、减小水灰比和掺入引气剂或减水型引气剂等。

c. 混凝土的抗侵蚀性。混凝土所处环境中含有侵蚀性介质时,混凝土便会遭受侵蚀,通常有软水侵蚀、硫酸盐侵蚀、镁盐侵蚀、碳酸侵蚀、一般酸侵蚀与强碱侵蚀等。混凝土的抗侵蚀性与所用水泥品种、混凝土的密实程度和孔隙特征等有关。密实和孔隙封闭的混凝土,环境水不易侵入,抗侵蚀性较强。提高混凝土抗侵蚀性的主要措施是合理选择水泥品种、降低水灰比、提高混凝土密实度和改善孔结构。

d. 混凝土的碳化。混凝土的碳化是指混凝土内水泥石中的氢氧化钙与空气中的二氧化碳,在湿度相宜时发生化学反应,生成碳酸钙和水,也称中性化。混凝土的碳化是二氧化碳由表及里逐渐向混凝土内部扩散的过程。碳化引起水泥石化学组成及组织结构的变化,像混凝土开裂、钢筋锈蚀等,从而降低混凝土的抗拉、抗折强度及抗渗能力。

影响碳化速度的主要因素有水泥品种、水灰比及外界因素(二氧化碳浓度、环境湿度)等。

e. 混凝土的碱-骨料反应。碱-骨料反应是指水泥中的碱(Na_2O、K_2O)与骨料中的活性二氧化硅发生化学反应,在骨料表面生成复杂的碱-硅酸凝胶,吸水体积膨胀(体积可增加 3 倍以上),从而导致混凝土产生膨胀开裂而破坏,这种现象称为碱-骨料反应。

混凝土发生碱-骨料反应的原因:一是水泥中碱含量高(Na_2O 大于 0.6%);二是骨料中含有活性二氧化硅成分;三是有水存在。避免碱-骨料反应的措施有:采用低碱水泥(碱含量不超过 0.6%);在混凝土中掺入活性混合材料,以减少膨胀值;防止水分侵入,设法使混凝土处于干燥状态等。

混凝土的密实程度是影响耐久性的主要因素,其次是原材料的性质、施工质量等。提高混凝土耐久性的主要措施有:合理选择水泥品种;控制水灰比及保证足够的水泥用量;选用质量良好、技术条件合格的砂石骨料;掺入减水剂或引气剂;改善施工操作,保证施工质量等。

④ 硬化混凝土的变形。

a. 非荷载作用下的变形

化学收缩。在混凝土硬化过程中,由于水泥水化生成物的体积比反应前物质的总体积小,从而引起混凝土的收缩,称为化学收缩。化学收缩能在混凝土内部产生微细裂缝,这些微细裂缝可能会影响到混凝土的受载性能和耐久性能。

干湿变形。处于空气中的混凝土当水分散失时,体积收缩,称为干燥收缩,简称干缩。但受潮后体积又会膨胀,即为湿胀。干缩变形对混凝土危害较大,干缩能使混凝土表面出现拉应力而导致开裂,严重影响混凝土的耐久性。混凝土干缩主要是水泥石产生的,因此降低水泥用量,减少水灰比是减少干缩的关键。此外还有用水量、水泥品种及细度、骨料种类和养护条件等。

温度变形。混凝土与其他材料一样,也会随着温度的变化产生热胀冷缩的变形。温度变形对大体积混凝土及大面积混凝土工程极为不利,在混凝土硬化初期,水泥水化放出较多热量,而混凝土又是热的不良导体,当混凝土厚度较厚时,散热很慢,因此造成混凝土内外温差很大,这将使混凝土产生内胀外缩,结果在外表混凝土中产生很大的拉应力,严重时使混凝土产生裂缝。因此,大体积混凝土施工常采用低热水泥、减少水泥用量、减少用水量、掺入缓凝剂及采用人工降温等措施,也可以在混凝土中每隔一定长度设置收缩缝以及在混凝土中设置温度筋等措施。

b. 荷载作用下的变形

在短期荷载作用下的变形。混凝土是一种由水泥、砂、石、孔隙等组成的不匀质的三相复合材料。它既不是一个完全弹性体,也不是一个完全塑性体,而是一个弹-塑性体。受力时,既产生可以恢复的弹性变形,又产生不可恢复的塑性变形,其应力与应变的关系不是直线,而是曲线。在应力-应变曲线上任一点的应力与其应变的比值,称作混凝土在该应力下的变形模量。根据《普通混凝土力学性能试验方法标准》(GB/T 50081—2002)中规定,采用 150 mm×150 mm×300 mm 的棱柱体作为标准试件,取测定点的应力为试件轴心强度的40%,经3次以上反复加荷与卸荷后,测得的变形模量值,即为该混凝土的弹性模量。影响混凝土弹性模量的因素主要有混凝土的强度、骨料的含量与弹性模量、养护条件等。

长期荷载作用下的变形——徐变。混凝土在长期荷载作用下,除产生瞬间的弹性变形和塑性变形外,还会产生随时间而增长的非弹性变形。混凝土承受持续荷载时,这种随时间的延长而增加的变形,称为徐变。混凝土的徐变受许多因素的影响。混凝土的水灰比较小或在水中养护时,徐变较小;水灰比相同的混凝土,其水泥用量越多,徐变越大;混凝土所用骨料的弹性模量较大时,徐变较小;所受应力越大,徐变越大。混凝土不论受压、受拉或受弯时,均有徐变现象。混凝土的徐变可消除钢筋混凝土内的应力集中,使应力重新分布,从而使局部应力集中得到缓解;对大体积混凝土则能消除一部分由于温度变形所产生的破坏应力。但在预应力钢筋混凝土中,混凝土的徐变将产生应力松弛,引起预应力损失,造成不利影响。

⑤ 普通混凝土的配合比。普通混凝土的配合比是指混凝土各组成材料数量之间的比例关系,实质上就是水泥、水、砂与石子组成材料的用量。其中有3个重要参数:水灰比、单位用水量和砂率。水灰比即指水与水泥之间的比例。单位用水量,即 1 m³ 混凝土的用水量,它反映了水泥浆与骨料之间的比例关系。砂率,砂子占砂、石总质量的百分率值,它影响着混凝土的黏聚性和保水性。

混凝土配合比的表示方法有两种:一是单位用量表示法,以 1 m³ 混凝土中各项材料的质量表示,如水泥(m_c)300 kg、水(m_w)180 kg、砂(m_s)720 kg、石子(m_g)1 200 kg;另一种是相对用量表示法,以各项材料相互的质量比来表示,上述的例子可换算成:水泥∶砂∶石子∶水=1∶2.4∶4∶0.6。

(5) 其他品种混凝土

① 轻混凝土。轻混凝土是指干密度小于 1 950 kg/m³ 的混凝土,包括轻骨料混凝土、多孔混凝土和大孔混凝土。

a. 轻骨料混凝土。凡是由轻粗骨料、轻细骨料(或普通砂)、水泥和水配制而成的轻混凝土,称为轻骨料混凝土。按骨料种类,轻骨料混凝土又可分为全轻混凝土(粗、细骨料均为轻骨料)和砂轻混凝土(细骨料全部或部分为普通砂)。

轻骨料按其来源可分为工业废料轻骨料(如粉煤灰陶粒、膨胀矿渣珠、煤渣及其轻砂等)、天然轻骨料(如浮石、火山渣及轻砂等)与人造轻骨料(如页岩陶粒、黏土陶粒、膨胀珍珠岩等)三类。轻骨料按粒径大小分为轻粗骨料和轻细骨料(或称轻砂)。

轻骨料混凝土与普通混凝土相比,有如下特点:表观密度小,弹性模量低,抗震性能好,热膨胀系数较小,抗渗、抗冻和耐久性能良好,导热系数小、保温性能好。强度等级为CL5.0、CL7.5、CL10、CL15、CL20、CL25、CL30、CL35、CL40、CL45、CL50。

b. 多孔混凝土。多孔混凝土是一种内部均匀分布细小气孔而无骨料的混凝土。多孔混凝土按形成气孔的方法不同,分为加气混凝土和泡沫混凝土两种。

加气混凝土是以含钙材料(石灰、水泥)、含硅材料(石英砂、粉煤灰等)和发泡剂(铝粉)为原料,经磨细、配料、搅拌、浇筑、发泡、静停、切割和压蒸养护等工序生产而成。一般预制成条板或砌块。加气混凝土的表观密度约为 $300\sim1\,200\ kg/m^3$,抗压强度约为 $0.5\sim7.5\ MPa$,导热系数约为 $0.081\sim0.29\ W/(m\cdot K)$。加气混凝土孔隙率大,吸水率大,强度较低,保温性能好,抗冻性能差,常用作屋面板材料和墙体材料。

泡沫混凝土是将水泥浆和泡沫剂拌合后,经硬化而成的一种多孔混凝土。其表观密度为 $300\sim500\ kg/m^3$,抗压强度为 $0.5\sim0.7\ MPa$,可以现场直接浇筑,主要用于屋面保温层。

c. 大孔混凝土。大孔混凝土是以粒径相近的粗骨料、水泥、水,有时加入外加剂配制而成的混凝土。由于没有细骨料,在混凝土中形成许多大孔。按所用骨料的种类不同,分为普通大孔混凝土和轻骨料大孔混凝土。

普通大孔混凝土的表观密度一般为 $1\,500\sim1\,950\ kg/m^3$,抗压强度为 $3.5\sim10\ MPa$,多用于承重及保温的外墙体。轻骨料大孔混凝土的表观密度为 $500\sim1\,500\ kg/m^3$,抗压强度为 $1.5\sim7.5\ MPa$,适用于非承重的墙体。大孔混凝土的导热系数小,保温性能好,吸湿性小,收缩较普通混凝土小20%~50%,抗冻性可达15~20次,适用于墙体材料。

② 高强混凝土。人们常将强度等级达到C60和超过C60的混凝土称为高强混凝土;强度等级超过C100的混凝土称为超高强混凝土。

高强混凝土的特点是强度高,变形小,耐久性能好,能适应现代工程向大跨度结构、重载受压构件及高耸发展和承受恶劣环境条件的需要。目前我国实际应用的高强混凝土C60~C80,主要用于混凝土桩基、电杆、大跨度薄壳结构、桥梁、输水管等。

③ 防水混凝土。防水混凝土是指具有较高抗渗能力的混凝土,其抗渗等级等于或大于P6级,又称抗渗混凝土。防水混凝土主要用于有防水抗渗要求的水工构筑物、给水排水构筑物(如水池、水塔等)和地下构筑物,以及有防水抗渗要求的屋面等。目前,常用的防水混凝土有普通防水混凝土、外加剂防水混凝土和膨胀水泥防水混凝土。

a. 普通防水混凝土。普通防水混凝土是以调整配合比的方法,提高混凝土自身密实性以满足抗渗要求的混凝土。其原理是在保证和易性前提下采用渗透性小的骨料,并尽量减小水灰比,以减小毛细孔的数量和孔径,同时适当提高水泥用量和砂率,在粗骨料周围形成质量良好和数量足够的砂浆包裹层,使粗骨料彼此隔离,以阻隔沿粗骨料相互连通的渗水孔网。

b. 外加剂防水混凝土。外加剂防水混凝土是在混凝土中掺入适量品种和数量的外加剂,以改善混凝土内部结构,隔断或堵塞混凝土中的各种孔隙、裂缝及渗水通道,以达到改善抗渗性的一种混凝土。常用的外加剂有引气剂和密实剂。

在混凝土内掺入引气剂,可使混凝土中产生大量均匀的、封闭的和稳定的小气泡,由于气泡的阻隔作用,隔断了渗水通道,提高了混凝土的抗渗性。引气剂防水混凝土还具有良好的和易性、抗冻性和耐久性,技术经济效果较好,应用普遍。

密实剂一般是指氯化铁或铝盐的溶液。这些溶液与氢氧化钙反应产生不溶于水的胶体,能堵塞混凝土内部的毛细管及孔隙,从而提高混凝土的密实度和抗渗性。密实剂防水混凝土具有很高的抗渗性能,不仅可抵抗水的渗透,还可抵抗油、气的渗透,常用于对抗渗性要求较高的混凝土,如高水压容器和储油罐等。

c. 膨胀水泥防水混凝土。膨胀水泥防水混凝土是采用膨胀水泥配制而成的。由于这种水泥在水化过程中能形成大量的钙矾石,会产生一定的体积膨胀,在有约束的条件下,能改善混凝土的孔结构,使毛细孔径减小,孔隙率降低,从而提高混凝土的密实性和抗渗性。

④ 聚合物混凝土。凡在混凝土组成材料中掺入聚合物的混凝土,统称为聚合物混凝土。聚合物混凝土一般可分为以下 3 种。

a. 聚合物水泥混凝土。它是以水溶性聚合物(如天然或合成橡胶乳液、热塑性树脂乳液等)和水泥共同为胶凝材料,并掺入砂或其他骨料而制成的。与普通混凝土相比,聚合物水泥混凝土具有较好的耐久性、耐磨性、耐腐蚀性和耐冲击性等。目前,其主要用于现场浇筑无缝地面、耐腐蚀性地面、桥面及修补混凝土工程中。

b. 聚合物胶结混凝土。又称树脂混凝土,是以合成树脂为胶结材料、以砂石为骨料的一种聚合物混凝土。树脂混凝土与普通混凝土相比,具有强度高和耐腐蚀、耐磨性、抗冻性好等优点,缺点是硬化时收缩大、耐久性差。目前成本较高,只能用于特殊工程(如耐腐蚀工程、修补混凝土构件及堵缝材料等)。此外,树脂混凝土因其美观的外表,又称人造大理石,可以制成桌面、地面砖、浴缸等装饰材料。

c. 聚合物浸渍混凝土。聚合物浸渍混凝土是以混凝土为基材(被浸渍的材料),将有机单体(如甲基丙烯酸甲酯、苯乙烯、丙烯氰等)掺入混凝土中,再加入催化剂和交联剂等,然后再用加热或放射线照射的方法使其聚合,使混凝土与聚合物形成一个整体。

聚合物浸渍混凝土的抗渗、抗冻、耐蚀、耐磨、抗冲击等性能都得到显著提高,另外,这种混凝土抗压强度可达 150 MPa 以上,抗拉强度可达 24.0 MPa。但聚合物浸渍混凝土造价较高。

⑤ 抗冻混凝土。抗冻等级不小于 F50 级的混凝土称为抗冻混凝土。

抗冻混凝土的原材料应符合下列规定:宜选用硅酸盐水泥或普通硅酸盐水泥,不宜使用火山灰质硅酸盐水泥;宜选用连续级配的粗骨料,其含泥量不得大于 1.0%,泥块含量不得大于 0.5%;细骨料含泥量不得大于 3.0%,泥块含量不得大于 1.0%;抗冻等级 F100 及以上的混凝土使用的粗骨料和细骨料均应进行坚固性试验,并应符合《建筑用砂》(GB/T 14684—2001)和《建筑用卵石、碎石》(GB/T 14685—2001)的规定;抗冻混凝土宜采用减水剂,对抗冻等级 F100 及以上的混凝土应掺入引气剂。

⑥ 纤维混凝土。纤维混凝土是以普通混凝土为基材,将短而细的分散性纤维,均匀地撒布在普通混凝土中制成。纤维在混凝土中起增强作用,可提高混凝土的抗压、抗弯、冲击韧性,也能有效地改善混凝土的脆性。

常用的短切纤维有两类:一类是高弹性模量纤维,如钢纤维、玻璃纤维、碳纤维等;另一类是低弹性模量纤维,如尼龙纤维、聚乙烯纤维和聚丙烯纤维等。低弹性模量纤维能提高冲击韧性,但对抗拉强度影响不大;高弹性模量纤维能显著提高抗拉强度。目前,纤维混凝土已用于路面施工等方面。

2) 建筑砂浆

(1) 砂浆的类型、组成材料及主要技术性质

① 砂浆的类型

建筑砂浆是由胶凝材料、细骨料、掺加料和水按一定的比例配制而成的建筑材料。它与混凝土的主要区别是组成材料中没有粗骨料,因此,建筑砂浆也可称为细骨料混凝土。

根据不同用途,建筑砂浆主要分为砌筑砂浆、抹面砂浆(普通抹面砂浆、防水砂浆、装饰砂浆等)、特种砂浆(如隔热砂浆、耐腐蚀砂浆、吸声砂浆等)。

按所用的胶凝材料不同,建筑砂浆分为水泥砂浆、石灰砂浆、石膏砂浆、混合砂浆和聚合物水泥砂浆等。常用的混合砂浆有水泥石灰砂浆、水泥黏土砂浆和石灰黏土砂浆。

② 砂浆的组成材料

a. 胶凝材料。建筑砂浆主要的胶凝材料是水泥,常用的水泥品种有普通水泥、矿渣水泥、火山灰水泥、砌筑水泥和粉煤灰水泥等。应根据砌筑部位、工程所处的环境条件、强度要求和特殊功能等选用合适的水泥品种。水泥砂浆中的水泥强度等级不宜大于 32.5 级,混合砂浆中水泥强度等级不宜大于 42.5 级。一般水泥强度等级(28 d 抗压强度指标值,以 MPa 计)宜为砂浆强度等级的 4~5 倍。石灰、石膏和黏土亦可作为砂浆的胶凝材料,可与水泥混合使用配制混合砂浆,可以节约水泥并改善砂浆的和易性。

b. 细骨料。砂是建筑砂浆的细骨料,应符合《建筑用砂》(GB/T 14684—2001)的规定。此外,由于砂浆层较薄,对砂子最大粒径应有限制。用于毛石砌体的砂浆,宜选用粗砂,砂子最大粒径应小于砂浆层厚度的 1/5~1/4;对于砖砌体使用的砂浆,宜选用中砂,其最大粒径不大于 2.5 mm;抹面及勾缝砂浆,宜选用细砂,其最大粒径不大于 1.2 mm。为保证砂浆质量,应选用洁净的砂,砂中黏土杂质的含量不宜过大,建筑工业行业标准《砌筑砂浆配合比设计规程》(JGJ 98—2000)规定:砂浆强度等级大于或等于 M5 的,砂的含泥量应小于或等于 5%;强度等级为 M2.5 的,砂的含泥量应小于或等于 10%。

c. 水。拌制砂浆应采用不含有害杂质的洁净水,一般与混凝土用水要求相同,要符合《混凝土拌合用水标准》(JGJ 63—1989)的规定,未经试验鉴定的污水不得使用。

d. 掺加料及外加剂。为了改善砂浆的和易性和节约水泥,可在砂浆中加入一些无机的细颗粒掺料,如石灰膏、黏土膏、电石膏、粉煤灰等,以达到提高质量、降低成本的目的。

为使砂浆具有良好的和易性和其他施工性能,可在砂浆中掺入外加剂(如引气剂、早强剂、缓凝剂、防冻剂等),外加剂的品种和掺量及物理力学性能等都应通过试验确定。

③ 砂浆的主要技术性质

为保证工程质量,新拌砂浆应具有良好的和易性,硬化后的砂浆应满足设计强度等级要求,并具有对基面足够的黏结力,而且变形较小,耐久性符合规定。

a. 新拌砂浆的和易性。新拌砂浆的和易性是指砂浆易于施工并能保证质量的综合性质,包括流动性和保水性两方面内容。和易性好的砂浆能比较容易地在砖石表面上铺砌成均匀的薄层,能很好地与基面黏结。

流动性又称稠度,是指砂浆在自重或外力作用下流动的性能。流动性的大小用"沉入度"表示,通常用砂浆稠度测定仪测定。砂浆流动性的选择应根据砌体种类、施工条件和气候条件等因素来决定。在工地上常用施工操作经验来掌握。

砂浆的保水性是指砂浆能够保持水分的能力。砂浆的保水性以"分层度"表示,用砂浆分层度测量仪测定。保水性良好的砂浆,分层度应在 10~30 mm。分层度大于 30 mm 时,砂浆保水性差,易于离析;分层度小于 10 mm 时,砂浆过于黏稠,不便施工。一般水泥砂浆分层度不应大于 30 mm,混合砂浆分层度一般不超过 20 mm。

b. 硬化砂浆的强度和强度等级。砂浆硬化后应具有足够的强度,强度的大小用强度等级表示,抗压强度是划分砂浆强度等级的主要依据。

砂浆的强度等级是以边长为 70.7 mm 的立方体试件,1 组 6 块,在标准条件(温度 20 ± 3 ℃,规定湿度:水泥混合砂浆相对湿度为 $60\%\sim80\%$,水泥砂浆和微沫砂浆相对湿度为 90% 以上)下养护 28 d 后,用标准试验方法测得的抗压强度(MPa)平均值来确定,用 $f_{m,o}$ 表示。砌筑砂浆的强度等级分为:M20、M15、M10、M7.5、M5、M2.5 等 6 个等级。

c. 砂浆的黏结力。砖石砌体是靠砂浆把许多块状的材料黏结成为一坚固整体的,因此要求砂浆对于砖石要有一定的黏结力。一般情况下,砂浆的抗压强度越高,其黏结力越大。此外,砂浆的黏结力与砖石表面状态、清洁程度、湿润情况以及施工养护条件等都有相当关系。如砌砖要事先浇水湿润,表面不沾泥土,就可以提高砂浆的黏结力,保证砌体的质量。

d. 砂浆的变形性。砂浆在承受荷载或温度情况变化时,容易变形。如果变形过大或不均匀,则会降低砌体及层面质量,引起沉陷或开裂。在使用轻骨料拌制的砂浆时,其收缩变形比普通砂浆大。为防止抹面砂浆收缩变形不均而开裂,可在砂浆中掺入麻刀、纸筋等纤维材料。

e. 硬化砂浆的耐久性。砂浆的耐久性是指砂浆在各种环境条件作用下,具有经久耐用的性能。经常与水接触的水工砌体有抗渗及抗冻要求,故水工砂浆应考虑抗渗、抗冻性。

砂浆的抗冻性是指砂浆抵抗冻融循环作用的能力。砂浆受冻遭损是由于其内部孔隙中水的冻结膨胀引起孔隙破坏而致。因此,密实的砂浆和具有封闭性孔隙的砂浆都具有较好的抗冻性能。此外,影响砂浆抗冻性的因素还有水泥品种及强度等级、水灰比等。

砂浆的抗渗性是指砂浆抵抗压力水渗透的能力。它主要与密实度及内部孔隙的大小和构造有关。砂浆内部互相连通的孔以及成型时产生的蜂窝、孔洞都会造成砂浆渗水。

(2) 砌筑砂浆

将砖、石、砌块等黏结成为整个砌体的砂浆称为砌筑砂浆。砌体的承载能力不仅取决于砖、石等块体强度,而且与砂浆强度有关。砌筑砂浆应根据工程类别及砌体部位的设计要求来选择砂浆的强度等级,再按所选择的砂浆强度等级确定其配合比。通常可以查阅有关手册和资料来选择,经过试配调整,确定施工用的配合比。

(3) 抹面砂浆

抹面砂浆也称抹灰砂浆,以薄层抹在建筑物内外表面,既可保护建筑物,增加建筑物的耐久性,又可使其表面平整、光洁美观。为了便于施工,要求抹面砂浆具有良好的和易性,与基底材料有足够的黏结力,长期使用不致开裂或脱落。因此,抹面中常需加入纤维材料,如纸筋、麻刀等。抹面砂浆按其功能的不同可分为普通抹面砂浆、装饰砂浆等。

① 普通抹面砂浆。普通抹面砂浆主要是为了保护建筑物结构主体免遭各种侵蚀,提高建筑物的耐久性,使表面平整美观,改善建筑物的外观形象。包括石灰砂浆、水泥砂浆、混合砂浆、麻刀石灰砂浆、纸筋石灰浆等。

为了避免抹灰层起翘、开裂、脱落,通常抹面需分层抹灰。

底层砂浆主要起与基层黏结的作用。砖墙底层抹灰多用石灰砂浆;有防水、防潮要求时用水泥砂浆;混凝土底层抹灰多用水泥砂浆或混合砂浆;板条墙及顶棚的底层抹灰多用混合砂浆或石灰砂浆。

中层砂浆主要起找平作用,多用混合砂浆或石灰砂浆。

面层砂浆主要起保护装饰作用,宜用细砂。面层抹灰多用混合砂浆、麻刀石灰砂浆、纸筋石灰砂浆。在容易碰撞或潮湿部位的面层,如墙裙、踢脚板、雨篷、水池、窗台等均应采用水泥砂浆。

② 装饰砂浆。涂抹在建筑物内外墙表面，以增加建筑物美观效果的砂浆称为装饰砂浆。装饰砂浆与抹面砂浆的主要区别在面层。面层要选用具有一定颜色的胶凝材料和染料并采用特殊的施工操作方法，以使表面呈现出各种不同的色彩线条和花纹等装饰效果。

装饰砂浆的各种色彩主要通过选用白水泥、彩色水泥、天然彩色砂或矿物颜料组成各种彩色的砂浆面层。常见的装饰砂浆有水刷石、斩假石、干黏石、水磨石等。

(4) 特种砂浆

① 防水砂浆。防水砂浆是一种制作防水层的抗渗性高的砂浆。常用于地下工程、水池、地下管道、沟渠、隧道或水塔的防水。砂浆防水层常用于不受振动和具有一定刚度的混凝土与砖石砌体的表面，砂浆防水层又称刚性防水层。

防水砂浆可以用普通水泥砂浆来制作，也可以在水泥砂浆中掺入防水剂。常用的防水剂有硅酸钠类、金属皂类、氯化物金属盐及有机硅类，加入防水剂的水泥砂浆可提高砂浆的密实性和提高防水层的抗渗能力。

防水砂浆还可以用膨胀水泥和无收缩水泥来配制，所配制的防水砂浆具有微膨胀和抗渗性。防水砂浆的配合比中，水泥与砂的质量比不宜大于 1∶25，水灰比应为 0.50～0.60，稠度不应大于 80 mm。水泥宜选用 32.5 级以上的普通硅酸盐水泥或 42.5 级矿渣水泥，砂子宜选用中砂。

② 隔热砂浆。隔热砂浆是以水泥、石灰、石膏等胶凝材料与膨胀珍珠岩、膨胀蛭石、火山渣、浮岩或陶黏砂等轻质多孔骨料，按一定比例配制。隔热砂浆导热系数为 0.07～0.10 W/(m·K)。隔热砂浆具有轻质和保温隔热性能，可用于屋面隔热层、隔热墙壁或供热管道的隔热层等处。

③ 吸声砂浆。由水泥、石膏、砂、锯末配制成的砂浆，称为吸声砂浆。在石灰、石膏砂浆中掺入玻璃纤维、矿物棉等松软纤维材料，也可得到吸声砂浆。由轻质多孔骨料配制成的隔热砂浆，也具有吸声性能。吸声砂浆用于有吸声要求的建筑物室内墙壁和顶棚的抹灰。

④ 耐腐蚀砂浆。由普通硅酸盐水泥，密实的石灰岩、石英岩、火成岩制成的砂和粉料，掺入水玻璃（硅酸钠）、氟硅酸钠配制的砂浆，称为耐腐蚀砂浆。耐腐蚀砂浆多用作衬砌材料、耐酸地面和耐酸容器的内壁防护层。

1.3.4 砖和其他砌体材料

1) 砖

(1) 烧结普通砖（实心砖）

烧结普通砖是以黏土、页岩、煤矸石、粉煤灰为主要原料经烧结而成的。烧结普通砖的外形为直角六面体，标准尺寸是 240 mm×115 mm×53 mm。按其抗压强度可分为 MU30、MU25、MU20、MU15 和 MU10 等 5 个强度等级。

烧结普通砖有一定的强度和耐久性，并有较好的保温隔热性能，是传统的墙体材料。但由于烧结普通砖的生产消耗了大量的土地资源和煤炭资源，造成严重的环境破坏和污染。因此，国家为促进墙体材料结构调整和技术进步，提高建筑工程质量和改善环境，出台了一系列政策。根据我国墙材革新和墙材"十五"规划要求，全国已有 170 个大中城市在 2003 年 6 月 30 日以后禁止使用实心黏土砖，除此以外，所有省会城市在 2005 年以后全面禁止使用实心黏土砖，在沿海地区和大中城市，禁用范围将逐步扩大到以黏土为主要原料的墙体材料。

(2) 烧结多孔砖和烧结空心砖

① 烧结多孔砖。烧结多孔砖是以黏土、页岩、煤矸石为主要原料烧结而成的,主要用于结构承重。砖的大面有孔洞,孔的尺寸小而数量多,其孔洞率不小于15%,使用时孔道垂直于承压面,因为它的强度较高,主要用于6层以下建筑物的承重部位。其规格尺寸见表1-20。

表1-20 烧结多孔砖的主要规格尺寸(mm)

代 号	长	宽	高
M型	190	190	90
P型	240	115	90

根据烧结多孔砖的抗压强度、抗折强度可分为MU30、MU25、MU20、MU15、MU10和MU7.5等6个强度等级。根据砖的尺寸偏差和外观质量、强度等级和物理性能分为优等品、一等品与合格品三个质量等级。

② 烧结空心砖。烧结空心砖是以黏土、页岩、粉煤灰为主要原料烧结而成的,主要用于非承重部位。孔洞为矩形条孔或其他孔形,一般平行于大面或条面,孔的尺寸大而数量少,其孔洞率不小于35%,因为其质量轻,保温性能好,强度低,所以主要用于非承重墙及框架结构的填充墙。

按国家标准规定,烧结空心砖的外形为直角六面体,其标准尺寸是 290 mm×190 mm×90 mm 和 240 mm×180 mm×115 mm 两种。根据空心砖的表观密度不同分为800、900、1 100三个级别,按其抗压强度可分为MU5.0、MU3.0、MU2.0三个强度等级。根据砖的尺寸偏差、孔洞及其排数、强度等级和物理性能又可分为优等品、一等品与合格品三个质量等级。

(3) 蒸压灰砂砖

蒸压灰砂砖是以石灰和砂为主要原料,经计量配料、搅拌混合、消化、压制成型、蒸压养护、成品包装等工序而制成的实心或空心砖,它是典型的硅酸盐建筑制品,主要用于多层混合结构建筑的承重墙体。

根据国家标准《蒸压灰砂砖》(GB 11945—1999)规定,其规格为 240 mm×115 mm×53 mm。强度级别有 MU10、MU15、MU20、MU25 等4个等级,抗压强度平均值分别为 10 MPa、15 MPa、20 MPa、25 MPa,抗折强度平均值分别为 2.5 MPa、3.3 MPa、4.0 MPa、5.0 MPa。根据尺寸偏差和外观质量分为优等品、一等品与合格品三个质量等级。

(4) 蒸压粉煤灰砖

蒸压粉煤灰砖是以粉煤灰、石灰、石膏以及骨料为原料,经配料、搅拌、轮碾、压制成型、高压蒸气养护等生产工艺制成的实心粉煤灰砖。根据其抗压强度、抗折强度可分为MU20、MU15、MU10、MU7.5等4个等级。

2) 砌块

(1) 混凝土小型空心砌块

混凝土小型空心砌块是以水泥为胶凝材料,砂石为骨料加水搅拌、振动加压成型,经养护而成的具有一定空心率的砌体材料。水泥品种一般选择普通硅酸盐水泥、矿渣水泥、火山灰水泥或复合水泥,宜采用散装水泥。水泥强度一般选用32.5 MPa。可掺入部分粉煤灰或粒化矿渣粉等活性混合材料,以节约材料;细骨料主要采用砂、石屑,粗骨料可采用碎石、卵石或重矿渣等。

按国家标准《普通混凝土小型空心砌块》(GB 8239—1997)规定,常见规格尺寸为 390 mm×190 mm×190 mm,最小外壁厚应不小于 30 mm,最小肋厚应不小于 25 mm,小砌块的空心率应不小于 25%。按砌块抗压强度分为 MU3.5、MU5.0、MU7.5、MU10.0、MU15.0 与 MU20.0 等 6 个等级。

混凝土空心砌块具有强度高、自重轻、砌筑方便、墙面平整度好、施工效率高等优点,因此应用广泛。一般用于各类建筑的承重墙体及框架结构填充墙。

(2) 轻骨料混凝土小型空心砌块

轻骨料混凝土小型空心砌块是以水泥为胶凝材料,炉渣等工业废渣为轻骨料加水搅拌,振动成型,经养护而成的具有较大空心率的砌体材料。

轻骨料混凝土空心砌块具有自重轻、保温隔热性能好、抗震性能强、防火、吸声隔声性能优异、施工方便、砌筑效率高等优点。因此可用于框架结构的填充墙,各类建筑的非承重墙及一般低层建筑墙体。

常用的轻骨料混凝土小型空心砌块有陶粒混凝土小砌块、火山渣混凝土小砌块、煤渣混凝土小砌块和自然煤矿石混凝土小砌块等。一般规格尺寸为 390 mm×190 mm×190 mm。强度等级为 MU1.5、MU2.5、MU3.5、MU5.0、MU7.5 与 MU10.0 等 6 个等级。

(3) 蒸压加气混凝土砌块

蒸压加气混凝土砌块是以水泥、石灰、矿渣、砂、粉煤灰等为基本原料,并加入适量发气剂(铝粉),经磨细、计量配料、搅拌浇筑、发气膨胀、静停切割、蒸压养护、成品加工、包装等工艺制成的一种多孔轻质的墙体材料。

它具有质量轻、保温隔热性能好、防火、吸声、有一定强度、可加工性好、施工简便等特点,被应用于多层及高层建筑的分户墙、分隔墙和框架结构的填充墙及 3 层以下的房屋承重墙。

蒸压加气混凝土砌块按抗压强度分为 MU1.0、MU2.0、MU2.5、MU3.5、MU5.0、MU7.5、MU10.0 等 7 个级别。规格尺寸见表 1-21。

表 1-21　蒸压加气混凝土砌块规格尺寸(mm)

公称尺寸			制作尺寸		
长度(L)	宽度(B)	高度(H)	长度(L_1)	宽度(B_1)	高度(H_1)
600	100,125,150,200,250,300	200	$L-10$	B	$H-10$
	120,180,240	250			
		300			

(4) 其他砌块

石膏空心砌块是以高强度石膏粉为主要原料,加入适量功能性掺料及化学外加剂配料混合,浇筑成型,机械抽芯,干燥养护制成的轻质石膏墙体材料。砌块的规格为 600 mm×500 mm×110 mm,用来砌筑厚度为 110 mm 的隔墙。砌块具有质轻、耐火、可锯、可创、安装简便、施工快捷等特点,宜用于高层框架轻板结构及各种危房改造、房屋加层、大开间分隔等内隔墙。

大孔陶粒混凝土空心砌块是采用黏土陶粒为骨料的大孔混凝土制成的空心砌块,一般规格为 400 mm×200 mm×200 mm,带有两个向下开口的孔,减轻了自重,用于框架填充墙和一般隔墙。

3) 轻质墙板

(1) 水泥类墙用板材

① 轻质多孔隔墙条板(简称 GRC 板)。轻质多孔隔墙条板是以耐碱玻璃纤维作增强材料,低碱水泥作胶凝材料,膨胀珍珠岩为集料(也可用粉煤灰、炉渣等),并配以发泡剂和防水剂,经配料、搅拌、成型、养护而成的多孔轻质墙板,具有质量轻、防潮、不燃、保温隔声、加工方便、施工效率高等特点。外形尺寸可根据设计要求加工成任意长度,一般长为 2.4～3.0 m,宽为 600 mm,厚为 60 mm、90 mm、120 mm 三种,适用于各类建筑的非承重隔墙等。

② TK 板。TK 板是以短切玻璃纤维等为增强材料,以 I 型低碱度硫铝酸盐水泥为胶结材料,经混合、搅拌成型,养护而成的建筑平板,又称纤维增强低碱度水泥建筑平板。它具有质量轻、不燃、耐水、不变形,可钉、可锯、可涂刷、可干作业施工等特点。其外形尺寸为 (1 200～3 000) mm×900 mm×5(或 6 或 8)mm,适用范围为框架结构的复合外墙、内隔墙和吊顶,特别是高层建筑有防火、防潮要求的隔墙。

③ GM 防火板。GM 防火板是以氯化镁、氧化镁水泥为胶凝剂,玻璃纤维为增强剂,少量化工原料为辅助剂,经搅拌成型,养护而成的复合墙板,具有不燃、强度高、无毒、不怕湿、不变形、线膨胀低、拼缝效果好的特点。其外形尺寸为(2 000～2 400) mm×(1 000～1 200) mm×3(或 4 或 5 或 8 或 10) mm。其应用广泛,适用于防火隔墙板、防火吊顶板、防护墙板、外墙装饰板、路牌广告板、屋面板、防雨板、隔声板、吸声板等。

(2) 石膏类墙用板材

石膏类墙用板材有纸面石膏板与石膏空心条板等。

纸面石膏板是以熟石膏(半水石膏)为胶凝材料,并掺入适量外加剂和纤维作为夹芯,以板纸为护面制成的轻质板材,具有质轻、强度高、防火、抗震、防虫蛀、隔声、隔热、可加工性好以及装修美观等特点。以龙骨为骨架组成的墙体,可省去土建砌筑、抹灰等湿法作业。其具有施工快、劳动强度低、增加使用面积等优点,特别适用于高层建筑、旧房加层、改造中的内隔墙,也可作为吊顶材料。

石膏空心条板是以天然石膏或化学石膏为主要原料(也可掺入适量粉煤灰和水泥),加入少量增强纤维(也可掺入适量膨胀珍珠岩),经搅拌混合,浇筑成型的轻质板材,具有质量轻、隔热、防火及施工方便等优点。其外形尺寸为 800 mm×500 mm×90 mm,一般适用于工业与民用建筑的非承重内隔墙,但若用于相对湿度大于 75% 的环境中,则板材表面应做防水等相应处理。

(3) 复合类墙板

① 钢丝网架水泥聚苯乙烯夹芯板。又称泰柏板,是以直径为 2.06±0.03 mm,屈服强度为 390～490 MPa 的钢丝焊接成的三维钢丝骨架,以阻燃型聚苯乙烯泡沫、泡沫塑料作内芯,以水泥砂浆作表层,喷抹而成的复合墙板,具有质量轻、隔热、保温、隔声、耐潮、防火、抗震性好、可任意切割、施工速度快等优点。主要规格尺寸为 2 700 mm×1 250 mm×110 mm。宜用于高层、框架结构的填充墙,多层及低层建筑的非承重墙、内隔墙、建筑加层的墙体、屋面等。

② EPS 轻质隔热夹芯板。以两层彩色薄钢板作表层,以阻燃聚苯乙烯塑料作内芯,由自动生成机将其黏在一起的复合墙板。具有质量轻、强度高、美观耐久、保温性好、防火防潮、施工简便,无需饰面抹灰,拼装灵活等优点。外形尺寸一般板长不大于 9 000 mm、宽 1 200 mm,厚 50～250 mm,可用于建筑内隔墙、外墙和屋面,活动组合房屋,建筑加层及大跨

度空间结构的屋面及墙板等。

③ 钢丝网架岩棉夹芯板。以三维空间焊接钢丝网架为骨架,以阻燃型岩棉为内芯构成的网架芯板,具有质量轻、隔热、保温、隔声、防火、抗震性好、施工快等优点。标准板尺寸为 2 440 mm×1 220 mm×76 mm,其他板规格可按设计要求加工。宜用于高层框架结构的填充墙,各类建筑的非承重内隔墙,建筑加层的墙体、屋面等。

④ 轻质大型墙板(SCH 板)。SCH 板是以高强硅酸钙玻璃纤维复合材料为面板,以膨胀珍珠岩为芯板,通过压制成型,经自然养护而成的复合墙板,具有耐腐蚀、隔热、隔声等特点,可钉、可锯、可刨,墙体可直接装饰,适用于框架结构的内外非承重墙体等。

(4) 其他板材

① 隔热保温压型板。是用专用胶黏剂将镀铝膜复合泡沫片牢固地黏结在金属压型板上,经碾压而成,具有轻质高强、隔热保温、防风抗震等优点,适用于非承重墙体、屋面等。

② 铝塑复合板。铝塑复合板是在铝板表面涂上一层氟碳树脂,形成色彩多样、光洁平整的复合材料。具有坚固耐用、隔声抗震、色彩均匀、易于保养、耐冲击、防腐蚀、耐盐雾、抗污染、施工安装方便等多项优点。因此,其广泛用于建筑物的内外墙装饰,也可用于顶棚等高级装潢。

③ 热反射镀镁幕墙玻璃。是在优质的浮法玻璃上镀覆 1~4 层金属化合物薄膜而形成的一种彩色建筑玻璃。其具有良好的热反射性能,色彩鲜艳,能吸收和反射几乎所有紫外线,改善建筑物室内环境,节约能源,减缓物品老化,常应用于建筑物玻璃幕墙及建筑外装饰。

1.3.5 钢材和其他金属材料

金属材料是指由一种或一种以上的金属元素或金属元素与某些非金属元素组成的合金的总称。金属材料一般分为黑色金属及有色金属两大类。黑色金属基本成分为铁及其合金,故亦称铁金属。有色金属是除铁以外的其他金属,如铝、铜、铅、锌、锡等及其合金。

1) 钢材

建筑用钢材包括各种型钢、钢板、钢管,以及钢筋混凝土用的钢筋和钢丝。钢材是建筑工程上应用最广、最重要的建筑材料之一。

(1) 钢材的种类与编号

建筑工程上用钢的品种主要为碳素结构钢和低合金结构钢。

① 碳素结构钢,按 GB/T 700—2006 规定,碳素结构钢牌号由代表屈服点的字母"Q"、屈服点数值、质量等级、脱氧方法等 4 部分按顺序组成。屈服点数值共分 195、215、235 和 275 N/mm^2 等 4 种;质量等级以硫、磷杂质含量由多到少,分别用 A、B、C、D 符号表示,脱氧方法以 F 表示沸腾钢,b 表示半镇静钢,Z 和 TZ 表示镇静钢和特殊镇静钢。Z 和 TZ 在表示钢的牌号时可以省略。

② 低合金结构钢,近年来我国以"多元少量"为特点,发展了硅钒系、硅钛系、硅锰系等低合金结构钢,共 17 个牌号。低合金结构钢的钢号是按下列规则编制的。现以 $45Si_2MnV$ 为例:钢号首的数字表示平均含碳量的万分数,如"45"表示含碳量为 0.45%;钢中化学元素符号代表所含的合金元素,如上例中硅(Si)、锰(Mn)、钒(V);各合金元素的含量以角注表示,如上例中"Si_2",则表示含硅量在 1.5%~2.49%,含量小于 1.5% 的合金元素,不作脚注。

上例是"空位"则表示为镇静钢。

通过钢号可以大致推知钢材的组成及其质量。

(2) 常用建筑钢材

建筑工程常用钢材主要有以下 4 个方面：

① 钢结构用钢——有角钢、方钢、槽钢、工字钢、钢板及扁钢等。

② 钢筋混凝土结构用钢——有光圆钢筋、带肋钢筋、钢丝和钢纹线等。

③ 钢管——有焊缝钢管和无缝钢管等。

④ 建筑装饰用钢——不锈钢板、彩色涂层钢板、压型钢板、轻钢龙骨等。

2) 建筑装饰用钢材制品

在普通钢材基体中添加多种元素或在基体表面上进行艺术处理，可使普通钢材不失为一种金属感强、美观大方的装饰材料。以各种金属作为建筑装饰材料，有着源远流长的历史。北京颐和园中的铜亭，山东泰山顶上的铜殿，云南昆明的金殿等都是古代留下来使用金属材料的典范。在现代建筑中，金属材料更是以它独特的性能——耐腐、轻盈、高雅、光辉、质地、力度愈来愈受到关注。从高层建筑的金属铝门窗到围墙、栅栏、阳台、入口、柱面、楼梯扶手等，金属材料无处不在。目前，建筑装饰工程中常用的钢材制品，主要有不锈钢钢板与钢管、彩色不锈钢板、彩色涂层钢板、彩色压型钢板、镀锌钢卷帘门板及轻钢龙骨等。

(1) 建筑装饰用不锈钢及其制品

普通建筑钢材在一定介质的侵蚀下，很容易被锈蚀。试验结果证明，当钢中含有铬(78)元素时，铬首先与环境中的氧化合，生成一层与钢基体牢固结合的致密的氧化膜层(称为钝化膜)，使合金钢大大提高了耐蚀性。不锈钢是以铬元素为主要元素的合金钢，钢中的铬含量越高，钢的抗腐蚀性越好。

不锈钢按其化学成分不同，可分为铬不锈钢、铬镍不锈钢和高锰低铬不锈钢等。常用的不锈钢有 40 多个品种，其中建筑装饰用的不锈钢，主要是 $0Cr_{18}Ni_9$、$1Cr_{18}$、Ni_9Ti、$0Cr_{13}1Cr_{17}Ti$ 等几种。不锈钢牌号用一位数字表示平均含碳量，以千分之几计，小于千分之一的用"0"表示，后面是主要合金元素符号及其平均含量，如 $2Cr_{13}Mn_9Ni_4$ 表示含碳量为 0.2%，平均含铬、锰、镍依次为 13%、9%、4%。建筑装饰所用的不锈钢制品主要是薄钢板，其中厚度小于 2 mm 的薄钢板用得最多。不锈钢膨胀系数大，约为碳钢的 $1.3\sim1.5$ 倍，但导热系数只有碳钢的 1/3，不锈钢韧性、延展性及表面光泽性均较好。不锈钢的耐蚀性随所加元素的不同表现出不同，当只加入单一的合金元素铬的不锈钢在氧化性介质(水蒸气、大气、海水、氧化性酸)中有较好的耐蚀性，而在非氧化性介质(盐酸、硫酸、碱溶液)中耐蚀性很低。而镍铝不锈钢由于加入了镍元素，镍对非氧化性介质有很强的抗蚀力，因此镍铬不锈钢的耐蚀性更佳。

不锈钢在园林建筑装饰中常用于柱面、栏杆、扶手的装饰等。由于不锈钢的高反射性及金属质地的强烈时代感，与周围环境中的各种色彩、景物交相辉映，对空间效应起到了强化、点缀和烘托的作用，成为现代高档建筑柱面装饰的流行材料之一。

不锈钢装饰制品除板材外，还有管材、型材，如各种弯头规格的不锈钢楼梯扶手，以它轻巧、精制、线条流畅展示了优美的空间造型，使周围环境得到了升华。不锈钢自动门、转门、拉手、五金与晶莹剔透的玻璃，使建筑达到了尽善尽美的境地。不锈钢龙骨是近几年才开始应用的，其刚度高于铝合金龙骨，具有更强的抗风压性和安全性，并且光洁、明亮。

(2) 彩色不锈钢板

彩色不锈钢板是在普通不锈钢板的基础上进行技术性和艺术性的加工，使其表面成为具有各种绚丽色彩的不锈钢装饰板，其颜色有蓝、灰、紫、红、青、绿、橙、茶色、金黄等多种，能满足各种装饰的要求。

彩色不锈钢板具有很强的抗腐蚀性,较高的机械性能、彩色面层经久不褪色、色泽随光照角度不同会产生色调变换等特点,而且色彩能耐200 ℃的温度,耐烟雾腐蚀性能超过普通不锈钢板,耐磨和耐刻划性能相当于箔层涂金的性能。其可加工性很好,当弯曲90°时,彩色层不会损坏。

彩色不锈钢板的用途很广泛,可用于墙板、顶棚、电梯厢板、车厢板、建筑装潢、广告招牌等装饰之用,采用彩色不锈钢板装饰墙面,不仅坚固耐用,美观新颖,而且具有浓厚的时代气息。

(3) 彩色涂层钢板

为提高普通钢板的防腐和装饰性能,从20世纪70年代开始,国际上迅速发展新型带钢预涂产品——彩色涂层钢板。近年来,我国也相应发展这种产品,上海宝山钢铁厂兴建了我国第一条现代化彩色涂层钢板生产线。

彩色涂层钢板,可分为有机涂层、无机涂层和复合涂层三种,以有机涂层钢板发展最快。有机涂层可以配制各种不同色彩和花纹,具有优异的装饰性,涂层附着力强,可长期保持新颖的色泽,并且加工性能好,可进行切断、弯曲、钻孔、铆接、卷边等。彩色涂层钢板的结构比较复杂,如图1-2所示。

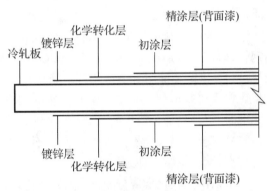

图1-2 彩色涂层钢板的结构

彩色涂层钢板有一涂一烘、二涂二烘两种类型的产品。上表面涂料有聚酯硅改性树脂、聚偏二氟乙烯等,下表面涂料有环氧树脂、聚酯树脂、丙烯酸酯、透明清漆等。彩色涂层钢板主要具有耐污染性、耐高温性、耐低温性、耐沸水性等性能。

彩色涂层钢板不仅可用作建筑外墙板、屋面板、护壁板等,而且还可用作商业亭、候车亭的瓦楞板,另外也可用作防水汽渗透板、排气管道、通风管道、耐腐蚀管道、电气设备罩等。其中,塑料复合钢板是一种多用装饰钢材,是在Q235、Q255钢板上,覆以厚0.2~0.4 mm的软质或半软质聚氯乙烯膜而制成,被广泛用于交通运输或生活用品方面,如汽车外壳、家具等。

(4) 彩色压型钢板

彩色压型钢板是以镀锌钢板为基材,经过成型机的轧制,并涂敷各种耐腐蚀涂层与彩色烤漆而制成的轻型围护结构材料。这种钢板具有质量轻、抗震性好、耐久性强、色彩鲜艳、易于加工、施工方便等优点。适用于各类建筑的屋盖、墙及墙壁装贴等。如图1-3所示为压型钢板的形式。其中W550板型的涂层特征为上下涂聚丙烯树脂涂料,外表面深绿色、内表面淡绿色烤漆,用于屋面;V155N板型常用于墙面。

(5) 轻钢龙骨

轻钢龙骨是以镀锌钢带或薄钢板特制轧机以多道工艺轧制而成。它具有强度大、通用性强、耐火性好、安装简易等优点,可装配各种类型的纸面石膏板、钙塑泡沫装饰吸声板、矿棉吸声板等。

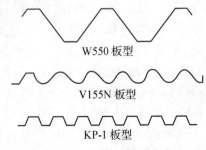

图1-3 压型钢板的形式

轻钢龙骨断面有 U 形、C 形、T 形及 L 形。吊顶龙骨代号 D,隔断龙骨代号 Q。吊顶龙骨分主龙骨(又叫大龙骨、承重龙骨)、次龙骨(又叫覆面龙骨,包括中龙骨和小龙骨)。隔断龙骨则分竖龙骨、横龙骨和通贯龙骨等。

轻钢龙骨外形要平整,棱角清晰,切口不允许有影响使用的毛刺和变形。龙骨表面应镀锌防锈,不允许有起皮、脱落等现象。对于腐蚀、损伤、麻点等缺陷也需要按规定检测。

隔断龙骨主要规格有 Q50、Q75 和 Q100;吊顶龙骨主要规格有 D38、D45、D50 和 D60。

产品标记顺序为:产品名称、代号、断面宽度、高度、钢板厚度和标准号。如断面形状为 C 形的吊顶龙骨,宽度 45 mm,高度 12 mm,钢板厚度 1.5 mm 的吊顶承载龙骨,可标记为:建筑用轻钢龙骨 DC 45×12×1.5。

3) 铝和铝合金

(1) 铝的特性

铝属于有色金属中的轻金属,外观呈银白色。铝的密度为 2.78 g/cm^3,熔点为 660 ℃,铝的导电性和导热性均很好。

铝的化学性质很活泼,它和氧的亲和力很强,在空气中易生成一层氧化铝薄膜,从而起到了保护作用,铝具有一定的耐蚀性。但氧化铝薄膜的厚度仅 0.1 μm 左右,因而与卤素元素(氯、溴、碘)、碱、强酸接触时,会发生化学反应而受到腐蚀。另外,使用铝制品时要避免与电极电位高的金属接触。

铝具有良好的可塑性(伸长率可达50%),可加工成管材、板材、薄壁空腹型材,还可压延成极薄的铝箔,厚度为(6～5)×10^{-3} mm,并具有极高的光、热反射比(87%～97%),但铝的强度和硬度较低(屈服强度为 80～100 MPa,布氏硬度为 200)。为提高铝的实用价值,常加入合金元素。因此,结构及装修工程常使用的是铝合金。

(2) 铝合金及其特性

通过在铝中添加镁、锰、铜、硅、锌等合金元素形成铝基合金以改变铝的某些性质,如同在碳素钢中添加一定量合金元素形成合金钢而改变碳素钢的某些性质一样,往铝中加入适量合金元素则称为铝合金。

铝合金既保持了铝质量轻的特性,同时,机械性能明显提高(屈服强度可达 210～500 MPa,抗拉强度可达 380～550 MPa),因而大大提高了使用价值。铝合金不仅可用于建筑装修,还可用于结构方面。

铝合金的主要缺点是弹性模量小(约为钢的1/3)、热膨胀系数大、耐热性低、焊接需采用惰性气体保护等焊接新技术。

(3) 铝合金的分类

① 按合金元素分:分为二元和多元铝合金。如 Al—Mn 合金、Al—Mg 合金、Al—Mg—Si 合金、Al—Cu—Mg 合金、Al—Zn—Mg 合金、Al—Zn—Mg—Cu 合金。掺入的合金元素不同,铝合金性能也不同,包括机械性能、加工性能、耐蚀性能和焊接性能。

② 按加工方法分:分为铸造铝合金和变形铝合金。

铸造铝合金是用于铸造零件用的铝合金,其品种有铝硅、铝铜、铝镁、铝锌等 4 个组,按照 YB 143 规定,铸造铝合金锭的牌号用汉字拼音字母"ZL"(铸铝)和三位数字组成,如 ZL101 称 101 号铸铝,三位数字中的第一位数字(1～4)表示合金的组别,1 表示铝硅合金,2 代表铝铜合金,3 代表铝镁合金,4 代表铝锌合金,后面两位数字为顺序号,如 ZL101 为铝硅合金,ZL201 为铝铜合金。

变形铝合金是通过冲压、弯曲、辊轧等工艺使其组织、形状发生变化的铝合金。根据热处理对其强度的不同影响，又分为热处理非强化和热处理可强化两种。

热处理非强化型铝合金不能用热处理如淬火的方法提高强度，但可冷变形加工，利用加工硬化，提高铝合金的强度，常用的有铝镁合金和铝锰合金。

热处理强化型铝合金指可以通过热处理的方法提高强度的铝合金。这类铝合金的种类很多，常用的有硬铝合金(LY)、超硬铝合金(LC)、锻铝合金(LD)等。

4) 常用铝合金装饰制品

在现代建筑工程中除大量使用铝合金门窗外，铝合金还被做成多种其他制品，如各种板材、楼梯栏杆及扶手、百叶窗、铝箔、铝合金搪瓷制品、铝合金装饰品等，广泛使用于外墙贴面、金属幕墙、顶棚龙骨及罩面板、地面、家具设备及各种内部装饰和配件以及城市大型隔声屏障、桥梁、花圃栅栏、建筑回廊、轻便小型房屋、亭阁等处。

(1) 铝合金门窗

铝合金门窗是将表面处理过的型材，经下料、打孔、铣槽、攻丝、制窗等加工工艺而制成门窗框料构件，再加连接件、密封件、开闭等五金件一起组合装配而成。门窗框料之间均采用直角榫头，使用不锈钢或铝合金螺钉接合。

① 铝合金门窗的特点。铝合金门窗和其他种类门窗相比，具有明显的优点，即质量轻、密封性能好、强度高、色泽美观、耐久性好、便于工业化生产等。

② 铝合金门窗的类型、代号及标记。按开启方式分，铝合金门窗的类型有：推拉门(窗)、平开门(窗)、悬窗、转门、固定窗、弹簧门、百叶窗等。

铝合金窗中固定窗的代号为"GLC"；平开窗的代号为"PLC"；滑轴平开窗的代号为"HPLC"；上悬窗的代号为"SLC"；推拉窗的代号为"TLC"；纱扇的代号为"S"。铝合金门中平开门的代号为"PLM"；推拉门的代号为"TLM"；地弹簧门的代号为"LDHM"。

铝合金门窗的标记顺序是：代号、系列代号、基本窗编号、型别代号(普通型无代号)、纱扇代号(不带纱扇无代号)。例如：标记"TLC70—32A—S"中"TLC"指铝合金推拉窗；"70"指70系列；"S"指带纱扇；"32"指第32号基本窗；"A"指A型(型别代号)。

③ 铝合金门窗的性能。铝合金门窗在出厂前需经过严格的性能试验，达到规定的性能指标后才能投入使用。铝合金门窗通常需考核以下主要性能：风压强度、气密性、水密性、隔声性、隔热性、开闭力、尼龙导向轮耐久性、开闭锁耐久性等。

(2) 铝合金装饰板

在建筑上，铝合金装饰制品使用最为广泛的是各种铝合金装饰板。铝合金装饰板是以纯铝或铝合金为原料，经辊压冷加工而成的饰面板材。

① 铝合金花纹板。采用防锈铝合金、纯铝或硬铝合金为坯料，用特制的花纹轧辊轧制而成，花纹图案一般分为方格形、扁豆形、五条形、三条形、指针形、菱形与四条形等7种，其花纹美观大方，筋高适中(0.9～1.2 mm)，不易磨损，防滑性好，防腐能力强，便于冲洗，通过表面处理可得到多种美丽的色泽。花纹板板材平整，裁剪尺寸精确，便于安装，广泛应用于现代建筑的墙面装饰及楼梯踏板等处。

② 铝合金浅花纹板。它是我国特有的一种新型装饰材料。铝合金浅花纹板筋高比花纹板低(0.05～0.25 mm)，它的花纹精巧别致，色泽美观大方，比普通铝板刚度大20%，抗污垢、抗划伤、抗擦伤能力均有所提高。其对白光的反射率达75%～95%，热反射率达85%～95%。对氨、硫、硫酸、磷酸、亚磷酸、浓醋酸等有良好的耐蚀性，它的立体图案和美丽的色彩

更能为建筑生辉。铝合金浅花纹板主要用于建筑物的墙面装饰,常见铝合金浅花纹板代号和名称为:1号——小橘皮,2号——大菱形,3号——小豆点,4号——小菱形,5号——蜂窝形,6号——月季花,7号——飞天图案。

③ 铝合金波纹板和压型板铝。铝合金波纹板和压型板都是将纯铝或铝合金平板经机械加工而成的断面异形的板材。由于其断面异形,故比平板增加了刚度,具有质轻、外形美观、色彩丰富、抗蚀性强、安装简便、施工速度快等优点,且银白色的板材对阳光有良好的反射作用,利于室内保温隔热。这两种板材耐用性好,在大气中可使用20年以上,可抵抗8～10级风力而不损坏,主要用于屋面或墙面等。

④ 铝合金冲孔板。采用各种铝合金平板经机械穿孔而成。孔形根据需要有圆孔、方孔、椭圆孔、长方孔、三角孔及大小孔组合等。

铝合金冲孔板材质量轻、耐高温、耐腐蚀、防火、防潮、防震、化学稳定性好,造型美观、色泽幽雅、立体感强,其主要特点是有良好的消声效果及装饰效果,安装方便。

⑤ 镁铝曲板。用高级镁铝金箔板外加保护膜经高温烘烤后与酚醛纤维板、底层纸黏合,再以电动刻沟、自动化涂沟干燥而成,具有隔声、防潮、耐磨、耐热、耐雨、可弯、可卷、可刨、可钉、可剪、外形美观、不易积尘、永不褪色、易保养等优点。镁铝曲板的颜色有银白、银灰、橙黄、金红、金绿、古铜、瓷白、橄榄绿等色。其规格一般为2 440 mm×1 220 mm×(3.2～4.0)mm。

(3) 铝合金龙骨

铝合金吊顶龙骨是采用镀锌板或薄钢板,经剪裁、冷弯、辊轧、冲压而成,并作为顶棚吊顶的骨架支撑材料。其具有不锈、质轻、美观、防火、抗震、安装方便等特点,适用于室内吊顶装饰工程。龙骨上搁置轻质吊顶板(比如,石膏板、矿棉吸声板、玻璃棉吸声板等),龙骨可以外露,也可以半露。

(4) 铝箔及铝粉

铝箔是用纯铝或铝合金加工成厚0.006 3～0.2 mm的薄片制品,具有良好的防潮与隔热性能。常用的有铝箔牛皮纸、铝箔布、铝箔泡沫塑料板、铝箔波形板等。在建筑工程中铝粉(俗称银粉)常用于制备各种装饰涂料和金属防锈涂料,也可用于土方工程中的发热剂和加气混凝土中的发气剂。

5) 铜与铜合金

铜是我国历史上使用较早,用途较广的一种有色金属。在古建筑装饰中,铜材是一种高档的装饰材料,多用于宫廷、寺庙、纪念性建筑以及商店招牌等。在现代建筑中,铜仍是高级装饰材料,可使建筑物显得光彩耀目、富丽堂皇。

(1) 铜的特性与应用

铜属于有色重金属,密度为8.92 g/cm^3。纯铜由于表面氧化生成的氧化铜薄膜呈紫红色,故常称紫铜。纯铜具有较高的导电性、导热性、耐蚀性及良好的延展性、塑性,可碾压成极薄的板(紫铜片),拉成很细的丝(铜线材),它既是一种古老的建筑材料,又是一种良好的导电材料。

在现代建筑装饰中,铜材仍是一种集古朴和华贵于一身的高级装饰材料,可用于扶手、栏杆、防滑条等其他细部需要装饰点缀的部位。在寺庙建筑中,还可用铜包柱,使建筑物光彩照人、光亮耐久,并烘托出华丽、神秘的氛围。另外,园林景观的小品设计中,铜材也有着广泛的应用。

(2) 铜合金的特性与应用

纯铜由于强度不高,不宜制作成结构材料。纯铜的价格贵,工程中广泛使用的是铜合金(即在铜中掺入锌、锡等元素形成的铜合金)。铜合金既保持了铜的良好塑性和高抗蚀性,又改善了纯铜的强度、硬度等机械性能。常用的铜合金有黄铜(铜锌合金)、青铜(铜锡合金)等。

① 黄铜。以铜、锌为主要合金元素的铜合金称为黄铜。黄铜分为普通黄铜和特殊黄铜,铜中只加入锌元素时,称为普通黄铜,普通黄铜不仅有良好的力学性能、耐腐蚀性能和工艺性能,而且价格也比纯铜便宜。普通黄铜的牌号用"H"加数字来表示,数字代表平均含铜量,含锌量不标出,如 H62;特殊黄铜则在"H"之后标注主加元素的化学符号,并在其后标明铜及合金元素含量的百分数,如 HPb59-1;如果是铸造黄铜,牌号中还应加"Z"字,如 ZHAl67-2.5。

② 青铜。以铜和锡作为主要成分的合金称为锡青铜。锡青铜具有良好的强度、硬度、耐蚀性和铸造性。青铜的牌号以字母"Q"表示,后面第一个是主加元素符号,之后是除了铜以外的各元素的百分含量,如 QSn4-3。如果是铸造的青铜,牌号中还应加"Z"字,如 ZQAl9-4等。

铜合金装饰制品的另一特点是其具有金色感,常替代稀有的、价值昂贵的金在建筑装饰中作为点缀使用。

铜合金的另一应用是铜粉(俗称"金粉"),是一种由铜合金制成的金色颜料。其主要成分为铜及少量的锌、铝、锡等金属,常用于调制装饰涂料,可代替"贴金"。

1.3.6 木材

树木的躯干叫做木材,它是天然生长的有机高分子材料。

我国古建筑史上,将结构材料和装饰材料融为一体的木材,其建筑技术和建筑艺术神斧仙雕般的运用,让世人赞叹。

木材作为建筑结构材料与装饰材料具有很多优点:质量轻强度高;绝缘性能强,导热性能低;有较好的弹性与韧性,能承受冲击和振动;隔热保温性能较好;保养适当,可具有较好的耐久性;便于加工,能制成形状不一的产品;纹理美观,色调温和;无毒。

木材也有许多缺点:构造不均匀,呈各向异性;自然缺陷多,影响了材质和使用率;具有湿胀干缩的特点,使用不当容易产生干裂和翘曲;易腐朽、霉烂和虫蛀;耐火性差,易燃烧。

1) 木材的分类与构造

(1) 树木的分类

树木分为针叶树与阔叶树两大类。

针叶树又叫裸子植物材、松柏材、无孔材。针叶树树叶细长,大都呈针状或鳞片状,树干通直高大,易得大材,其纹理顺直,材质均匀,木质较软而易于加工,故又称软木材。这种树木强度较高,表观密度和胀缩变形较小,耐腐性较强,是建筑工程中的主要用材,广泛用作承重构件、制作模板、门窗等。常用树种有松、杉、柏等。

阔叶树又叫被子植物材、有孔材。阔叶树树叶宽大,多数树种的树干通直部分较短,材质坚硬,较难加工,故又称硬木材。这种树木表观密度较大,自重较重,强度较高,但湿胀干缩和翘曲变形较针叶树显著,易开裂,在建筑中常用作尺寸较小的构件。常用的树种有水曲柳、榉木、柞木、榆木等。

（2）木材的构造

木材的构造决定其性质,针叶树和阔叶树的构造不完全相同,其性质也有差异。

① 木材的宏观构造。通常从树干的三个切面进行剖析,即横切面(垂直于树轴的面)、径切面(通过树轴的纵切面)和弦切面(平行于树轴的纵切面)。

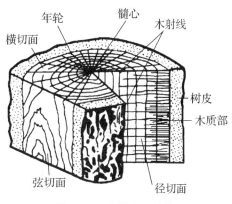

图 1-4 木材宏观结构

如图 1-4 所示,树木是由树皮、木质部和髓心三部分组成。一般树的树皮均无使用价值,髓心易于腐朽,一般也不用,建筑使用的木材都是树干的木质部。木质部的颜色也不均一,一般而言,接近树干中心者木色较深,称心材,靠近外围的部分颜色较浅,称边材,心材比边材的利用价值要大些。

② 木材的微观结构。木材是由无数管状细胞紧密结合而成,它们绝大部分为纵向排列,少数横向排列(如木射线)。每个细胞又由细胞壁和细胞腔两部分组成,细胞壁是由细纤维组成,细纤维之间可以吸附和渗透水分,细胞腔是由细胞壁包裹而成的空腔。木材越厚,细胞腔越小,木材越密实,其密度与强度也越大,但胀缩变形也越大。

2）木材的性能及应用

（1）木材的性能

① 木材的含水量。木材中主要有三种水,即自由水、吸附水和结合水。自由水是存在于木材细胞腔和细胞间隙中的水分,吸附水是被吸附在细胞壁内细纤维之间的水分。自由水的变化只与木材的密度、保存性、燃烧性、干燥性等有关,而吸附水的变化是影响木材强度和胀缩变形的主要因素。结合水即为木材中的化合水,在常温下不变化,故其对木材性质无影响。

当木材中无自由水,而细胞壁内吸附水达到饱和时,这时的木材含水率称为纤维饱和点,木材的纤维饱和点一般为 25%～35%。木材纤维饱和点是木材物理力学性质发生变化的转折点。

木材的含水量是以含水率表示,即指木材中所含水的质量占干燥木材质量的百分数。木材中所含的水分是随着环境的温度和湿度的变化而变化的。当木材长时间处于一定温度和湿度的环境中时,木材中的含水量最后会达到与周围环境湿度相平衡,这时木材的含水率称为平衡含水率。为了避免木材因含水率大幅度变化而引起变形及制品开裂,木材使用前,须干燥至使用环境常年平均平衡含水率。我国北方地区平衡含水率约为 12%,南方地区约为 15%～20%。

一般新伐木材的含水率常在 35% 以上;潮湿木材的含水率为 20%～35%;风干木材的含水率为 15%～25%;室内干燥木材的含水率为 8%～15%。

② 木材的湿胀干缩与变形。木材具有很显著的湿胀干缩性。其规律为:当木材的含水率大于纤维饱和点时,随着含水率的增加,木材体积产生膨胀,随着含水率减小,木材体积收缩;而含水率小于纤维饱和点时,只是自由水的增减变化,木材的体积不发生变化。

因木材为非匀质构造,故其胀缩变形各向不相同,其中以弦向最大,径向次之,纵向(即顺纤维方向)最小。如木材干燥时,弦向干缩约为 6%～12%,径向干缩约为 3%～6%,纵向仅为 0.1%～0.35%。木材的湿胀干缩变形还随树种不同而异,一般来说,密度大的、夏材含量多的木材,干缩变形就较大。

木材显著的湿胀干缩变形,对木材的实际应用带来严重影响,干缩会造成木结构拼缝不严、接榫松弛、翘曲开裂,而湿胀又会使木材产生突起变形。为了避免这种不利影响,最根本的措施是在木材加工制作前预先将木材进行干燥处理,使木材干燥至其含水率与将制成的木构件使用时所处的环境的湿度相适应的平衡含水率。

③ 木材的强度。主要是指其抗拉、抗压、抗弯和抗剪强度。由于木材的构造各向不同,致使各向强度有很大差异,因此木材的强度有顺纹(作用力方向与纤维方向平行)强度和横纹(作用力方向与纤维方向垂直)强度之分。木材的顺纹强度与其横纹强度有很大差别。木材各种强度之间的关系见表 1-22。建筑工程中根据木材各项受力大小将其合理使用。

表 1-22 木材各种强度之间的关系

抗 压		抗 拉		抗 弯	抗 剪	
顺 纹	横 纹	顺 纹	横 纹		顺 纹	横 纹
1	1/10～1/3	2～3	1/20～1/3	1.5～2	1/7～1/3	1/2～1

注:表中以顺纹抗压强度为 1 时,木材理论上各强度大小关系。

从表 1-22 中看出,木材强度中以顺纹抗拉强度为最大,其次是抗弯和顺纹抗压强度。

木材的含水率对其力学强度有显著的影响。木材含水率在纤维饱和点以下时,随着含水率的增加,可使纤维软化和膨胀而互相分离,导致强度降低。反之,随着木材中水分的蒸发,可使纤维发生干缩,密度增加,而导致强度提高。当含水率超过纤维饱和点以后,含水率虽然继续增加,但强度并不降低。

温度对木材强度有直接影响。当温度升高,并在长期受热条件下,木材的强度降低,同时脆性要增加。以含水率为 0,温度为 0 ℃时的强度为 100%,当温度由 25 ℃升高到 50 ℃时,其抗拉强度降低 12%～15%,抗压强度降低 20%～40%,抗剪强度降低 15%～20%。

木材在长期荷载作用下的强度比短期荷载作用下强度要低得多,其原因在于木材在外力作用下产生等速蠕滑,经过长时间后,急剧产生连续变形的结果,同时其变形随时间的延长而增长。由于建筑结构部位都要经受长期荷载的作用,故木材在长期荷载作用下的强度是木结构的重要设计指标。

木材在生长过程或使用过程中产生的缺陷,是影响木材强度的重要因素。如木节、斜纹、裂缝和虫蛀等均影响了木材材质的均匀性,破坏了木材的构造,从而使木材的强度降低,其中对抗拉和抗弯强度影响最大。另外,树木的种类、生长环境、树龄以及树干的不同部位均对木材强度有影响。

(2) 木材及其制品的应用

① 木材的种类。在建筑工程中直接使用的木材按用途和加工程度分为原条、原木、锯材和枕木等 4 类。除直接使用木材外,还可制成各种人造板材。

原条——指除去皮、根、树梢的木料,但尚未按一定尺寸加工成规定直径和长度的材料。主要用于工程的脚手架、建筑用材、家具与景观装饰等。

原木——指已经除去皮、根、树梢的木材,并已按一定尺寸加工成规定直径和长度的材料。主要用于建筑构件与景观装饰等。

锯材——指已经加工锯解成材的木料,凡宽度为厚度的 3 倍或 3 倍以上的,称为板材,不足 3 倍的称为枋材。主要应用于建筑构件、桥梁、家具等。

枕木——指按枕木断面和长度加工而成的材料。主要用于铁路工程。

② 常用木材及其制品的应用。

a. 橡木。橡木(亦称栎木、柞木)主产于东北各地,约有 300 多个品种,橡木属于壳斗科、麻栎属,市场上橡木大致分为红橡与白橡两大类。橡木材质坚硬,纹理直或斜,结构粗糙,力学强度高,耐磨损,手感特别光滑,不易干燥,易开裂,易翘曲,耐腐蚀性好,涂饰性能好,胶结性能欠佳,加工困难,切削面光滑。主要用于建筑、木地板或家具、胶合板等。

b. 柚木。柚木是一种阔叶乔木,多生长于广东、广西、海南、云南及东南亚热带雨林中。柚木材质坚硬致密,纹理直或斜,结构略粗,花纹美丽,干燥后不变形,性能优越,极耐腐,易加工,耐磨损,耐久性强,涂饰及胶接容易。柚木不需要用涂漆的方法来保护其免受各种气候条件的影响,无论是在严寒的冬季,还是在酷热的夏季,它都不会减弱坚挺不变的个性。因为,柚木含有极重的油质,这种油质会使之保持不变形,有一种特别的香味,能驱蛇、虫、鼠、蚁,防蛀。更神奇的是,它的刨光面颜色经过光合作用氧化而成金黄色,且颜色随时间延长而更加美丽。柚木被广泛用于制作建筑门窗框、高级家具及室外铺地等。

c. 水曲柳。水曲柳主要分布于我国东北黑龙江的大兴安岭东部和小兴安岭、吉林的长白山等地,向西还分布到辽宁的千山、河北的燕山山脉,以及河南、山西、陕西和甘肃的局部地区。水曲柳花纹极其美丽,能形成各种图案,材质光滑,略硬重,纹理直,结构中等,有弹性,韧性强,耐水湿,耐腐蚀,易加工,干燥性能一般,易弯曲,涂饰和胶接容易。主要用于高级家具、地板、胶合板、高级门窗、高级室内装修、雕刻等。

d. 榉木。榉木又叫血榉、大叶榉,产于淮河以南地区。心、边材区别明显,边材宽,呈黄褐色微红,心材呈红褐色,故又叫血榉,年轮明显,木射线宽而明显,环孔材。材质坚硬,纹理直,结构细,干燥不变形,耐磨损,耐腐蚀性强,木材有光泽。用途广泛,为高级家具等良材。

e. 枫木。枫木又名枫香,或槭木,以红叶著称,但红叶木不一定是枫木。产于淮河流域至四川西部以南地区,在全世界有 150 多个品种,分布极广,北美洲、欧洲、非洲北部、亚洲东部与中部均有出产。枫木按照硬度分为两大类,一类是硬枫,亦称为白枫、黑槭,另一类是软枫,亦称红枫、银槭等。软枫的强度要比硬枫低 25% 左右。木材呈褐色至灰白色,心、边材区别不明显,木射线细,散孔材。材质轻柔致密,结构细,纹理呈倾斜或交错状,干燥时有翘曲,耐久性强,胶接和涂饰性能良好,加工容易,切削面光滑。为建筑、家具、胶合板等用材。

f. 落叶松。落叶松是松科植物中耐腐性和力学性较强的木材,原产于中国东北大兴安岭、小兴安岭,俄罗斯也有分布。树干端直,节少,心材与边材区别显著,材质坚韧,结构略粗,纹理直,干燥较慢、易开裂,早晚材硬度及干缩差异较大,在干燥过程中容易轮裂,耐腐蚀性强。主要用于建筑、电杆、桥梁、枕木、家具等。

g. 杉木。杉木又名沙木、东湖木、西湖木。产于长江流域以南各省及台湾省,由于产地不同又有建杉、广杉、西杉、杭杉、徽杉之分。边材呈淡黄褐色,心材呈红褐色至暗红褐色,年轮极明显、均匀,髓斑显著,有明显的杉木气味。纹理直而均匀,结构中等或粗,易干燥,韧性强,不翘裂,耐久性强,易加工,切削面易起毛。主要用作门窗、屋架、地板、桥梁、枕木、家具等。

h. 樟木。樟木又名香樟、小叶樟、区别明显,边材宽,呈黄褐色至灰褐色,产于长江流域以南。心材呈红褐色,常杂有红色或暗色条纹,年轮明显,木射线细,散孔材,具樟脑香气木材轻重与软硬适中,纹理斜或交错,光滑美观,结构细致,胶接与涂饰容易,易加工,切削面光滑,耐腐蚀,防虫蛀。用途广泛,为建筑、高档家具、胶合板、雕刻等良材。

ⅰ. 楠木。楠木又叫雅楠、桢楠、小叶楠。产于湖北、湖南、四川、云南、贵州。心、边材区别明显,心材呈黄褐微红,边材呈淡黄褐微绿色,年轮明显均匀,有香气,木射线细,散孔材。材质致密,轻重与软硬中等,纹理常倾斜或交错,结构细致,易加工,切削面光滑,有光泽,耐腐蚀,耐久性强。用途广泛,为高级家具、建筑、雕刻、高级装修等良材。

③ 人造木材。人造木材就是将木材加工过程中的大量边角、碎料、刨花、木屑等,经过再加工处理,制成各种人造板材,可有效地提高木材利用率。常用的人造板材有:胶合板、纤维板、刨花板、木丝板、木屑板、细木工板、实木复合地板。

a. 胶合板。胶合板是用椴、桦、楸、水曲柳及进口原木等经蒸煮、旋切或刨切成薄片单板,再经烘干、整理、涂胶后,单板叠成奇数层,并每一层的木纹方向要求纵横交错,再经加热后制成的一种人造板材。胶合板板材面积大,可进行加工,纵横向的强度均匀,板面平整,收缩性小,木材不开裂、翘曲,木材利用率较高。主要用作顶棚面、墙面、墙裙、造型面,以及各种家具。另外,夹板面上还可油漆、黏贴墙布墙纸、黏贴塑料装饰板和进行涂料的喷涂等处理。

b. 纤维板。纤维板是将树皮、刨花、树枝等废料,经破碎浸泡、研制成木浆,加入胶结剂或利用木材自身的胶结物质,再经过热压成型、干燥处理而制成的人造板材。纤维板材质均匀,各向强度一致,弯曲强度大,不易胀缩和翘曲开裂,完全避免了木材的各种缺陷。硬质纤维板可代替木板用于室内壁板、门板、地板、家具和其他装饰等。软质纤维板表观密度小(小于 4 g/cm³),孔隙率大,多用于绝热、吸声材料。

c. 刨花板、木丝板、木屑板。刨花板、木丝板、木屑板是利用木材加工中产生的大量刨花、木丝、木屑为原料,经干燥,与胶结料拌合,热压而成的板材。所用胶结剂有动植物胶(豆胶、血胶)、合成树脂胶(酚醛树脂、脲醛树脂等)、无机胶凝材料(水泥、菱苦土等)。这类板材表观密度小,强度较低,主要用作绝热和吸声材料。经过饰面处理后,还可用作吊顶板材、隔断板材等。

d. 细木工板。细木工板又称大芯板,是以原木为芯,两侧外贴面材加工而成的实心板材。细木工板的含水率为 7%~13%,横向静曲强度:当板厚度为 16 mm 时不低于 15 MPa,当板厚度小于 15 mm 时不低于 12 MPa;胶层剪切强度不低于 1 MPa。细木工板具有吸声、绝热、质坚、易加工等特点,主要适用于家具、车厢和建筑室内装修等。

e. 实木复合地板。实木复合地板实质上是利用优质阔叶林或其他装饰性很强的合适材料作表层,以材质较软的速生材或以人造板为基层,经高温高压制成的多层结构复合地板。结构的改变,使其使用性能和抗变形性能有所提高,其共同的性能特点为:规格尺寸大,整体效果好,板面具有较高的尺寸稳定性,铺设工艺简捷方便。不足之处为:产品胶合质量把关不严或使用不当会发生开胶现象,产品质量不达标,甲醛含量超过标准,会对人体有害,设备投资大,成本较高,结构不对称性,使操作难度较大。常见的有三层实木复合地板与多层复合地板。

(3) 木材的防护与保管

① 木材的腐朽与防腐。木材是天然有机材料,在受到真菌或昆虫侵害后,使其颜色和结构发生变化,变得松软、易碎,最后成为干的或湿的软块,此种状态就称为腐朽。真菌种类很多,木材中常见的真菌有腐朽菌、霉菌、变色菌等几种。真菌在木材中生存和繁殖除了需

要养分外,还必须具备的三个必要条件为:水分、适宜的温度和空气中的氧。木材完全干燥和完全浸入水中都不易腐朽。因此,可将木材置于通风干燥环境中,或置于水中,或深埋于地下,或表面涂刷油漆,都可作为木材的防腐措施。另外,还可采用刷涂、喷淋或浸泡化学防腐剂,以抑制或杀死真菌和虫类,以达到防腐目的。

工程中常用的防腐剂可分为水溶性类、油溶性类和焦油类三类。水溶性防腐剂易渗入木材内部,但在使用时易被雨水冲失,适用于室内使用;油溶性防腐剂不溶于水,药效持久,但对防火不利;焦油类防腐剂的防腐能力最强,但处理后的木材表面不能油漆。

② 木材的防虫。木材除受真菌侵蚀而腐朽外,还会遭受蛀虫的蛀蚀。常见的蛀虫有白蚁、天牛等。木材虫蛀的防护方法,主要是采用化学药剂处理。木材防腐剂也能防止蛀虫的危害。

③ 木材的防火。易燃是木材的最大缺点,常用的防火处理方法有两种,一种是表面处理法,即在木材表面刷涂涂料或覆盖难燃材料,二是采用防火剂浸渍木材。表面处理法是通过结构措施,用金属、水泥砂浆、石膏等不燃材料覆盖在木材表面,以避免直接与火焰接触;或在木材表面刷涂以硅酸钠、磷酸铵、硼酸铵等为基层的耐火涂料。防火剂浸渍法是将防火剂浸渍入木材的内部,常用的防火剂有硼砂、氯化铵、磷酸铵、乙酸钠等。

④ 木材的保管。木材应按树种、等级及规格分别一头齐码堆放。高垛应栽木桩,以避免滑动。板材应顺垛斜放;方材应密排留坡封顶。含水量较大的木材在堆放时应留有空隙,以便通风干燥。木材堆放场地应干燥通风,布局便于运输,并应常备消防设备,尽可能远离危险品仓库、锅炉、烟囱、厨房、民房等处,严禁烟火。

1.3.7 建筑塑料

1) 塑料的基本组成

建筑上常用的塑料绝大多数都是以合成树脂为基本材料,再按一定的比例加入填充料、增塑剂、着色剂、稳定剂等材料,经混炼、塑化,并在一定压力和温度下制成的。但也有不加任何外加剂的塑料,如有机玻璃、聚乙烯等。

(1) 合成树脂

合成树脂是用人工合成的高分子聚合物,是组成塑料的基本材料,在一般塑料中约占30%~60%,有的甚至更多。树脂在塑料中主要起胶结作用,通过胶结作用把填充料等胶结成坚实整体。因此,塑料性质主要取决于树脂的性质。合成树脂是主要由碳、氢和少量的氧、氮、硫等原子以某种化学键结合而成的有机化合物。

(2) 外加剂

合成树脂中加入所需的外加剂后,可改善塑料的某些性质,改进加工和使用性能。不同塑料所加入的外加剂不同,常用的外加剂类型有:填充料、增塑剂、稳定剂与润滑剂。

2) 塑料的分类及主要性质

(1) 塑料的分类

塑料的品种很多,分类方法也很多,通常按树脂的合成方法分为聚合物塑料和缩合物塑料。按树脂在受热时所发生的变化不同分为热塑性塑料和热固性塑料;以热塑性树脂为基材,添加增强材料或助剂所得的塑料称为热塑性塑料;在热固性树脂中添加增强材料、填料及各种助剂所制得的塑料称为热固性塑料。

(2) 塑料的主要性质

① 质量轻。塑料制品的密度通常在 $0.8\sim2.2 \text{ g/cm}^3$,约为钢材的 1/5、铝的 1/2、混凝

土的 1/3，与木材相近。这既可降低施工的劳动强度，又减轻了建筑物的自重。

② 强度高。塑料按单位质量计算的强度已接近甚至超过钢材，是一种优良的轻质高强材料。

③ 保温绝热性好。热导率小[约为 0.020～0.046 W/(m·K)]，特别是泡沫塑料的导热性更小，是理想的保温绝热材料。

④ 加工性能好。塑料可以采用较简便的方法加工成多种形状的产品，有利于机械化大规模生产。

⑤ 富有装饰性。塑料制品不仅可以着色，而且色彩鲜艳耐久。通过照相制版印制，模仿天然材料的纹理，可以达到以假乱真的程度。

塑料虽具有以上许多优点，但目前存在的主要缺点是易老化、易燃、耐热性差、刚性差等。塑料的这些缺点在某种程度上可以采取措施加工改进，如在配方中加入适当的稳定剂和优质颜料，可以改善老化性能；在塑料制品中加入较多的无机矿物质填料，可明显改变其可燃性；在塑料中加入复合纤维增强材料，可大大提高其强度和刚度等。

3) 建筑塑料的常用品种

(1) 聚乙烯塑料(PE)

聚乙烯塑料由乙烯单体聚合而成。所谓单体，是能起聚合反应而生成高分子化合物的简单化合物。聚乙烯塑料具有较高的化学稳定性和耐水性，强度虽不高，但低温柔韧性大。掺入适量炭黑，可提高聚乙烯的抗老化性能。

(2) 聚氯乙烯塑料(PVC)

聚氯乙烯塑料由氯乙烯单体聚合而成，是建筑上常用的一种塑料。聚氯乙烯的化学稳定性高，抗老化性好，但耐热性差，在 100 ℃ 以上时会引起分解、变质而破坏，通常使用温度应在 60～80 ℃ 以下。根据增塑剂掺量的不同，可制得硬质或软质聚氯乙烯塑料。

(3) 聚苯乙烯塑料(PS)

聚苯乙烯塑料由苯乙烯单体聚合而成。聚苯乙烯塑料的透光性好，易于着色，化学稳定性高、耐水、耐光，成型加工方便，价格较低。但聚苯乙烯性脆，抗冲击韧性差，耐热性低，易燃，使其应用受到一定限制。

(4) 聚丙烯塑料(PP)

聚丙烯塑料由丙烯单体聚合而成。聚丙烯塑料的特点是质轻(密度为 0.90 g/cm^3)，耐热性高(100～120 ℃)，刚性、延性和抗水性均匀。它的不足之处是低温脆性较显著，抗大气性差，故适用于室内。近年来，聚丙烯的生产发展较迅速，聚丙烯已与聚乙烯、聚氯乙烯等共同成为建筑塑料的主要品种。

(5) 聚甲基丙烯酸甲酯(PMMA)

由甲基丙烯酸甲酯加聚而成的热塑性树脂，俗称有机玻璃。它的透光性好，低温强度高，吸水性低，耐热性和抗老化性好，成型加工方便。缺点是耐磨性差，价格较贵。

(6) 聚酯树脂(PR)

聚酯树脂由二元或多元醇和二元或多元酸缩聚而成。聚酯树脂具有优良的胶结性能，弹性和着色性好，柔韧、耐热、耐水。

(7) 酚醛树脂(PF)

酚醛树脂由酚和醛在酸性或碱性催化剂作用下缩聚而成。酚醛树脂的黏结强度高，耐光、耐水、耐热、耐腐蚀，电绝缘性好，但性脆。在酚醛树脂中掺加填料、固化剂等可制成酚醛塑料制品。这种制品表面光洁,坚固耐用,成本低,是最常用的塑料品种之一。

(8) 有机硅树脂(Si)

有机硅树脂由一种或多种有机硅单体水解而成。有机硅树脂耐热、耐寒、耐水、耐化学腐蚀,但机械性能不佳,黏结力不高。用酚醛、环氧、聚酯等合成树脂或用玻璃纤维、石棉等增强,可提高其机械性能和黏结力。建筑上常用塑料的主要性能见表 1-23。

表 1-23 建筑上常用塑料的主要性能

性能	热塑性塑料					热固性塑料		
	聚氯乙烯(硬)	聚氯乙烯(软)	聚乙烯	聚苯乙烯	聚丙烯	聚酯树脂(硬)	酚醛树脂	有机硅树脂
密度 (g/cm³)	1.35~1.45	1.3~1.7	0.92	1.04~1.07	0.9~0.91	1.10~1.45	1.25~1.36	1.65~2.00
抗压强度 (MPa)	55~90	7~12.5	—	80~110	39~56	90~225	70~210	110~170
抗弯强度 (MPa)	70~110			55~110	42~56	60~130	85~105	48~54
抗拉强度 (MPa)	35~63	7~25	11~13	35~63	30~63	42~70	49~56	18~30
伸长率(%)	20~40	200~400	200~550	1~1.3	>200	<5	1.0~1.5	
弹性模量 (MPa)	2500~4200	130~250		2800~4200		2100~4500	5300~7000	
线膨胀系数 (×10⁻⁵/℃)	5.0~18.5		16~18	6~8	10.8~11.2	5.5~10	2.5~6	5.0~5.8
耐热(℃)	50~70	65~80	100	65~95	100~120	120	120	<250
吸水率 (24 h) (%)	0.07~0.4	0.5~1	<0.015	0.03~0.05	0.03~0.04	0.15~0.6	0.1~0.2	0.2~0.5
特性	耐腐蚀,电绝缘,常温强度良好,高温与低温强度不高	耐腐蚀,电绝缘性好,质地柔软,强度低	耐化学腐蚀,电绝缘,耐水,强度不高	耐化学腐蚀,电绝缘,透光,耐水,不耐热,性脆,易燃	刚性、延性、耐热性好,耐腐蚀,不耐磨,易燃	耐腐蚀,电绝缘,绝热,透光	电绝缘,耐水、耐光、耐热、耐霉腐,强度高	耐高温、耐寒、耐腐蚀,电绝缘,耐水性好

线膨胀系数单位为 ×10⁻⁵/℃。

4) 建筑塑料制品的应用

(1) 塑料门窗

塑料门窗是由聚氯乙烯(PVC)树脂为胶结料,加入稳定剂、润滑剂、填料、颜料经混料、捏合、挤出、冷却定形成异形材后,再经焊接、拼装、修整成的门窗制品。

塑料门窗可分为全塑门窗、复合门窗和聚氨酯门窗。目前大量采用的是由硬聚氯乙烯(PVC)异形钢,内腔加衬"增强型钢",经热焊接加工制成的门窗。

塑料门窗与其他门窗相比,具有耐水、耐蚀、阻燃,气密性、水密性、绝热性、隔声性、装饰性好及耐老化性较好等特点,而且不需粉刷油漆,维修保养方便,同时还显著节能,在国外已广泛应用。鉴于国外经验和我国国情,以塑料门窗代替或逐步取代木门窗、金属门窗是节约木材、钢材、铝材,节省能源的重要途径。

塑料门窗代号为:"GSC"表示固定窗;"PSC"表示平开窗;"TSC"表示推拉窗;"LSC"表

示提拉窗;"YSC"表示异形窗;"PSM"表示平开门;"TSM"表示推拉门;"CSM"表示门连窗;"PSMW"表示无槛平开门;"S"表示带纱;"A、B、C、D、E、F等"表示门窗式样。

例如,窗编号"TSC1512AS"中"TSC"——塑料推拉窗;"15"——窗洞口宽度;"12"——窗洞口高度;"A"——窗式样;"S"——带纱。又如门编号"PSM0921B"中"PSM"——塑料平开门;"09"——门洞口宽度;"21"——门洞口高度;"B"——门式样。

(2) 塑料管材

塑料管材和金属管材相比,具有质轻、不生锈、不生苔、不易积垢、管壁光滑、对流体阻力小、安装加工方便、节能等特点。近年来,塑料管材的生产与应用已得到了较大的发展,它在建筑塑料制品中所占的比例较大。

塑料管材分为硬管和软管。按主要原料可分为硬质聚氯乙烯(PVC)塑料管、聚乙烯(PE)塑料管、聚丙烯(PP)塑料管、耐酸酚醛(PF)树脂管、ABS管、聚丁烯(PB)塑料管、玻璃钢(GRP)管等。塑料管材可应用于建筑排水管、雨水管、给水管、波纹管、电线穿线管、燃气管等。在众多的塑料管材中,PVC塑料管具有质量轻、强度高、耐腐蚀、不易积垢、不生锈、成本低、安装维修方便等特点,因此其产量最大,使用最为普遍,约占整个塑料管材的80%。

(3) 塑料壁纸

塑料壁纸是以一定材料为基材,表面进行涂塑后,再经过印花、压花或发泡处理等多种工艺而制成的一种墙面装饰材料。

塑料壁纸与传统的墙纸及织物饰面材料相比,具有装饰效果好、难燃、隔热、吸声、防霉、不易结露、适合大规模生产、黏贴方便、使用寿命长、易维修保养等特点。

塑料壁纸大致可分为三大类:普通壁纸、发泡壁纸和特种壁纸。每一种塑料壁纸又有3~4个品种,几十种乃至上百种花色,见表1-24。

表1-24 塑料壁纸的分类

塑料壁纸	普通壁纸	单色压花,印花压花,有光印花,平光印花
	发泡壁纸	高发泡印花,低发泡印花,发泡印花压花
	特种壁纸	耐水壁纸,防火壁纸,颗粒壁纸,防霉壁纸

① 普通壁纸。也称为塑料面纸底壁纸,即在纸面上涂刷塑料层(如聚氯乙烯)。为了增加质感和装饰效果,常在纸面上印有图案或压出花纹,再涂上塑料层。这种壁纸耐水,可擦洗,比较耐用,价格也较便宜。

② 发泡壁纸。在纸面上涂上掺有发泡剂的塑料面,称为发泡壁纸。此壁纸立体感强,能吸声,有较好的音响效果。为了增强黏结力,提高其强度,可用棉布、麻布、化纤布等作底来代替纸底,这类壁纸称为塑料壁布。将它黏贴在墙上,不易脱落,受到冲击、碰撞也不会破裂,因加工方便,价格不高,所以较受欢迎。

③ 特种壁纸。由于功能上的需要而生产的壁纸称为特种壁纸,也称功能壁纸。如耐水壁纸是用玻璃纤维毡作基材,配以具耐水性的胶结剂,以适应卫生间、浴室等墙面的装饰要求;防火壁纸是用石棉纸作基材,并在PVC涂塑材料中掺有阻燃剂,使墙纸具有一定的阻燃防火功能,适用于防火要求很高的建筑。塑料颗粒壁纸就是一种特种装饰效果的壁纸,是在基材上散布彩色砂粒,再涂胶黏剂,使表面呈砂粒毛面,塑料颗粒壁纸易黏贴,有一定的绝热、吸声效果,而且便于清洗,适用于门厅、柱头、走廊等局部装饰。

(4) 塑料地板

塑料地板与传统的地面材料相比,具有质轻、美观、耐磨、耐腐蚀、防潮、防火、吸声、绝热、有弹性、施工简便、易于清洗与保养等特点。近年来,已成为主要的地面装饰材料之一。塑料地板种类繁多,通常从以下几个方面来分类。

① 按所用树脂分。按所用树脂可分为聚氯乙烯塑料地板、氯乙烯—醋酸乙烯塑料地板、聚乙烯塑料地板、聚丙烯塑料地板。目前,绝大部分的塑料地板为聚氯乙烯塑料地板。

② 按形状分。按形状可分为块状与卷状。其中块状塑料地板使用较多,块状塑料地板可拼成不同色彩和图案,装饰效果好,也便于局部修补。卷状塑料地板铺设速度快,施工效率高。

③ 按质地分。按质地可分为半硬质与软质。由于半硬质塑料地板具有成本低,尺寸稳定,耐热性、耐磨性、装饰性好,容易黏贴等特点,目前应用最广泛。软质塑料地板的弹性好,行走舒适,并有一定的绝热、吸声、隔潮等优点。

④ 按生产工艺分。按生产工艺可分为压延法、热压法与注射法。我国塑料地板的生产大部分采用压延法,采用热压法生产的较少,注射法则更少。

⑤ 按产品结构分。按产品结构可分为单层与多层复合。

此外,还有无缝塑料地板、石棉塑料地板、抗静电塑料地板等。

(5) 塑料装饰板

塑料装饰板是以树脂材料为浸渍材料或以树脂为基材,经一定工艺制成的具有装饰功能的板材。这类装饰材料有:塑料贴面装饰板、覆塑装饰板、聚氯乙烯塑料装饰板、聚氯乙烯透明塑料板及有机玻璃装饰板材等。

① 塑料贴面装饰板。塑料贴面装饰板又称塑料贴面板。它是以酚醛树脂的纸质压层为胎基,表面用三聚氰胺树脂浸渍过的印花纸为面层,经热压制成并可覆盖于各种基材上的一种装饰贴面材料。有镜面型和柔光型两种。

塑料贴面板的图案、色调丰富多彩,耐湿、耐磨、耐烫、耐燃烧,耐一定酸、碱、油脂及酒精等溶剂的侵蚀,平滑光亮,极易清洗,黏贴在板材的表面,较木材耐久,装饰效果好,是节约优质木材的好材料。适用于各种建筑室内、车船、飞机及家具等表面装饰。

② 覆塑装饰板。以塑料贴面板或以塑料薄膜为面层,以胶合板、纤维板、刨花板等板材为基层,采用胶合剂热压而成的一种装饰板材。用胶合板作基层叫覆塑胶合板,用中密度纤维板作基层的叫覆塑中密度纤维板,用刨花板为基层的叫覆塑刨花板。

覆塑装饰板既有基层板的厚度、刚度,又具有塑料贴面板和薄膜的光洁,质感强,美观,装饰效果好,并具有耐磨、耐烫、不变形、不开裂、易于清洗等优点。可用于汽车、火车、船舶、高级建筑的装修及家具、仪表、电器设备的外壳装修。

③ 聚氯乙烯(PVC)塑料装饰板。以聚氯乙烯(PVC)为基材,添加填料、稳定剂、色料等经捏和、混炼、拉片、切粒、挤出或压延而成的一种装饰板材。

特点是表面光滑、色泽鲜艳、防水、耐腐蚀、不变形、易清洗、可钉、可锯、可创。可用于各种建筑物的室内装修,家具台面的铺设等。

④ 聚氯乙烯(PVC)透明塑料板。以聚氯乙烯(PVC)为基材,添加增塑剂、抗老化剂,经挤压成型的一种透明装饰板材。其特点是机械性能好,热稳定,耐候,耐化学腐蚀,耐潮湿,难燃,并可切、剪、锯加工等。可部分代替有机玻璃制作广告牌、灯箱、展览台、橱窗、透明屋顶、防震玻璃、室内装饰及浴室隔断等。

⑤ 有机玻璃装饰板材。有机玻璃装饰板材简称有机玻璃。它是一种具有极好透光率

的热塑性塑料,以甲基丙烯酸甲醇为主要基料,加入引发剂、增塑剂等聚合而成。类型有无色、有色透明有机玻璃和各色珠光有机玻璃等多种。

有机玻璃的透光性极好,可透过光线的99%,并能透过紫外线的73.5%;机械强度较高;耐热性、耐候性及抗寒性都较好;耐腐蚀性及绝缘性良好;在一定条件下,尺寸稳定、容易加工。有机玻璃的缺点是质地较脆,易溶于有机溶剂,表面硬度不大,易擦毛等。有机玻璃在建筑上,主要用作室内高级装饰材料及特殊的吸顶灯具,或室内隔断及透明防护材料等。

(6) 玻璃钢建筑制品

常见的玻璃钢建筑制品是用玻璃纤维及其织物为增强材料,以热固性不饱和聚酯(UP)树脂或环氧树脂(EP)等为胶黏料制成的一种复合材料。它的质量轻、强度接近钢材,因此人们常把它称为玻璃钢。

常见的玻璃钢建筑制品有耐酸玻璃钢管,还有玻璃钢波形瓦、玻璃钢采光罩、玻璃钢卫生洁具等。

① 玻璃钢波形瓦。以无捻玻璃纤维布和不饱和树脂(UP)为原料,用手糊法或挤压工艺成型而成的一种轻型屋面材料。其特点是重量轻,强度高,耐冲击,耐腐蚀以及有较好的电绝缘性、透光性和光彩鲜艳,成型方便,施工安装方便等。玻璃钢波形瓦广泛用于临时商场、凉棚、货栈、摊篷和车篷、车站月台等一般不接触明火的建筑物屋面,如图1-5所示。

图1-5 玻璃钢波形瓦

图1-6 玻璃钢采光罩

玻璃钢波形瓦的品种,按外形分为大波瓦、中波瓦、小波瓦和脊瓦;按选材分为阻火型和透明型;按颜色分为本色和带色波瓦等。其产品规格表示以"PB75—1.2"为例,其中"PB"为玻璃钢波形瓦代号,"75"为波长75 mm,"1.2"为瓦厚1.2 mm。

② 玻璃钢采光罩。以不饱和树脂(UP)为胶黏剂,玻璃纤维布(或毡)为增强材料,用手糊成型工艺制成的屋面采光用的拱形罩,如图1-6所示。

玻璃钢采光罩具有重量轻、耐冲击、透光好、无眩光,而且安装方便,耐腐蚀等特点,适用于各类屋面结构的采光用。

用于建筑的塑料制品很多,几乎遍及建筑物的各个部位。除了上述介绍的一些外,塑料还可以用作楼梯扶手、挂镜线、踢脚线、装饰嵌线、盖条、百叶窗、防滑条等。

1.3.8 防水材料

防水材料是指具有防止房屋建筑遭受雨水、地下水、生活用水侵蚀的材料。

防水材料按状态可分为防水卷材(如SBS改性沥青防水卷材、APP改性沥青防水卷材、

EPDM防水卷材、PVC防水卷材等)、防水涂料(如高聚物改性沥青涂料、合成高分子涂料等)、密封材料(如沥青嵌缝油膏、丙烯酸密封膏、聚氨酯密封膏、聚硫密封膏、硅酮密封膏等)以及刚性防水材料等4大系列;防水材料按其组成可分为沥青材料、沥青基制品防水材料、改性沥青防水材料和合成高分子防水材料等。

1) 沥青及沥青防水材料

沥青是一种憎水性的有机胶凝材料,在常温下呈黑色或黑褐色的黏稠状液体、半固体或固体。沥青具有良好的不透水性、黏结性、塑性、抗冲击性、耐化学腐蚀性及电绝缘性等。此外,还可用来制造防水卷材、防水涂料、防水油膏、胶黏剂及防锈防腐涂料等。

(1) 石油沥青

石油沥青是石油经蒸馏等工序提炼出各种轻质油(如汽油、煤油、柴油等)及润滑油后得到的渣油,或经再加工而得到的物质。主要成分是油分、树脂和地沥青质。此外,石油沥青还有少量的沥青碳、似碳物和石蜡。油分是决定沥青流动性的组分,树脂是决定沥青塑性和黏结性的组分,地沥青质是决定沥青黏性和温度稳定性的组分,沥青碳和似碳物会降低沥青的黏结力,石蜡会降低沥青的黏性和塑性。

(2) 改性沥青

工程中使用的沥青应具备较好的综合性能,如在高温下要有足够的强度和热稳定性;在低温下应有良好的柔韧性;在加工和使用条件下具有抗"老化"能力;与各种矿物质材料具有良好的黏结性等。但沥青本身不能完全满足这些要求,使得沥青防水工程漏水严重,使用寿命短。为此,常用下述方法对沥青进行改性,以满足使用要求。

① 矿物填充料改性。常用的矿物填充料有粉状和纤维状两类。粉状的有滑石粉、石灰石粉、白云石粉、磨细砂、粉煤灰和水泥等,粉状矿物填充料加入沥青中,将提高沥青的大气稳定性,降低温度敏感性。矿物填充料纤维状的有石棉粉等,纤维状的石棉粉加入沥青中,可提高沥青的抗拉强度和耐热性。一般矿物填充料的掺量为20%~40%。

② 聚合物改性。用聚合物改性沥青,可以提高沥青的强度、塑性、耐热性、黏结性和抗老化性,主要用于生产防水卷材、密封材料和防水涂料。用于沥青改性的合成树脂主要有SBS、APP,有时也用PVC、PE、古马隆树脂等。

③ 其他改性。a. 再生橡胶改性沥青。再生橡胶改性沥青具有一定的弹性、塑性,良好的黏结力、气密性、低温柔韧性和抗老化等性能,而且价格低廉。它可用于防水卷材、片材、密封材料、胶黏剂和涂料等。此外,还可使用丁基橡胶、丁苯橡胶、氯丁橡胶等改性材料。b. 橡胶和树脂共混改性沥青。用橡胶和树脂两种改性材料同时改善沥青的性质,使其同时具有橡胶和树脂的特性。由于橡胶和树脂的混溶性较好,故改性效果良好。橡胶和树脂共混改性沥青的原料品种、配比、制作工艺不同,其性能也不相同。它可用于防水卷材、片材、密封材料和涂料等。

(3) 沥青防水涂料

沥青防水涂料是指以沥青为基料,矿物胶体为乳化剂,在机械强制搅拌下将沥青乳化制成的水性沥青基厚质防水涂料。常用的沥青基防水涂料有石灰乳化沥青、膨润土沥青乳液和水性石棉沥青防水涂料等。它们主要用于Ⅲ级和Ⅳ级防水等级的工业与民用建筑的屋面防水、地下混凝土的防水防潮以及卫生间的防水等。

水性沥青防水涂料为水性、单组分涂料,具有无毒、不燃、可在潮湿基层上施工等特点。

(4) 建筑防水沥青嵌缝油膏

建筑防水沥青嵌缝油膏是以石油沥青为基料,加入改性材料(废橡胶粉和硫化鱼油)、稀释剂(松焦油、松节重油和机油)及填充料(石棉绒和滑石粉)等混合制成的膏状材料。沥青嵌缝油膏具有较好的耐热性、黏结性、保油性和低温柔韧性,因此,广泛用于各种建筑构造的接缝处的防水密封,也可以用于混凝土跑道、道路、桥梁及各种构筑物的伸缩缝、施工缝等的嵌缝密封材料。建筑防水沥青油膏按耐热度和低温韧性分为 701、702、703、801、802、803 等 6 个标号。

2) 防水卷材

防水卷材是可卷曲成卷状的柔性防水材料。它是目前我国使用量最大的防水材料。防水卷材主要包括普通沥青防水卷材、高聚合物改性沥青防水卷材和合成高分子防水卷材三个系列。

(1) 普通沥青防水卷材

普通沥青防水卷材是在基胎上浸渍沥青后,再在其表面撒粉状或片状的隔离材料而制成的可卷曲的卷筒状防水卷材。按其浸渍的胎基不同,可分为纸胎、玻璃布胎、玻璃纤维胎和铝箔面胎。

(2) 高聚合物改性沥青防水卷材

以合成高分子聚合物改性沥青为涂盖层,纤维毡、纤维织物或塑料薄膜为胎体,粉状、粒状、片状或薄膜材料为覆面材料制成可卷曲的片状防水材料,称为高聚合物改性沥青防水卷材。

① SBS 改性沥青防水卷材。是用沥青或 SBS 改性沥青(又称"弹性体沥青")浸渍胎基,两面涂以 SBS 改性沥青涂盖层,上表面撒以细砂、矿物粒(片)料或覆盖聚乙烯膜,下表面撒以细砂或覆盖聚乙烯膜所制成的防水卷材。它是弹性体防水卷材的一种。SBS 改性沥青卷材按胎基分为聚酯胎(PY)和玻纤胎(G)两类。

SBS 改性沥青防水卷材适用于工业与民用建筑的屋面、地下及卫生间等的防水防潮,以及游泳池、隧道、蓄水池等的防水工程,尤其适用于寒冷地区和结构变形频繁的建筑物防水。

② APP 改性沥青防水卷材。是用沥青或 APP 改性沥青(又称"塑性沥青")浸渍胎基,两面涂以 APP 改性沥青涂盖层,上表面撒以细砂、矿物粒(片)料或覆盖聚乙烯膜,下表面撒以细砂或覆盖聚乙烯膜所制成的一种改性沥青防水卷材。它是塑性体沥青防水卷材的一种,比弹性体沥青防水卷材耐热性更好,但低温柔韧性较差。尤其适用于高温或有强烈太阳辐射地区的建筑物防水。

(3) 合成高分子防水卷材

① 三元乙丙(EPDM)橡胶防水卷材。三元乙丙橡胶防水卷材是以三元乙丙橡胶为主体原料,掺入适量的硫化剂、促进剂、软化剂、填充剂等,经密炼、压延或挤出成型、硫化和分卷包装等工序而制成的高弹性防水卷材。

三元乙丙橡胶防水卷材具有优良的耐候性、耐臭氧性和耐热性,同时还具有抗老化性能好、质量轻、抗拉强度高、断裂伸长率大、低温柔韧性好以及耐酸碱腐蚀的优点,属于高档防水材料。适用于防水要求高、耐久年限长的工业与民用建筑的屋面、卫生间等防水工程,也可用于桥梁、隧道、地下室、蓄水池等工程的防水。

② 聚氯乙烯(PVC)塑料防水卷材。是以聚氯乙烯树脂为主要原料,掺入填充料和适量的改性剂、增塑剂及其他助剂,经混炼、压延或挤出成型、分卷包装等工序所制成的柔性防水卷材。按其基料与特性分为 P 型和 S 型两种,P 型是以增塑聚氯乙烯为基料的塑性卷材;S

型是以煤焦油与聚氯乙烯混溶料为基料的柔性卷材。

该种防水卷材抗拉强度高、断裂伸长率大、低温柔韧性好、使用寿命长,同时还具有尺寸稳定性、耐热性、耐腐蚀性和耐细菌性等均较好的特性。PVC防水卷材主要用于建筑工程的屋面防水,也可用于水池、堤坝等防水工程。

③ 氯化聚乙烯-橡胶共混防水卷材。氯化聚乙烯-橡胶共混防水卷材是以氯化聚乙烯树脂和合成橡胶共混物为主体,加入适量的硫化剂、促进剂、稳定剂、软化剂和填充料等,经混炼、过滤、压延或挤出成型、硫化等工序制成的高弹性防水卷材。其特点是强度高(抗拉强度在7.5 MPa以上)、耐臭氧性能、耐水性、耐腐蚀性、抗老化性能好(使用寿命在20年以上)、断裂伸长率高(伸长率达450%以上)以及低温柔韧性好(脆性温度在－40℃以下)等,因此特别适用于寒冷地区或变形较大的建筑防水工程,也可用于有保护层的屋面、地下室、储水池等防水工程。

合成高分子防水卷材除以上三个品种外,还有氯丁橡胶、丁基橡胶、氧化聚乙烯(CPE)、聚乙烯(PE)、氯磺化聚乙烯、聚乙烯-三元乙丙橡胶共混等多种防水卷材。它们所用的基材不同,其性能差别较大。

3) 防水涂料

防水涂料是在常温下呈无定形液态,经涂布能在结构物表面固化形成具有相当厚度并有一定弹性的防水膜的物料总称。防水涂料广泛适用于工业与民用建筑的屋面防水工程、地下室防水工程和地面防潮、防渗等。按主要成膜物质可分为沥青类防水涂料、高聚物改性沥青类防水涂料、合成高分子类防水涂料和聚合物水泥类防水涂料等。

(1) 沥青类防水涂料

沥青类防水涂料可分为:冷底子油、沥青胶及乳化沥青。

① 冷底子油。是将建筑石油沥青加入汽油、轻柴油溶合而配制成的沥青溶液。由于形成涂膜较薄,故一般不单独作防水材料用,往往仅作某些防水材料的配套材料使用,通常可用于混凝土、砂浆及金属表面。如在基层表面涂刷一层冷底子油,可增强卷材和基底的黏结力。

② 沥青胶。又称玛碲脂。是沥青材料加入粉状或纤维状填充材料混合而成,也可以两者同时加入。粉状材料为滑石粉、石灰石粉及白云石粉,纤维状材料为木纤维、石棉绒等。沥青胶的标号是以耐热度表示,分为S-60、S-65、S-70、S-75、S-80、S-85等6个标号。沥青胶主要用于黏结防水卷材,防水涂层沥青砂浆防水层的底层及接口填缝材料。

③ 乳化沥青。以乳化沥青为基料,在其中掺入各种改性材料而制成的防水涂料,也称为水性沥青基防水涂料。主要用于屋面防水、地下防水、防潮,可代替沥青胶黏结沥青防水卷材,可在潮湿的基础上使用。

(2) 高聚物改性沥青类防水涂料

高聚物改性沥青类防水涂料是以沥青为基料,用合成高分子聚合物进行改性,制成的水乳型或溶剂型防水涂料。品种有再生橡胶改性沥青防水涂料、水乳型氯丁橡胶沥青防水涂料和SBS橡胶沥青防水涂料三种。

这类涂料由于用橡胶进行改性,所以在柔韧性、抗裂性、拉伸强度、耐高低温性能、使用寿命等方面比沥青基涂料都有很大改善,具有成膜快、强度高、耐候性和抗裂性好、难燃、无毒等优点,适用于Ⅱ级及以下防水等级的屋面、地面、地下室和卫生间等部位的防水工程。

(3) 合成高分子类防水涂料

合成高分子类防水涂料是以合成橡胶或合成树脂为主要成膜物质制成的单组分或多组

分的防水涂料。其品种有聚氨酯防水涂料、石油沥青聚氨酯防水涂料、硅橡胶防水涂料和丙烯酸酯防水涂料等。这类涂料比沥青基及改性沥青基防水涂料具有更好的弹性和塑性、耐久性以及耐高低温性能。聚氨酯防水涂料易合成厚膜,操作简便,弹性好,延伸率大,并具有优异的耐候、耐油、耐磨、耐臭氧、耐海水、不燃烧等性能,在中高级建筑的卫生间、厨厕、水池及地下室防水工程和有保护层的屋面防水工程中得到广泛应用;石油沥青聚氨酯防水涂料是具有高弹性、高延伸的防水材料;硅橡胶防水涂料是以硅橡胶乳液为基本材料,辅以其他合成高分子乳液,掺入无机填料和各种助剂配制而成的乳液型防水涂料,适用于地下工程、输水和储水构筑物的防水、防潮;各类房屋建筑的厨房、厕所、卫生间以及楼地面的防水,防水等级为Ⅲ、Ⅳ级的屋面防水,也可用作Ⅰ、Ⅱ级屋面多道防水设防中的一道防水层。

(4) 聚合物水泥类防水涂料

聚合物水泥类防水涂料(简称JS防水涂料)是以聚丙烯酸酯乳液、乙烯—醋酸乙烯共聚乳液和各种外加剂组成的有机液料与高铁高铝水泥、石英、砂及各种添加料组成的无机粉料,按一定比例复合制成的防水涂料。聚合物水泥防水涂料无毒无害,可用于饮用水工程,施工安全、简单,工期短,涂层高弹性、高强度,还可按工程需要配制彩色涂层。

4) 密封材料

建筑密封材料是能承受位移以达到气密、水密目的而嵌入建筑接缝中的材料。建筑密封材料按性能分为弹性密封材料和塑性密封材料;按使用时的组分分为单组分密封材料和双组分密封材料;按组成的材料分为改性沥青密封材料和合成高分子密封材料;按形状分为定型(如密封条、密封带、密封垫等)和不定型(如黏稠状的密封膏或嵌缝膏)密封材料。

(1) 聚硫密封膏

聚硫密封膏是以LP液态聚硫橡胶为基料,再加入硫化剂、增塑剂、填充料等拌制成的均匀的膏状体。具有黏结力强、抗撕裂性强、耐气候、耐油、耐湿热、耐水和耐低温等性能,适应温度范围宽(−40~96 ℃),低温柔韧性好,抗紫外线曝晒以及抗冰雪和水浸能力强,适用于各种建筑的防水密封,特别适用于长期浸泡在水中的工程(如水库、堤坝、游泳池等)、严寒地区的工程或冷库、受疲劳荷载作用的工程(如桥梁、公路与机场跑道等)。另外,聚硫密封膏施工性良好,无毒,使用安全。

(2) 硅酮密封膏

硅酮密封膏,又称为有机硅密封膏,是以有机硅为基料配成的建筑用高弹性密封膏,分为单组分型和双组分型两种,目前大多为单组分型。硅酮密封膏具有优异的耐热性、耐寒性,使用温度为−50~250 ℃,并具有良好的耐候性,使用寿命为30年以上,与各种材料都有较好的黏结性能,耐拉伸-压缩疲劳性强,耐水性好。

(3) 聚氨酯密封膏

聚氨酯密封膏分为双组分型和单组分型两种,与混凝土的黏结性很好,广泛用于建筑物沉降缝、伸缩缝的密封,阳台、窗框、卫生间等部位的防水密封,以及给水排水管道、蓄水池、游泳池、道路桥梁等工程的接缝密封与渗漏修补。

(4) 丙烯酸类树脂密封膏

丙烯酸类树脂密封膏是丙烯酸树脂掺入增塑剂、分散剂、碳酸钙、增量剂等配制而成的,有溶剂型和水乳型两种。丙烯酸类树脂密封膏具有优良的抗紫外线性能,延伸率也很好,而且价格比橡胶类密封膏便宜,属于中等价格及性能的产品,主要用于屋面、墙板、门、窗嵌缝,但它的耐水性不是很好,故不宜用于长期浸泡在水中的工程,如水池、污水厂、堤坝等水下接缝中。另外,丙烯酸类树脂密封膏的抗疲劳性较差,不宜用于频繁受震动的工程,如广场、公路、桥面等交通工程的接缝中。

(5) 刚性防水材料

刚性防水材料是指以水泥、砂、石为主要原料制成的防水砂浆或密实混凝土,多采用混凝土。一般可掺入防水剂或泡沫剂等材料,并通过调整配合比、抑制或减小孔隙率、改变孔隙特征、增加各原材料界面间的密实性等方法来提高混凝土的防水性能。

适用于防水等级为Ⅲ级的屋面防水,也可作为Ⅰ、Ⅱ级屋面多道防水设计中的一道防水层。不适用于设有松散材料保温层的屋面以及受较大振动或冲击荷载的建筑物屋面。

1.3.9 绝热与吸声材料

1) 绝热材料

在建筑中,习惯上把用于控制室内热量外流的材料叫做保温材料;把防止室外热量进入室内的材料叫做隔热材料。保温、隔热材料统称为绝热材料。

(1) 绝热材料的基本性能

在建筑工程中,合理选用绝热材料,能提高建筑物的使用效能。例如,房屋围护结构及屋面所用的建筑材料具有一定的绝热性能,能长年保持室内温度的稳定。在采暖、空调及冷藏等建筑物中采用必要的绝热材料,能减少热损失,节约能源消耗。通常在选择绝热材料时,需根据材料的导热系数、表观密度、抗压强度来确定。另外,还要根据工程的特点,考虑材料的吸湿性、温度稳定性、耐腐蚀性等性能。

① 导热系数。导热系数是表示材料的导热能力指标,是指通过材料本身热量传导能力大小的量度,即在稳定传热条件下,当材料层单位厚度内的温差为1℃时,在1 s内通过1 m² 表面积的热量。材料导热系数越大,导热性能越好。工程上将导热系数 $\lambda < 0.23$ W/(m·K)的材料称为绝热材料。影响材料导热系数的因素有:材料本身物质构成、微观结构、孔隙率、孔隙特征、含水率。

物质构成中,金属材料导热系数最大,无机非金属材料次之,有机材料导热系数最小;分子结构简单的材料比结构复杂的材料有较大的导热性;表观密度小的材料其孔隙度大,孔隙率越大,导热系数越小;材料结冰和材料受潮时,材料导热系数增大;对木材等纤维材料,当热流平行于纤维延伸方向时,热流受到阻力小,其导热系数值大,而热流垂直于纤维延伸方向时,受到的阻力大,其导热系数相对较小。

② 温度稳定性。材料受热作用下保持其原有性能不变的能力,称为绝热材料的温度稳定性。通常用其不至丧失绝热性能的极限温度来表示。

③ 强度。绝热材料通常采用抗压强度和抗折强度,由于绝热材料含有大量的孔隙,故其强度一般均不大,因此不宜将绝热材料用于承受外界荷载部位。

(2) 常用的绝热材料

绝热材料按其成分可分为有机和无机两大类。无机绝热材料是用矿物质为原料制成的呈松散状、纤维状或多孔状材料,要制成板、管套或通过发泡工艺制成多孔制品。有机绝热材料是用有机原料制成,如树脂、木丝板、软木等。

① 无机绝热材料

a. 无机纤维状绝热材料。玻璃棉及制品,最高使用温度400 ℃,适用于屋面和墙体的保温层及管道保温;矿棉及矿棉制品最高使用温度600 ℃,具有质轻、热导率低、不燃、电绝缘、耐腐蚀等特点，可用作保温墙板填充料、墙壁、屋顶和顶棚等处的绝热和吸声材料。

b. 无机散粒状绝热材料。膨胀蛭石是由天然蛭石经高温煅烧而制成的一种松散颗粒状绝热材料，最高使用温度1100℃，具有不蛀、抗腐、吸水性大的特点，可用于填充材料、建筑围护结构、管道等的绝热和吸声材料；膨胀珍珠岩是由天然珍珠岩煅烧而成的呈蜂窝泡沫状白色或白色颗粒的绝热材料。使用温度在-200～800℃之间，具有吸湿小、无毒、不燃、抗菌、耐腐、施工方便的特点，可用于围护结构、低温及超低温保冷设备、热工设备、管道等处的保温绝热材料。

c. 无机多孔类绝热材料。多孔类材料是由固相和孔隙良好的分散的材料所组成。泡沫混凝土是由水泥、水、松香泡沫剂混合后，经搅拌、成型、养护硬化而成的一种多孔轻质绝热材料，其表观密度为300～500 kg/m³，强度 $f_c \geqslant 0.4$ MPa，导热系数为0.08～0.186 W/(m·K)，适用于围护结构的绝热；加气混凝土是由水泥、石灰、粉煤灰和发气剂（铝粉）配制而成的一种轻质绝热材料。表观密度为400～700 kg/m³，强度 $f_c \geqslant 0.4$ MPa，导热系数为0.093～0.164 W/(m·K)。另外，加气混凝土的耐火性能良好，适用于围护结构的绝热；泡沫玻璃由玻璃粉和发泡剂等配料经煅烧而制成，其表观密度为150～200 kg/m³，导热系数为0.042 W/(m·K)，抗压强度为0.55～1.6 MPa，泡沫玻璃耐久性好，可用于砌筑墙体和冷藏库绝热；微孔硅酸钙，微孔硅酸钙是以硅藻土或硅石与石灰为原料，经配料、拌合、成型及水热处理制成的绝热材料，其表观密度约为250 kg/m³，导热系数为0.041 W/(m·K)，强度 $f_c > 0.5$ MPa，最高使用温度为650℃，可用于围护结构和管道保温，其效果比水泥膨胀珍珠岩和水泥膨胀蛭石要好。

② 有机绝热材料

a. 泡沫塑料。是以各种树脂为基料，加入一定量的发泡剂、催化剂、稳定剂等辅助材料，经过加热发泡制成的一种具有轻质、保温、绝热、吸声、防震性能的材料。常见的品种有聚氨酯泡沫塑料、聚苯乙烯泡沫塑料、聚氯乙烯泡沫塑料及脲醛泡沫塑料。

聚氨酯泡沫塑料表观密度为30～40 kg/m³，导热系数为0.037～0.055 W/(m·K)，最高使用温度为120℃，最低使用温度为-60℃，用于屋面、墙体保温、冷藏库隔热。

聚苯乙烯泡沫塑料表观密度为20～50 kg/m³，导热系数为0.031～0.047 W/(m·K)，最高使用温度为120℃。常用于屋面和墙体保温隔热，也可以和其他材料制成夹芯板。

b. 植物纤维绝热材料。植物纤维绝热材料以植物纤维为原料，经轧碎、压型、加工而成板材，如芦苇板、木丝板、软木板、甘蔗板及蜂窝板等。一般用于表面较光洁的顶棚、隔墙板、护墙板的绝热。

c. 窗用绝热薄膜。窗用绝热薄膜又叫做新型防热片，厚度约12～50 μm，用于建筑物窗户的绝热，可以遮蔽阳光，防止室内陈设物褪色，降低冬季热能损失，节约能源，给人们带来舒适环境。使用时，将特制的防热片（薄膜）贴在玻璃上，其功能是将透过玻璃的大部分阳光反射出去，反射率高达80%。防热片能减少紫外线的透过率，减轻紫外线对室内家具和织物的有害作用，减弱室内温度变化程度，克服建筑物外观的不一致性，并避免玻璃碎片飞出伤人。

绝热薄膜可应用于商业、工业、公共建筑、家庭寓所、宾馆等建筑物的窗户内外表面，也可用于博物馆内艺术品和绘画的紫外线防护等。

2）吸声材料

声音起源于物体的振动，而把发出声音的发声体叫声源。声音发出后一部分在空气中随着距离的增大而扩散，另一部分因空气分子的吸收而减弱。当声波遇到建筑物构件时，一部分被反射,一部分穿透材料,相当一部分转化为热能而被吸收。被材料吸收的声能与原先传递给材料的全部声能之比,称为吸声系数,吸声系数是评定材料吸声好坏的指标。

(1) 吸声材料

吸声材料是指吸声系数大于 0.2 的材料。吸声材料的吸声性能除与材料本身的组成性质、厚度及表面的条件(有无空气层及空气层的厚度)有关外,还与声波的入射角和频率有关,同一材料对于高、中、低不同频率的吸声系数不同。

建筑上常用的吸声材料的参考吸声系数见表 1-25。

表 1-25 建筑上常用的吸声材料的参考吸声系数

分类及名称		厚度 (cm)	表观密度 (kg/m³)	各种频率下的吸声系数						装置情况
				125 Hz	250 Hz	500 Hz	1 000 Hz	2 000 Hz	4 000 Hz	
无机材料	石膏板(有花纹)	—	350	0.03	0.05	0.06	0.09	0.04	0.06	贴实
	水泥蛭石板	4.0	—	—	0.14	0.46	0.78	0.50	0.60	
	砖(清水墙)	—	0.02	0.03	0.04	0.04	0.05	0.05		
	水泥膨胀珍珠岩板	5.0	—	0.16	0.46	0.64	0.48	0.56	0.56	
无机材料	水泥砂浆	1.7	—	0.21	0.16	0.25	0.40	0.42	0.48	墙面粉刷
	石膏砂浆(掺水泥、玻璃纤维)	2.2	—	0.24	0.12	0.09	0.30	0.32	0.83	
有机材料	软木板	2.5	260	0.05	0.11	0.25	0.63	0.70	0.70	贴实
	木丝板	3.0	—	0.10	0.36	0.62	0.53	0.71	0.90	钉在木龙骨上,后留 10 cm 或 5 cm 空气层
	三夹板	0.3	—	0.21	0.73	0.21	0.19	0.08	0.12	
	穿孔五夹板	0.5	0.01	0.25	0.55	0.30	0.16	0.19		
	刨花板	0.8	—	0.03	0.02	0.03	0.03	0.04	—	
	木质纤维板	1.1	—	0.06	0.15	0.28	0.30	0.33	0.31	
多孔材料	泡沫玻璃	4.4	1 260	0.11	0.32	0.52	0.44	0.52	0.33	贴实
	脲醛泡沫塑料	5.0	20	0.22	0.29	0.40	0.68	0.95	0.94	
	吸声蜂窝板	—	—	0.27	0.12	0.42	0.86	0.48	0.30	
	泡沫塑料	1.0	—	0.03	0.06	0.12	0.41	0.85	0.67	
	泡沫水泥(外粉刷)	2.0	—	0.18	0.05	0.22	0.48	0.22	0.32	紧靠粉刷
纤维材料	工业毛毡	3.0	—	0.10	0.28	0.55	0.60	0.60	0.56	紧靠墙面
	矿棉板	3.13	210	0.10	0.21	0.60	0.95	0.85	0.72	贴实
	玻璃棉	5.0	80	0.06	0.08	0.18	0.44	0.72	0.82	
	脲醛玻璃纤维板	8.0	100	0.25	0.55	0.80	0.92	0.98	0.95	

(2) 隔声材料

隔声材料是指能够减弱声音传播的材料。隔声性能以隔声量来表示,隔声是指一种材料入射声能与透过声能相差的分贝数,差值愈大,其隔声性能愈好。

人们要隔绝的声音,按其传播途径可分为空气声(由于空气的振动)和固体声(由于固体撞击或振动)两种。对空气声,根据声学中的"质量定律",墙或板传声的大小,主要取决于其单位面积质量,质量越大,越不易振动,则隔声效果愈好,因此应选择密实、沉重的材料(如黏土砖、钢筋混凝土、钢板等)作为隔声材料。对固体声隔绝最有效的措施是采用不连续的结构处理,即在墙壁和承重梁之间、房屋的框架和墙板之间加弹性衬垫,如毛毡、软木、橡皮等材料或在楼板上加弹性地毯。需注意吸声性能好的材料,一般为轻质、疏松、多孔的材料,不能简单把吸声材料作为隔声材料来使用。

1.3.10 装饰材料

1) 装饰材料的类型

装饰材料可分为墙柜体材料、地面材料、装饰线、顶部材料和紧固件、连接件及胶黏剂等5大类别。

墙体材料及柜体材料常用的有壁纸、墙面砖、涂料、油漆、饰面板、密度板、防火板等。

地面材料有实木地板、复合木地板、天然石材、人造石材、地砖、地毯、竹地板、人造制品地板(塑料)等。

装饰线板包括木质顶棚角线、门边线、收边线、踢脚板等各种木线、装饰石膏角线。

顶部材料有铝扣板、纸面石膏板、复合 PVC 扣板、艺术玻璃等。

2) 常用的装饰材料

(1) 建筑陶瓷

凡是用于建筑工程的陶瓷制品,称为建筑陶瓷。而陶瓷制品则是由黏土、长石、石英为基本原料,经配料、制坯、干燥、焙烧而制得的成品。建筑陶瓷具有强度高、性能稳定、耐腐蚀性好、耐磨、防水、防火、易清洗及装饰性好等优点。在建筑工程及装饰工程中应用较多的建筑陶瓷制品有釉面砖、墙地砖、陶瓷锦砖及卫生陶瓷等。

① 釉面砖。釉是由石英、长石、高岭土等为主要原料,再配以其他成分,研制成浆体,喷涂于陶瓷坯体的表面,经高温焙烧后,在坯体表面形成的一层淡玻璃质层。釉面颜色可分为单色(含白色)、花色、彩色和图案色等。釉面砖的规格常用的有 108 mm×108 mm×5 mm、152 mm×152 mm×5 mm 等规格,其装饰特点为朴实大方,热稳定性好,防火、防湿,耐酸碱,表面光滑,易清洗。主要用于建筑物内部墙面,如厨房、卫生间、浴室、实验室、医院等室内墙面和台面的装饰。釉面砖不宜用于外墙装饰和地面材料使用。

② 墙地砖。墙地砖包括外墙面砖和室内外地面铺贴用砖,是以优质陶土原料加入其他材料配成生料,经半干压成形后于 1 100 ℃ 左右焙烧而成,分有釉和无釉两种。有釉的称为彩色釉面陶瓷墙地砖,无釉的称为无釉墙地砖。

墙地砖的表面质感有多种多样,通过配料和改变制作工艺,可制成颜色不同,表面质感多样的多品种墙地砖制品,常用的有霹雳砖、彩胎砖与麻面砖等。主要用于建筑物外墙贴面和室内外地面装饰铺贴用砖。用于外墙面的常用规格为 150 mm×75 mm、200 mm×100 mm 等,用于地面的常用规格有 300 mm×300 mm、400 mm×400 mm,其厚度在 8~12 mm 之间。

③ 陶瓷锦砖。俗称马赛克,它是以优质瓷土为主要原料,以半干法压制成型,经 1 250 ℃ 高温烧制成边长不大于 40 mm 的方形、长方形或六角形等薄片状小块瓷砖后,再通过铺贴盒将其按设计图案反贴在牛皮纸上而成的。

陶瓷锦砖具有色泽明净、图案美观、质地坚实、抗压强度高、耐污染、耐腐蚀、耐磨、耐水、抗火、抗冻、不吸水、不滑、易清洗等特点,并且坚固耐用,造价低。一般用于洁净车间、化验室、餐厅、厨房、浴室等室内地面铺装外,还可用作外墙饰面材料,它对建筑立面具有很好的装饰效果,并且可增加建筑物的耐久性。彩色陶瓷锦砖还可以拼成各种壁画,形成一种别具风格的锦砖壁画艺术。

④ 卫生陶瓷。卫生陶瓷是由瓷土烧制的细炻质制品,如洗面器、大小便器、水箱水槽等,主要用于浴室、盥洗室、厕所等处。

(2) 建筑玻璃

玻璃是一种透明的,经高温熔制的无定形硅酸盐固体物质。生产玻璃的主要原料是二氧化硅、纯碱、长石及石灰石等,如果是彩色玻璃,还需要加入一些相应颜色的金属氧化物着色剂。

玻璃是建筑物常用的一种建筑材料,玻璃除了具有透光性、耐腐蚀性、隔声和绝讯外,还具有艺术装饰作用。现代建筑中,越来越多地采用玻璃门窗、玻璃外墙、玻璃制品及玻璃物件,以达到控光、控温、防辐射、防噪声以及美化环境的目的。玻璃品种很多,其中主要有平板玻璃、安全玻璃、绝热玻璃和玻璃制品。

① 普通平板玻璃。为建筑玻璃中用量最大的一种玻璃。其厚度为 2~12 mm(其中以 2~3 mm 厚的使用量最大)。普通平板玻璃具有良好的透光性能,有较高的化学稳定性和耐久性,广泛用于建筑物的门窗采光、采光屋面和商店橱窗。

② 安全玻璃。安全玻璃包括钢化、夹丝和夹层玻璃。主要特性是力学强度高,抗冲击性能较好,韧性好,即便碎也不会飞溅伤人,并兼有防火功能和装饰效果。钢化玻璃主要用于高层建筑物的门、窗、幕墙、隔墙、屏蔽及商店橱窗、汽车的玻璃;夹丝玻璃用于公共建筑的走廊、防火门、楼梯间、厂房天窗和各种采光屋顶;夹层玻璃抗冲击性和抗穿透性好,主要用于飞机、汽车的挡风玻璃,防弹玻璃以及有特殊要求的建筑门窗。

③ 绝热玻璃。绝热玻璃包括吸热玻璃、热反射玻璃、光致变色玻璃及中空玻璃。绝热玻璃具有特殊的保温绝热功能,除用于一般门窗之外,常作为幕墙玻璃。

④ 玻璃制品。主要包括"异形玻璃"和"玻璃空心砖"两种类型,异形玻璃机械强度高、透光、隔热、隔声、使用安全,装饰效果好等特点,适用于建筑物围护结构、内隔墙、天窗、透光屋面走廊等;玻璃空心砖具有绝热、隔声、光线柔和等特点,可用于砌筑透光墙壁、隔断、门厅和通道等。

另外还有其他玻璃,主要包括磨光玻璃、磨砂玻璃、花纹玻璃、彩色玻璃等。

复习思考题

1. 材料按化学成分可分为哪三大类?
2. 什么是材料的密度、表观密度、堆积密度?
3. 什么是材料的吸水性?什么是材料的吸湿性?
4. 常用的天然石材有哪些?花岗岩和大理石的物理特性各是什么?
5. 常用的人造石材品种有哪些?
6. 水泥按其主要水硬性矿物名称分为哪几类?建筑工程中,常用的硅酸盐系水泥有哪些?
7. 普通硅酸盐水泥有什么特性?
8. 建筑石膏、石灰分别有哪些特性与用途?

9. 普通混凝土是由哪些材料组成的？有什么特性？除了普通混凝土外，还有哪些其他品种混凝土？
10. 影响新拌混凝土和易性、强度及耐久性的主要因素分别有哪些？
11. 什么是混凝土的干湿变形和徐变？
12. 建筑砂浆由哪些材料组成？按用途不同建筑砂浆主要分为哪几类？按所用的胶凝材料不同建筑砂浆又有哪些？
13. 常用的砌墙砖、砌块、轻质墙板各有哪些？
14. 工程中常用的钢材制品有哪些？
15. 铝及铝合金有什么特性？常用铝合金装饰制品有哪些？
16. 木材按树种分为哪两类？
17. 什么是木材纤维饱和点、平衡含水率？木材含水率的变化对其性能有什么影响？
18. 影响木材强度的因素有哪些？
19. 建筑塑料常用的有哪些品种？建筑塑料制品常用的有哪些？
20. 沥青具有哪些性能？防水卷材主要包括哪些系列？每个系列常用的品种有哪些？
21. 常用的防水涂料及密封材料有哪些？
22. 什么是绝热材料？什么是吸声材料？
23. 常用的玻璃品种有哪些？
24. 常见的建筑陶瓷制品有哪些？
25. 常用的外墙涂料及地面涂料分别有哪些？

2 建筑构造设计概论

2.1 概 述

2.1.1 建筑构造设计的内容和特点

建筑是为了满足人类社会活动的需要,利用物质技术条件,按照科学法则和审美要求,通过对空间的塑造、组织与完善所形成的物质环境。

建筑可以泛指建筑物和构筑物。建筑物有较完整的围护结构,审美要求也较高,如住宅、学校、办公楼、影剧院等,人们习惯上把它们统称为房屋。构筑物围护结构不完整,审美要求不高,如水塔、烟囱、蓄水池等。有的建筑,虽然没有完整的围护结构,但审美要求高,也可称为建筑物,如纪念碑等。

建筑构造是研究建筑物的构造组成以及各构成部分的组合原理与构造方法的学科,是建筑设计不可分割的一部分。建筑构造设计主要是建筑配件的设计,其任务是在建筑设计过程中综合考虑使用功能、艺术造型、技术经济等诸多方面的因素,并运用物质技术手段,选择正确的构造方案、构配件组成、细部节点构造处理措施。因此,建筑构造设计又是建筑初步设计的继续和深入。

建筑构造设计具有实践性强和综合性强的特点。在内容上是对实践经验的高度概括并且涉及建筑材料、建筑力学、建筑结构、建筑物理、建筑美学、建筑施工和建筑经济等有关方面的知识。根据建筑物的功能要求,对细部的做法和构件的连接,受力的合理性等都要加以考虑。同时,还应满足防潮、防水、隔热、保温、隔声、防火、防震、防腐等方面的要求,以利于提供适用、安全、经济、美观的构造方案。

2.1.2 建筑构造设计在建筑设计中的作用

建筑设计通过空间的构成和表现,达到艺术与技术的和谐统一。任何好的建筑作品既要体现内容与形式的统一,又要体现结构与形体的统一。在建筑领域中,技术手段的正确选用,对一个建筑作品的形式、效果的影响起着至关重要的作用。这其中每种材料的成功运用都与建筑构造技术密切相连,而建筑构造设计是建筑设计中的重要环节和组成部分。实践证明,建筑构件节点处理的好坏,直接影响到建筑物使用与美观、投资资金、施工难易和使用安全等。构造设计的过程贯穿于整个建筑设计的全过程,因此它是一项不可忽视的设计内容。随着社会经济和技术的发展,技术、材料的不断更新,建筑构造技术对丰富建筑创作、优化建筑起着非常重要的作用。

2.1.3 建筑构造设计在建筑工程实施中的作用

建筑构造设计是建筑工程施工的依据,所以在施工图设计和构造详图设计中,要考虑施工的可操作性。另外,从构造角度上讲,存在多种材料和施工工艺的优选问题。作为建筑师来说,不仅要考虑和重视建筑设计的功能组合,构造的表现效果,还应了解建筑施工工艺等。同时构造设计最终的目的是要考虑保证设计意图的最佳实现。实践证明,建筑构造设计是建筑工程实施中的重要环节,也是体现工程技术的有效手段。

2.1.4 建筑构造设计研究的方法

任何一幢设计合理的建筑物,必定要通过一定的技术手段来实现,其中对建筑构造的研究方法,通常主要考虑三个方面:一是选定符合要求的材料与产品,二是整体构成的体系、结构方案的确定,三是建筑构造节点和细部处理所涉及的多种因素。将不同的材料进行有机的组合、连接,充分发挥各类材料的物理性能和适用条件,使其能解决各构配件之间在使用过程中各尽所能。

2.2 建筑构造组成

建筑的物质实体按其所处部位和功能的不同,可分为基础、墙和柱、楼盖层和地坪层、楼梯和电梯、屋盖、门窗、饰面装修等。其中基础、承重墙、柱、楼板、屋面板等为承重结构,外围护墙、内分隔墙等为围护结构,而楼梯、电梯、自动扶梯、门窗、遮阳、阳台、栏杆、隔断、花池、台阶、坡道、雨篷等则属于附属部件(图2-1)。

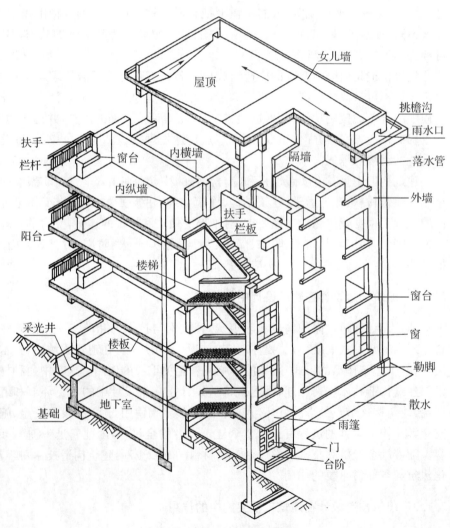

图2-1 墙体承重结构的建筑构造组成

1) 基础

基础是建筑底部与地基接触的承重构件,它的作用是把建筑上部的荷载传给地基。因此,基础必须坚固、稳定而可靠。

2) 墙和柱

墙和柱分两种情况:① 在墙承重的建筑中,墙既是承重构件,又可以是围护构件,它的作用是传递荷载和分隔建筑空间,传递荷载就是把建筑上部荷载传递给基础;② 在框架承重的建筑中,柱和梁形成框架承重结构系统,而墙仅仅是分隔空间、遮蔽风雨和遮挡阳光辐射的围护构件。

3) 楼盖层和地坪层

楼盖层通常包括楼板、梁、设备管道、顶棚等。楼板既是承重构件,又是分隔楼层空间的围护构件。楼板支承人和家具设备的荷载,并将这些荷载传递给承重墙或梁、柱,所以楼板应有足够的强度和刚度。地坪层是建筑底层空间与地基之间的分隔构件,它支承着人和家具设备的荷载,并将这些荷载传递给地基,所以它应有足够的承载力和刚度,并且需要均匀传力及防潮。

4) 楼梯和电梯

楼梯是建筑中人们步行上下楼层的交通联系部件,并根据需要满足紧急事故时的人员疏散。楼梯应有足够的通行能力,并且要求坚固耐久、满足消防安全疏散的要求。电梯是建筑的垂直运输工具,应有足够的运送能力和方便快捷性能。自动扶梯是楼梯的机电化形式,用于传送人流,但不能用于消防疏散。消防电梯则用于紧急事故时消防扑救之用,需满足消防安全要求。

5) 屋盖

屋盖通常包括防水层、屋面板、梁、设备管道、顶棚等,屋面板既是承重构件,又是分隔顶层空间与外界空间的界面。屋面板支承屋面设施及风霜雨雪荷载,并将这些荷载传递给承重墙或梁、柱。屋面板应有足够的强度和刚度,要求坚固耐久,不漏水,保温隔热。其面层性能应满足抵御风霜雨雪的侵袭和太阳辐射热的影响。上人屋面还需满足使用要求。

6) 门窗

门主要是用于开闭室内外空间并通行或阻隔人流,它应满足交通、消防疏散、防盗、隔声、热工等要求。窗主要是用来采光和通风,它应满足防水、隔声、防盗、热工等要求。

7) 饰面装修

饰面装修是依附于内外墙、柱、顶棚、楼板、地坪等之上的面层装饰或附加表皮,其主要作用是美化建筑表面、保护结构构件、改善建筑物理性能等。应满足美观、坚固、热工、声学、光学、卫生等要求。

除上述 7 个部分以外,还有一些附属部分,如阳台、台阶、雨篷、坡道、烟囱等。所有组成建筑的各个部分起着不同的作用。在建筑设计中把建筑的各组成部分归纳为两大类,一类是建筑构件,另一类是建筑配件,建筑构件主要指墙、柱、梁、楼板、屋架等承重结构,而建筑配件则是指屋面、地面、墙面、门窗、栏杆、花格、细部装饰等。

2.3 影响建筑构造设计的因素与设计原则

2.3.1 影响建筑构造设计的因素

影响建筑构造设计的因素主要有三个方面,即外界环境、建筑技术条件和建筑标准。

1) 外界环境

外界环境包括自然界和人为因素等。

(1) 外界作用力的影响:包括人、家具和设备的重量,结构的自重,风力、地震作用,雨、雪的重量等,这些通称为荷载,是结构设计的依据。

(2) 自然气候条件的影响:如日晒雨淋、风雪冰冻、地下水等。要求建筑构造有相应的防护措施,如防水防潮、防寒隔热等。

(3) 工程地质与水文地质的影响:如地质情况、冰冻线以及地震等自然条件,对建筑物会造成影响,故在建筑构造设计中必须考虑相应的措施,以防止和减轻这些因素对建筑的危害。

(4) 人为因素的影响:如火灾、机械震动、噪声等。要求建筑防火、防震、隔声(防噪)。

2) 建筑技术条件

建筑技术条件包括建筑材料技术、结构技术、施工技术等。

3) 建筑标准

建筑标准主要有建筑造价标准、建筑装修标准、建筑设备标准等。标准高的建筑,其装修质量好,设备齐全且档次高,建筑的造价相应也较高,反之则较低。

一般的,大量性建筑,多属于一般标准建筑,构造方法往往也是常规做法,而大型性公共建筑,标准则要求高一些,构造做法更多地考虑美观要求。

2.3.2 建筑构造设计原则

1) 坚固实用,技术先进

建筑必须满足使用功能要求,必须有利于结构安全。建筑构造设计应从材料、结构、施工三方面引入先进技术,因地制宜,保证建筑坚固实用,保证房屋的整体刚度,安全可靠,经久耐用。

2) 适应建筑工业化生产的需要

在满足建筑使用功能、艺术形象的前提下,应尽量采用标志设计和通用构配件,使构配件的生产工厂化,节点构造定型化、通用化,为机械化施工创造条件,以适应建筑工业化的需要。

3) 经济合理

建筑构造设计必须要求建筑经济的综合效益,在选用材料上应就地取材,注意节约钢材、水泥、木材三大材料,并在保证质量的前提下降低造价。

4) 美观大方

建筑要做到美观大方,构造设计是非常重要的一环。建筑的立面和体型是确定建筑形象的决定因素,而细部的构造处理更是对建筑的整体美观具有很大影响。

2.4 建筑的分类

建筑可以从不同的角度进行分类,我国常见的分类方式主要有以下几种:

2.4.1 按建筑使用功能分类

1) 民用建筑

包括居住建筑(住宅、宿舍、公寓等)和公共建筑(如学校、办公楼、剧院等)。

2) 工业建筑

包括各种生产建筑(工业厂房等)和生产辅助建筑(如仓库、动力设施用房等)。

3) 农业建筑

包括饲养牲畜、储存农具和农产品的用房,以及农业机械用房等。

2.4.2 按建筑规模大小分类

1) 大量性建筑

指量大面广,与人们生活密切相关的建筑,如住宅、学校、商店、医院等。这些建筑在大中小城市和村镇都是不可少的,修建数量很大,故称为大量性建筑。

2) 大型性建筑

指规模宏大的建筑,如大型办公楼、大型体育馆、大型剧院、大型火车站和航空港、大型博物馆等。这些建筑规模巨大,耗资多,与大量性建筑比较起来,其修建量有限,但这类建筑对城市面貌影响较大。

2.4.3 按建筑层数分类

1) 住宅建筑按层数分类

1~3 层为低层,4~6 层为多层,7~9 层为中高层,10 层以上为高层。

2) 公共建筑按层数和高度分类

建筑总高度超过 24 m 的为高层(不包括高度超过 24 m 的单层建筑)。

3) 超高层建筑

建筑高度超过 100 m,不论是住宅建筑,还是公共建筑,均为超高层建筑。

对于高层建筑,根据其使用性质、火灾危险性、疏散和扑救难度等,又分为一类高层建筑(9~16 层,最高 50 m)、二类高层建筑(17~25 层,最高 75 m)、三类高层建筑(26~40 层,最高 100 m)和四类高层建筑(层数超过 40 层,高度大于 100 m)。四类高层建筑属于超高层建筑。

2.4.4 按承重结构的材料分类

1) 砖混结构建筑

以砖或石材作承重墙、柱和钢筋混凝土楼板、屋面板作为主要承重构件的建筑。这类建筑属于墙承重结构体系,目前在居住建筑和中小型公共建筑中采用。

2) 钢筋混凝土结构建筑

以钢筋混凝土构件作为建筑的主要承重结构的建筑,属于骨架承重结构体系。这种结构坚固、耐久、防火、可塑性强,应用广泛,目前,大型公共建筑、大跨度建筑、高层建筑多采用这种结构形式。

3) 钢结构建筑

建筑的主要承重构件全部采用钢材。这种结构力学性能好,便于制作安装,结构自重轻,多用于工业建筑和超高层、大跨度、大空间建筑中。

4) 混合结构建筑

用两种或两种以上材料作承重结构的建筑。

2.4.5 按建筑结构形式分类

1) 墙承重体系

由墙体承受建筑的全部荷载,并把荷载传递给基础的承重体系。这种承重体系适用于内部空间较小、建筑高度较小的建筑(图2-2)。

2) 骨架承重体系

由钢筋混凝土或型钢组成的梁柱体系承受建筑的全部荷载,墙体只起围护和分隔作用的承重体系。适用于跨度大、荷载大、高度较高的建筑(图2-3)。

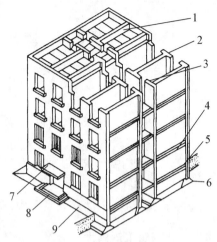

图2-2 墙承重式建筑

1—内横墙;2—外墙;3—内纵墙;4—楼板;
5—地面;6—基础;7—雨篷;8—台阶;
9—散水

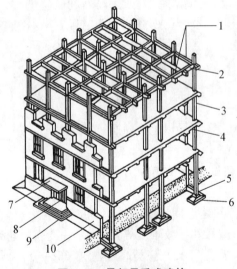

图2-3 骨架承重式建筑

1—次梁;2—主梁;3—柱;4—楼板;
5—基础梁;6—基础;7—雨篷;8—外门;
9—台阶;10—外墙

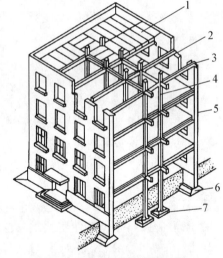

图2-4 内骨架承重式建筑

1—楼板;2—梁垫;3—梁;4—柱;
5—外墙;6—条形基础;7—独立基础

3) 内骨架承重体系

建筑内部由梁柱体系承重,四周用外墙承重。这种结构稳定性差,适用于局部设有较大空间的建筑(图2-4)。

4) 空间结构承重体系

由钢筋混凝土或型钢组成空间结构承受建筑的全部荷载,如网架、悬索、壳体等。适用于大空间建筑(图 2-5)。

图 2-5 悉尼歌剧院

2.4.6 按建筑的耐火等级分类

建筑物的耐火等级,按组成建筑的构件的耐火极限和燃烧性能这两个因素来确定。

1) 构件的耐火极限

指建筑构件在受到火的作用时起,到失去支持能力,或完整性被破坏,或失去隔火作用时止的这段时间。用小时(h)表示。

2) 构件的燃烧性能(分三类)

(1) 非燃烧体:即非燃烧材料做成的建筑构件,如石材、钢筋混凝土等。

(2) 燃烧体:即用燃烧的材料做成的建筑构件,如木材等。

(3) 难燃烧体:即用难燃烧的材料做成的建筑构件,或者用燃烧材料做成而用非燃烧材料做保护层的建筑构件。例如:沥青混凝土构件、木板条抹灰构件等。

3) 建筑的耐火等级

民用建筑的耐火等级应根据其建筑高度、使用功能、重要性和火灾扑救难度等确定,并应符合《建筑设计防火规范》中的相关规定。建筑物的耐火等级分为四类。一级的耐火性能最好,其次是二级、三级、四级,四级最差。性质重要的,或规模宏大的,或具有代表性的(大型性的)建筑,通常按一、二级耐火等级进行设计。大量性的,或一般的建筑,按二、三级耐火等级设计。很次要的,或临时建筑,按四级耐火等级设计。不同耐火等级建筑相应构件的燃烧性能和耐火极限不应低于表 2-1 中的规定。民用建筑的耐火等级、层数、长度和建筑面积,见表 2-2。

表 2-1 建筑物相应构件的燃烧性能和耐火极限

构件名称		耐火等级 一级	二级	三级	四级
		燃烧性能和耐火极限(h)			
墙	防火墙	非燃烧体 3.00	非燃烧体 3.00	非燃烧体 3.00	非燃烧体 3.00
	承重墙	非燃烧体 3.00	非燃烧体 2.50	非燃烧体 2.00	难燃烧体 0.50
	非承重外墙	非燃烧体 1.00	非燃烧体 1.00	非燃烧体 0.50	可燃烧体
	楼梯间和前室的墙、电梯井的墙、住宅建筑单元之间的墙和分户墙	非燃烧体 2.00	非燃烧体 2.00	非燃烧体 1.50	难燃烧体 0.50

续表 2-1

耐火等级 构件名称		一级	二级	三级	四级
		燃烧性能和耐火极限(h)			
墙	疏散走道两侧的隔墙	非燃烧体 1.00	非燃烧体 1.00	非燃烧体 0.50	难燃烧体 0.25
	房间隔墙	非燃烧体 0.75	非燃烧体 0.50	难燃烧体 0.50	难燃烧体 0.25
柱		非燃烧体 3.00	非燃烧体 2.50	非燃烧体 2.00	难燃烧体 0.50
梁		非燃烧体 2.00	非燃烧体 1.50	非燃烧体 1.00	难燃烧体 0.50
楼板		非燃烧体 1.50	非燃烧体 1.00	非燃烧体 0.50	可燃烧体
屋顶承重构件		非燃烧体 1.50	非燃烧体 1.00	可燃烧体 0.50	可燃烧体
疏散楼梯		非燃烧体 1.50	非燃烧体 1.00	非燃烧体 0.50	可燃烧体
吊顶(包括吊顶搁栅)		非燃烧体 0.25	难燃烧体 0.25	难燃烧体 0.15	可燃烧体

表 2-2 民用建筑的耐火等级、层数、长度和建筑面积

耐火等级	最多允许层数	防火分区		备注
		最大允许长度(m)	每层最多允许建筑面积(m²)	
一、二级	按规范	150	2 500	(1) 体育馆、剧院、展览建筑等的观众厅、展览厅的长度和面积可以根据需要确定。 (2) 托儿所、幼儿园的儿童用房及儿童游乐厅等儿童活动场所不应设置在 4 层及 4 层以上或地下、半地下建筑内
三级	5 层	100	1 200	(1) 托儿所、幼儿园的儿童用房及儿童游乐厅等儿童活动场所和医院、疗养院的住院部分不应设在 3 层及 3 层以上或地下、半地下建筑内。 (2) 商店、学校、电影院、剧院、礼堂、食堂、菜市场不应超过 2 层
四级	2 层	60	600	学校、食堂、菜市场、托儿所、幼儿园、医院等不应超过 1 层

【例 2-1】住宅楼 6 层，采用砖混结构，建筑长度 64 m，每层建筑面积为 600 m²，其耐火等级应为几级？

【解】查阅表 2-2，得该建筑物至少为二级。若采用预应力空心板作楼板及屋顶板，则该建筑物为三级。

2.4.7 按建筑耐久年限分类

1) 建筑的耐久年限

建筑的耐久年限分为四级，见表 2-3。

一级建筑：耐久年限为 100 年以上，适用于重要建筑物和高层建筑。

二级建筑：耐久年限为 50~100 年，适用于一般性建筑。

三级建筑：耐久年限为 25~50 年，适用于次要建筑。

四级建筑：耐久年限为 15 年以下，适用于临时性建筑。

表 2-3　以主体结构确定的建筑耐久年限等级

级别	耐久年限(年)	适用建筑物范围
一	>100	重要建筑物和高层建筑，如纪念馆、博物馆等
二	50~100	一般性建筑，如行政办公楼、医院、大型工业厂房等
三	25~50	普通建筑和次要建筑
四	<15	临时性建筑和简易房屋

2）建筑的设计使用年限

民用建筑的设计使用年限应符合表 2-4。

表 2-4　设计使用年限分类

类别	耐久年限(年)	适用建筑物范围
1	5	临时性建筑
2	25	易于替换结构构件的建筑
3	50	普通建筑和构筑物
4	100	纪念性建筑和特别重要的建筑

2.5　建筑模数协调统一标准

2.5.1　建筑模数

建筑业是我国国民经济的支柱产业之一，要不断提高生产效率，逐步改变目前劳动力密集、手工作业的落后局面，最终实现建筑工业化。

建筑标准化主要包括两个方面：首先是应制定各种法规、规范、标准和指标，使设计有章可循；其次是在诸如住宅等大量性建筑的设计中推行标准化设计。标准化设计可以借助国家或地区通用的"标准构配件图集"来实现，设计者根据工程的具体情况选择标注构配件，避免重复劳动；构件生产厂家和施工单位也可以针对标准构配件的应用情况组织生产和施工，形成规模效益。实行建筑标准化可以有效减少建筑构配件的规格，在不同的建筑中采用标准构配件，进而提高施工效率，保证施工质量，降低造价。

为协调建筑设计、施工及构配件生产之间的尺度关系，达到简化构件类型，降低建筑造价，保证建筑质量，提高施工效率的目的，国家制定了《建筑模数协调统一标准》，用以约束和协调建筑的尺度关系。

建筑模数是选定的标准尺度单位，作为建筑空间、建筑构配件、建筑制品以及有关设备尺寸相互协调中的增值单位。

1）基本模数

基本模数是模数协调中选用的基本单位，其数值为 100 mm，符号为 M，即 1 M = 100 mm。

2）导出模数

导出模数包括扩大模数和分模数。

扩大模数是基本模数的整数倍数。

水平扩大模数基数为 3 M、6 M、12 M、15 M、30 M、60 M,其相应的尺寸分别是 300 mm、600 mm、1 200 mm、1 500 mm、3 000 mm、6 000 mm。

竖向扩大模数基数为 3 M、6 M,其相应的尺寸分别是 300 mm、600 mm。

分模数是整数除基本模数的数值。分模数基数为 1/10 M、1/5 M、1/2 M,其相应的尺寸分别是 10 mm、20 mm、50 mm。

3) 模数数列

模数数列是以选定的模数基数为基础而展开的模数系统,它可以保证不同建筑及其组成部分之间尺度的统一协调,有效减少建筑尺寸的种类,并确保尺寸具有合理的灵活性。建筑物的所有尺寸除特殊情况之外,均应满足模数数列的要求。表 2-5 为我国现行的模数数列。

表 2-5 模数数列表

基本模数	扩大模数						分模数		
1 M	3 M	6 M	12 M	15 M	30 M	60 M	1/10 M	1/5 M	1/2 M
100	300	600	1 200	1 500	3 000	6 000	10	20	50
200	600	1 200	2 400	3 000	6 000	12 000	20	40	100
300	900	1 800	3 600	4 500	9 000		30	60	150
400	1 200	2 400	4 800	6 000	12 000		40	80	200
500	1 500	3 000	6 000	7 500			50	100	250
600	1 800	3 600	7 200	9 000			60	120	300
700	2 100	4 200	8 400	10 500			70	140	350
800	2 400	4 800	9 600	12 000			80	160	400
900	2 700	5 400	10 800				90	180	
1 000	3 000	6 000	12 000				100	200	
1 100	3 300	6 600					110	220	
1 200	3 600	7 200					120	240	
1 300	3 900	7 800					130	260	
1 400	4 200	8 400					140	280	
1 500	4 500	9 000					150	300	
1 600	4 800	9 600					160	320	
1 700	5 100						170	340	
1 800	5 400						180	360	
1 900	5 700						190	380	
2 000	6 000						200	400	
2 100	6 300								
2 200	6 600								
2 300	6 900								
2 400	7 200								
2 500	7 500								
2 600									
2 700									
2 800									
2 900									
3 000									
3 100									
3 200									

4) 模数数列的适用范围

(1) 扩大模数数列。用于建筑物开间(柱距),进深(跨度),构配件尺寸,门窗洞口尺寸,建筑物高度,层高等。

(2) 分模数数列。用于缝隙,构造节点,构配件截面等。

5) 住宅建筑中常用参数

(1) 开间尺寸(mm):2 100、2 400、2 700、3 000、3 300、3 600、3 900、4 200。

(2) 进深尺寸(mm):3 000、3 300、3 600、3 900、4 200、4 500、4 800、5 100、5 400、5 700、6 000。

(3) 层高尺寸(mm):2 700、2 800、2 900。

2.5.2 预制构件的三种尺寸

为了保证建筑物构件的安装与有关尺寸间的相互协调,在建筑模数协调中把尺寸分为标志尺寸、构造尺寸和实际尺寸。

1) 标志尺寸

应符合模数数列的规定,用以标注建筑物定位轴线,定位面或定位轴线,定位线之间的垂直距离(如开间或柱距,进深或跨度,层高等),以及建筑构配件、建筑组合件、建筑制品与有关设备界限之间的尺寸。

2) 构造尺寸

指建筑构配件、建筑组合件、建筑制品等的设计尺寸。一般情况下,标志尺寸减去缝隙尺寸即为构造尺寸。缝隙尺寸的大小最后符合模数数列的规定。

标志尺寸与构造尺寸的关系见图2-6。

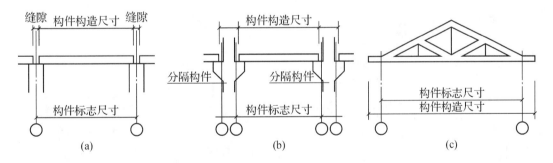

图 2-6 标志尺寸与构造尺寸的关系

(a) 标志尺寸大于构造尺寸;(b) 有分隔构件连接示例;(c) 构造尺寸大于标志尺寸

3) 实际尺寸

指建筑构配件、建筑组合件、建筑制品等生产制作后的实有尺寸。实际尺寸与构造尺寸之间的差数应符合建筑公差的规定。

2.5.3 标注定位轴线

在模数化网格中(三向均为模数),确定主要结构位置的线(如开间、柱距、进深、跨度等),称为定位轴线。除定位轴线以外的网格线,均为定位线(图2-7)。

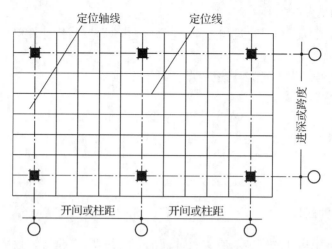

图 2-7 定位轴线与定位线

定位轴线是确定建筑构配件位置及相关关系的基准线。为了实现建筑工业化,尽量减少预制构件的类型,就应当合理选择定位轴线。定位轴线的确定也是建筑设计和施工的需要。我国颁布了相应的技术标准,分别对砖混结构建筑和大板结构建筑的定位轴线划分原则作出了具体的规定。

1) 砖混的平面定位轴线

(1) 承重外墙的定位轴线。当底层墙体与顶层墙体厚度相同时,平面定位轴线与外墙内缘距离为 120 mm(图 2-8a);当底层墙体与顶层墙体厚度不同时,平面定位轴线与顶层外墙内缘距离为 120 mm(图 2-8b)。

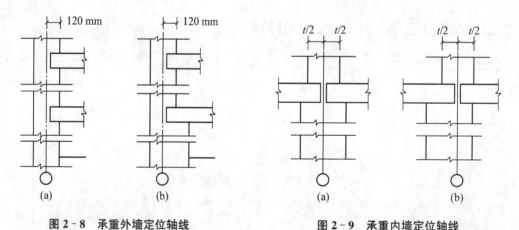

图 2-8 承重外墙定位轴线
(a) 底层与顶层墙厚相同;(b) 底层与顶层墙厚不相同

图 2-9 承重内墙定位轴线
(a) 底层定位轴线中分墙身;(b) 底层定位轴线偏中分墙身

(2) 承重内墙的定位轴线。承重内墙的平面定位轴线应与顶层墙体中线重合。如果墙体是对称内缩的,则平面定位轴线中分底层墙身(图 2-9a);如果墙体是非对称内缩的,则平面定位轴线偏中分底层墙身(图 2-9b)。

(3) 非承重墙体定位轴线。非承重墙体除了可按承重墙体定位轴线的规定定位之外,还可以使墙身内缘与平面定位轴线重合。

(4) 带壁柱外墙的墙身内缘与平面定位轴线相重合(图 2-10)或距墙身内缘 120 mm 处

与平面定位轴线相重合(图 2-11)。

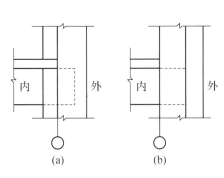

图 2-10 定位轴线与墙内缘重合
(a) 内壁柱时;(b) 外壁柱时

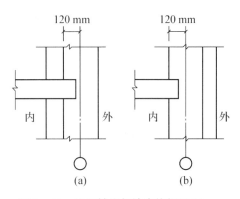

图 2-11 定位轴线与墙内缘相距 12 mm
(a) 内壁柱时;(b) 外壁柱时

2) 变形缝处的砖墙平面定位轴线

为了满足变形缝两侧结构处理的要求,变形缝处通常设置双轴线。

(1) 当变形缝处一侧为墙体,另一侧为墙垛时,墙垛的外缘应与平面定位轴线重合。墙体是外承重墙时,平面定位轴线距顶层墙内缘 120 mm(图 2-12a);墙体是非承重墙时,平面定位轴线应与顶层墙内缘重合(图 2-12b)。图 2-12 中,a_i 为插入距,a_e 为变形缝宽度。

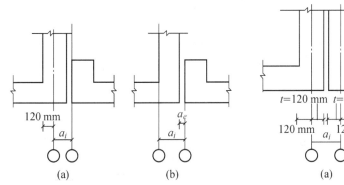

图 2-12 墙和墙垛的定位
(a) 按外承重墙处理;(b) 按非承重墙处理

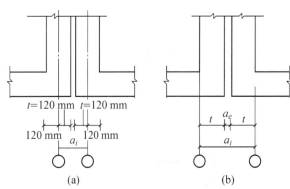

图 2-13 双面墙的定位
(a) 按外承重墙处理;(b) 按非承重墙处理

(2) 双面墙的定位。当两侧墙按外承重墙处理时,顶层定位轴线均应距内缘 120 mm(图 2-13a);当两侧墙按非承重墙处理时,定位轴线均应与墙内缘重合(图 2-13b)。

(3) 带连系尺寸的双墙定位。当两侧墙按外墙承重处理时,顶层定位轴线均应距墙内缘 120 mm(图 2-14a);两侧墙按非承重墙处理时,定位轴线均应与墙内缘重合(图 2-14b)。

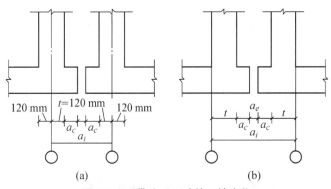

图 2-14 带连系尺寸的双墙定位
(a) 按外承重墙处理;(b) 按非承重墙处理

3）高低层分界处的墙体定位轴线

当高低层分界处不设变形缝时,应按高层部分承重外墙定位轴线处理,平面定位轴线应距墙体内缘 120 mm,并与底层定位轴线重合(图 2-15)。

当高低层分界处设变形缝时,应按变形缝处墙体平面定位处理。

4）底层框架结构的定位轴线

建筑底层为框架结构时,框架结构的定位轴线应与上部砖混结构平面定位轴线一致(图 2-16)。

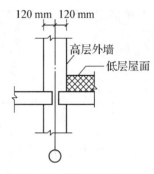

图 2-15 高低层分界处不设变形缝时的定位

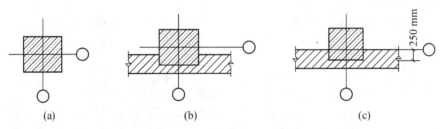

图 2-16 框架结构的定位轴线
(a) 中柱;(b)、(c) 边柱

5）砖墙的竖向定位

(1) 砖墙楼地面竖向定位应与楼(地)面面层上表面重合(图 2-17)。

(2) 屋面竖向定位应为屋面结构层上表面与距墙内缘 120 mm 的外墙定位轴线的相交处(图 2-18)。

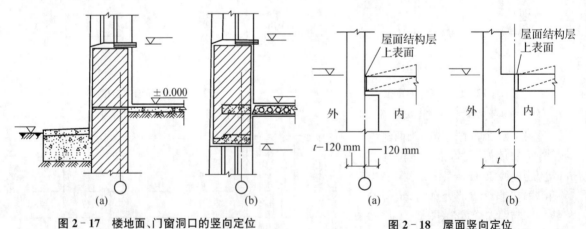

图 2-17 楼地面、门窗洞口的竖向定位

图 2-18 屋面竖向定位
(a) 距内缘相距 120 mm 处定位;(b) 与墙内缘重合处定位

2.5.4 定位轴线的编号

一幢建筑在平面上是由许多道墙体围合而成的,往往还有相当数量的柱子参与建筑平面空间的构成。为了设计和施工的方便,有利于不同专业人员的交流,定位轴线通常需要编号。定位轴线应按以下原则进行编号:

(1) 定位轴线应用细点画线绘制,轴线编号应注写在轴线端部的圆圈内。圆圈应用细实线绘制,直径为 8 mm,详图上可增为 10 mm。定位轴线圆圈的中心应在定位轴线的延长线或延长线的折线上。

(2) 平面图上定位轴线的编号宜标在图样的下方与左侧。横向编号应用阿拉伯数字从左至右顺序编写;竖向编号应用大写拉丁字母,从下至上顺序编写(图 2‑19)。为了避免拉丁字母中 I、O、Z 与数字 1、0、2 混淆,拉丁字母中 I、O、Z 不得用作轴线编号。如字母数量不够使用,可增用双字母或单字母加数字注脚,如 AA、BB、⋯、YY 或 A1、B1、⋯、Y1。

(3) 当建筑规模较大时,定位轴线也可以采用分区编号。编号的注写方式应为"分区号-该区轴线号"(图 2‑20)。

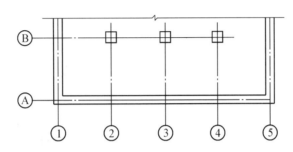

图 2‑19 定位轴线的编号顺序

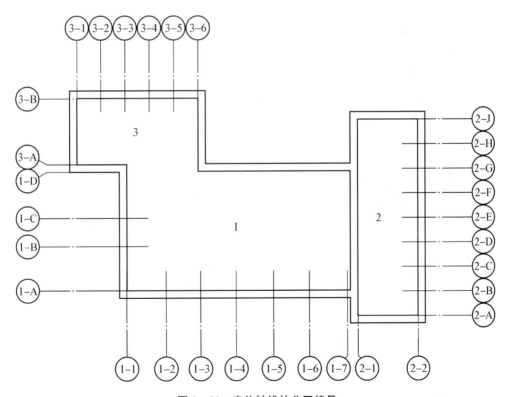

图 2‑20 定位轴线的分区编号

(4) 在建筑设计中经常把一些次要的建筑部件用附加轴线进行编号,如非承重墙、装饰柱等。附加轴线应以分数表示,采用在轴线圆内设通过圆心的 45 度的斜线的方式,并按下列规定编写：

两根轴线之间的附加轴线，应以分母表示前一轴线的编号，分子表示附加轴线的编号，宜用阿拉伯数字顺序编号。

在1号轴线或A号轴线之前的附加轴线应以分母01、0A分别表示位于1号轴线或A号轴线之前的轴线。

（5）当一个详图适用几根定位轴线时，应同时注明各有关轴线的编号，通用详图的定位轴线应只画圆，不注写轴线编号（图2-21）。

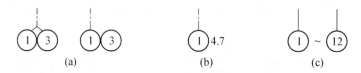

图2-21 详图的轴线编号

(a) 用于两根轴线；(b) 用于三根或三根以上轴线；(c) 用于三根以上连续编号的轴线

（6）常用专业名词

横向：指建筑物的宽度方向。

纵向：指建筑物的长度方向。

横向轴线：指平行于建筑物宽度方向设置的轴线，用以确定横向墙体、柱、梁、基础的位置。

纵向轴线：指平行于建筑物长度方向设置的轴线，用以确定纵向墙体、柱、梁、基础的位置。

开间：指两相邻横向定位轴线之间的距离。

进深：指两相邻纵向定位轴线之间的距离。

层高：指层间高度，即地面至楼面或楼面至楼面的高度。

净高：指房间的净空高度，即地面至顶棚下皮的高度。它等于层高减去楼地面厚度、楼板厚度和顶棚高度。

建筑高度：指室外地坪至檐口顶部的总高度。

建筑朝向：指建筑的最长立面及主要开口部位的朝向。

建筑面积：指建筑物外包尺寸的乘积再乘以层数，由使用面积、交通面积和结构面积组成。

使用面积：指主要使用房间和辅助使用房间的净面积。

交通面积：指走道、楼梯间和门厅等交通设施的净面积。

结构面积：指墙体、柱子等所占的面积。

2.6 确定建筑物的级别

2.6.1 民用建筑等级

民用建筑的分级是根据建筑物使用年限、防火性能、规模大小和重要性来划分等级的。根据建筑的规模大小、复杂程度划分的设计等级共分六级，见表2-6。

表 2-6 民用建筑工程设计等级分类表

工程等级	工程主要特征	工程范围举例
特级	1. 列为国家重点项目或以国际性活动为主的高级大型公共建筑； 2. 有国家和重大历史意义或技术要求特别复杂的中小型公共建筑； 3. 30层以上高层建筑； 4. 高大空间有声、光等特殊要求的建筑	国宾馆、国家大会堂、国际会议中心、国际体育中心、国际贸易中心、大型国际航空港、国际综合俱乐部、重要历史纪念建筑，国家级图书馆、博物馆、美术馆、剧院、音乐厅，三级以上人防工程
1级	1. 高级、大中型公共建筑； 2. 有地区历史意义或技术要求复杂的中小型公共建筑； 3. 16层以上29层以下或高度超过50 m（八度抗震设防区超过36 m）的公共建筑； 4. 建筑面积10万 m² 以上的居住区、工厂生活区	高级宾馆、旅游宾馆、高级招待所、别墅，省级展览馆、博物馆、图书馆、科学实验研究楼（包括高等院校），高级会堂、高级俱乐部、大型综合医院、疗养院、医疗技术楼、大型门诊楼、大中型体育馆、室内游泳馆、室内滑冰馆、大城市火车站、航运站、候机楼、综合商业大楼、高级餐厅、四级人防、五级平战结合人防等
2级	1. 中高级、大中型总高不超过50 m（八度抗震设防区不超过36 m）公共建筑； 2. 技术要求较高的中小型建筑； 3. 建筑面积不超过10万 m² 的居住区、工厂生活区； 4. 16层以上29层以下的住宅	大专院校教学楼、档案楼、礼堂、电影院、省级机关办公楼，300张床位以下（不含300张床位）医院、疗养院，地市级图书馆、文化馆、少年宫、俱乐部、排演厅、报告厅、风雨操场、中等城市汽车客运站、中等城市火车站、邮电局、多层综合商场、风味餐厅、高级小住宅等
3级	1. 中级、中型公共建筑； 2. 高度不超过24 m（八度抗震设防区<13 m）、技术要求简单的建筑以及钢筋混凝土屋面、单跨<18 m（采用标准设计21 m）或钢结构屋面单跨<9 m 的单层建筑； 3. 7层以上15层以下有电梯住宅或框架结构的建筑	重点中学、中等专科学校、教学实验楼、电教楼、社会旅馆、饭馆、招待所、浴室、邮电所、门诊部、百货楼、托儿所、幼儿园、综合服务楼、1~2层商场、多层食堂、小型车站等
4级	1. 一般中小型公共建筑； 2. 7层以下无电梯住宅、宿舍及砖混结构的建筑	一般办公楼、中小学教学楼、单层食堂、单层汽车库、消防车库、消防站、蔬菜门市部、粮站、杂货店、阅览室、理发室、公共厕所等
5级	1~2层单功能、一般小跨度结构建筑	同特征

2.6.2 地震知识

地震是对建筑造成破坏的主要自然因素，我国地处世界上环太平洋地震带和地中海南亚地震带两大地震带的中间，地震比较频繁。建造在地震区的房屋，在地震发生时会受到地震的破坏作用（图 2-22）。地震的大小强弱有两种表示方法，一是地震震级，二是地震烈度。地震震级表示震源放出的能量大小，分为 9 级（表 2-7）。地震烈度表示地震对地表及工程建筑物影响的强弱程度，分为 12 度。不同烈度对房屋造成的破坏情况见表 2-8。

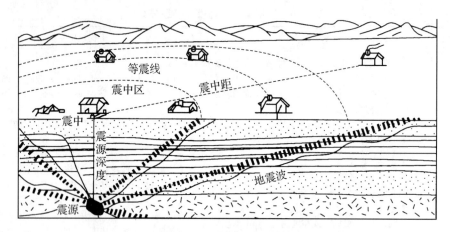

图 2-22 地震烈度示意图

表 2-7 地震震级(M)的分类

震 级	M<1 级	1≤M<3 级	3≤M<4.5 级	4.5≤M<6 级	6≤M<7 级	7≤M<8 级	M≥8 级
分 类	超微地震	微震或弱震	有感地震	中强震	强震	大地震	巨大地震

表 2-8 中国地震烈度表

烈 度	人的感觉	房屋震害程度	其他震害现象
Ⅰ	无感		
Ⅱ	室内个别静止的人有感觉		
Ⅲ	室内少数静止的人有感觉	门、窗轻微作响	悬挂物微动
Ⅳ	室内多数人、室外少数人有感觉,少数人梦中惊醒	门、窗作响	悬挂物明显摆动,器皿作响
Ⅴ	室内绝大多数、室外多数人有感觉,多数人梦中惊醒	门窗、屋顶、屋架颤动作响,灰土掉落,个别房屋抹灰出现微细裂缝,个别屋顶烟囱掉砖	悬挂物大幅度晃动,不稳定器物摇动或翻倒
Ⅵ	多数人站立不稳,少数人惊逃户外	a. 少数中等破坏,多数轻微破坏或基本完好 b. 个别中等破坏,少数轻微破坏,多数基本完好 c. 个别轻微破坏,大多数基本完好	家具和物品移动;河岸和松软土出现裂缝,饱和砂层出现喷砂冒水;个别独立砖烟囱轻度裂缝
Ⅶ	大多数人惊逃户外,骑自行车的人有感觉,行驶中的汽车驾乘人员有感觉	a. 少数毁坏或严重破坏,多数中等破坏或轻微破坏 b. 少数中等破坏,多数轻微破坏或基本完好 c. 少数中等轻微破坏,多少基本完好	物体从架子上掉落,河岸出现塌方,饱和砂层常见喷砂冒水,松软土地上地裂缝较多;大多数独立砖烟囱中等破坏
Ⅷ	多数人摇晃颠簸,行走困难	a. 少数毁坏,少数严重或中等破坏 b. 个别毁坏,少数严重破坏,多数中等或轻微破坏 c. 少数严重或中等破坏,多数轻微破坏	干硬土上亦出现裂缝;饱和砂层绝大多数喷砂冒水,大多数独立砖烟囱严重破坏

续表 2-8

烈 度	人的感觉	房屋震害程度	其他震害现象
Ⅸ	行动的人摔倒	a. 多数严重破坏或毁坏 b. 少数毁坏,多数严重或中等破坏 c. 少数毁坏或严重破坏,多数中等或轻微破坏	干硬土上出现许多地方有裂缝;可见基岩裂缝、错动;滑坡、塌方常见;独立砖烟囱多数倒塌
Ⅹ	骑自行车的人摔倒,处不稳状态的人会摔离原地,有抛起感	a. 绝大多数毁坏 b. 大多数毁坏 c. 多数毁坏或严重破坏	山崩和地震断裂出现;基岩上拱桥破坏;大多数独立砖烟囱从根部破坏或倒塌
Ⅺ		绝大多数毁坏	地震断裂延续很长;大量山崩滑坡
Ⅻ		几乎全部毁坏	地面剧烈变化,山河改观

注:表中的数量词:"个别"为10%以下,"少数"为10%~50%,"多数"为50%~70%,"大多数"为70%~90%;"普遍"为90%以上。

在进行建筑抗震设计时,并不是以震级的高低作为设计的依据,而是以震级的烈度为依据。地震烈度分为基本烈度和设计烈度。基本烈度是指某一地区在今后的一定时期内,在一般情况下可能遭受的最大烈度。设计烈度是根据城市及建筑物的重要程度,在基本烈度的基础上调整后规定的设防标准。

能力训练

1. 图 2-23 为某中学校教学楼底层平面图,结合定位轴线的标注原则和标注方法为它标上定位轴线并进行编号。(A3 白图纸,比例 1∶150。注意字体、字号、线型、线宽的应用)

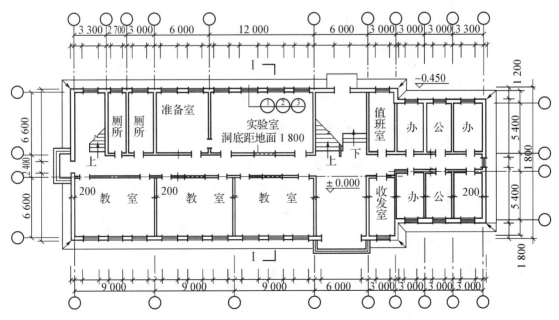

图 2-23 某中学教学楼底层平面图(mm)

2. 识读建筑施工图:
图 2-24、图 2-25 是一套学生宿舍的建筑施工图,要求识读图纸并分析其设计上的特点。

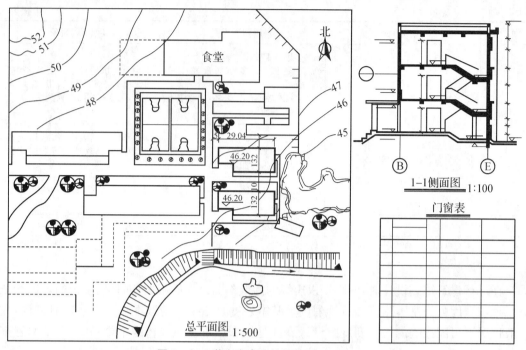

图 2-24 学生宿舍建筑施工图(一)(mm)

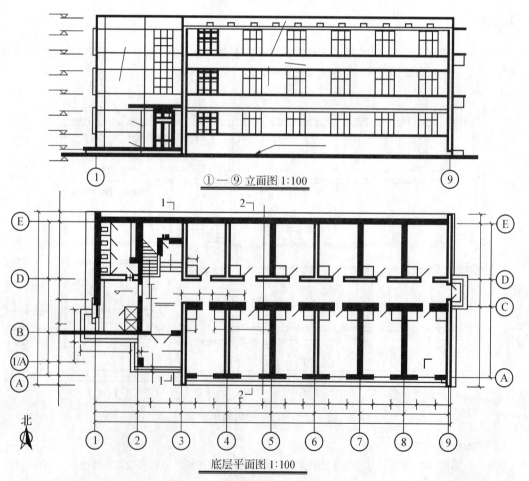

图 2-25 学生宿舍建筑施工图(二)

复习思考题

1. 建筑的类别是根据什么划分的?为什么要分类?
2. 建筑按使用性质分为几类?其中民用建筑分为哪两大类?
3. 建筑按主要结构的材料分为哪几类?当前采用最多的是哪一类?
4. 构件耐火极限的含义是什么?民用建筑的耐火等级是如何划分的?
5. 什么叫抗震设防,地震烈度,基本烈度,设防烈度?
6. 建筑标准化的含义是什么?
7. 什么是模数?什么是扩大模数和分模数?
8. 模数协调的意义是什么?如何应用?
9. 标志尺寸、构造尺寸和实际尺寸的相互关系是什么?
10. 承重内墙的定位轴线是如何划分的?
11. 变形缝处定位轴线是如何标注的?
12. 定位轴线为什么要编号?标注的原则是什么?

3 地基与基础

基础是建筑地面以下的承重构件，它承受建筑物上部结构传下来的全部荷载，并把这些荷载连同本身的重量一起传到下面的土层或岩体。支承由基础传下来的荷载的土层或岩体就是地基。地基承受建筑物荷载而产生的应力和应变随着土层深度的增加而减小，在达到一定深度后就可忽略不计。直接承受建筑荷载的土层为持力层，持力层以下的土层为下卧层（图3-1）。

地基能承受基础传递的荷载，并能保证建筑正常使用的最大能力称为地基承载力。为了保证建筑物的稳定和安全，基础底面传给地基的平均压力必须小于地基承载力。

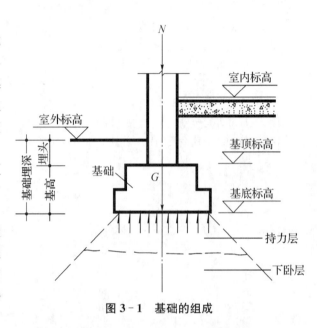

图3-1 基础的组成

基础的形式、材料、埋深，地基的处理方法将直接影响工程的安全质量和进度。从工程造价上看，地基基础的投资一般占整个建筑物总投资的10%～20%。合理的地基处理方法是减少施工难度、加快施工进度和降低工程造价的有效方法。

3.1 地 基

3.1.1 天然地基

凡天然土层具有足够的承载力，不需要经过人工加固，可直接在其上建造房屋的土层，称为天然地基。

天然地基的土层分布及承载力大小由勘测部门实测提供，作为建筑地基的土层分为岩石、碎石土、砂土、粉土、黏性土和人工填土。

1) 岩石

岩石为颗粒间牢固连接，呈整体或具有肌理裂隙的岩体。岩石根据其坚固性可分为硬质岩石（花岗岩、玄武岩等）和软质岩石（页岩、黏土岩等）；根据其风化程度可分为微风化岩石、中等风化岩石和强风化岩石等。岩石承载力的标准值在200～4 000 kPa之间。

2) 碎石土

碎石土为粒径大于2 mm的颗粒含量超过全重50%的土。碎石土根据颗粒形状和粒组含量又分漂石、块石(粒径大于 200 mm);卵石、碎石(粒径大于 20 mm);圆砾、角砾(粒径大于 2 mm)。碎石土承载力的标准值在 200～1 000 kPa 之间。

3) 砂土

砂土为粒径大于 2 mm 的颗粒含量不超过全重的 50%,粒径大于 0.075 mm 的颗粒超过全重 50% 的土。根据其粒径大小和占全重的百分率不同,砂土又分为砾砂、粗砂、中砂、细砂、粉砂等 5 种。砂土承载力的标准值在 140～500 kPa 之间。

4) 粉土

粉土为介于砂土与黏性土之间,塑性指数 $I_p \leq 10$ 且粒径大于 0.075 mm 的颗粒含量不超过全重 50% 的土。粉土承载力的标准值为 105～410 kPa。

5) 黏性土

黏性土为塑性指数 $I_p > 10$ 的土,按其塑性指数值的大小又分为黏土和粉质黏土两大类。黏性土承载力的标准值为 105～475 kPa。

6) 人工填土

经人工堆填而成的土,土层公布不均匀,压缩性高,浸水后湿陷,承载力较低,这种土一般不允许直接作为建筑物的地基。人工填土根据其组成和成因可分为素填土、杂填土、冲填土。素填土为碎石土、砂土、粉土、黏性土等组成的填土;杂填土为含有建筑垃圾、工业废料、生活垃圾等杂物的填土;冲填土为水力冲填泥砂形成的填土。人工填土承载力的标准值为 65～160 kPa。

对于天然地基的要求:① 地基应具备足够的承载力;② 地基应有均匀压缩变形的能力,以保证建筑物下沉在控制范围内,若地基不均匀下沉超过地基变形允许值时,建筑物上部会产生裂缝和变形;③ 地基应具有防止产生滑坡、倾斜方面的能力;④ 地基应有抵御地震、爆破等动力荷载的能力。

3.1.2 人工地基

当土层的承载力较差或虽然土层较好,但上部荷载较大时,为使地基具有足够的承载能力,可以对土层进行人工加固,这种经人工处理的土层,称为人工地基。

常用的人工加固地基的方法有重锤夯实、机械辗压、灰土井桩、振动冲水、换土垫层、振动压实、灰土密桩、砂桩等(图 3-2)。

重锤夯实:利用重锤从高处落下,反复多次地夯实地基土,其影响深度可达 10 m 以上。夯实后地基承载力可提高 2～5 倍,并能减少沉降,消除液化。这种方法具有施工简单,速度快,节省材料等特点,适用于地下水位低的地基加固(图 3-2a)。

机械辗压:利用机械对地基土进行辗压,适用于工业废料建筑垃圾组成的薄层表土杂填土地基,压实后能减少地基的不均匀性(图 3-2b)。

灰土井桩:地基中做灰土井,也起挤密排水作用,用于厚度≤5 m 的淤泥质软土(图 3-2c)。

振动冲水:适用于松砂地基加密、液化砂土加固,使复合地基承载力提高,压缩性减少(图 3-2d)。

换土垫层:用砂垫层、碎石垫层、灰土垫层换去软弱土,将垫层作为持力层,达到加固的目的,此办法适用于浅层软弱土的处理(图3-2e)。

振动压实:用打夯机对地基进行振动压实,适用于含少量黏土的工业废料、建筑垃圾和炉灰填土地基,可减少沉降(图3-2f)。

灰土密桩:利用灰土桩,挤密加固,适用于软弱地基,效果较好,加固后可提高地基承载力(图3-2g)。

砂桩:地基土打入砂桩,起挤密和排水作用,适用于厚度不厚的软黏土和杂填土地基(图3-2h)。

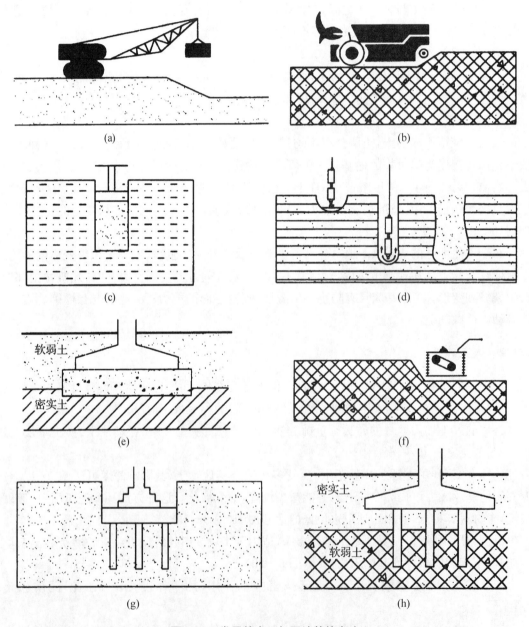

图3-2 常用的人工加固地基的方法

(a)重锤夯实;(b)机械辗压;(c)灰土井桩;(d)振动冲水;(e)换土垫层;(f)振动压实;(g)灰土密桩;(h)砂桩

3.2 基础的类型与埋深

3.2.1 基础的类型

为了经济合理地选择基础的形式和材料,确定其构造,对于民用建筑的基础,可以按基础的形式、材料和传力情况、深浅进行分类。

1)按基础的形式分类

基础的类型按其形式不同可以分为带形基础、独立式基础和联合基础。

(1)带形基础:基础为连续的带形,也叫条形基础。

当地基条件较好、基础埋置深度较浅时,墙承式的建筑多采用带形基础,以便传递连续的条形荷载。条形基础常用砖、石、混凝土等材料建造。当地基承载能力较小,荷载较大时,承重墙下也可采用钢筋混凝土带形基础(图3-3)。

(2)独立式基础:独立式基础呈独立的块状,形式有阶梯形、锥形、杯形等(图3-4)。独立式基础主要用于柱下。在墙承式建筑中,当地基承载力较弱或埋深较大时,为了节约基础材料,减少土石方工程量,加快工程进度,亦可采用独立式基础。为了支承上部墙体,在独立基础上可设梁或拱等连续构件。

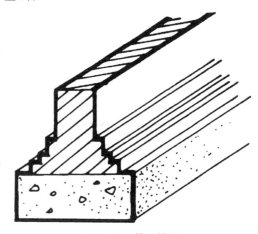

图3-3 带形基础

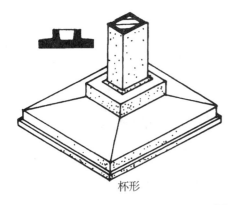
杯形

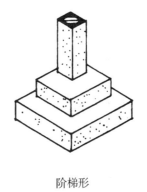
阶梯形

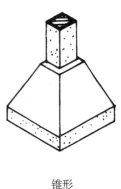
锥形

图3-4 独立式基础

(3)联合基础:联合基础类型较多,常见的有柱下条形基础、柱下十字交叉基础、片筏基础和箱形基础(图3-5a、b)。

当柱子的独立基础置于较弱地基上时,基础底面积可能很大,彼此相距很近甚至碰到一起,这时应把基础连起来,形成柱下条形基础、柱下十字交叉基础。

如果地基特别弱而上部结构荷载又很大,即使做成联合条形基础,地基的承载力仍不能满足设计要求时,可将整个建筑物的下部做成一整块钢筋混凝土梁或板,形成片筏基础。片筏基础整体性好,可跨越基础下的局部较弱土。片筏基础根据使用的条件和断面形式,又可分为板式基础和梁板式基础(图3-5c、d)。

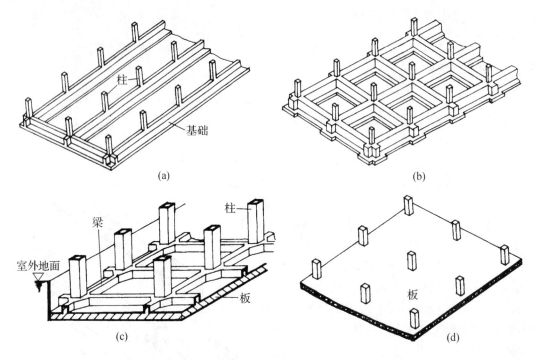

图3-5 联合基础

(a)柱下条形基础;(b)柱下十字交叉基础;(c)梁板式基础;(d)板式基础

当建筑设有地下室,且基础埋深较大时,可将地下室做成整浇的钢筋混凝土箱形基础,它能承受很大的弯矩,可用于特大荷载的建筑(图3-6)。

2) 按基础的材料和基础的传力情况分类

按基础的材料不同可分为砖基础、石基础、混凝土基础、毛石混凝土基础、钢筋混凝土基础等。

按基础的传力情况不同可分为刚性基础和柔性基础两种。

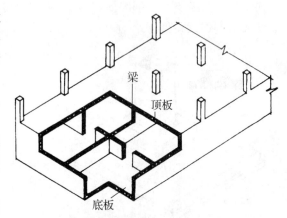

图3-6 联合基础之箱形基础

当采用砖、石、混凝土、灰土等做成的基础叫做刚性基础。刚性基础又称无筋扩展基础,其材料特点是抗压强度高,而抗弯、抗剪等强度很低,刚性基础受刚性角限制,基础底宽应根据材料的刚性角来决定。刚性角是基础放宽的引线与墙体垂直线之间的夹角(图3-7)。刚性角可用基础放阶的级宽与级高之比值来表示。不同材料和不同基底压力应选用不同的宽高比(表3-1)。

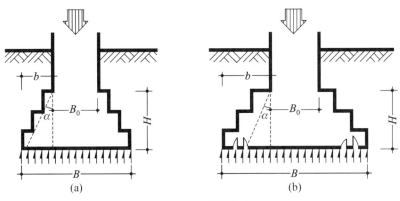

图 3-7 刚性基础

刚性基础常用于地基承载力较好,压缩性较小的中小型民用建筑。

刚性基础因受刚性角的限制,当建筑物荷载较大,或地基承载能力较差时,如按刚性角逐步放宽,则需要很大的埋置深度,这在土方工程量及材料使用上都很不经济。在这种情况下宜采用钢筋混凝土基础,以承受较大的弯矩,基础就可以不受刚性角的限制。

表 3-1 刚性基础台阶宽高比的允许值

基础材料	质量要求	台阶宽高比的允许值		
		$p_k \leqslant 100$	$100 < p_k \leqslant 200$	$200 < p_k \leqslant 300$
混凝土基础	C15 混凝土	1∶1.00	1∶1.00	1∶1.25
毛石混凝土基础	C15 混凝土	1∶1.00	1∶1.25	1∶1.50
砖基础	砖不低于 MU10、砂浆不低于 M5	1∶1.50	1∶1.50	1∶1.50
毛石基础	砂浆不低于 M5	1∶1.25	1∶1.50	—
灰土基础	体积比为 3∶7 或 2∶8 的灰土,其最小干密度:粉土 1.55 t/m³ 粉质黏土 1.50 t/m³ 黏土 1.50 t/m³	1∶1.25	1∶1.50	—
三合土基础	体积比为 1∶2∶4～1∶3∶6(石灰∶砂∶集料),每层约虚铺 220 mm,夯至 150 mm	1∶1.50	1∶2.00	—

注:1. p_k 为荷载效应标准组合基础底面处的平均压力值(kPa);
 2. 阶梯形毛石基础的每阶伸出宽度,不宜大于 200 mm;
 3. 当基础由不同材料叠合组成时,应对接触部分作抗压验算;
 4. 基础底面处的平均压力值超过 300 kPa 的混凝土基础,尚应进行抗剪验算。

柔性基础,用钢筋混凝土建造的基础,不仅能承受压应力,还能承受较大拉应力,不受材料的刚性角限制,故叫做柔性基础,又称非刚性基础或扩展基础(图 3-8)。

3) 按基础的深浅分类

按基础的深浅分为浅基础、深基础。浅基础包含无筋扩展基础、扩展基础、柱下条形基础、筏形基础、壳体基础、岩层锚杆基础。深基础主要为桩基。

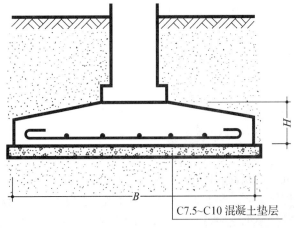

图 3-8 柔性基础

3.2.2 基础的埋置深度

由室外设计地面到基础底面的距离为基础的埋置深度。基础的埋深小于等于 5 m 者为浅基础,大于 5 m 者为深基础。在满足地基稳定和变形要求的前提下,基础宜浅埋,当上层地基的承载力大于下层土时,宜利用上层土作持力层。除岩石地基外,基础埋深不宜小于 0.5 m。

影响基础埋深的因素很多,主要应考虑下列几个条件。

1) 与地基的关系

基础的埋置深度与地基构造有密切关系,房屋要建造在坚实可靠的地基上,不能设置在承载能力低、压缩性高的软弱土层上。在选择埋深时,应根据建筑物的大小、特点、刚度与地基的特性区别对待。如土层是两种土质构成,上层土质好而有足够厚度,则以埋在上层范围内为宜;反之,上层土质差而厚度浅,则以埋在下层范围内为宜。总之,由于地基土形成的地质变化不同,每个地区的地基土的性质也就不会相同,即使同一地区,它的性质也有很大变化,必须综合分析,求得最佳埋深。

2) 地下水位的影响

地下水对某些土层的承载能力有很大影响,如黏性土在地下水上升时,将因含水量增加而膨胀,使土的强度降低;当地下水下降时,基础将产生下沉。为避免地下水的变化影响地基承载力及防止地下水对基础施工带来的麻烦,一般基础应争取埋在最高水位以上(图 3-9a)。

当地下水位较高,基础不能埋设在最高水位以上时,宜将基础底面埋置在最低地下水位以下 200 mm。这种情况,基础应采用耐水材料,如混凝土、钢筋混凝土等。施工时要考虑基坑的排水(图 3-9b)。

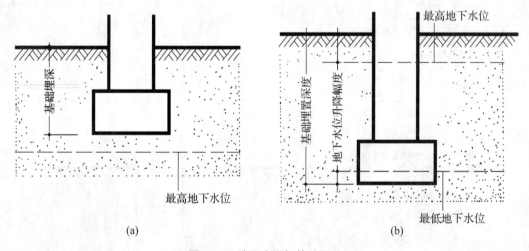

图 3-9 地下水位与基础埋深

3) 冻结深度与基础埋深的关系

冻结土与非冻结土的分界线称为冻土线。各地区气候不同,低温持续时间不同,冻土深度亦不相同,如北京地区为 0.8~1.0 m,哈尔滨是 2 m,重庆地区则基本无冻结土。地基土冻结后,是否对建筑产生不良影响,主要看土冻结后会不会产生冻胀现象。若产生冻胀,会把房屋向上拱起(冻胀向上的力会超过地基承载力),土层解冻,基础又下沉。这种冻融交替,使房屋处于不稳定状态,产生变形,如墙身开裂,门窗倾斜而开启困难;甚至使建筑物结构也遭到破坏等。地基土冻结后是否产生冻胀,主要与土壤颗粒的粗细程度、含水量和地下水位的高低有关。如地基土存在冻胀现象,特别是在粉砂、粉土和黏性土中,基础应埋置在冻土线以下 200 mm。

4) 其他因素对基础埋深的影响

基础的埋置深度除考虑地基构造、地下水位、冻结深度等因素外,还应考虑相邻基础的深度,拟建建筑物是否有地下室、设备基础等因素的影响(图 3-10)。

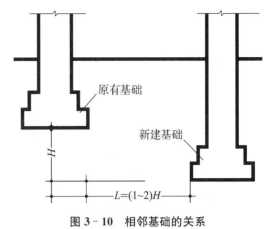

图 3-10 相邻基础的关系

3.3 常用刚性基础构造

3.3.1 砖基础

以砖为基础材料,取材容易、价格较低、施工简便,是常用的类型之一。但由于强度、耐久性、抗冻性较差,多用于干燥而温暖地区的中小型建筑的基础。

在建筑物防潮层以下部分,砖的等级不得低于 MU10,砂浆不得低于 M5。基础墙的下部要做成阶梯形,俗称大放脚。由于刚性角限制,并考虑砌筑方便,常采用每隔二皮砖厚收进 1/4 砖的断面形式,在基础底宽较大时,也可采取二皮一级与一皮一级的收进的断面形式,但其最底下一级必须用二皮砖厚(图 3-11)。

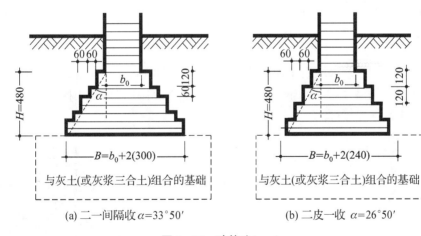

图 3-11 砖基础(mm)

砖基础的大放脚下需加设垫层。垫层尺度是根据上部结构荷载和地基承载力的大小及材料来确定的。如地基是老土时,一般在大放脚下铺 30~50 mm 厚水泥砂浆起找平作用的垫层。若上部荷载较大或地基较弱,北方地区多用 450 mm 厚三七灰土(石灰:黄土为 3:7)做传力垫层。在南方潮湿地区多采用 1:3:6(石灰:炉渣:碎石或碎砖)三合土做传力垫层,厚度不小于 300 mm。

非承重空心砖、硅酸盐砖和硅酸盐砌块,不得用于做基础材料。

由于黏土砖现已禁止使用,砖基础已越来越少使用。

3.3.2 石基础

石基础有毛石基础和料石基础两种。

毛石基础的毛石厚度和宽度不得小于 150 mm,长度为宽度的 1.5~2.5 倍,强度等级不低于 MU25。其做法有两种:一种是在基坑内先铺一层高约 400 mm 左右的毛石后,灌以 M2.5 砂浆,分层施工,这叫毛石灌浆基础。另一种是边铺砂浆边砌毛石,叫做浆砌毛石基础。两种做法均要求毛石大小交错搭配,使灰缝错开。同时在砌毛石时,基础四周回填土应边砌边填分层夯实。毛石基础剖面形式一般为矩形,墙厚为 240~370 mm 时,一般基宽做成 500~600 mm、基高 900 mm 的矩形剖面。若基高大于 100 mm 时,则基宽 B 相应加宽,其比值应按石材刚性角放阶,一般不宜超过三阶(图 3-12)。

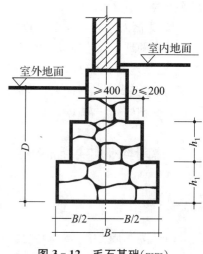

图 3-12 毛石基础(mm)

料石基础是用经过加工具有一定规格的石材,用 M2.5 砂浆或 M5 砂浆砌筑而成的基础。料石基础要求上下面平整,石缝错开,灰浆饱满。它的基宽 B 除按计算要求外,还应符合料石规格尺寸。如重庆地区的料石叫连二石,其尺寸为 300 mm×300 mm×1 000 mm 和 250 mm×250 mm×1 000 mm,丁头石长为 600 mm。

石基础的耐久性、抗冻性很高,但毛石基础毛石间黏结依靠砂浆,结合力较差,因而砌体强度不高,而料石的基础强度就高得多。

3.3.3 混凝土及毛石混凝土基础

混凝土基础是用水泥、砂、石子加水拌合浇筑而成,常用混凝土强度等级为 C7.5~C15。它的剖面形式和有关尺寸,除满足刚性角外,不受材料规格限制,按结构计算确定,其基本形式有矩形、阶梯形、梯形等(图 3-13)。

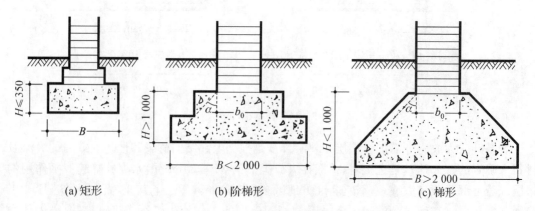

(a) 矩形　　(b) 阶梯形　　(c) 梯形

图 3-13 混凝土基础(mm)

混凝土的强度、耐久性、防水性都较好,是理想的基础材料。在混凝土基础体积过大时,可以在混凝土中填入适当数量的毛石,即为毛石混凝土基础。毛石混凝土基础中所填毛石是未经风化的石块,使用前应用水冲洗干净,石块尺寸一般不得大于基础宽度的1/3,同时石块任一边尺寸不得大于 300 mm。填入石块的总体积不得大于基础总体积的 30%。

3.4 桩基础

桩基由承台和桩柱两部分组成(图 3-14)。

承台是在桩柱顶现浇的钢筋混凝土梁或板,上部支承墙的为承台梁,上部支承柱的为承台板,承台的厚度一般不小于 300 mm,由结构计算确定,桩顶嵌入承台的深度不宜小于 5~100 mm。根据桩将荷载传给地基土的不同方式,桩可以分为摩擦桩、摩擦端承桩和端承桩三种(图 3-15)。其中摩擦桩全部由桩周与土之间的摩擦力来支承上部传来的荷载;摩擦端承桩则是桩周与土之间的摩擦力和桩尖支承力共同来支承上部传来的荷载;端承桩是指全部由桩尖支承力来支承上部传来的荷载。

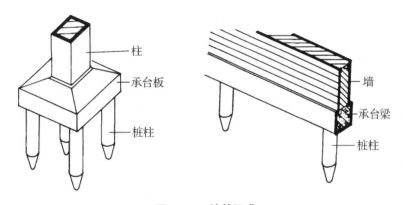

图 3-14 桩基组成

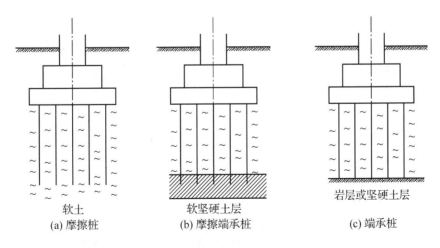

图 3-15 桩的分类

按桩的制作方法又可分为预制桩、灌注桩和爆扩桩三类。预制桩是把桩先预制好,然后用打桩机打入地基土层中。桩的断面一般为 200～350 mm 见方,桩长不超过 12 m。预制桩质量易于保证,不受地基其他条件影响(如地下水等),但造价高,钢材用量大,打桩时有较大噪声,影响周围环境。灌注桩是直接在所设计的桩位上开孔(圆形),然后在孔内加放钢筋骨架,浇筑混凝土而成。与钢筋混凝土预制桩比较,灌注桩有施工快、施工占地面积小、造价低等优点,近年来发展较快。爆扩桩是用机械或爆扩等方法成孔,现已较少采用。

3.5 地基沉降与基础沉降缝构造

3.5.1 地基沉降

建筑物建成后,一般都有不同程度的沉降,当建筑物中部沉降量大于两端时,出现中部下凹的拱曲变形,墙面出现八字裂缝(图 3-16a)。当建筑物两端沉降量大时,出现中部上凸的拱曲变形,墙面出现倒八字裂缝(图 3-16b)。建筑物裂缝上端通常向沉降量大的一边发展,且开裂往往集中在刚性薄弱的部位或构件断面削弱的部位,如门窗洞口等。

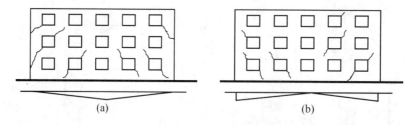

图 3-16 建筑物的裂缝
(a) 中间基础沉降较两端大形成八字缝开裂;(b) 两端基础沉降较中间大形成倒八字缝开裂

防止建筑物产生不均匀沉降,首先应找出产生不均匀沉降的原因,在设计和施工方面采取相应的措施。通常的方法有:

1) 按地基容许变形来控制设计

为达到均匀沉降的目的,必须按地基变形调整基础的宽度和深度,在软土层厚度较大的区域,将基础底面适当加宽或将基础埋置深度适当加大,为基础获得均匀沉降创造条件。

2) 提高基础和上部结构的刚度

基础本身的刚度是整个建筑物刚度的重要组成部分。采用刚度好的基础材料和基础形式是提高建筑物整体性、调节建筑物不均匀沉降量的有效措施。混合结构中常用刚性墙基础和基础圈梁的办法提高建筑物的整体性。

3) 设沉降缝

根据建筑物变形的可能设置沉降缝。

4) 地基局部处理

基础在开挖基坑(槽)后,可能会发现池塘、墓穴、河沟等。如深度不大,则可采用下列方法进行处理,以避免或减少局部沉降。

(1) 局部换土法:将坑中软土层挖除,通常挖成踏步形、踏步高宽比为 1:2。然后更换与地基土压缩性相近的天然土,也可以用砂石灰土等材料回填,回填时应分层回填夯实。

(2) 跨越法与挑梁法：对地基发现的废井等洞穴，除了可用局部换土法外还可设过梁或拱券跨越井穴。

(3) 橡皮土的处理：地基土含水量大有橡皮土现象时，应避免直接在地基上夯打，而是采用降水法降低含水量，或根据具体情况铺以碎石、卵石，将其压入土中，将土挤实。

3.5.2 基础沉降缝构造

为了消除基础不均匀沉降，应按要求设置基础沉降缝。

基础沉降缝的宽度与上部结构相同，基础由于埋在地下，缝内一般不填塞。条形基础的沉降缝通常采用双墙式（图3-17）和悬挑式（图3-18）做法。

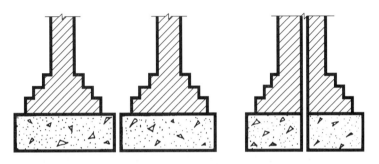

图3-17 双墙式变形缝

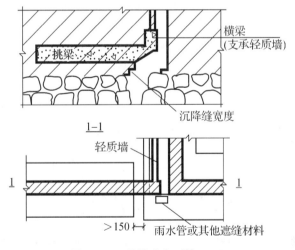

图3-18 悬挑式变形缝(mm)

复习思考题

1. 什么是地基、基础？两者有什么关系？
2. 对地基和基础的设计要求是什么？
3. 影响基础埋置深度的主要因素有哪些？
4. 什么是刚性角？
5. 基础的类型有哪些？适用条件如何？
6. 桩基的类型有哪些？
7. 条形基础的沉降缝通常采用哪些做法？

4 墙体构造

4.1 墙体的类型及设计要求

4.1.1 墙体的类型

墙体是建筑的重要组成部分,其耗材、造价、自重和施工期在建筑的各个组成构件中往往占据重要位置。

墙体的种类很多,常用的墙体主要有砖墙、砌块墙、板材墙、钢筋混凝土墙、轻骨架墙、玻璃幕墙、石墙等。其中砖墙和砌块墙又统称块材墙,也是目前建筑中使用最广泛的墙体。民用建筑中的墙体一般有三个作用,即承重作用、围护作用和分隔作用。根据墙体在建筑物中的位置、受力情况、材料选用和构造施工方法的不同,墙体有以下几种分类方法。

1) 按所处的位置及方向分类

墙体按所处的位置可分为外墙和内墙,外墙位于房屋的四周,故又称外围护墙。内墙位于房屋内部,主要起分隔室内空间的作用。墙体按布置方向可分为纵墙和横墙。沿建筑物长轴方向布置的墙称为纵墙,沿建筑物短轴方向布置的墙称为横墙,外横墙俗称山墙。另外,根据墙体与门窗的位置关系,平面上窗洞口之间的墙体可以称为窗间墙,立面上下窗洞口之间的墙体称为窗下墙(图 4-1)。

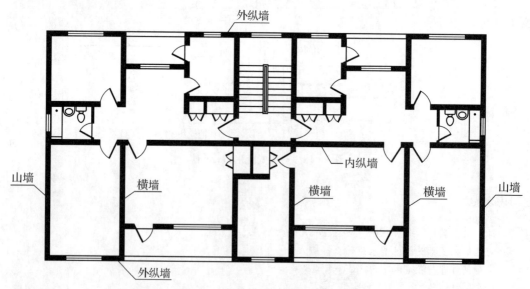

图 4-1 不同位置方向的墙体名称

2) 按受力情况分类

墙体按结构受力情况的不同分为承重墙和非承重墙两种。

承重墙,直接承受楼板及屋顶传下来的荷载和风力、地震力等水平荷载。由于承重墙所处的位置不同,又分为承重内墙和承重外墙。墙下有条形基础。

非承重墙,即不承受外来荷载的墙体称为非承重墙。在砖混结构中,非承重墙又分为自承重墙(或称承自重墙)、围护墙和隔墙。① 自承重墙,仅承受墙体自身重量,并把自重传给基础。自承重墙不承受屋顶、楼板等垂直荷载,墙下有条形基础。② 围护墙,重量由梁承受并传给柱子或基础,围护墙的作用是防风、雪、雨的侵袭和保温、隔热、隔声、防水等,它对保证房间内具有良好的生活环境和工作条件关系很大。③ 隔墙,是指分隔室内空间的非承重墙,隔墙把自重传给楼板层或附加的小梁,它的作用就是将大房间分隔为若干小房间。隔墙应满足防火、防潮和隔声的要求。隔墙的墙下不设基础。

在框架结构中,非承重墙还可以分为填充墙和幕墙。填充墙是位于框架梁柱之间的墙体。当墙体悬挂于框架梁柱的外侧起围护作用时,称为幕墙,幕墙的自重由其连接固定部位的梁柱承担。位于高层建筑外围的幕墙,虽然不承受竖向的外部荷载,但受高空气流影响需承受以风力为主的水平荷载,并通过与梁柱的连接传递给框架系统(图4-2)。

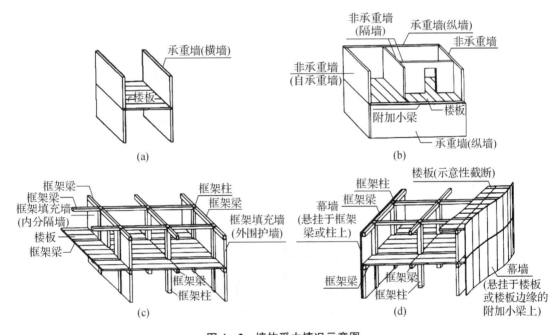

图 4-2 墙体受力情况示意图

(a) 砖混结构;(b) 砖混结构;(c) 框架结构-框架填充墙;(d) 框架结构-幕墙

3) 按材料及构造方式分类

按所用材料的不同,墙体分为砖墙、砌块墙、现浇或预制的钢筋混凝土、石墙等。按构造方式分为实体墙、空体墙、组合墙三种(图4-3)。

实体墙。由单一材料(砖、石块、混凝土和钢筋混凝土等)与复合材料(钢筋混凝土与加气混凝土分层复合、黏土与焦砟分层复合等)组砌成不留空隙的墙体,如普通砖墙、实心砌块墙、混凝土墙、钢筋混凝土墙等。

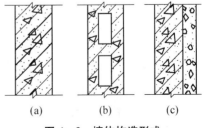

图 4-3 墙体构造形式

(a) 实体墙;(b) 空体墙;(c) 组合墙

空体墙。也是由单一材料组成,既可以是单一材料砌成内部空腔,例如空斗砖墙(图4-4),也可用具有孔洞的材料组砌,如空心砖墙、空心砌块墙(图4-5)、空心板材墙等。

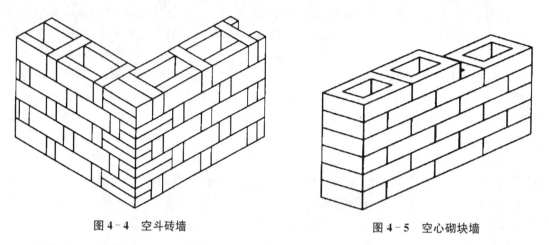

图4-4 空斗砖墙　　　　　　　图4-5 空心砌块墙

组合墙。又叫复合墙,由两种以上材料组合而成。这种墙体的承重结构为黏土砖或钢筋混凝土,其内侧或外侧复合轻质保温板材,如钢筋混凝土和加气混凝土构成的复合板材墙,其中钢筋混凝土起承重作用,加气混凝土起保温隔热作用。常用的复合轻质保温材料有充气石膏板、水泥聚苯板、黏土珍珠岩、纸面石膏聚苯复合板、纸面石膏岩棉复合板、纸面石膏玻璃复合板等。

承重结构采用黏土砖墙时,其厚度为180 mm或240 mm;采用黏土多孔砖墙时,其厚度为190~240 mm;采用钢筋混凝土墙时,其厚度为200 mm或250 mm。保温板材的厚度为50~90 mm,若作空气间层时,其厚度不宜超过60 mm。这种保温墙体的热阻值指标为0.70~0.81 W/(m²·K),完全能够满足节能要求(图4-6)。

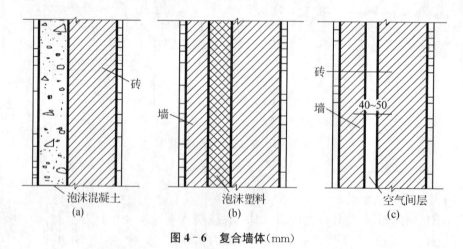

图4-6 复合墙体(mm)

(a) 保温层在外侧;(b) 夹心构造;(c) 利用空气间层

4) 按施工方法分类

按施工方法分为块材墙、板筑墙、板材墙。

块材墙:用砂浆等胶结材料将砖石块材等组砌而成,如砖墙、石墙及各种砌块墙等。

板筑墙:在现场立模板,现浇而成的墙体,如现浇混凝土墙等。

板材墙:预先制成墙板,施工时现场安装而成的墙体,如预制混凝土大板墙、各种轻质条板内隔墙等。

4.1.2 墙体的设计要求

1) 墙体的结构方面要求

主要表现在强度和稳定性两个方面,即墙体必须同时考虑建筑和结构两方面的要求,既满足设计的房间布置、空间大小划分等使用要求,又应选择合理的墙体承重结构布置方案,使之安全承担作用在房屋上的各种荷载,坚固耐久,经济合理。

(1) 结构布置方案

多层砖混结构房屋中,墙体既是维护构件,又是主要的承重结构。结构布置是指梁、板、墙柱等结构构件在房屋中的总体布局。

按照墙体的承重方式不同,墙体的结构布置方案有 4 种(图 4-7):

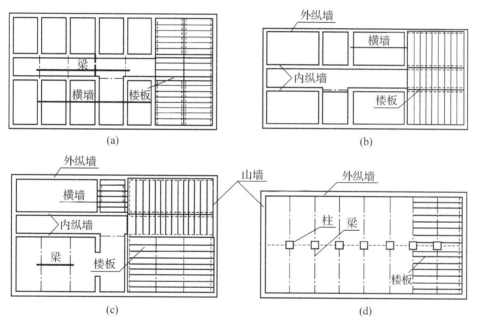

图 4-7 墙体承重结构布置方案

(a) 横墙承重;(b) 纵墙承重;(c) 纵横墙承重;(b) 半框架承重

① 横墙承重方案:将楼板及屋面板水平承重构件搁置在横墙上,横墙承受楼板、屋面板等外来荷载,连同自身的重量传给基础。采用这种方案布置,建筑物的横向刚度较强,整体性好,有利于抵抗水平荷载(风荷载、地震作用等)和调整地基不均匀沉降。这种方案的横墙间距是楼板的长度,也是房间的开间,一般在 4.2 m 以内较为经济。适用于房间的使用面积不大,墙体位置比较固定的建筑,如住宅、宿舍、旅馆等。

② 纵墙承重方案:将楼板及屋面板、梁等水平承重构件搁置在内、外纵墙上,纵墙承受楼板(梁)等外来荷载,并连同自身重量传给基础和地基。由于横墙不承重,这种方案抵抗水平荷载的能力比横墙承重差,其纵向刚度强而横向刚度弱,而且在承重纵墙上开设门窗洞口有时受到限制。这一布置方案适用于使用上要求有较大空间的建筑,如办公楼、商店、教学楼中的教室、阅览室等。

③ 纵横墙承重方案:承重墙体由纵横两个方向的墙体组成。这种方案在两个方向都有较强的抗侧能力,空间刚度较好。建筑平面组合也比较灵活,适用于房间开间、进深变化较多的建筑,如医院、幼儿园、试验楼等。但这种方案墙体材料用量多。

④ 半框架承重方案:房屋内部采用柱、梁组成的内框架承重,四周采用墙承重,由墙和柱共同承受水平承重构件传来的荷载(图4-8)。这种布置方案房屋的刚度主要由框架保证,因此水泥及钢材用量较多。这种方案适用于室内需要较大空间的建筑,如大型商店、餐厅等。

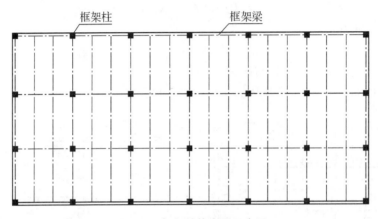

图4-8 框架结构布置示意图

(2) 墙体承载力和稳定性

墙体必须有足够的承载力和稳定性,以满足其使用要求和抗震要求。

承载力——墙体承受荷载的能力。地震区还要考虑地震作用。

砖墙体的承载力即是指砖砌体的抗压强度,它取决于砖和砂浆材料的强度等级,常采用验算的方法进行。《墙体结构设计规范》(GB 5003—2001)中规定,砖的材料强度等级有MU30(300 kh/cm^2),MU25(250 kh/cm^2),MU20(200 kh/cm^2),MU15(150 kh/cm^2),MU10(100 kh/cm^2)等。砌筑砂浆的强度等级有M15(150 kh/cm^2),M10(100 kh/cm^2),M7.5(75 kh/cm^2),M5(50 kh/cm^2)和M2.5(25 kh/cm^2)。实心砖和多孔砖砌体的抗压强度设计值详见表4-1。

表4-1 实心砖和多孔砖砌体的抗压强度设计值(MPa)

砖的强度等级	砂浆的强度等级					砂浆强度
	M15	M10	M7.5	M5	M2.5	0
MU30	3.94	3.27	2.93	2.59	2.26	1.15
MU25	3.60	2.98	2.68	2.37	2.06	1.05
MU20	3.22	2.67	2.39	2.12	1.84	0.94
MU15	2.79	2.31	2.07	1.83	1.60	0.82
MU10	—	1.89	1.69	1.50	1.30	0.67

提高墙体承载力的方法有两种,一是加大截面面积或加大墙厚。这种方法虽然可取,但不一定经济。工程实践表明,240 mm厚的砖墙可以保证20 m高建筑(相当于住宅6层)的承载要求。二是提高砌体抗压强度的设计值。这种方法是采用同一墙体厚度,在不同部位

通过改变砖和砂浆的强度等级来达到不同的承载要求。

稳定性——墙体的稳定性一般采取验算高厚比的方法进行,高厚比是指墙、柱的计算高度 H 与其厚度 h 的比值。其值越大,其稳定性越差。其计算公式为:

$$\beta = H_0/h \leqslant \mu_1 \cdot \mu_2 \cdot [\beta]$$

式中:H_0——墙、柱的计算高度,m;

h——墙厚或矩形柱与 H_0 相对应的边长,m;

μ_1——非承重墙允许高厚比的修正系数;

μ_2——有门窗洞口墙允许高厚比的修正系数;

$[\beta]$——墙、柱的允许高厚比(表 4-2)。

由上式可以看出,砂浆强度等级愈高,则允许高厚比愈大。提高砖墙稳定性可以降低墙、柱的高度,加大柱子截面。另外,实际工程中,根据其稳定性的要求,砖混结构房屋的总高度也应控制在限值以内(表 4-3)。

表 4-2 墙、柱的允许高厚比 $[\beta]$ 值

砂浆强度等级	墙	柱
M2.5	22	15
M5.0	24	16
≥M7.5	26	17

表 4-3 多层砖房总高和层数的限值

最小墙厚	抗震设防烈度							
	6		7		8		9	
240 mm	高度(m)	层数	高度(m)	层数	高度(m)	层数	高度(m)	层数
	24	8	21	7	18	6	12	4

2) 墙体保温与隔热要求

建筑在使用中因对热工环境舒适性的要求会带来一定的建筑能耗,从节能的角度出发,也为了降低建筑长期的运营费用,要求作为围护结构的外墙具有良好的热稳定性,使室内温度环境在外界环境气候变化的情况下保持相对的稳定性。

采暖建筑的外墙应有足够的保温能力,墙体的保温因素主要表现在墙体阻止热量传出的能力和防止在墙体表面与内部产生凝结水的能力两大方面。

寒冷地区,冬季室内温度高于室外,热量从高温一侧向低温一侧传递(图 4-9)。为了减少热损失,可采取以下四个方面的措施:

(1) 增加墙厚和选择不同的材料,有三种做法:

①增加外墙厚度,使传热过程延缓,达到保温目的。但是墙体加厚,会增加结构自重、加大墙体材料用量、占用建筑面积、缩小建筑有效空间等。②选用孔隙率高、密度小的材料做外墙,如加气混凝土等。这些材料导热系数小,保温效果好,但是强度不高,不能承受较大的荷载,一般用于框架填充墙等。

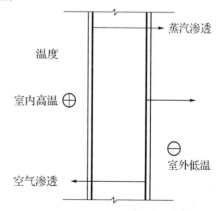

图 4-9 外墙冬季传热过程

③采用多种材料的组合墙,形成保温构造系统解决保温和承重双重问题。外墙保温系统根据保温材料与承重材料的位置关系,有外墙外保温、外墙内保温和夹芯保温几种方式,目前应用较多的保温材料有 EPS(模塑聚苯乙烯泡沫塑料)板或颗粒。此外,岩棉、膨胀珍珠岩、加气混凝土等也是可供选择的保温材料。图 4-10、图 4-11 为外墙外保温和外墙内保温实例。

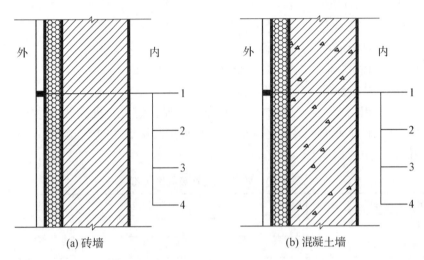

(a) 砖墙　　　　　　　　　　(b) 混凝土墙

图 4-10　砖墙或混凝土墙外保温构造做法

1—饰面层;2—纤维增强层;3—保温层;4—墙体

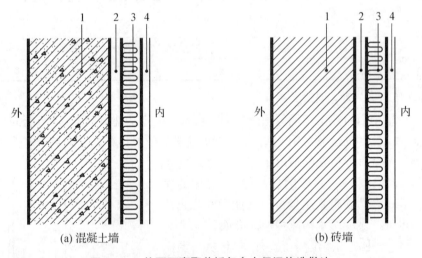

(a) 混凝土墙　　　　　　　　　　(b) 砖墙

图 4-11　饰面石膏聚苯板复合内保温构造做法

1—墙体;2—空气层;3—保温层;4—饰面石膏

(2) 防止外墙中出现凝结水。为了避免采暖建筑热损失,冬季通常是门窗紧闭,生活用水及人的呼吸使室内湿度增高,形成高温高湿的室内环境。而室外温度和墙体内的温度较低,当室内热空气传至外墙时,蒸汽在墙内形成凝结水,水的导热系数较大,因此就使外墙的保温能力明显降低。为了避免这种情况产生,应在靠室内高温一侧设置隔蒸汽层,阻止水蒸气进入墙体。隔蒸汽层常用卷材、防水涂料或薄膜等材料(图 4-12)。

(3) 防止外墙出现空气渗透。墙体材料一般都不够密实,有很多微小的孔洞。墙体上设置的门窗等构件,因安装不严密或材料收缩等,会产生一些贯通性缝隙。由于这些孔洞和缝隙的存在,冬季室外风的压力使冷空气从迎风墙面渗透到室内,而室内外有温差,室内热空气从内墙渗透到室外,所以风压及热压使外墙出现了空气渗透。为了防止外墙出现空气渗透,一般采取以下措施:选择密实度高的墙体材料,墙体内外加抹灰层,加强构件间的缝隙处理等(图 4-13)。

(4) 采用具有复合空腔构造的外墙形式,使墙体根据需要具有热工调节性能。例如双层皮组合外墙,被动式太阳房集热墙等,另外还可以利用遮阳、百叶和引导空气流通的各种开口设置,来强化外墙体系的热工调节能力。图 4-14 为被动式太阳房的墙体构造示例,在外墙设置保温和隔热功能的空气置换层,使外墙在太阳的作用下,成为一个集热散热器。

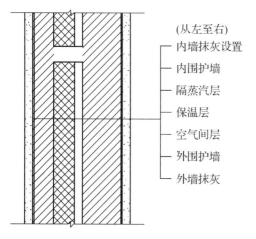

图 4-12 隔蒸汽层设置

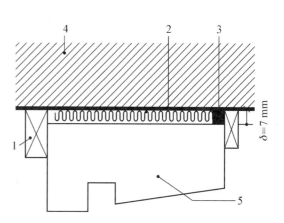

图 4-13 封堵窗墙间缝隙做法(缝隙宽 7 mm)
1—木条;2—袋装矿棉;3—弹性密封胶;4—外墙;5—窗框

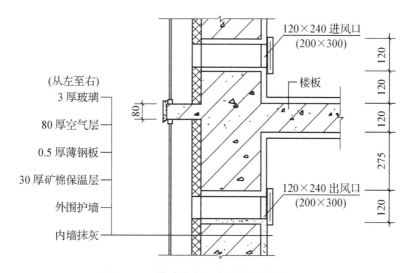

图 4-14 被动式太阳房的墙体构造(mm)

3) 墙体的隔声要求

为了使室内有安静的环境,避免室外和相邻房间的噪声影响,保证人们的工作和生活不受噪声的干扰,要求建筑根据使用性质的不同进行不同标准的噪声控制,如城市住宅 42 dB、教室 32 dB、剧场 34 dB(表 4-4)等。墙体主要隔离由空气直接传播的噪声。空气声在墙体中的传播途径有两种：一是通过墙体的缝隙和微孔传播，二是在声波作用下墙体受到振动，声音透过墙体而传播。建筑内部的噪声，如说话声、家用电器声等，室外噪声如汽车声、喧闹声等(表 4-5)，从各个构件传入室内。

墙体构造设计中，墙体必须要满足隔声标准(表 4-6)。实践证明，重而密实的材料是很好的隔声材料。在工程实践中，除外墙外，一般用带空心层的隔墙或轻质隔墙来满足隔声要求。

表 4-4 一般民用建筑房间的允许噪声级

房间名称	允许噪声级(dB)	房间名称	允许噪声级(dB)
公寓、住宅、旅馆	30～45	剧院	30～35
会议室、小办公室	40～45	医院	35～40
图书馆	40～45	电影院、食堂	35～40
教室、讲堂	35～40	饭店	50～55

表 4-5 各种场所的噪声

噪声声源名称	至声源的距离(m)	噪声级(dB)	噪声声源名称	至声源的距离(m)	噪声级(dB)
安静的街道	10	60	建筑物内高声谈话	5	70～75
汽车鸣喇叭	15	75	室内若干人高声谈话	5	80
街道上鸣高音喇叭	10	85～90	室内一般谈话	5	60～70
工厂汽笛	20	105	室内关门声	5	75
锻压钢板	5	115	机车汽笛声	10～15	100～105
铆工车间		120			

表 4-6 围护结构(隔墙和楼板)空气声隔声标准(计权隔声量)(dB)

建筑类别	部位	特级	一级	二级	三级
住宅	分户墙与楼板		≥50	≥45	≥40
学校	有特殊安静要求的房间	≥50			
	一般教室间的隔墙和楼板非承重外墙	≥50			
	一般教室与各种产生噪声的活动教室间的隔墙和楼板			≥45	
	一般教室与教室间的隔墙与楼板				≥40
医院	病房与病房之间		≥45	≥40	≥35
	病房与产生噪声的房间之间		≥50	≥50	≥45
	手术室与病房之间		≥50	≥45	≥40
	手术室与产生噪声的房间之间		≥50	≥50	≥45
	听力测听室的围护结构		≥50	≥50	≥50
旅馆	客房与客房之间的隔墙	≥50	≥45	≥40	≥40
	客房与走廊之间的隔墙(含门)	≥40	≥40	≥35	≥30
	客房的外墙(含窗)	≥40	≥35	≥25	≥20

为了提高墙体的隔声效果，一般采取以下措施：

(1) 加强墙体的密封处理。如墙体、门、窗及管道处的缝隙进行密封处理。

(2) 增加墙体密实性及厚度，避免噪声穿越墙体及墙体振动。砖墙和混凝土墙的隔声能力较好,240 mm 厚砖墙的隔声量可达到 49 dB。但单纯采用增加墙厚以提高隔声效果是不经济和不合理的。

（3）采用空气间层或多孔材料的夹层墙。由于空气或玻璃棉等多孔材料具有减振和吸声作用,可提高墙体的隔声能力。

（4）采用合理的建筑总平面布置及绿化配置,降低噪声。将不怕干扰的建筑靠近城市干道布置,对后排建筑可以起隔声作用。也可选用枝叶茂密四季常青的绿化带降低噪声。

4）其他方面的要求

（1）防火要求：选择燃烧性能和耐火极限符合防火规范规定的材料。在较大的建筑中应设置防火墙,把建筑分成若干区段,以防止火灾蔓延。根据防火规范,一、二级耐火等级建筑,防火墙最大间距为 150 m,三级建筑为 100 m,四级为 60 m。

（2）防水防潮要求：在厨房、卫生间、实验室等有水的房间及地下室的墙,应采取防水防潮措施。选择较好的防水材料以及合理的构造做法,保证墙体的坚固耐久。

（3）建筑工业化要求：在大量性民用建筑中,墙体工程量占有较大比重,尤其是墙体材料的改革,必须改变手工生产及操作,提高机械化施工程度,提高工效,降低劳动强度。采用轻质高强的墙体材料,减轻自重,减低成本。

4.2 块材墙构造

块材墙是用砂浆等胶结材料将砖石块材等组砌而成,如砖墙、石墙及各种砌块墙等,也可以简称为砌体(图 4-15)。一般情况下,块材墙具有一定的保温、隔热、隔声性能和承载能力,生产制造及施工操作简单,不需要大型的施工设备,但是现场湿作业较多、施工速度慢、劳动强度较大。

图 4-15 块材墙的材料

4.2.1 墙体材料

块材墙中常用的块材有各种砖和砌块。

1）砖

砖的种类很多,从材料上看有黏土砖、灰砂砖、混凝土多孔砖（水泥砖）、烧结粉煤灰砖、蒸压粉煤灰砖、煤渣砖、烧结煤矸石砖、烧结页岩砖以及各种工业废料砖,如炉渣砖等。从外观上看,有实心砖、空心砖和多孔砖。从制作工艺看,有烧结和蒸压养护成型等方式。目前常用的有烧结普通砖、蒸压粉煤灰砖、蒸压灰砂砖、烧结空心砖和烧结多孔砖。

砖的强度等级按其抗压强度平均值分为：MU30、MU25、MU20、MU15、MU10、MU7.5 等（MU30 即抗压强度平均值$\geqslant$30.0 N/mm^2）。

（1）烧结普通砖。指各种烧结的实心砖,其制作的主要原材料可以是黏土、粉煤灰、煤矸石和页岩等。按功能有普通砖和装饰砖之分。黏土砖具有较高的强度和良好的热工、防火、抗冻性能,在我国的住宅建设中曾发挥着重要的作用,但由于黏土材料占用农田,目前正逐步限时禁止使用实心黏土砖。

常用的实心砖规格（长×宽×高）为 240 mm×115 mm×53 mm,加上砌筑时所需的灰缝尺寸,正好形成 4∶2∶1 的尺度关系,便于砌筑时相互搭接和组合。

(2)烧结多孔砖和烧结空心砖。是以黏土、页岩、煤矸石等为主要原料经焙烧而成。前者孔洞率大于35%,孔洞为水平孔。后者孔洞率在15%~30%之间,孔洞尺寸小而数量多。这两种砖都主要适用于非承重墙体,但不应用于地面以下或防潮层以下的砌体。

多孔砖和空心砖的尺寸规格比实心砖稍多。常用砖的尺寸规格标准见表4-7。

表4-7 常用砖的尺寸规格标准

名　称	规格(长×宽×厚)(mm)	备　注
烧结普通实心砖	主砖规格:240×115×53	
	配砖规格:175×115×53	
蒸压粉煤灰实心砖	240×115×53	
蒸压灰砂实心砖	240×115×53	
蒸压灰砂空心砖	240×115×(53,90,115,175)	只是目前生产的产品规格,没有相应的规定标准;孔洞率≥15%
烧结空心砖	290×190(140)×90 240×180(175)×115	孔洞率≥35%
烧结多孔砖	P型:240×115×90 M型:190×190×90	孔洞率为15%~30%;砖型、外形尺寸、孔型、空洞尺寸详见国家建筑标准图集《多孔砖墙体建筑构造》

KP型系列多孔砖(又称P形多孔砖)和M型(包括2M系列和3M系列)多孔砖的尺寸规格主要有190 mm×190 mm×90 mm等(图4-16)。

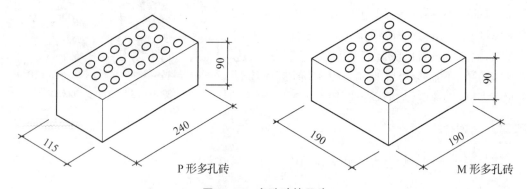

图4-16 多孔砖的尺寸

(3)蒸压灰砂砖。产品包括灰砂砖和灰沙空心砖,是以石灰和砂为主要原料,经磨细、计量配料、搅拌混合、消化、压制成型、蒸压养护、成品包装等工序而制成的实心砖或空心砖,是一种比烧结砖质量大的承重砖,隔声能力和蓄热能力较好,其实心砖是替代实心黏土砖的产品之一,可用于多层混合结构建筑的承重墙,但不得用于长期受热(200 ℃以上)、有流水冲刷、受急冷急热和有酸碱介质侵蚀的建筑部位。

灰砂砖的规格为240 mm×115 mm×53 mm,灰砂空心砖孔洞率大于15%。

(4)混凝土多孔砖。是以水泥为胶结材料,以砂、石为主要集料,加水搅拌、成型、养护制成的一种多排小孔的混凝土砖,用于建筑物的承重墙和非承重墙。

混凝土多孔砖尺寸规格:长290 mm、240 mm、190 mm、180 mm,宽240 mm、190 mm、115 mm、90 mm,高115 mm、90 mm。

(5)蒸压粉煤灰砖。采用粉煤灰、石灰、石膏和细集料为原料,压制成型后经高压蒸汽养护制成的实心砖,其尺寸规格为 240 mm×115 mm×53 mm。这种砖强度高,性能稳定,但用于基础或易受冻融及干湿交替作用的部位时对强度等级要求较高。

2) 砌块

利用混凝土、工业粉料(炉渣、粉煤灰等)或地方材料制成的人造块材,外形尺寸比砖大,具有设备简单、砌筑速度快、保温性能好的优点,符合建筑工业化发展的要求。用砌块砌筑的墙体称为砌块墙。

砌块按尺寸和质量的大小不同分为小型砌块、中型砌块、大型砌块。小型砌块主规格的高度尺寸为 115~380 mm,中型砌块主规格的高度尺寸为 380~980 mm,大型砌块主规格的高度尺寸大于 980 mm。使用中以中小型砌块居多。

按外观形状分为实心砌块和空心砌块,其中空心砌块又分为单排方孔、单排圆孔和多排扁孔三种形式(图 4-17),其中多排扁孔对保温有利。按砌块在组砌中的位置与作用可分为主砌块和各种辅助砌块。

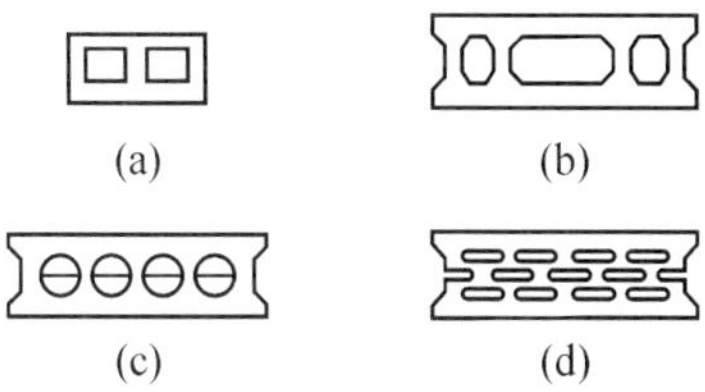

图 4-17 空心砌块的常见形式
(a) 单排方孔;(b) 单排方孔;
(c) 单排圆孔;(d) 多排扁孔

根据材料的不同,常用的砌块有普通混凝土与装饰混凝土小型空心砌块、轻集料混凝土小型空心砌块、粉煤灰小型空心砌块、蒸压加气混凝土砌块和石膏砌块。吸水率较大的砌块不能用于长期浸水、经常受干湿交替或冻融循环的建筑部位。

另外,原料中掺有不少于 30%的工业废渣、农作物秸秆、垃圾、江河(湖、海)淤泥,以及由其他资源综合利用目录中的废物所生产的墙体材料产品,也是墙体块材的一种。

(1) 普通混凝土小型空心砌块。是以水泥、砂、石等普通混凝土材料制成的,空心率为 25%~50%,适于人工砌筑的混凝土建筑砌块系列制品(图 4-18)。

混凝土砌块具有强度高、自重轻、耐久性好、外形尺寸规整,部分类型的混凝土砌块还具有美观的饰面以及良好的保温隔热性能等优点,应用范围十分广泛。混凝土砌块按其强度等级划分为 MU3.5、MU5.0、MU7.5、MU10、MU15、MU20 等 6 个等级;按其尺寸偏差和外观质量分为优等品(A)、一等品(B)和合格品(C)三个等级。按照其强度等级和使用功能的不同特点,混凝土砌块分为普通承重与非承重砌块、装饰砌块、保温砌块、吸声砌块等类别。

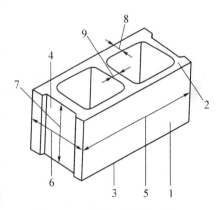

图 4-18 混凝土砌块示意图
1—条面;2—坐浆面(肋厚较小的面);
3—铺浆面(肋厚较大的面);4—顶面;
5—长度;6—宽度;7—高度;
8—壁;9—肋

混凝土砌块的尺寸规格:

$$长×高×宽=(390~90)mm×(290~90)mm×(190~90)mm$$

(2) 轻集料混凝土小型空心砌块。这种砌块是由拌制的轻集料混凝土拌合物,经砌块成型机成型、养护制成的一种轻质墙体材料,原材料是水泥、轻集料、普通砂、掺合料和外加剂。按其孔的排数分为实心、单排孔、双排孔、三排孔和四排孔等 5 类。按其密度等级分为

500、600、700、800、900、1 000、1 200、1 400 等 8 个等级。按其强度等级分为 1.5、2.0、2.5、5.0、7.5、10.0 等 6 个等级。按尺寸允许偏差、外观质量分为一等品和合格品两个等级。主规格尺寸为 390 mm×190 mm×190 mm，其他规格尺寸可根据实际情况确定。

(3) 装饰混凝土砌块。它是主要的墙体材料之一，除具有普通混凝土砌块的优点外，还把装饰、防水、保温、隔热、吸声融为一体，使其具有多种功能。三大品种系列分别为贴面砌块、实心砌筑砌块和空心砌筑砌块。其尺寸规格为：长×高×宽＝(590～190)mm×(290～190)mm×(290～190)mm。

(4) 蒸压加气混凝土砌块。以硅质材料和钙质材料为主要原材料，掺加发气剂，经加水搅拌、浇注、静停、切割、高温高压养护 10～12 h 制成，规格尺寸为：长×高×宽＝600 mm×(100～300)mm×(200～300)mm。

3) 建筑砂浆

建筑砂浆是由胶凝材料、细骨料、掺加料和水按一定的比例配制而成的建筑材料。建筑砂浆主要的胶凝材料是各种水泥等。块材需经胶结材料砌筑成墙体，使其传力均匀，同时胶结材料还起着嵌缝作用，能提高墙体的保温、隔热和隔声能力。砌筑砂浆要求有一定的强度，以保证墙体的承载能力，还要求有适当的稠度和保水性（即有良好的和易性），方便施工。

砌筑砂浆通常使用的有水泥砂浆、石灰砂浆和混合砂浆三种。比较砂浆性能的主要指标是强度、和易性、防潮性几个方面。水泥砂浆强度高、防潮性能好，主要用于受力和防潮要求高的墙体中；石灰砂浆强度和防潮性都差，但和易性好，用于强度要求低的墙体；混合砂浆由水泥、石灰、砂拌合而成，有一定的强度，和易性也好，使用比较广泛。

一些块材表面较光滑，如蒸压粉煤灰砖、蒸压灰砂砖、蒸压加气混凝土砌块等，砌筑时需要加强与砂浆的黏结力，要求采用经过配方处理的专用砌筑砂浆，或采取提高块材和砂浆间黏结力的相应措施。砂浆的强度等级分为 7 级：M15、M10、M7.5、M5、M2.5、M1、M0.4。在同一段墙体中，砂浆和砌块的强度有一定的对应关系，以保证砌体的整体强度不受影响。

4) 绝热材料

用于保温隔热墙体，其主要产品包括：膨胀珍珠岩及其制品、膨胀蛭石及其制品、岩棉和矿渣棉及其制品、玻璃棉及其制品、聚苯乙烯泡沫塑料、聚氨酯泡沫塑料、金属绝热材料等。

5) 玻璃幕墙

玻璃幕墙是指作为建筑外墙装潢的镜面玻璃，这种镜面玻璃实质上是在钢化玻璃上涂上一层极薄的金属或金属氧化物薄膜而制成的。它呈现金、银、古铜等颜色，既能像镜子一样反射光线，又能像玻璃一样透过光线。

6) 现浇钢筋混凝土墙体

现浇钢筋混凝土墙体是由钢筋混凝土现场浇筑而成，在高层建筑中被广泛应用。这种墙体结构既能承受垂直荷载，又能承受水平荷载，通常被称为剪力墙。剪力墙的工作特点主要取决于墙体上所开洞口的大小。不开洞或开洞很小时的剪力墙被称为整体墙；其他的称为开洞剪力墙，其中联肢剪力墙较为常见。对于剪力墙中所开门、窗洞口要求上下对齐，尽量避免设置叠合错洞。剪力墙的混凝土强度等级根据建筑层数有不同要求，但最低不宜低于 C20。剪力墙的厚度最低不得少于 140 mm，应根据结构形式及其他构造要求取较大者。

4.2.2 墙体的组砌方式

组砌是指块材在墙体中的排列。组砌的关键是错缝搭接，使上下层块材的垂直缝交错，以保证墙体的整体性。如果墙体表面或内部的缝隙处于同一条垂直线上,即上下贯通,即形成通缝(图4-19)。在荷载的作用下,通缝会使墙体的强度和稳定性显著降低。

1) 砖墙的组砌

在砖墙的组砌中,把砖的长方向垂直于墙面砌筑的砖叫丁砖,把砖的长度方向平行于墙面砌筑的砖叫顺砖。上下两皮砖之间的水平缝称横缝,左右两块砖之间的缝称竖缝。标准缝宽为10 mm,可以在8~12 mm间进行调节。要求丁砖和顺砖交替砌筑,灰浆饱满、横平竖直(图4-20)。丁砖和顺砖可以层层交错,也可以根据需要隔一定高度或在同一层内交错,由此带来墙体的图案变化和砌体内错缝程度不同,通常有一顺一丁、多顺一丁、十字式(也称梅花丁)等(图4-21)。当墙面不抹灰做清水墙面时,应考虑块材排列方式不同带来的墙面图案效果。

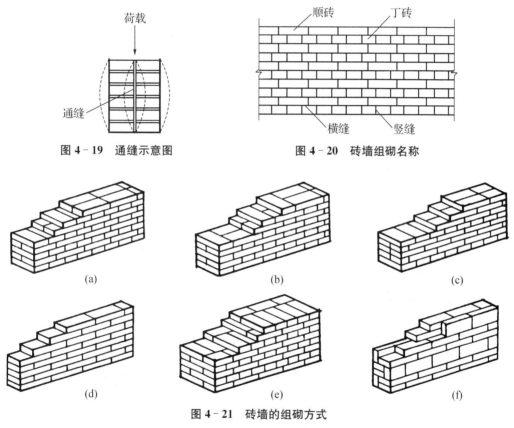

图4-19 通缝示意图　　图4-20 砖墙组砌名称

图4-21 砖墙的组砌方式

(a) 240 mm砖墙,一顺一丁式;(b) 240 mm砖墙,十字式;(c) 240 mm砖墙,多顺一丁式;(d) 120 mm砖墙;
(e) 370 mm砖墙;(f) 180 mm砖墙

2) 砌块墙的组砌

砌块墙在组砌中与砖墙不同的是,由于砌块规格较多、尺寸较大,为保证错缝以及砌体的整体性,应事先做排列设计,并在砌筑过程中采取加固措施。排列设计就是把不同规格的砌块在墙体中的安放位置用平面图和立面图加以表示。砌块排列设计应满足以下要求:上下皮应错缝搭接,墙体交接处和转角处应使砌块彼此搭接,优先采用大规格砌块并使主砌块的总数量在70%以上,为减少砌块规格,允许使用极少量的砖来镶砌填缝。采用混凝土空心砌块时,上下皮砌块应孔对孔、肋对肋,以保证有足够的接触面。砌块的排列组合如图

4-22所示。图4-23为砌块墙的组砌实例。当砌块墙组砌时出现通缝或错缝距离不足150 mm时,应在水平缝通缝处加钢筋网片,使之拉结成整体,如图4-24所示。

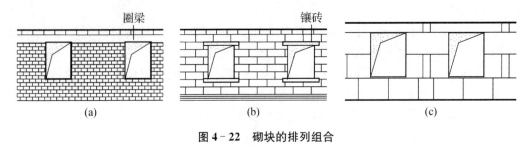

图 4-22 砌块的排列组合

(a) 小型砌块排列示例;(b) 中型砌块排列示例之一;(c) 中型砌块排列示例之二

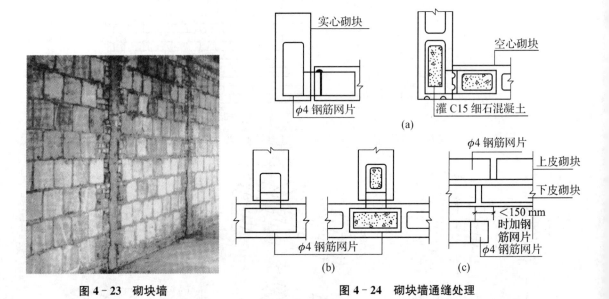

图 4-23 砌块墙　　　　图 4-24 砌块墙通缝处理

由于砌块规格很多,外形尺寸往往不像砖那样规整,因此砌块组砌时,缝型比较多,有平缝、凹槽缝和高低缝。平缝制作简单,多用于水平缝。凹槽缝灌浆方便,多用于垂直缝,缝宽视砌块尺寸而定,小型砌块为10～15 mm,中型砌块为15～20 mm。砂浆强度等级不低于M5。

4.2.3 墙体的尺寸

墙体尺寸指墙厚度和墙段长两个方向的尺寸。要确定墙体的尺寸,除应满足结构和功能要求外,还必须符合块材自身的规格尺寸。

1) 墙的厚度

墙的厚度主要由块材和灰缝的尺寸组合而成。以常用的普通黏土实心砖(又称标准砖)为例,其规格为240 mm×115 mm×53 mm(长×宽×厚),用砖的三个方向尺寸作为墙厚的基数,当错缝或墙厚超过砖块尺寸时,均按灰缝10 mm进行砌筑。从尺寸上不难看出,砖厚加灰缝、砖宽加灰缝后与砖长形成1∶2∶4的比例,组砌很灵活。例如在1 m³的砌体中,有4个砖长、8个砖宽和16个砖厚,其砖的用量为4×8×16=512块,水泥砂浆用量0.26 m³。当采用复合材料或带有空腔的保温隔热墙体时,墙厚尺寸在块材尺寸基数的基础上根据构造层次计算即可。

现行墙体厚度是用砖长来作为确定依据的,砖墙的厚度习惯上以砖长为基数来称呼,如半砖墙、一砖墙、一砖半墙等。常见砖墙厚度见表 4-8。

表 4-8 常见砖墙厚度(mm)

墙 厚	断面图	名 称	尺寸	墙 厚	断面图	名 称	尺寸
1/2		12 墙	115	3/2		37 墙	365
3/4		18 墙	178	2		49 墙	490
1		24 墙	240				

2) 洞口尺寸

洞口尺寸主要是指门窗洞口,其尺寸应按模数协调统一标准制定,这样可以减少门窗规格,有利于工厂化生产,提高工业化程度。一般情况下,1 000 mm 以内的洞口尺寸,可采用基本模数 100 mm 的倍数,如 600、700、800、900、1 000 mm,大于 1 000 mm 的洞口尺寸采用扩大模数 300 mm 的倍数,如 1 200、1 500、1 800 mm 等。

4.2.4 墙身的细部构造

为了保证墙体的耐久性和墙体与其他构件的连接,应在相应的位置进行构造处理。墙身的细部构造包括墙脚、门窗洞口、墙身加固措施及变形缝构造等。

1) 墙脚构造

墙脚是指室内地面以下、基础以上的这段墙体。内外墙都有墙脚,外墙的墙脚又称勒脚,是指室内地坪以下、室外地面以上的外墙接近室外地面的部分(图 4-25)。

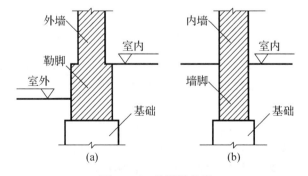

图 4-25 墙脚的位置

(a) 外墙;(b) 内墙

由于砌体本身存在很多微孔以及墙脚所处的位置,常有地表水和土壤中的水渗入,致使墙身受潮、饰面层脱落、影响室内卫生环境。因此,必须做好墙脚防潮、增强勒脚的坚固性及耐久性、排除房屋四周地面水。

吸水率大、对干湿交替作用敏感的砖和砌块,不能用于墙脚部位,如加气混凝土砌块等。

(1) 墙身防潮

墙身防潮的方法是在墙脚铺设防潮层,防止土壤和地面水渗入砖墙体。

防潮层的位置:当室内地面垫层为混凝土等密实不透水材料时,防潮层的位置应设在垫层范围内,低于室内地坪60 mm处,同时还应至少高于室外地面150 mm,以防止雨水溅湿墙面。当室内地面垫层为透水材料时(如炉渣、碎石等),水平防潮层的位置应平齐或高于室内地面处。当内墙两侧地面出现高差时,还应设竖向防潮层其位置如图4-26所示。

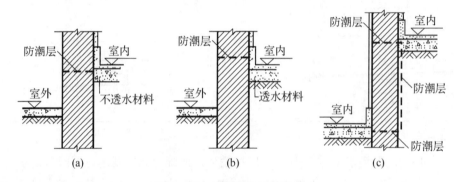

图4-26 墙身防潮层的位置

(a) 室内地面垫层为密实材料;(b) 室内地面垫层为透水材料;(c) 室内地面有高差

墙身防潮层的构造做法,常用的有以下三种:①防水砂浆防潮层,采用20~25 mm厚1∶2水泥砂浆加3‰~5‰防水剂,或防水砂浆砌三皮砖作防潮层。此种做法构造简单,但砂浆开裂或不饱满时影响防潮效果。②细石混凝土防潮层,采用60 mm厚细石混凝土带,内配三根ϕ6钢筋,其防潮性能好。③油毡防潮层,先抹20 mm厚水泥砂浆找平层,上铺一毡二油。此种做法防水效果好,但有油毡隔离,削弱了砖墙的整体性,不宜在刚度要求高的建筑或地震区建筑中采用。

如果墙脚采用不透水的材料(如条石或混凝土等),或设有钢筋混凝土地圈梁时,可以不设防潮层。

(2) 勒脚构造

勒脚是外墙的墙脚,它和内墙脚一样,受到土壤中水分的侵蚀,应做相同的防潮层。勒脚的作用是防止外界碰撞、防止地表水对墙脚的侵蚀,所以要求勒脚更加坚固耐久和防潮。另外,勒脚还要求美观,勒脚的做法、高低、色彩等应结合建筑物造型,选用耐久性好的材料或防水性能好的外墙饰面。

勒脚常见的构造做法有以下几种(图4-27):①勒脚表面抹灰,采用20 mm厚1∶3水泥砂浆打底,12 mm厚1∶2水泥白石子浆水刷石或斩假石抹面。此法多用于一般建筑(图4-28)。②勒脚贴面,采用天然石材或人工石材贴面,如花岗岩、水磨石板等。贴面勒脚耐久性强、装饰效果好,用于标准较高的建筑,图4-29为石材贴面勒脚。③勒脚用坚固材料,采用条石、混凝土等坚固耐久的材料做勒脚(图4-30)。

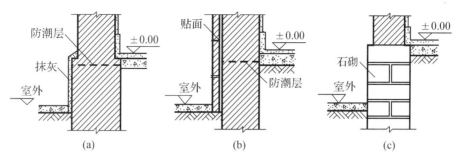

图 4-27 勒脚构造做法
(a) 抹灰;(b) 贴面;(c) 石材

图 4-28 抹灰勒脚

图 4-29 石材贴面勒脚

图 4-30 条石勒脚

图 4-31 外墙周围的散水

(3) 外墙周围的排水处理

房屋四周可采用散水或明沟排除雨水。散水就是在建筑四周将地面做成向外倾斜的坡面,使勒脚附近地面水迅速排走,以防止地面雨水浸入基础,这一坡面称为散水或护坡(图4-31)。

当屋面为有组织排水时一般设明沟或暗沟,屋面为无组织排水时一般设散水,并可加滴水砖(石)带。散水的做法通常是在夯实素土上铺三合土、混凝土等材料,厚度60～70 mm。散水应设不小于3%的排水坡。散水宽度一般为0.6～1.0 m。散水与外墙交接处应设分格缝,分格缝用弹性材料嵌缝,防止外墙下沉时将散水拉裂(图4-32)。

明沟,设在外墙四周的排水沟,将水有组织地导向集水井,然后流入排水系统(图4-33)。

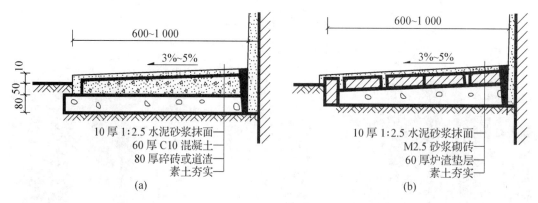

图4-32 散水的构造做法(mm)

(a)混凝土散水;(b)砖砌散水

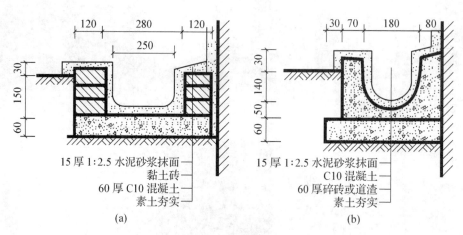

图4-33 明沟(mm)

(a)砖砌明沟;(b)混凝土明沟

明沟一般用素混凝土现浇,外抹水泥砂浆,或用砖石铺砌成宽180 mm、深150 mm的沟槽,然后用水泥砂浆抹面。沟底应有不小于1%的纵坡,以保证排水畅通。明沟易碰撞碎裂,故公共建筑及工业建筑均采用散水作有组织排水或散水与明沟结合。

(4)踢脚线

踢脚线又称踢脚板,是室内墙面的下部与室内楼地面交接处的构造。其作用是保护墙面,防止因外界碰撞而损坏墙体和因清洁地面时弄脏墙身。踢脚线高度为120～150 mm。常用的踢脚材料有水泥砂浆、水磨石、大理石、缸砖、木材和石板等,应随室内地面材料而定(图4-34)。

2) 门窗洞口构造

(1) 门窗过梁构造

过梁是承重构件,用来支承门窗洞口上墙体的荷载,承重墙上的过梁还要支承楼板荷载。根据材料和构造方式不同,常用的过梁有钢筋混凝土过梁、平拱砖过梁、弧拱砖过梁和钢筋砖过梁。

①钢筋混凝土过梁:承载能力强,可用于较宽的门窗洞口,对房屋不均匀下沉或振

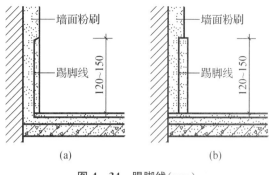

图4-34 踢脚线(mm)

(a) 与墙齐平;(b) 凸出墙面

动有一定的适应性。预制装配式钢筋砼过梁施工速度快,是最常用的一种。图4-35为钢筋混凝土过梁的几种形式。

矩形截面过梁施工制作方便,是常用的形式(图4-35a)。过梁宽度一般同墙厚、高度按结构计算确定,但应配合块材的规格,过梁两端伸进墙内的支承长度不小于240 mm。在立面中往往有不同形式的窗,过梁的形式应配合处理。如有窗套的窗,过梁截面则为L形,挑出60 mm(图4-35b)。又如带窗楣,可按设计要求出挑,一般可挑300~500 mm(图4-35c)。

钢筋混凝土的导热系数大于块材的导热系数,在寒冷地区为了避免在过梁内表面产生凝结水,常采用L形过梁,使外露部分的面积减小,或把过梁全部包起来(图4-35d)。

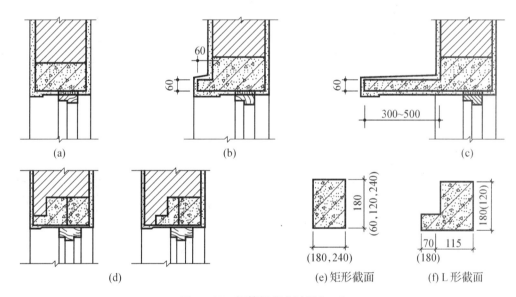

图4-35 钢筋混凝土过梁(mm)

(a) 平墙过梁;(b) 带窗套过梁;(c) 带窗楣过梁;(d) 寒冷地区钢筋混凝土过梁

②砖拱过梁:砖拱过梁分为平拱和弧拱两种(图4-36)。由竖砌的砖作拱圈,将砂浆灰缝做成上宽下窄的形式,上宽不大于20 mm,下宽不小于5 mm,砖不低于MU7.5,砂浆不低于M2.5,使侧砖向两边倾斜,相互挤压成拱的作用,两端下部伸入墙内20~30 mm,中部的起拱高度约为跨度的1/50。平拱砖过梁的优点是钢筋、水泥用量少,缺点是施工速度慢,用

于非承重墙上的门窗洞口,洞口宽度应小于1.2 m。有集中荷载或半砖墙不宜使用。平拱砖过梁可以满足清水砖墙的统一外观效果。

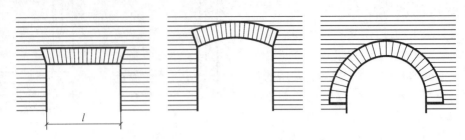

图4-36 砖拱过梁

③钢筋砖过梁:采用的砖不低于MU7.5,砂浆不低于M5,在洞口上方先支木模,然后将砖进行平砌,梁高为5~7皮砖或不小于$L/4$,底部砂浆层中放置的钢筋不应少于$3\phi6$,位置放在第一皮砖和第二皮砖之间,也可将钢筋直接放在第一皮砖下面的砂浆层内,同时要求钢筋伸入两端墙内不小于240 mm,并加弯钩。钢筋砖过梁净跨宜为1.5~2 m。钢筋砖过梁的砌法同砌砖墙一样,较为方便。实践证明,过梁上面无集中荷载以及清水墙的孔洞上,钢筋砖过梁施工方便,整体性较好(图4-37)。

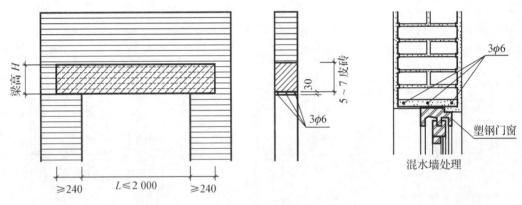

图4-37 钢筋砖过梁(mm)

除了上述几种常用的过梁,在砖石承重的建筑中有时也会根据建筑风格和装饰的需要采用其他一些过梁形式,如传统的砖拱或石拱过梁,以及结合细部设计而制作的各种钢筋混凝土过梁的变化形式(图4-38)。其中,由于砖拱过梁和石拱过梁对于建筑过梁洞口的跨有度一定限制,并且对基础的不均匀沉降适应性较差,因此,这种过梁多见于历史建筑或者有历史风格要求的一些新建筑中。

(2)窗台构造

窗台是指窗洞口下部的防水和排水构造,分为外窗台和内窗台两部分。外墙的外窗台是建筑立面重点处理的部位,为避免雨水污染墙面,同时还防止雨水积聚在窗下侵入墙身、渗入室内,影响室内卫生,应设置排水构造,即设置挑窗台。处于内墙或阳台等处的窗,不受雨水冲刷,可不必设挑窗台。外墙面材料为贴面砖时,墙面易被雨水冲洗干净,也可不设挑窗台(图4-39d)。

挑窗台可以用砖砌,也可以用混凝土窗台构件。砖砌挑窗台根据设计要求可分为60 mm厚平砌挑砖窗台及120 mm厚侧砌挑砖窗台(图4-39 a,b,c)。

窗台的构造要点：

①悬挑窗台向外挑出 60 mm，窗台长度最少每边应超过窗宽 120 mm。

②窗台表面应做抹灰或贴面处理。侧砌窗台可做水泥砂浆勾缝的清水窗台。

③窗台表面应做一定排水坡度，应注意抹灰与窗下槛的交接处理，防止雨水向室内渗入。

④挑窗台下做滴水槽或斜抹水泥砂浆，引导雨水垂直下落，以免影响窗下墙面。

内窗台一般为水平放置，通常结合室内装修做成水泥砂浆抹灰、硬木板贴面、天然石板贴面或贴面砖等多种饰面形式。

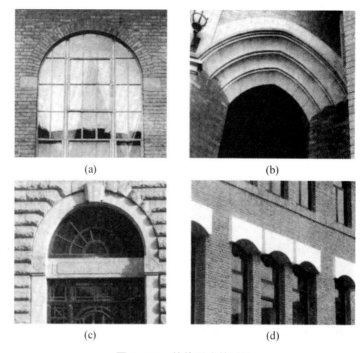

图 4-38　其他形式的过梁

(a) 砖拱过梁；(b) 石拱过梁；(c) 钢筋混凝土拱形过梁；
(d) 钢筋混凝土过梁

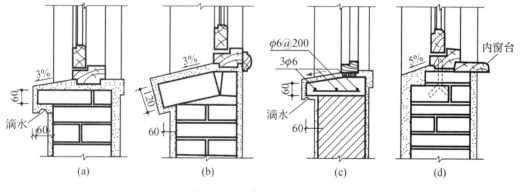

图 4-39　窗台构造 (mm)

3) 墙身加固措施

墙身加固包括水平加固和竖向加固，通常有三种措施，即增设门垛或壁柱、加设圈梁、设置构造柱。

(1) 门垛和壁柱

门垛，又称墙垛，当在较薄的墙体上开设门洞时，为便于门框的安装和保证墙体的稳定，需要在靠墙转角处或丁字接头墙体的一边设置门垛。门垛宽度同墙厚，长度与块材尺寸规格相对应。如砖墙的门垛长度一般为 120 mm 或 240 mm。门垛不宜过长，以免影响室内使用 (图 4-40)。

壁柱，是在墙身适当位置增设凸出墙面的柱子。当墙体受到集中荷载或墙体过长时 (如 240 mm 厚、长超过 6 m) 应增设壁柱 (又叫扶壁柱)，使之和墙体共同承担荷载并稳定墙身，加固墙身。壁柱的尺寸应符合块材规格,如砖墙壁柱通常凸出墙面 120 mm 或 240 mm、宽 370 mm 或 490 mm。

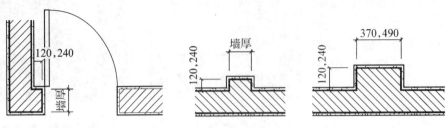

图 4-40　墙体的门垛和壁柱(mm)

(2)圈梁

圈梁是沿建筑物外墙四周及部分内墙的水平方向设置的连续闭合的梁(图 4-41)。

圈梁配合楼板共同作用可提高建筑物的空间刚度和整体性,增加墙体的稳定性,并能减少因不均匀沉降而引起的墙身开裂。在抗震设防地区,圈梁与构造柱一起形成骨架,像箍一样把墙箍住,以提高墙体抗震能力。

圈梁有钢筋砖圈梁和钢筋混凝土圈梁两种。钢筋砖圈梁用 M5 砂浆砌筑,高度不小于 5 皮砖,在圈梁中设置 4∅6 的通长钢筋,分上下两层布置,这种圈梁多用于非抗震地区,结合钢筋砖过梁,沿外墙形成。钢筋混凝土圈梁的宽度同墙厚且不小于 180 mm,高度一般不小于 120 mm,常用 180 mm、240 mm。钢筋混凝土外墙圈梁一般与楼板齐平,内墙圈梁一般在板下。在非抗震地区,当遇到门窗洞口致使圈梁局部被截断而不能闭合时,应在洞口上部增设相应截面的附加圈梁(图 4-42),其配筋和混凝土的等级不变。附加圈梁与圈梁搭接长度不应小于其垂直间距的两倍,且不得小于 1 m。但在抗震设防地区,圈梁应完全闭合,不得被洞口所截断。

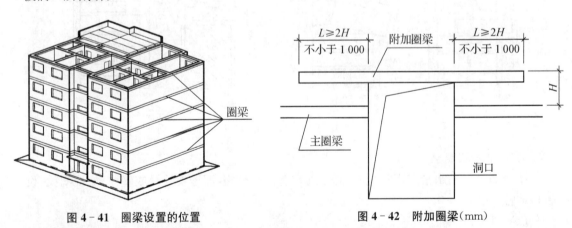

图 4-41　圈梁设置的位置　　　　图 4-42　附加圈梁(mm)

多层砖混结构房屋圈梁的位置和数量与房屋的高度、层数、地基状况和地震烈度有关。一般 3 层以下设一道,4 层以上根据横墙数量及地基情况,隔一层或两层设 1 道。在抗震设防地区,外墙及内纵墙屋盖处都应设圈梁,当抗震设防烈度为 6、7 度时,楼盖处每层设 1 道,8、9 度时,每层楼盖设 1 道。对于内横墙:当抗震设防烈度为 6、7 度时,屋盖处间距不大于 7 m,楼盖处间距不大于 15 m,构造柱对应部位都应设置圈梁;当抗震设防烈度为 8、9 度时,各层所有横墙全部设圈梁(表 4-9)。圈梁最好与门窗过梁统一考虑,可用圈梁代替门窗过梁。圈梁的构造如图 4-43、图 4-44 所示。

表 4-9 多层砖混结构房屋钢筋混凝土圈梁设置原则

圈梁设置及配筋		设 计 烈 度		
		6、7 度	8 度	9 度
圈梁设置	沿外墙及内纵墙	屋顶处必须设置,楼层处隔层设置	屋顶处及每层楼板处设置	同左
	沿内横墙	同上,屋顶处间距不大于 7 m,楼板处间距不大于 15 m,构造柱对应部位	同上,屋顶处沿所有横墙且间距不大于 7 m,楼板处间距不大于 7 m,构造柱对应部位	同上,各层所有横墙
配 筋		4⌀8⌀6@250	4⌀12⌀6@200	4⌀14⌀6@150

图 4-43 圈梁

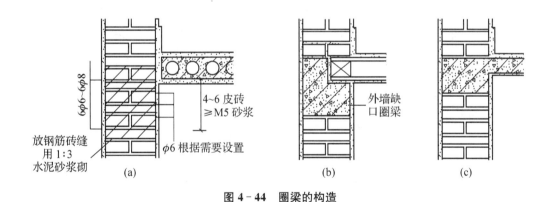

图 4-44 圈梁的构造

(a) 钢筋砖圈梁;(b) 钢筋混凝土圈梁 1;(c) 钢筋混凝土圈梁 2

(3) 构造柱

在抗震设防地区,为了增加建筑物的整体刚度和稳定性,在块材墙承重的墙体中,需要增设钢筋混凝土构造柱,使之与各层圈梁连接,形成封闭的空间骨架,从而提高墙体抗弯、抗剪和抗变形能力,使墙体在破坏过程中具有一定的延伸性,减缓墙体的酥碎现象产生。构造柱是防止房屋倒塌的一种有效措施。构造柱必须与各层圈梁及墙体紧密连接。为了提高抗震能力,构造柱下端应锚固在钢筋混凝土条形基础或基础梁内。

构造柱的截面尺寸应与墙体厚度一致。砖墙构造柱的最小截面尺寸为 240 mm×180 mm,竖向主钢筋一般用 4⌀12,箍筋为 ⌀6@250 mm。随烈度加大和层数增加,房屋四角的构造柱可适当加大截面及配筋。为了增强墙体与柱之间的连接,施工时应先砌墙,预留马牙槎,放置构造柱钢筋骨架,然后再浇构造柱,并沿墙高每 500 mm 从构造柱中设置 2⌀6 钢筋水平拉结,每边伸入墙内不少于 1 m(图 4-45)。构造柱可不单独设置基础,但应伸入室外地面下 500 mm,或锚入浅于 500 mm 的基础圈梁内。外墙转角处及内外墙处构造柱见图 4-46。

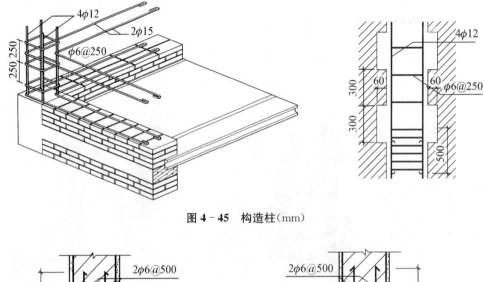

图 4-45 构造柱(mm)

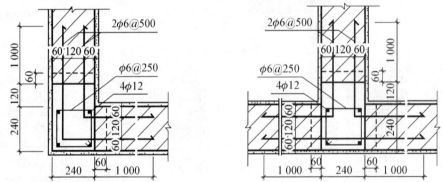

图 4-46 外墙转角处及内外墙处构造柱(mm)

构造柱设置的部位是:建筑物外墙的四角,内外墙交接处,楼梯间的四角、某些较长的墙体中部,错层部位横墙与外纵墙交接处,较大洞口两侧以及大房间内外墙交接处等,除此之外,根据房屋的层数和抗震设防烈度不同,构造柱的设置要求各不相同(表 4-10)。

表 4-10 砖墙构造柱设置要求

设计烈度	6 度	7 度	8 度	9 度	设置的部位	
房屋层数	4、5	3、4	2、3		外墙四角,错层部位横墙与外纵墙交接处,较大洞口两侧,大房间内外墙交接处	7、8 度时,楼、电梯间四角,隔 15 m 或单元横墙与外纵墙交接处
	6、7	5	4	2		隔开间横墙(轴线)与外纵墙交接处,山墙与内纵墙交接处;7~9 度时,楼、电梯间四角
	8	6、7	5、6	3、4		内墙(轴线)与外墙交接处,内墙局部较小墙垛处 7~9 度时,楼、电梯间四角;9 度时内纵墙与横墙(轴线)交接处

由于女儿墙的上部是自由端,而且位于建筑物的顶部,在地震时易受破坏。一般情况

下,当女儿墙高(从屋顶结构面算起)超过 500 mm 时,应增设钢筋混凝土构造柱,且构造柱应当通至女儿墙顶部,并与钢筋混凝土压顶相连,而且女儿墙内的构造柱间距应当加密,其间距不大于 3.9 m。

(4) 空心砌块墙混凝土芯柱

当采用混凝土空心砌块时,应在房屋四大角、外墙转角、楼梯间四角设芯柱(图 4-47)。芯柱用 C15 细石混凝土填入砌块孔中,并在孔中插入通长钢筋。

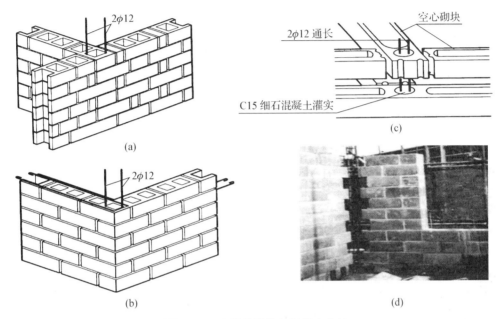

图 4-47 砌块构造柱与混凝土芯柱

(a) 内外墙交接处构造柱;(b) 外墙转角处构造柱;(c) 混凝土芯柱构造;(d) 构造柱实例

4) 变形缝

由于温度变化、地基不均匀沉降和地震因素的影响,易使建筑物发生裂缝或破坏,故在设计时应事先将房屋划分成若干个独立的部分,使各部分能自由地变化。这种将建筑物垂直分开的预留缝称为变形缝。变形缝包括温度伸缩缝、沉降缝和防震缝三种。

(1) 伸缩缝。为防止建筑构件因温度变化、热胀冷缩使房屋出现裂缝或破坏,在沿建筑物长度方向隔一定距离预留垂直缝隙。这种因温度变化而设置的缝叫做温度缝或伸缩缝。

结构设计规范对砌体房屋伸缩缝最大间距作了规定,见表 4-11。

表 4-11 砌体房屋伸缩缝的最大间距

砌体类别	屋盖或楼盖类别		间距(m)
各种砌体	整体式或装配整体式钢筋混凝土结构	有保温或隔热层的屋盖、楼盖	50
		无保温或隔热层的屋盖	40
	装配式无檩体系钢筋混凝土结构	有保温或隔热层的屋盖、楼盖	60
		无保温或隔热层的屋盖	50
	装配式有檩体系钢筋混凝土结构	有保温或隔热层的屋盖	75
		无保温或隔热层的屋盖	60
	瓦材屋盖、木屋盖或楼盖、轻钢屋盖		100

从表 4-11 中可以看出伸缩缝间距与墙体的类别有关，特别是与屋盖和楼盖的类型有关。整体式或装配整体式钢筋混凝土结构，因屋盖和楼盖本身没有自由伸缩的余地，当温度变化时，在结构内部产生温度应力大，因而伸缩缝间距比其他结构形式小些。大量性民用建筑用的装配式无檩体系钢筋混凝土结构中有保温层或隔热层的屋盖，其伸缩缝间距相对要大些。

钢筋混凝土结构伸缩缝最大间距见表 4-12。

伸缩缝是从基础顶面开始，将墙体、楼盖、屋盖全部构件断开，因为基础埋于地下，受温度影响较小，不必断开。伸缩缝的宽度一般为 20～30 mm。

表 4-12 钢筋混凝土结构伸缩缝最大间距(mm)

项次	结构类型		室内或土中	露天
1	排架结构	装配式	100	70
2	框架结构	装配式	75	50
		现浇式	55	35
3	剪力墙结构	装配式	65	40
		现浇式	45	30
4	挡土墙及地下室墙壁等类结构	装配式	40	30
		现浇式	30	20

(2) 沉降缝。为防止建筑物各部分由于地基不均匀沉降引起房屋破坏所设置的竖向缝称为沉降缝。沉降缝将房屋从基础到屋顶的构件全部断开，使两侧各为独立的单元，可以在垂直方向自由沉降。当建筑物位于不同种类的地基土上，或在不同时间内修建的房屋各连接部位应设置沉降缝；当建筑物形体比较复杂，在建筑平面转折部位和高度、荷载有很大差异处应设置沉降缝；建筑物相邻两部分的基础形式不同，宽度和埋深相差悬殊时，或新建建筑物与原有建筑物相毗连时应设置沉降缝。

沉降缝的宽度与地基情况及建筑物高度有关，地基越弱的建筑物，沉陷的可能性越高，沉陷后所产生的倾斜距离越大，要求的缝宽越大。沉降缝的宽度一般为 30～70 mm，见表 4-13。

(3) 防震缝。在抗震设防烈度 7～9 度地区内应设防震缝。在此区域内，当建筑物高差在 6 m 以上，或建筑物有错层，且楼板错层高差较大，或构造形式不同，或承重结构的材料不同时，一般在水平方向会有不同的刚度。因此这些建筑物在地震的影响下，会有不同的振幅和振动周期。这时如果将房屋的各部分相互连接在一起，则会产生裂缝、断裂等现象，因此应设防震缝，将建筑物分为若干体型简单、结构刚度均匀的独立单元。

表 4-13 沉降缝的宽度

地基性质	房屋高度 H	缝宽 B(mm)
一般地基	<5 m	30
	5～10 m	50
	10～15 m	70
软弱地基	2～3 层	50～80
	4～5 层	80～120
	5 层以上	>120
湿陷性黄土地基		≥30～70

注：沉降缝两侧单元层数不同时，由于层高影响，低层倾斜往往很大，因此宽度按层高确定。

一般情况下防震缝仅在基础以上设置,但防震缝应同伸缩缝和沉降缝协调布置,做到一缝多用。当防震缝与沉降缝结合设置时,基础也应断开。

防震缝的宽度 B,在多层砖墙房屋中,按设防烈度的不同取 50～70 mm。在多层钢筋混凝土框架建筑中,建筑物高度不大于 15 m 时,缝宽为 70 mm。当建筑物高度超过 15 m 时,设防烈度为 7 度,建筑物每增高 4 m,缝宽在 70 mm 基础上增加 20 mm;设防烈度为 8 度,建筑物每增高 3 m,缝宽在 70 mm 基础上增加 20 mm;设防烈度为 9 度,建筑物每增高 2 m,缝宽在 70 mm 基础上增加 20 mm。

墙体变形缝的位置见图 4-48。

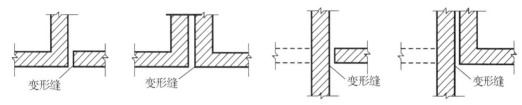

图 4-48 墙体变形缝的位置

(4) 墙体变形缝构造

伸缩缝应保证建筑构件在水平方向自由变形,沉降缝应满足构件在竖向自由沉降变形,防震缝主要是防地震水平波的影响,但三种缝的构造基本相同。

变形缝的构造要点是:将缝的两侧建筑构件全部断开,以保证自由变形。砖混结构变形缝处,可采用单墙或双墙承重方案,框架结构可采用悬挑方案。变形缝应力求隐蔽,如设置在平面形状有变化处,还应在构造上采取措施,防止风雨对室内的侵袭。

墙体变形缝的构造,在外墙与内墙的处理中,由于位置不同而各有侧重。缝的宽度不同,构造处理也不同。砖砌外墙厚度在一砖以上者,应做成错口缝或企口缝的形式,厚度在一砖或小于一砖时可做成平缝(图 4-49)。外墙变形缝为保证墙体自由变形,并防止风雨影响室内,应用沥青麻丝填嵌缝隙。当变形缝宽度较大时,应考虑盖缝处理。企口缝可采用镀锌薄钢板或铅板盖缝调节。

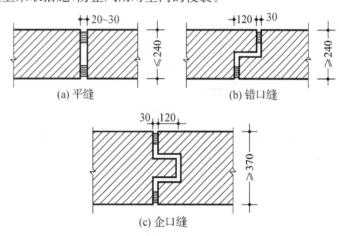

图 4-49 墙体变形缝的形式(mm)

内墙变形缝着重表面处理,可采用木条或金属盖缝,仅一边固定在墙上,允许自由移动。内墙变形缝的构造措施见图 4-50。

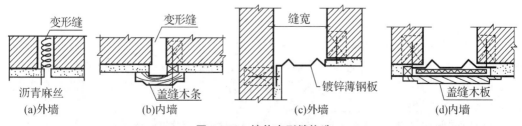

图 4-50 墙体变形缝构造

4.3 隔墙构造

隔墙是分隔室内空间的非承重构件。在现代建筑中,为了提高平面布局的灵活性,大量采用隔墙以适应建筑功能的变化。由于隔墙不承受任何外来荷载,且本身的重量还要由楼板或小梁来承受,因此有以下特点和要求:① 自重轻,有利于减轻楼板的荷载;② 厚度薄,增加建筑的有效空间;③ 便于拆卸,能随使用要求的改变而变化;④ 有一定的隔声能力,使各个使用房间互不干扰;⑤ 满足不同使用部位的要求,如卫生间的隔墙要求防水、防潮,厨房的隔墙要求防潮、防火等。

隔墙的类型很多,按其构成方式可分为块材隔墙、轻骨架隔墙、板材隔墙三大类。

4.3.1 块材隔墙

块材隔墙是用普通砖、空心砖、加气混凝土等块材砌筑而成的,常用的有普通砖隔墙和砌块隔墙。目前框架结构中大量采用的框架填充墙,也是一种非承重块材墙,既作为外围护墙,也作为内隔墙使用。

1) 半砖隔墙

半砖隔墙用普通砖顺砌,砌筑砂浆宜大于 M2.5。在墙体高度超过 5 m 时应加固,一般沿高度每隔 0.5 m 砌入∅6 钢筋两根,或每隔 1.2～1.5 m 设一道 30～50 mm 厚的水泥砂浆层,内放两根∅6 钢筋。顶部与楼板相接处用立砖斜砌,填塞墙与楼板间的空隙。隔墙上有门时,要预埋铁件或将带有木楔的混凝土预制块砌入隔墙中以固定门框。半砖隔墙坚固耐久,有一定的隔声能力,但自重大,湿作业多,施工麻烦(图 4-51)。

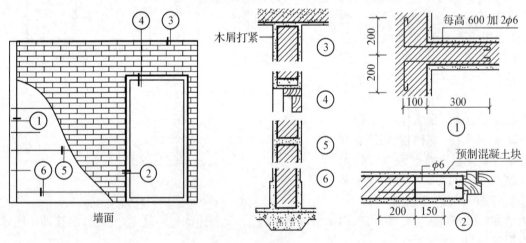

图 4-51 半砖隔墙(mm)

2) 砌块隔墙

为了减少隔墙的重量,可采用质轻块大的各种砌块,目前最常用的是加气混凝土砌块、粉煤灰硅酸盐砌块、水泥炉渣空心砖等砌筑的隔墙。隔墙厚度由砌块尺寸而定,一般为 90～120 mm。砌块大多具有质轻、孔隙率大、隔热性能好等优点,但吸水性强。因此,有防水、防潮要求时应在墙下先砌 3～5 皮吸水率小的砖。

砌块隔墙厚度较薄,也需采取加强稳定性措施,其方法与砖隔墙类似。

3) 框架填充墙

框架体系的围护和分隔墙体均为非承重墙,填充墙是用砖或轻质混凝土块材砌筑在结构框架梁柱之间的墙体,既可用于外墙,也可用于内墙,施工顺序为框架完工后砌填充墙体。

填充墙的自重传递给框架支承。框架承重体系按传力系统的构成,可分为梁、板、柱体系和板、柱体系。梁、板、柱体系中,柱子成序列有规则地排列,由纵横两个方向的梁将它们连接成整体并支承上部板的荷载。板、柱体系又称为无梁楼盖,板的荷载直接传递给柱。框架填充墙是支承在梁上或板、柱体系的楼板上的,为了减轻自重,通常采用空心砖或轻质砌块,墙体的厚度视块材尺寸而定,用于外围护墙等有较高隔声和热工性能要求时不宜过薄,一般在 200 mm 左右。

轻质块材通常吸水性较强,有防水、防潮要求时应在墙下先砌 3~5 皮吸水率小的砖。

填充墙与框架之间应有良好的连接,以利将其自重传递给框架支承,其加固稳定措施与半砖隔墙类似,竖向每隔 500 mm 左右需从两侧框架柱中甩出 1 000 mm 长 2∅6 钢筋伸入砌体锚固,水平方向约 2~3 m 需设置构造立柱,门框的固定方式与半砖隔墙相同,但超过 3.3 m 以上的较大洞口需在洞口两侧加设钢筋混凝土构造立柱。

4.3.2 轻骨架隔墙

轻骨架隔墙由骨架和面层两部分组成,由于是先立墙筋(骨架)后再做面层,因而又称为立筋式隔墙(图 4-52)。

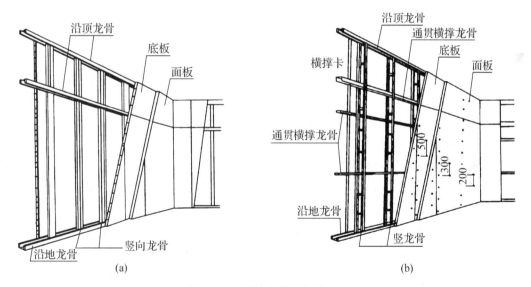

图 4-52 隔墙安装示意图(mm)

(a) 无配件骨架;(b) 有配件骨架

1) 骨架

常用的骨架有木骨架和轻钢骨架。近年来,为节约木材和钢材,出现了不少采用工业废料和地方材料及轻金属制成的骨架,如石棉水泥骨架、浇注石膏骨架、水泥刨花骨架、轻钢和铝合金骨架等。

木骨架由上槛、下槛、墙筋、斜撑及横档组成,上、下槛及墙筋断面尺寸为(45~50)mm×(70~100)mm,斜撑与横档断面相同或略小些,墙筋间距常用 400 mm,横档间距可与墙筋相同,也可适当放大。

轻钢骨架是由各种形式的薄壁型钢制成,其主要优点是强度高、刚度大、自重轻、整体性好、易于加工和大批量生产,还可根据需要拆卸和组装。常用的薄壁型钢有 0.8~1 mm 厚槽钢和工字钢。图 4-53 为一种薄壁轻钢骨架的轻隔墙。其安装过程是先用螺钉将上槛、下槛(也称导向骨架)固定在楼板上,上下槛固定后安装钢龙骨(墙筋),间距为 400~600 mm,龙骨上留有走线孔。

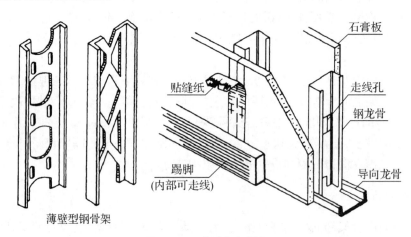

图 4-53　薄壁轻钢骨架

2) 面层

轻骨架隔墙的面层一般为人造板材面层,常用的有木质板材、石膏板、硅酸钙板、水泥平板等几类。

木质板材有胶合板和纤维板,多用于木骨架。胶合板是用阔叶树或松木经旋切、胶合等多种工序制成,常用的是 1 830 mm×915 mm×4 mm(三合板)和 2 135 mm×915 mm×7 mm(五合板)。硬质纤维板是用碎木加工而成的,常用的规格是 1 830 mm×1 220 mm×3 mm(4.5 mm)和 213 mm×915 mm×4 mm(5 mm)。

石膏板分为纸面石膏板和纤维石膏板。纸面石膏板是以建筑石膏为主要原料,加其他辅料构成芯材,外表面黏贴有护面纸的建筑板材,根据辅料构成和护面纸性能的不同,使其满足不同的耐水和防火要求。纸面石膏板不应用于高于 45 ℃的持续高温环境。纤维石膏板是以熟石膏为主要原料,以纸纤维或木纤维为增强材料制成的板材,具备防火、防潮、抗冲击等优点。

硅酸钙板全称为纤维增强硅酸钙板,是以钙质材料、硅质材料和纤维材料为主要原料,经制浆、成坯与蒸压养护等工序制成的板材,具有轻质、高强、防火、防潮、防蛀、防霉、可加工性好等优点。

水泥平板包括纤维增强水泥加压平板(高密度板)、非石棉纤维增强水泥中密度与低密度板(埃特板),是由水泥、纤维材料和其他辅料制成,具有较好的防火及隔声性能。含石棉的水泥加压板材收缩系数较大,对饰面层限制较大,不宜黏贴瓷砖,且不应用于食品加工、医药等建筑内隔墙。埃特板的低密度板适用于抗冲击强度不高,防火性能高的内隔墙。其防潮及耐高温性能亦优于石膏板。中密度板适用于潮湿环境或易受冲击的内隔墙。表面进行压纹设计的瓷力埃特板,大大提高了对瓷砖胶的黏结力,是长期潮湿环境下板材以瓷砖作饰面时的极好选择。

隔墙的名称以面层材料而定,如轻钢龙骨纸面石膏板隔墙。

人造板与骨架的关系有两种:一种是在骨架的两面或一面,用压条压缝或不用压条压缝即贴面式;另一种是将板材置于骨架中间,四周用压条压住,称为镶板式,如图 4-54 所示。在骨架两侧贴面式固定板材时,可在两层板材中间填入石棉等材料,提高隔墙的隔声、防火等性能。

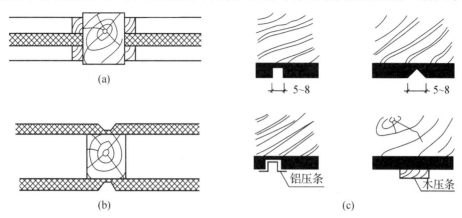

图 4-54 人造面板与骨架连接形式(mm)
(a) 镶板式;(b) 贴面式;(c) 面板接缝

人造板在骨架上的固定方法有钉、黏、卡三种。采用轻钢骨架时,往往用骨架上的舌片或特制的夹具将面板卡到轻钢骨架上。这种做法简便、迅速,有利于隔墙的组装和拆卸。

除木质木板材外,其他板材多采用轻钢骨架。图 4-55 为轻钢龙骨石膏板隔墙的构造示例。

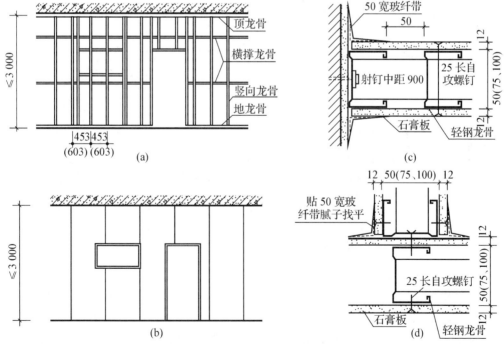

图 4-55 轻钢龙骨石膏板隔墙(mm)
(a) 龙骨排列;(b) 石膏板排列;(c) 靠墙节点;(d) 丁字隔墙节点

4.3.3 板材隔墙

板材隔墙是指单板高度相当于房间净高,面积较大,且不依赖骨架,直接装配而成的隔墙。目前,采用的大多为条板,如各种轻质条板、蒸压加气混凝土板和各种复合板材等。

1) 轻质条板隔墙

常用的轻质条板有玻纤增强水泥条板、钢丝增强水泥条板、增强石膏空心条板、轻骨料混凝土条板。条板的长度通常为 2 200~4 000 mm,常用 2 400~3 000 mm。宽度常用 600 mm,一般按 100 mm 递增,厚度最小为 60 mm,一般按 10 mm 递增,常用 60、90、120 mm。其中空心条板孔洞的最小外壁厚度不宜小于 15 mm,且两边壁厚应一致,孔间肋厚不宜小于 20 mm。

增强石膏空心条板不应用于长期处于潮湿环境或接触水的房间,如卫生间、厨房等。轻骨料混凝土条板用在卫生间或厨房时,墙面须作防水处理。

条板墙体厚度应满足建筑防火、隔声、隔热等功能要求。单层条板墙体用作分户墙时其厚度不宜小于 120 mm;用作户内分隔墙时,其厚度不小于 90 mm。由条板组成的双层条板墙体用于分户墙或隔声要求较高的隔墙时,单块条板的厚度不宜小于 60 mm。

轻质条板墙体的限制高度为:60 mm 厚度时为 3.0 m;90 mm 厚度时为 4.0 m;120 mm 厚度时为 5.0 m。

条板在安装时,与结构连接的上端用胶黏剂黏结,下端用细石混凝土填实或用一对对口木楔将板底楔紧。在抗震设防 6~8 度的地区,条板上端应加 L 形或 U 形钢板卡与结构预埋件焊接固定,或用弹性胶连接填实。对隔声要求较高的墙体,在条板之间以及条板与梁、板、墙、柱相结合的部位应设置泡沫密封胶、橡胶垫等材料的密封隔声层。确定条板长度时,应考虑留出技术处理空间,一般为 20 mm,当有防水、防潮要求在墙体下部设垫层时,可按实际需要增加。图 4-56 为增强石膏空心条板的安装节点示例。

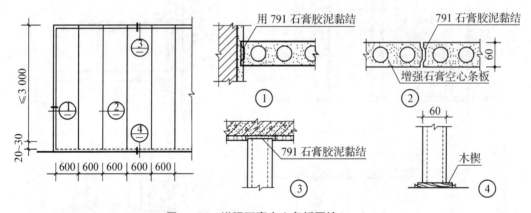

图 4-56 增强石膏空心条板隔墙(mm)

2) 蒸压加气混凝土板隔墙

蒸压加气混凝土板是由水泥、石灰、砂、矿渣等加发泡剂(铝粉)经原料处理、配料浇注、切割、蒸压养护工序制成,与同种材料的砌块相比,板的块型较大,生产时需要根据其用途配置不同的经防锈处理的钢筋网片。这种板材可用于外墙、内墙和屋面。其自重较轻,可锯、可刨、可钉,施工简单,防火性能好(板厚与耐火极限的关系是:75 mm(2 h),100 mm(3 h),

150 mm(4 h)，由于板内的气孔是闭合的，能有效抵抗雨水的渗透。但不宜用于具有高温、高湿或有化学有害空气介质的建筑中。用于内墙板的板材宽度通常为 500、600 mm，厚度为 75、100、120 mm 等，高度按设计要求进行切割。安装时板材之间用水玻璃砂浆或 108 胶砂浆黏结，与结构的连接与轻质条板类同。图 4‑57 为加气混凝土板隔墙的安装节点示例。

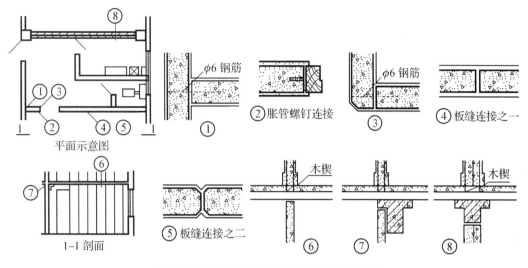

图 4‑57 加气混凝土板隔墙的安装节点示例

3) 复合板材隔墙

由几种材料制成的多层板材为复合板材。复合板材的面层有石棉水泥板、石膏板、铝板、树脂板、硬质纤维板、压型钢板等。夹芯材料可用矿棉、木质纤维、泡沫塑料和蜂窝状材料等。

复合板材充分利用材料的性能，大多具有强度高、耐火性、防水性、隔声性能好的优点，且安装、拆卸方便，有利于建筑工业化。图 4‑58 为几种石棉水泥板面的复合板材。

我国生产的有金属面夹芯板，其上下两层为金属薄板，芯材为具有一定刚度的保温材料，如岩棉、硬质泡沫塑料等。根据面材和芯材的不同，板的长度一般在 12 000 mm 以内，宽度为 900、1 000 mm，厚度在 30～250 mm 之间。金属夹芯板是一种多功能的建筑材料，具有高强、保温、隔热、隔声、装饰性能好等优点。但泡沫塑料夹芯的金属复合板不能用于防火要求高的建筑。

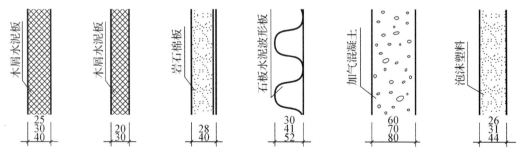

图 4‑58 几种石棉水泥板面的复合板材(mm)

4.3.4 隔断

隔断是一种分割空间的常用手段,它起到界定空间的作用。隔断可以满足空间的不同分隔要求,增加空间的层次和深度,使空间既分又合,又相互连通,美化了环境,从而创造出更加丰富的空间情趣和意境。隔断在设计中除自重外不考虑承受上部结构荷载的作用,它与隔墙有相似之处,所以具有类同的设计要求。由于它安装方便,又便于拆卸,所以使用较多。

1) 隔断的种类

隔断用材广泛,造型和风格多样、灵活。按照固定方式,可以分为固定隔断和活动隔断。活动隔断又分为折叠式、直滑式、拼装式以及双面硬质折叠式、软质折叠式等。按照材料的不同,可以分为木隔断、竹隔断、玻璃和玻璃砖隔断、混凝土花格隔断以及金属隔断等。按照限定程度分,有透空式隔断和非透空式隔断。在造型上还可以分为传统隔断和现代隔断。另外还有家具式隔断与屏风式隔断等。

随着新材料、新技术的应用,隔断做法也有了一些创新和发展,多种多样的隔断由于其灵活分隔空间又兼具美学的性能,且易与环境绿化相互配合,目前在住宅、办公楼、旅馆、多功能厅、餐厅等室内空间设计中,隔断的做法非常普遍。现在常常将新材料运用于传统的形式,或将多种材料进行组合运用等,使其形式和风格更加多样化。

2) 几种常用隔断

(1) 木、竹隔断

木材是隔断中最古老且常用的材料。它自重轻,易于加工,并可雕刻各种花纹,因此木隔断得到广泛应用。由于它的直观感觉和手感好,木质表面还可根据造型需要进行油漆或雕花刻字等,故为人们所喜爱。木隔断加工时结合的方法以榫接为主,亦可有胶接、销接、钉接和螺栓连接等。图 4-59 为木、竹隔断。

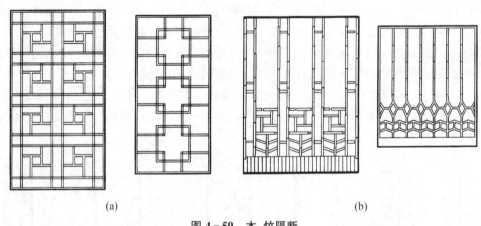

图 4-59 木、竹隔断

(a) 木隔断;(b) 竹隔断

竹材用于隔断,更显得空透、轻巧,所以使用广泛,特别是在产竹区。用竹料做隔断,经设计可以形成各种美丽的图案,可用于公共建筑的门厅、过厅、展厅。制作时应选用均匀、质地坚硬、竹身光洁的竹竿,而且直径在 10~50 mm 之间为宜(如广东及四川地区的茶竿竹可满足上述要求)。应注意竹易生虫,在制作前应做防蛀处理(如经石灰浸泡等)。竹材表面可涂清漆、烧成斑纹、斑点。竹的结合方法通常以竹销(或钢销)、竹钉及绑扎固定,也有用烘弯结合、胶连接等。竹与木料结合有穿孔入榫或用竹钉(或镀锌铁丝)固定。

(2) 玻璃、玻璃砖隔断

用玻璃做成的隔断有通透、明快、色彩艳丽等特点,并可间接达到采光效果,具有较强的装饰感,时代性强。目前使用的玻璃材料有磨砂玻璃、刻花玻璃、彩色玻璃、压花玻璃、普通玻璃等。玻璃经嵌入金属或木框中制成隔断(图 4-60),在写字楼等公共建筑中用的较为普遍。但普通玻璃在使用中易破碎,所以在选择玻璃作为隔断材料时,应根据使用场合和功能来确定玻璃的种类和厚度。玻璃隔断在构造上最主要是解决其固定问题,一般有框架固定法、胶固定法、支架固定法等(图 4-61)。

图 4-60 玻璃隔断

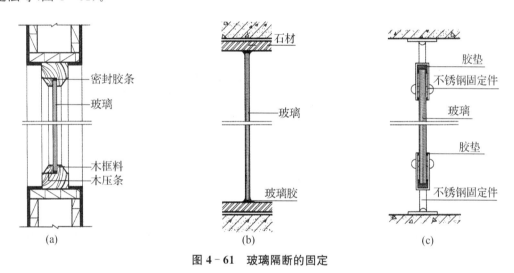

图 4-61 玻璃隔断的固定
(a) 框架固定法;(b) 胶固定法;(c) 支架固定法

玻璃砖隔断也是工程中常见的一种隔断。它晶莹、光洁、明亮,既起隔断作用,又起到采光作用,同时还起到美观、装饰的效果。空心玻璃砖是由两块分开压制的玻璃,在高温下封接加工而成的,具有优良的隔声、隔热、抗压、耐磨、折光、透光不透明、防火、避潮等特点。其厚度有 50 mm、80 mm、95 mm、100 mm 等。玻璃砖隔断是将单个的玻璃砖用玻璃胶或白水泥砂浆拼装在一起的。玻璃砖之间的缝宽在 10~20 mm。当玻璃砖隔断面积较大时,在玻璃砖侧面的槽中,加入通长的钢筋,并将钢筋同隔断周围的墙柱连接起来,提高它的强度和稳定性。玻璃砖隔断为了防止移动和沉降,面积超过一定范围时,需适当加支撑。支撑柱可用木或各类金属材料制作。常用的玻璃砖尺寸有 152 mm×152 mm、203 mm×203 mm 等。构造细部详见图 4-62。

(3) 混凝土、水磨石花格隔断

混凝土和水磨石花格是一种经济的、使用较普遍的建筑装修配件。隔断的方式可以使用整体预制或预制块拼砌。混凝土花格多用于室外,水磨石花格多用于室内。

①混凝土花格隔断。混凝土花格可用单一构件或多种构件拼装而成。在施工中用水泥

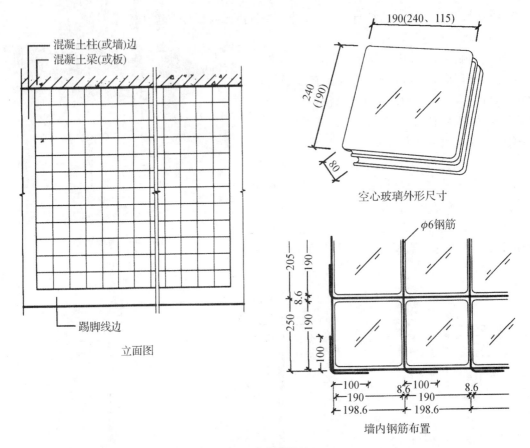

图 4-62 玻璃砖隔断(mm)

砂浆拼砌,花格构件的高度不宜大于 3 m,否则需加拉结措施。也可做成竖向混凝土板,中间加各种花格组装而成,图样可多样化(图 4-63)。竖向混凝土板组装花格,其组装顺序是,先做埋件留槽,再进行立板连接,连接点可采用焊、拧等方法。混凝土花格构件也可用 1∶2 水泥砂浆一次浇成,用 C20 细石混凝土内配钢筋,均应浇灌密实。在混凝土初凝时脱模,不平整或有砂眼处用水泥浆修光。花格之间接缝用环氧树脂砂浆胶结。花格表面用白色胶灰水刷面、水泥色刷面和无光油漆刷面等做法。

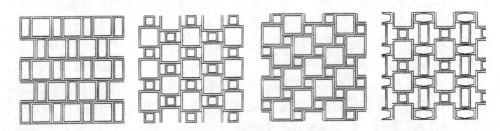

图 4-63 常用花格图案

②水磨石花格隔断。水磨石花格是一种经济、实用、美观、使用广泛的水泥制品的空透隔断,同样是可以整体预制或做成预制块再拼装。施工时用 1∶1.25 白水泥(可加颜色)、大理石石屑(粒径 2 mm~4 mm),一次浇灌,凝固后可以进行三次粗磨,每次粗磨后用同样的水泥浆满补麻面,拼装后进行细磨至光滑,并用白蜡罩面。砌筑及拼装的施工工序同混凝土花格。

(4) 金属隔断

金属花格隔断精致、空透,如与其他材料(如玻璃、彩钢面板、木纹面板、布面料等)灵活搭配用于室内更显美观。它的制作材料一种是用铁、铜模型浇注出的,另一种是用钢管、钢筋、铝合金等金属材料直接弯曲拼装,由小块花纹通过焊接而成为大块的隔断。也可用弯曲成型的方法来制作。制作工艺上除焊接外还有铆接或螺栓连接。成品应涂防锈漆防锈。

金属隔断与防火板材料或钢板结合使用,具有防火功能。金属隔断因拆装简便,污染少,富有现代感而被广泛使用。目前多用于办公室、银行、医院、旅馆、餐厅、会议室、展览馆、沐浴间等(图 4-64)。

(5) 活动轨道隔断

相对于固定隔断来说,活动轨道隔断在分割空间上相对灵活,具有良好的隔声、隔热效果,能调节改变隔断大小。

图 4-64 金属隔断

隔断总厚度 100 mm,上有悬吊滑轮系统,下有钢质或铝质滑轮,运行轻便灵活。广泛适用于会议厅、展览厅、宴会厅及多功能厅(图 4-65)。

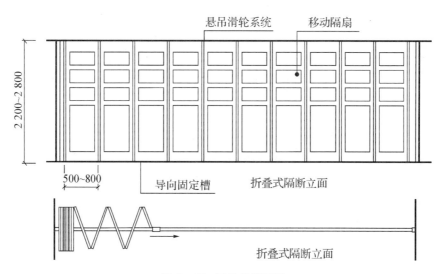

图 4-65 活动轨道隔断

(6) 家具隔断

采用固定家具与建筑结合可以将室内大空间巧妙地、自由地分割成几个小空间,节省成本和合理使用空间,根据使用情况可移动,也可随意结合,流动感强,使空间组合既有灵活性,又使家具与室内空间相协调。

家具隔断应注意高度和视觉效果,要与楼板或梁之间保持正确关系,同时应照顾到互相间的协调,使整个空间布置有序,空间感好,又不拥挤,使用方便。同时在空间使用功能发生变化时,不需更多的拆装、动迁,仅用移动的方法就可解决问题,无形中让使用者参与了空间的设计,并使多个使用者,使用不同空间利用的意图达到满足和协调。

4.4 墙体饰面装修

一栋建筑在结构主体完成之后,还需要对结构表面、墙面、楼地面、顶棚等有关部位进行一系列的加工处理,即进行装修。饰面装修的作用是:第一,保护建筑结构构件不直接受到外力的磨损、碰撞和破坏,从而提高结构构件的耐久性,延长其使用年限;第二,改善环境条件,满足房屋的使用功能要求;第三,美化和装饰作用。

饰面装修的设计要求,第一,根据使用功能,确定装修的质量标准,即对于不同等级和功能的建筑应采用不同装修的质量标准。第二,正确合理地选用材料,对大量性建筑讲,装修用料尽可能因地制宜,就地取材。第三,充分考虑施工技术条件,充分考虑影响装修做法的各种因素。

凡在基层面上起美观保护作用的覆盖层为饰面层,如面层抹灰、饰面板材等。凡附着或支托饰面层的结构构件或骨架,均视为饰面装修的基层,如内外墙体、楼地板、吊顶龙骨等。基层处理的原则是,首先应有足够的强度和刚度,其次基层表面必须平整,第三要确保饰面层附着牢固。

墙面装修是建筑装修中的重要内容,它对提高建筑的艺术效果、美化环境起着重要的作用,墙面装修具有保护墙体的功能和改善墙体热工性能的作用。墙体表面的饰面装修因其位置不同有外墙面装修和内墙面装修两大类型。又因其饰面材料和做法不同,外墙面装修可分为抹灰类、贴面类和涂料类;内墙面装修则可分为抹灰类、贴面类、涂料类和裱糊类。

4.4.1 抹灰类墙面装修

抹灰是我国传统的饰面做法,它是用砂浆涂抹在房屋结构表面上的一种装修工程,其材料来源广泛、施工简便、造价低,通过工艺的改变可以获得多种装饰效果,因此在建筑墙体装饰中应用广泛。

1) 抹灰的组成(图 4-66)

为保证抹灰质量,做到表面平整、黏结牢固色彩、均匀、不开裂,施工时须分层操作。抹灰一般分三层,即底灰(层)、中灰(层)、面灰(层)。

底灰又叫刮糙,主要起与基层黏结和初步找平作用。该层的材料与施工操作对整个抹灰质量有较大影响,其用料视基层情况而定,厚度一般为5~7 mm。当墙体基层为砖、石时,可采用水泥砂浆或混合砂浆打底;当基层为骨架板条基层时,应采用石灰砂浆作底灰,并在砂浆中掺入适量麻刀(纸筋)或其他纤维,施工时将底灰挤入板条缝隙,以加强拉结,避免开裂、脱落。

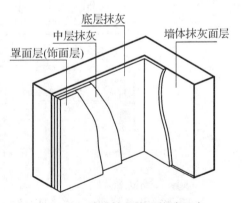

图 4-66 墙体抹灰饰面构造层次

中灰主要起进一步找平作用,材料基本与底层相同。根据施工质量要求可以一次抹成,亦可分层操作,所用的材料与底层材料相同,中灰厚度为 5~9 mm。

面灰主要起装饰美观作用,要求平整、均匀、无裂痕。厚度一般为 2~8 mm。面层不包括在面层上的刷浆、喷浆或涂料。

抹灰按质量要求和主要工序划分为两种标准,见表 4-14。

表 4-14 抹灰的两种标准

标准＼层次	底 灰	中 灰	面 灰	总厚度
普通抹灰	1层	1层	1层	≤20 mm
高级抹灰	1层	数层	1层	≤25 mm

高级抹灰适用于大型公共建筑物、纪念性建筑物、高级住宅、宾馆以及特殊要求的建筑物。普通抹灰一般用于普通住宅、办公楼、学校等。

2) 常用抹灰种类、做法和应用

抹灰按照面层材料及做法分为一般抹灰和装饰抹灰。一般抹灰是指采用砂浆对建筑物的面层进行罩面处理,其主要目的是对墙体表面进行找平处理并形成墙体表面的涂层。装饰抹灰更注重抹灰的装饰性,除具有一般抹灰的功能外,它在材料、工艺、外观、质感等方面具有特殊的装饰效果。饰面材料均是以石灰、水泥等为胶结材料,掺入砂、石骨料用水拌合后,采用抹(一般抹灰)、刷、磨、斩、黏等(装饰抹灰)不同方法施工,系现场湿作业。

一般抹灰常用的有石灰砂浆抹灰、水泥砂浆抹灰、混合砂浆抹灰、纸筋石灰浆抹灰、麻刀石灰浆抹灰,构造层次见表 4-15。

表 4-15 常用一般抹灰做法及选用表

部 位		底 层		中 层		面 层		总厚度 (mm)
		砂浆种类	厚度(mm)	砂浆种类	厚度(mm)	砂浆种类	厚度(mm)	
内墙面	砖墙	石灰砂浆 1:3	6	石灰砂浆 1:3	10	纸筋灰浆/普通级做法一遍;中级做法两遍;高级做法三遍,最后一遍用滤浆灰。高级做法厚度为3.5	2.5	18.5
	砖墙(高级)	混合砂浆 1:1:6	6	混合砂浆 1:3:6	10		2.5	18.5
	砖墙(防潮)	水泥砂浆 1:3	6	水泥砂浆 1:3	10		2.5	18.5
	混凝土	混合砂浆 1:1:6	6	混合砂浆 1:1:6	10		2.5	18.5
	加气混凝土	水泥砂浆 1:3	6	水泥砂浆 1:2.5	10		2.5	18.5
		混合砂浆 1:1:6	6	混合砂浆 1:1:6	10		2.5	18.5
		石灰砂浆 1:3	6	石灰砂浆 1:3	10		2.5	18.5
	钢丝网板条	水泥纸筋砂浆 1:3:4	8	水泥纸筋砂浆 1:3:4	10		2.5	18.5
外墙面	砖墙	水泥砂浆 1:3	6~8	水泥砂浆 1:3	8	水泥砂浆 1:2.5	10	24~26
	混凝土	混合砂浆 1:1:6	6~8	混合砂浆 1:1:6	8	水泥砂浆 1:2.5	10	24~26
		水泥砂浆 1:3	6~8	水泥砂浆 1:3	8	水泥砂浆 1:2.5	10	24~26
	加气混凝土	108胶溶液处理	—	5%108胶水泥刮腻子		混合砂浆 1:1:6	8~10	8~10
梁柱	混凝土梁柱	混合砂浆 1:1:4	6	混合砂浆 1:1:5	10	纸筋灰浆,三次罩面,第三次滤浆灰	3.5	19.5
	砖柱	混合砂浆 1:1:6	8	混合砂浆 1:1:4	10		3.5	21.5
阳台雨篷	平面	水泥砂浆 1:3	10	水泥纸筋砂浆 1:2:4	10	水泥砂浆 1:2	10	20
	顶面	水泥纸筋砂浆 1:3:4	5	水泥纸筋砂浆 1:2:4	10	纸筋灰浆	2.5	12.5
	侧面	水泥砂浆 1:3	5	水泥砂浆 1:2.5	10	水泥砂浆 1:2	10	21
其他	挑檐、腰线、窗套、窗台线、遮阳板	混合砂浆 1:1:4	6	混合砂浆 1:1:5	10	纸筋灰浆,三次罩面,第三次滤浆灰	3.5	19.5
		混合砂浆 1:1:6	8	混合砂浆 1:1:4	10		3.5	21.5

装饰抹灰按面层材料的不同可分为：石碴类（水刷石、水磨石、干黏石、斩假石），水泥、石灰类（拉条灰、拉毛灰、洒毛灰、假面砖、仿石）和聚合物水泥砂浆类（喷涂、滚涂、弹涂）等。常见装饰抹灰饰面做法如图 4‑67 所示。石碴类饰面材料是装饰抹灰中使用较多一类，以水泥为胶结材料，以石碴为骨料做成水泥石碴浆作为抹灰面层，然后用水洗、斧剁、水磨等方法除去表面水泥浆皮，或者在水泥砂浆面上甩黏小粒径石碴，使饰面显露出石碴的颜色、质感，具有丰富的装饰效果，常用石碴类装饰抹灰构造层次见表 4‑16。

图 4‑67　常见装饰抹灰饰面做法

(a) 水刷石饰面；(b) 剁斧石饰面；(c) 干黏石饰面；(d) 弹涂饰面

表 4‑16　常用石碴类装饰抹灰做法及选用表

种类	做法说明	厚度(mm)	适用范围	备注
水刷石	底：1∶3 水泥砂浆 中：1∶3 水泥砂浆 面：1∶2 水泥白石子用水刷洗	7 5 10	砖石基层墙面	用中 8 厘石子，当用小 8 厘石子时比例为 1∶1.5，厚度为 8
干黏石	底：1∶3 水泥砂浆 中：1∶1∶1.5 水泥石灰砂浆 面：刮水泥浆，干黏石压平实	10 7 1	砖石基层墙面	石子粒径 3~5 mm，做中层时按设计分格
斩假石	底：1∶3 水泥砂浆 中：1∶3 水泥砂浆 面：1∶2 水泥白石子用斧斩	7 5 12	主要用于外墙局部加门套、勒脚等装修	

4.4.2　涂料类墙面装修

涂料饰面是在木基层表面或抹灰饰面的面层上喷、刷涂料涂层的饰面装修。建筑涂料具有保护、装饰功能并且能改善建筑构件的使用功能。涂料饰面是靠一层很薄的涂层起保护和装饰作用，并根据需要可以配成多种色彩。涂料饰面涂层薄抗蚀能力差，外用乳液涂料使用年限一般为 4~10 年，但是由于涂料饰面施工简单、省工省料、工期短、效率高、自重轻、维修更新方便，故在饰面装修工程中得到较为广泛应用。按涂刷材料种类不同，可分为刷浆类饰面、涂料类饰面、油漆类饰面三类。

1）刷浆类饰面

指在表面喷刷浆料或水性涂料的做法。适用于内墙刷浆工程的材料有石灰浆、大白浆、色粉浆、可赛银浆等。刷浆与涂料相比，价格低廉但不耐久。

（1）石灰浆。系用石灰膏化水而成，根据需要可掺入颜料。为增强灰浆与基层的黏结力,可在浆中掺入108胶或聚醋酸乙烯乳液,其掺入量约20%~30%。石灰浆涂料的施工要待墙面干燥后进行,喷或刷两遍即成。石灰浆耐久性、耐水性以及耐污染性较差,主要用于室内墙面、顶棚饰面。

(2) 大白浆。是由大白粉掺入适量胶料配制而成。大白粉为一定细度的碳酸钙粉末。常用胶料有108胶和聚醋酸乙烯乳液,其掺、掺入量分别为15%和8%~10%,以掺乳胶者居多。大白浆可掺入颜料而成色浆。大白浆覆盖力强,涂层细腻洁白,且货源充足,价格低,施工、维修方便,广泛应用于室内墙面及顶棚。

(3) 可赛银浆。是由碳酸钙、滑石粉与酪素胶配制而成的粉末状材料,颜色有白、杏黄、浅绿、天蓝、粉红等。使用时先用温水将粉末充分浸泡,使酪素胶充分溶解,再用水调制成需要浓度即可使用。可赛银浆质细、颜色均匀,其附着力以及耐磨、耐碱性均较好。主要用于室内墙面及顶棚。

2) 涂料类饰面

涂料是指涂敷于物体表面能与基层牢固黏结并形成完整而坚韧保护膜的材料。建筑涂料是现代建筑装饰材料中较为经济的一种,施工简单、工期短、工效高、装饰效果好、维修方便。外墙涂料具有装饰性良好、耐污染耐老化、施工维修容易和价格合理的特点。

建筑涂料的种类很多,按成膜物质可分为有机涂料、无机高分子涂料、有机无机复合涂料。按建筑涂料所用稀释剂分类,可分为溶剂型涂料、水溶性涂料、水乳型涂料(乳液型)。按建筑涂料的功能分类,可分为装饰涂料、防火涂料、防水涂料、防腐涂料、防霉涂料、防结露涂料等。按涂料的厚度和质感可分为薄质涂料、厚质涂料、复层涂料等。

(1) 水溶性涂料。水溶性涂料有聚乙烯醇水玻璃内墙涂料、聚乙烯醇缩甲醛内墙涂料等,俗称106内墙涂料和SJ-803内墙涂料。聚乙烯醇涂料是以聚乙烯醇树脂为主要成膜物质。这类涂料的优点是不掉粉,造价不高,施工方便,有的还能经受湿布轻擦,使用较为普遍,主要用于内墙饰面。

由丙烯酸树脂、彩色砂粒、各类辅助剂组成的真石漆涂料是两种具有较高装饰性的水溶性涂料,膜层质感与天然石材相似,色彩丰富,具有不燃、防水、耐久性好等优点,且施工简便,对基层的限制较少,适用于宾馆、剧场、办公楼等场所的内外墙饰面装饰。

(2) 乳液涂料。乳液涂料是以各种有机物单体经乳液聚合反应后生成的聚合物,它以非常细小的颗粒分散在水中,形成非均相的乳状液。将这种乳状液作为主要成膜物质配成的涂料称为乳液涂料。当填充料为细小粉末时,所配制的涂料能形成类似油漆漆膜的平滑涂层,故习惯上称为"乳胶漆"。

乳液涂料以水为分散介质、无毒、不污染环境。由于涂膜多孔而透气,故可在初步干燥的(抹灰)基层上涂刷。涂膜干燥快,对加快施工进度缩短工期十分有利。另外,所涂饰面可以擦洗,易清洁,装饰效果好。乳液涂料施工须按所用涂料品种性能及要求(如基层平整、光洁、无裂纹等)进行,方能达到预期的效果。乳液涂料品种较多,属高级饰面材料,主要用于内外墙饰面。若掺有类似云母粉、粗砂粒等粗填料所配得的涂料,能形成有一定粗糙质感的涂层,称为乳液厚质涂料,通常用于外墙饰面。

(3) 溶剂性涂料。溶剂性涂料是以高分子合成树脂为主要成膜物质,有机溶剂为稀释剂,加入一定量颜料、填料及辅料,经辊轧塑化,研磨搅拌溶解配制而成的一种挥发性涂料。这类涂料一般有较好的硬度、光泽、耐水性、耐蚀性以及耐老化性。但施工时有机溶剂挥发,污染环境,施工时要求基层干燥,除个别品种外,在潮湿基层上施工易产生起皮、脱落。这类涂料主要用于外墙饰面。

（4）氟碳树脂涂料。是一类性能优于其他建筑涂料的新型涂料。由于采用具有特殊分子结构的氟碳树脂,该类涂料具有突出的耐候性、耐沾污性及防腐性能。作为外墙涂料其耐久性可达 15～20 年,可称之为超耐候性建筑涂料。特别适用于有高耐候性、高耐沾污性要求和有防腐要求的高层建筑及公共、市政建筑的构筑物。其不足之处是价位偏高。

3）油漆类饰面

油漆涂料是由胶黏剂、颜料、溶剂和催干剂组成的混合剂。油漆涂料能在材料表面干结成漆膜,使之与外界空气、水分隔绝,从而达到防潮、防锈、防腐等保护作用。漆膜表面光洁、美观、光滑,改善了卫生条件,增强了装饰效果。常用的油漆涂料有调合漆、清漆、防锈漆等。

4.4.3 陶瓷贴面类墙面装修

1）面砖饰面

面砖多数是以陶土或瓷土为原料,压制成型后经焙烧而成。由于面砖不仅可以用于墙面装饰也可用于地面,所以被人们称之为墙地砖。常见的面砖有釉面砖、无釉面砖、仿花岗石瓷砖、劈离砖等。

釉面砖是用于建筑物内墙装饰的薄板状精陶制品,有时也称为瓷片。釉面砖的结构由两部分组成,即坯体和表面釉彩层。釉面砖除白色和彩色外,还有图案砖、印花砖以及各种装饰釉面砖等,主要用于高级建筑内外墙面以及厨房、卫生间的墙裙贴面。用釉面砖装饰建筑物内墙,可使建筑物具有独特的卫生、易清洗和清新美观的建筑效果。无釉面砖俗称外墙面砖,主要用于高级建筑外墙面装修。外墙面砖坚固耐用、色彩鲜艳、易清洗、防火、防水、耐磨、耐腐蚀、维修费用低。外墙面砖是高档饰面材料,一般用于装饰等级要求较高的工程,它不仅可以防止建筑物表面被大气侵蚀,而且可使立面美观。

面砖安装前先将表面清洗干净,然后将面砖放入水中浸泡,贴前取出晾干或擦干。面砖安装时用 1∶3 水泥砂浆打底并划毛,后用 1∶0.3∶3 水泥石灰砂浆或用掺有 108 胶（水泥用量 5%～10%）的 1∶2.5 水泥砂浆满刮于面砖背面,其厚度不小于 10 mm,然后将面砖贴于墙上,轻轻敲实,使其与底灰黏牢。一般面砖背面有凹凸纹路,更有利于面砖黏贴牢固。对贴于外墙的面砖常在面砖之间留出一定缝隙,以利湿气排除（图 4 - 68）。而内墙面为便于擦洗和防水则要求安装紧密,不留缝隙。面砖如被污染,可用浓度为 10% 的盐酸洗刷,并用清水洗净。

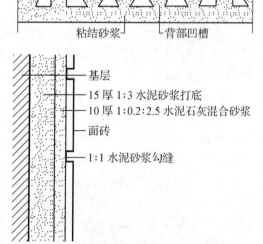

图 4 - 68　面砖饰面构造示意图（mm）

2）陶瓷锦砖饰面

陶瓷锦砖也称马赛克,是高温烧结而成的小型块材,为不透明的饰面材料,表面致密光滑、坚硬耐磨、耐酸耐碱、一般不易变色。它的尺寸较小,根据它的花色品种,可拼成各种花纹图案。铺贴时,先按设计的图案将小块的面材正面向下贴于 500 mm×500 mm 大小的牛皮纸上,然后牛皮纸面向外将陶瓷锦砖贴于饰面基层,待半凝后将纸洗去,同时修整饰面。陶瓷锦砖可用于墙面装修,更多用于地面装修。

4.4.4 石材贴面类墙面装修

装饰用的石材有天然石材和人造石材之分,按其厚度有厚型和薄型两种,通常厚度在 30~40 mm 以下的称板材,厚度在 40~130 mm 以上的称为块材。

1) 石材的类型

(1) 天然石材。天然石材饰面板不仅具有各种颜色、花纹、斑点等天然材料的自然美感,而且质地密实坚硬,故耐久性、耐磨性等均比较好,在装饰工程中的适用范围广泛。可用来制作饰面板材、各种石材线角、罗马柱、茶几、石质栏杆、电梯门贴脸等。但是由于材料的品种、来源的局限性,造价比较高,属于高级饰面材料。

天然石材按其表面的装饰效果,可分为磨光和剁斧两种主要处理形式。磨光的产品又有粗磨板、精磨板、镜面板等区别。而剁斧的产品可分为磨面、条纹面等类型。也可以根据设计的需要加工成其他的表面。板材饰面的天然石材主要有花岗石、大理石及青石板。

(2) 人造石材。人造石材属于复合装饰材料,它具有重量轻、强度高、耐腐蚀性强等优点。人造石材包括水磨石、合成石材等。人造石材的色泽和纹理不及天然石材自然柔和,但其花纹和色彩可以根据生产需要人为地控制,可选择范围广,且造价要低于天然石材墙面。常见墙面装修做法如图 4-69 所示。

清水砖墙

外墙面砖饰面

天然石材外墙

陶瓷锦砖(马赛克)墙面

人造石材外墙

图 4-69 常见墙面装修做法

2) 石材饰面的安装

石材在安装前必须根据设计要求核对石材品种、规格、颜色,进行统一编号,天然石材要用电钻打好安装孔,较厚的板材应在其背面凿两条 2~3 mm 深的砂浆槽。板材的阳角交接处,应做好 45°的倒角处理。最后根据石材的种类及厚度,选择适宜的连接方法。常用的连接方式可在墙柱表面拴挂钢筋网,将板材用铜丝绑扎,拴结在钢筋网上,并在板材与墙体的夹缝内灌以水泥砂浆,称之为拴挂法(图4-70)。还可用连接件挂接法,通过连接件、扒钉等零件与墙体连接。另外还有采用聚酯砂浆或树脂胶黏结板材固定的方式连接。

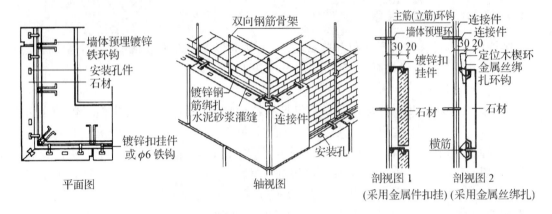

图4-70 石材拴挂法(mm)

4.4.5 清水砖墙饰面装修

凡在墙体外表面不做任何外加饰面的墙体称为清水墙。反之,谓之浑水墙。用砖砌筑清水砖墙在我国已有悠久的历史,如北京故宫等。

为防止灰缝不饱满而可能引起的空气渗透和雨水渗入,须对砖缝进行勾缝处理。一般用1:1水泥砂浆勾缝。也可在砌墙时用砌筑砂浆勾缝,称为原浆勾缝。勾缝形式有平缝、平凹缝、斜缝、弧形缝等(图4-71)。

清水砖墙外观处理一般可从色彩、质感、立面变化取得多样化装饰效果。目前,清水砖墙材料多为红色,色彩较单调,但可以用刷透明色的办法改变色调。做法是用红、黄两种颜料如氧化铁红、氧化铁黄等配成偏红或偏黄的颜色,加上颜料重量5%的聚醋酸乙烯乳液,用水调成浆

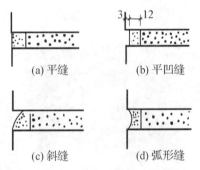

图4-71 清水砖墙的勾缝形式(mm)

刷在砖面上。这种做法往往给人以面砖的错觉,若能和其他饰面相互配合、衬托,能取得较好的装饰效果。另外,清水砖墙砖缝多,其面积约占墙面1/6,改变勾缝砂浆的颜色能有效地影响整个墙面色调的明暗度。如用白水泥勾白缝或水泥掺颜料勾成深色或其他颜色的缝。由于砖缝颜色突出,整个墙面质感效果也有一些变化。

要取得清水砖墙质感变化,还可在砖墙组砌上下工夫,如采用多顺一丁砌法以强调横线条;在结构受力允许条件下,改平砌为斗砌、立砌以改变砖的尺度感;或采用将个别砖成点成条凸出墙面几厘米的拨砌方式,形成不同质感和线型。以上做法要求大面积墙面平整规矩,并须严格砌筑质量,虽多费些工,但能求得一定装饰效果。

大面积成片红砖墙要取得很好效果,仅采取上述措施是不够的,还须在立面处理上做一些变化。如一个墙面可以保留大部分清水墙面,局部做浑水(抹灰)能取得立面颜色和质感的变化。

4.4.6 特殊部位的墙面装修

在内墙抹灰中,对易受到碰撞的部位如门厅、走道的墙面和有防潮、防水要求如厨房、浴厕的墙面,为保护墙身,做成护墙墙裙(图 4-72);对内墙阳角、门洞转角等处则做成护角(图 4-73)。墙裙和护角高度在 2 m 左右。根据要求护角也可用其他材料如木材制作。

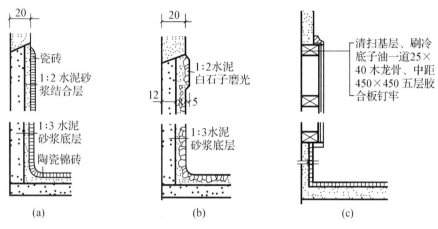

图 4-72 墙裙构造(mm)

(a) 瓷砖墙裙;(b) 磨石墙裙;(c) 木墙裙

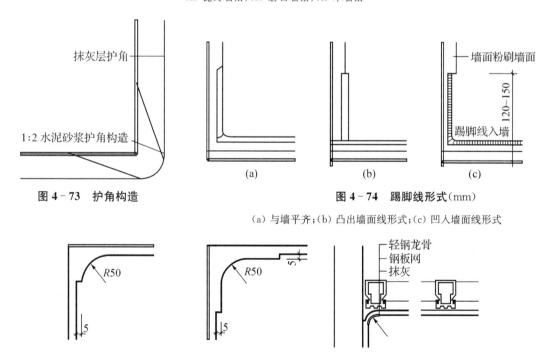

图 4-73 护角构造

图 4-74 踢脚线形式(mm)

(a) 与墙平齐;(b) 凸出墙面线形式;(c) 凹入墙面线形式

图 4-75 内墙与顶棚交接处的装饰线形式(mm)

在内墙面和楼地面交接处,为了遮盖地面与墙面的接缝、保护墙身以及防止擦洗地面时弄脏墙面做成踢脚线。其材料与楼地面相同。常见做法有三种,即与墙面粉刷相平、凸出、凹进(图 4-74),踢脚线高 120~150 mm。为了增加室内美观,在内墙面和顶棚交接处,可做成各种外装饰线(图 4-75)。

能力训练

墙身节点大样构造设计。某宿舍楼,3 层,砖混结构,层高 3 300 mm,室内外高差 450 mm,窗台距室内地面 900 mm 高。承重砖墙,其厚度不小于 240 mm。楼板为钢筋混凝土楼板。室内地坪从上至下分别为 20 mm 厚 1∶2 水泥砂浆面层、80 mm 厚 C10 素混凝土垫层、100 mm 厚 3∶7 灰土、素土夯实。

图纸要求:A3 图纸,按建筑制图标准规定,绘制外墙身节点详图,如图 4-76 所示。要求按顺序将节点详图自下而上布置在同一垂直轴线(即墙身定位轴线)上。

图纸内容:
(1) 墙脚和地坪层构造(比例自定)。
(2) 窗台构造(比例自定)。
(3) 圈梁和楼板层构造(比例自定)。

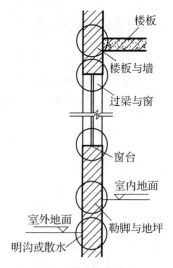

图 4-76 墙身节点

复习思考题

1. 墙体有哪几类分类方式?
2. 墙体构造设计有哪些要求?
3. 砖混结构房屋有哪几种结构布置方案?各有什么特点?
4. 提高外墙的保温能力有哪些措施?
5. 墙体的隔声措施有哪些?
6. 墙体组砌的关键是什么?墙体砌筑的要点有哪些?
7. 勒脚的常见构造做法有哪几种?
8. 防潮层设置的位置如何确定?
9. 散水的构造有什么要求?
10. 窗台的作用是什么?其构造要点有哪些?
11. 过梁种类有哪几种?钢筋混凝土过梁的构造要求是什么?
12. 圈梁的作用是什么?常用的钢筋混凝土圈梁截面高度是多少?
13. 构造柱的作用是什么?其设计要点有哪些?
14. 变形缝分为哪几种类型?其作用分别是什么?
15. 什么叫复合墙?
16. 什么叫隔墙?什么叫隔断?
17. 隔墙的设计要求如何?
18. 墙面装修的作用是什么?
19. 瓷砖墙面的构造?
20. 石板安装的构造方法?
21. 常用的建筑砂浆有哪些?各有什么特性?

5 楼 地 层

5.1 楼板的类型及设计要求

楼地层包括楼板层和地坪层,是水平方向分隔房屋空间的承重构件,楼板层分隔上下楼层空间,地坪层分隔大地与底层空间。由于它们均是供人们在上面活动的,因而有相同的面层;但由于它们所处位置不同、受力不同,因而结构层有所不同。楼板层的结构层为楼板,楼板将所承受的上部荷载及自重传递给墙或柱,并由墙柱传给基础。楼板层有隔声等功能要求;地坪层的结构层为垫层,垫层将所承受的荷载及自重均匀地传给夯实的地基。

5.1.1 楼板层的基本组成及设计要求

1) 楼板层的基本组成(图 5-1)

楼板层通常由面层、楼板、顶棚三部分组成。

(1) 面层:又称楼面或地面。起着保护楼板、承受并传递荷载的作用,同时对室内有很重要的清洁及装饰作用。

(2) 楼板:它是楼板层的结构层,一般包括梁和板。主要功能在于承受楼盖层上的全部静、活荷载,并将这些荷载传给墙或柱,同时还对墙身起水平支撑的作用,增强房屋刚度和整体性。

(3) 顶棚:它是楼板层的下面部分。根据其构造不同,有抹灰顶棚、黏贴类顶棚和吊顶棚三种。

多层建筑中楼板层往往还需设置管道敷设、防水、隔声、保温等各种附加层。

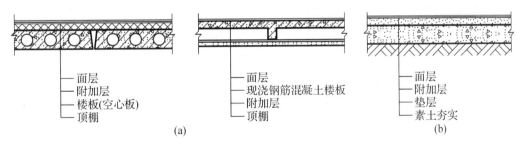

图 5-1 楼地层的组成
(a) 楼板层;(b) 地坪层

2) 楼板层的设计要求

楼板层的设计应满足建筑的使用、结构、施工以及经济等多方面的要求。

(1) 楼板具有足够的承载力和刚度

楼板具有足够的承载力和刚度才能保证楼板的安全和正常使用。足够的承载力指楼板能够承受使用荷载和自重。使用荷载因房间的使用性质不同而各异,自重系指楼板层材料的自重。足够的刚度即是指楼板的变形应在允许的范围内,它是用相对挠度(即绝对挠度与跨度的比值)来衡量的。

(2) 满足隔声、防火、热工等方面的要求

为了防止噪声通过楼板传到上下相邻的房间,影响其使用,楼板层应具有一定的隔声能力。不同使用性质的房间对隔声的要求不同,但均应满足各类建筑房间的允许噪声级和撞击声隔声量(表5-1、表5-2)。

表5-1 室内允许噪声级(昼间)

建筑类别	房间名称	允许噪声级(A声级)(dB)			
		特级	一级	二级	三级
住宅	卧室、书房(或卧室兼起居室)		≤40	≤45	≤50
	起居室		≤45	≤50	≤50
学校	有特殊安静要求的房间		≤40		
	一般教室			≤50	—
	无特殊安静要求的房间		—	—	≤55
医院	病房、医护人员休息室		≤40	≤45	≤50
	门诊室		≤55	≤55	≤60
	手术室		≤45	≤45	≤50
	听力测听室		≤25	≤25	≤30
旅馆	客房	≤35	≤40	≤45	≤55
	会议室	≤40	≤45	≤50	≤50
	用途大厅	≤40	≤45	≤50	
	办公室	≤45	≤50	≤55	≤55
	餐厅、宴会厅	≤50	≤55	≤60	

表5-2 撞击声隔声标准表

建筑名称	楼板部位	计权标准化撞击声压级(dB)			
		特级	一级	二级	三级
住宅	分户层间楼板		≤65	≤75	≤75
学校	有特殊安静要求的房间与一般教室之间		≤65	—	—
	一般教室与产生噪声的活动室之间		—	≤65	
	一般教室与教室之间		—	—	≤75
医院	病房与病房之间		≤65	≤75	≤75
	病房与手术室之间			≤75	≤75
	听力测听室上部楼板		≤65	≤65	≤65
旅馆	客房层间楼板	≤55	≤65	≤75	≤75
	客房与各种有振动房间之间的楼板	≤55	≤55	≤65	≤65

注:1. 特殊安静要求房间指语音教室、录音室、阅览室等。
  2. 一般教室指普通教室、自然教室、音乐教室、琴房、阅览室、视听教室、美术教室、舞蹈教室等。
  3. 无特殊要求的房间指健身房、以操作为主的实验室、教师办公室及休息室等。

噪声的传播途径有空气传声和固体传声两种。空气传声如说话声及吹号、拉提琴等乐器声都是通过空气来传播的。隔绝空气传声可采取使楼板密实、无裂缝等构造措施来达到。固体传声系指步履声、移动家具对楼板的撞击声、缝纫机和洗衣机等振动对楼板发出的噪声等是通过固体(楼盖层)传递的。由于声音在固体中传递时,声能衰减很少,所以固体传声较空气传声的影响更大。因此,楼盖层隔声主要是针对固体传声。

①隔绝固体传声对下层空间的影响,其方法之一是在楼盖面铺设弹性面层,以减弱撞击楼板时所产生的声能,减弱楼板的振动,如铺设地毯、橡皮、塑料等(图 5-2a)。这种方法比较简单,隔声效果也较好,同时还起到了装饰美化室内空间的作用,是采用得较广泛的一种方法。

②第二种隔绝固体传声的方法是设置片状、条状或块状的弹性垫层,其上做面层形成浮筑式楼板(图 5-2b)。这种楼板是通过弹性垫层的设置来减弱由面层传来的固体声能达到隔声的目的。

③隔绝固体传声的第三种方法是结合室内空间的要求,在楼板下设置吊顶棚(吊顶),使撞击楼板产生的振动不能直接传入下层空间。在楼板与顶棚间留有空气层,吊顶与楼板采用弹性挂钩连接,使声能减弱。对隔声要求高的房间,还可在顶棚上铺设吸声材料加强隔声效果(图 5-2c)。

对于防固体声的三种措施,以面层处理采用较多;浮筑式楼盖层虽增加造价不多,效果也较好,但施工较麻烦,因而采用较少。

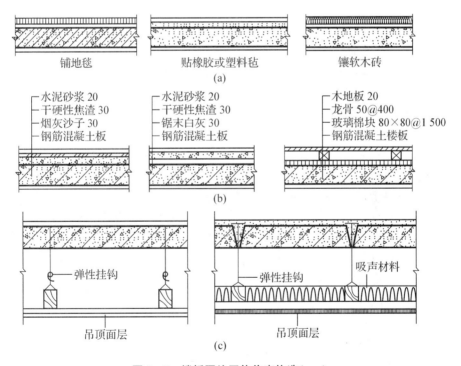

图 5-2 楼板隔绝固体传声构造(mm)
(a)弹性面层体隔声构造;(b)浮筑式楼板体隔声构造;(c)吊顶棚体隔声构造

楼盖层应根据建筑物的等级、对防火的要求进行设计。建筑物的耐火等级对构件的耐火极限和燃烧性能有一定的要求。

楼盖层还应满足一定的热工要求。对于有一定温、湿度要求的房间,常在楼盖层中设置保温层,使楼面的温度与室内温度一致,减少通过楼板的冷热损失。一些房间,如厨房、厕所、卫生间等地面潮湿、易积水,应处理好楼盖层的防渗漏问题。

(3) 满足建筑经济的要求

在一般情况下,多层房屋楼盖的造价占房屋土建造价的20%~30%。因此,应注意结合建筑物的质量标准、使用要求以及施工技术条件,选择经济合理的结构形式和构造方案,尽量减少材料的消耗和楼盖层的自重,并为工业化创造条件,以加快建设速度。

5.1.2 楼板的类型及选用

根据使用的材料不同,楼板分为木楼板、钢筋混凝土楼板、压型钢板组合楼板等。

1) 木楼板

木楼板是在由墙或梁支承的木搁栅上铺钉木板,木搁栅间是由设置增强稳定性的剪刀撑构成的。木楼板具有自重轻、保温性能好、舒适、有弹性、节约钢材和水泥等优点。但易燃、易腐蚀、易被虫蛀、耐久性差,特别是需耗用大量木材。所以,此种楼板仅在木材产区采用。

2) 钢筋混凝土楼板

钢筋混凝土楼板具有强度高、防火性能好、耐久、便于工业化生产等优点。此种楼板形式多样,是我国应用最广泛的一种楼板。

3) 压型钢板组合楼板

压型钢板组合楼板的做法是用截面为凹凸形压型钢板与现浇混凝土面层组合形成整体性很强的一种楼板结构。压型钢板的作用既为面层混凝土的模板,又起结构作用,从而增加楼板的侧向和竖向刚度,使结构的跨度加大、梁的数量减少、楼板自重减轻、加快施工进度,在高层建筑中得到广泛的应用,如图5-3所示。

压型钢板组合式楼板的整体连接是由栓钉(又称抗剪螺钉)将钢筋混凝土、压型钢板和钢梁组合成整体。

栓钉是组合楼板的剪力连接件,楼面的水平荷载通过它传递到梁、柱、框架,所以又称剪力螺钉。其规格、数量是按楼板与钢梁连接处的剪力大小确定,栓钉应与钢梁牢固焊接。

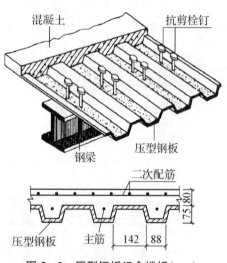

图5-3 压型钢板组合楼板(mm)

5.2 钢筋混凝土楼板

根据钢筋混凝土楼板的施工方法不同可分为装配式、现浇式和装配整体式三种。装配式钢筋混凝土楼板能节省模板,并能改善构件制作时工人的劳动条件,有利于提高劳动生产率和加快施工进度,但楼板的整体性较差,房屋的刚度也不如现浇式的房屋刚度好。现浇式钢筋混凝土楼板整体性好、刚度大、利于抗震、梁板布置灵活、能适应各种不规则形状和需留孔洞等特殊要求的建筑,但模板材料的耗用量大。一些房屋为节省楼板、加快施工进度和增强楼板的整体性,常做成装配整体式楼板。

5.2.1 装配式钢筋混凝土楼板

装配式钢筋混凝土楼板是把楼板分成若干构件,在工厂或预制场预先制作好,然后在施工现场进行安装。预制板的长度应与房屋的开间或进深一致,长度一般为 300 mm 的倍数。板的宽度根据制作、吊装和运输条件以及有利于板的排列组合确定,一般为 100 mm 的倍数。板的截面尺寸须经过结构计算确定。

常用的预制钢筋混凝土板,根据其截面形式可分为平板、槽形板和空心板三种类型(图 5-4)。

1) 平板

实心平板一般用于小跨度(1 500 mm 左右),板的厚度为 60 mm。平板板面上下平整,制作简单,但自重较大,隔声效果差。常用作走道板、卫生间楼板、阳台板、雨篷板、管沟盖板等处。

2) 槽形板

当板的跨度尺寸较大时,为了减轻板的自重,根据板的受力情况,可将板做成由肋和板构成的槽形板。跨长为 3~6 m 的非预应力槽形板,板肋高为 120~240 mm,板的厚度仅 30 mm。槽形板减轻了板的自重,具有省材料、便于在板上开洞等优点,但隔声效果差。当槽形板正放(肋朝下)时,板底不平整(图 5-4c);槽形板倒放(肋向上)时(图 5-4d),需在板上进行构造处理,使其平整,槽内可填轻质材料起保温、隔声作用。槽形板正放常用作厨房、卫生间、库房等楼板。当对楼板有保温、隔声要求时,可考虑采用倒放槽形板。

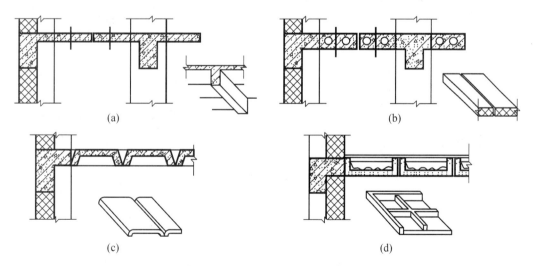

图 5-4 预制钢筋混凝土板的类型

(a) 平板;(b) 空心板;(c) 正放槽形板;(d) 倒放槽形板

3) 空心板

根据板的受力情况,结合考虑隔声的要求,并使板面上下平整,可将预制板抽孔做成空心板(图 5-4b),空心板的孔洞有矩形、方形、圆形、椭圆形等。矩形孔较为经济但抽孔困难,圆形孔的板刚度较好,制作也较方便,因此使用较广。根据板的宽度,孔数有单孔、双孔、三孔、多孔。目前我国预应力空心板的跨度尺寸可达到6、6.6、7.2 m等,板的厚度为120~240 mm。

5.2.2 现浇式钢筋混凝土楼板

1) 现浇肋梁楼板

现浇肋梁楼板由板、次梁、主梁现浇而成。根据板的受力状况不同,有单向板肋梁楼板、双向板肋梁楼板。单向板的平面长边与短边之比大于或等于3,可认为这种板受力后仅向短边传递。双向板的平面长边与短边之比小于或等于2,受力后向两个方向传递,短边受力大,长边受力小。如图5-5所示单向板肋梁楼板,板由次梁支承,次梁的荷载传给主梁。在进行肋梁楼板的布置时应遵循以下原则:

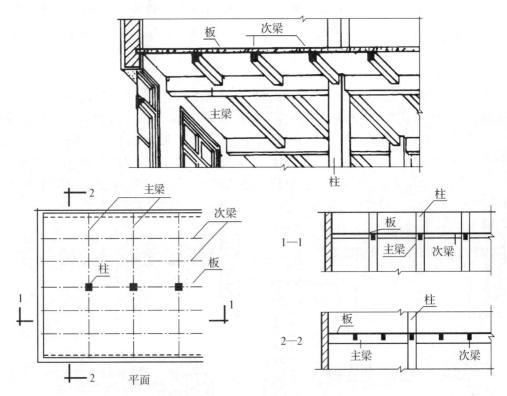

图5-5 现浇肋梁楼板

(1) 承重构件,如柱、梁、墙等应有规律地布置,宜做到上下对齐,以利于结构传力直接,受力合理。

(2) 板上不宜布置较大的集中荷载,自重较大的隔墙和设备宜布置在梁上,梁应避免支承在门窗洞口上。

(3) 满足经济要求。一般情况下,常采用的单向板跨度尺寸为1.7~3.6 m,不宜大于4 m。双向板短边的跨度宜小于4 m;方形双向板宜小于5 m×5 m。次梁的经济跨度为4~6 m;主梁的经济跨度为5~8 m。

2) 井式楼板

当肋梁楼板两个方向的梁不分主次、高度相等、同位相交、呈井字形时则称为井式楼板（图 5-6）。因此，井式楼板实际是肋梁楼板的一种特例。井式楼板的板为双向板，所以，井式楼板也是双向板肋梁楼板。

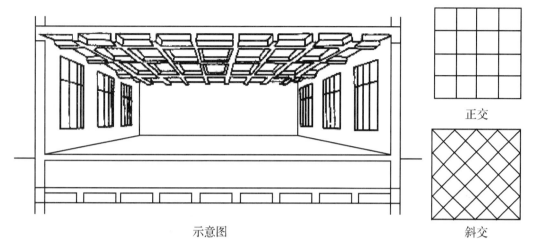

图 5-6 井式楼板

井式楼板宜用于正方形平面，长短边之比小于或等于 1.5 的矩形平面也可采用。梁与楼板平面的边线可正交也可斜交。此种楼板的梁板布置图案美观，有装饰效果，并且由于两个方向的梁互相支撑，为创造较大的建筑空间创造了条件。所以，有些大厅采用了井式楼板，其跨度可达 20~30 m，梁的间距一般为 3 m 左右。

3) 无梁楼板

无梁楼盖不设梁，是一种双向受力的板柱结构（图 5-7）。为了提高柱顶处平板的受冲切承载力，往往在柱顶设置柱帽。无梁楼板采用的柱网通常为正方形或接近正方形，这样较为经济。常用的柱网尺寸为 6 m 左右。采用无梁楼板顶棚平整，有利于室内的采光、通风，视觉效果较好，且能减少楼板所占的空间高度。但楼板较厚，当楼面荷载较小时不经济。无梁楼板常用于商场、仓库、多层车库等建筑内。

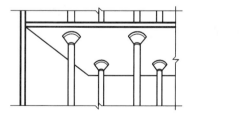 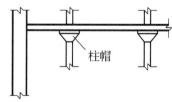

图 5-7 无梁楼板

无梁楼盖抗侧刚度差，当层数较多或有抗震要求时，宜设置剪力墙，形成"板柱—剪力墙"结构。

5.2.3 装配整体式钢筋混凝土楼板

1) 密肋填充块楼板

密肋填充块楼板由密肋楼板和填充块叠合而成。其中密肋楼板包括现浇密肋楼板、预制小梁现浇楼板等。它是由布置得较密的肋(梁)与板构成,肋的间距及高应与填充物尺寸配合。

密肋楼板间的填充块,常用陶土空心砖或焦渣空心砖。密肋填充块楼板板底平整,有较好的隔声、保温、隔热效果。密肋填充块楼板由于肋间距小,肋的截面尺寸不大,使楼板结构所占的空间较小。此种楼板由于施工较麻烦,大中城市采用较少。

2) 叠合式楼板

现浇钢筋混凝土楼板的整体性好但施工速度慢,耗费模板;装配式钢筋混凝土楼板的整体性差但施工速度快,省模板;预制薄板与现浇混凝土面层叠合而成的装配整体式楼板,或称叠合式楼板,则既省模板,整体性又好,但施工较麻烦(图5-8)。叠合式楼板的预制钢筋混凝土薄板既是永久性模板承受施工荷载,也是整个楼板结构的一个组成部分。预应力混凝土薄板内配以高强钢丝作为预应力筋,同时也是楼板的跨中受力钢筋,板面现浇混凝土叠合层,只需配置少量的支座负弯矩钢筋。所有楼盖层中的管线均事先埋在叠合层内,现浇层内预制薄板底面平整,作为顶棚可直接喷浆或黏贴装饰顶棚壁纸。预制薄板叠合楼板常在住宅、宾馆、学校、办公楼、医院以及仓库等建筑中应用。

为了保证预制薄板与叠合层有较好的连接,薄板上表面需作处理,常见的处理方法有两种:一是在上表面作刻槽处理,如图5-8(a)所示,刻槽直径50 mm、深20 mm、间距150 mm;另一种是在薄板上表面露出较规则的三角形状的结合钢筋,如图5-8(b)所示。现浇叠合层的混凝土标号为C20,厚度一般为70～120 mm。叠合楼板的总厚度取决于板的跨度,一般为150～250 mm,楼板厚度以薄板厚度的两倍为宜。

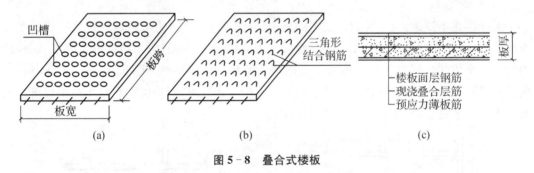

图 5-8 叠合式楼板

(a)板面刻槽楼板;(b)板面露出三角形结合钢筋;(c)叠合组合楼板结合钢筋

5.3 地坪层构造

地坪层是建筑物底层与土壤相接的构件,和楼板层一样,它承受着底层地面上的荷载,并将荷载均匀地传给地基。

地坪层由素土夯实层、垫层和面层构成。根据需要还可以设各种附加构造层,如找平层、结合层、防潮层、保温层、管道敷设层等。

5.3.1 素土夯实层

素土夯实层是地坪的基层,也称地基。素土即为不含杂质的砂质黏土,经夯实后,才能承受垫层传下来的地面荷载。通常是填 300 mm 厚的土夯实成 200 mm 厚,使之能均匀承受荷载。

5.3.2 垫层

垫层是承受并传递荷载给地基的结构层,垫层有刚性垫层和非刚性垫层之分。刚性垫层常用低强度等级混凝土,一般采用 C15 混凝土,其厚度为 80～100 mm;非刚性垫层,常用 50 mm 厚砂垫层、80～100 mm 厚碎石灌浆、50～70 mm 厚石灰炉渣、70～120 mm 厚三合土(石灰、炉渣、碎石)。

刚性垫层用于地面要求较高及薄而性脆的面层,如水磨石地面、瓷砖地面、大理石地面等。

非刚性垫层常用于厚而不易断裂的面层,如混凝土地面、水泥制品块地面等。

对某些室内荷载大且地基又较差的并且有保温等特殊要求的地方,或面层装修标准较高的地面,可在地基上先做非刚性垫层,再做一层刚性垫层,即复式垫层。

5.3.3 面层

地坪面层与楼盖面层一样,是人们日常生活、工作、生产直接接触的地方,根据不同房间对面层有不同的要求,面层应坚固耐磨、表面平整、光洁、易清洁、不起尘。对于居住和人们长时间停留的房间,要求有较好的蓄热性和弹性;浴室、厕所则要求耐潮湿、不透水;厨房、锅炉房要求地面防水、耐火;实验室则要求耐酸碱、耐腐蚀等。

5.4 楼地面装修

楼地面装修主要是指楼盖层和地坪层的面层。面层一般包括面层和面层下面的找平层两部分。楼地面的名称是以面层的材料和做法来命名的:如面层为水磨石,则该地面称为水磨石地面;面层为木材,则称为木地面。

地面按其材料和做法可分为 4 大类型,即整体地面、块料地面、塑料地面和木地板地面。

5.4.1 整体地面

整体地面包括水泥砂浆地面、水泥石屑地面、水磨石地面等现浇地面。

1) 水泥砂浆地面

水泥砂浆地面通常用作对地面要求不高的房间或进行二次装饰的商品房的地面。原因在于水泥砂浆地面构造简单、坚固、能防潮防水且造价又较低。但水泥地面蓄热系数大,冬天感觉冷,空气湿度大时易产生凝结水,而且表面起灰,不易清洁。

水泥砂浆地面:即在混凝土垫层或结构层上抹水泥砂浆。一般有单层和双层两种做法。单层做法只抹一层 20～25 mm 厚 1∶2 或 1∶2.5 水泥砂浆;双层做法是增加一层 10～20 mm 厚 1∶3 水泥砂浆找平层,表面只抹 5～10 mm 厚 1∶2 水泥砂浆。双层做法虽增加了工序,但不易开裂。

2) 水泥石屑地面

水泥石屑地面是以石屑替代砂的一种水泥地面,亦称豆石地面或瓜米石地面。这种地面性能近似水磨石,表面光洁,不起尘,易清洁,但造价仅为水磨石地面的50%。水泥石屑地面构造也有一层和双层做法之别:一层做法是在垫层或结构层上直接做25 mm厚1∶2水泥石屑提浆抹光;两层做法是增加一层15~20 mm厚1∶3水泥砂浆找平层,面层铺15 mm厚1∶2水泥石屑,提浆抹光即成。

3) 水磨石地面

水磨石地面一般分两层施工。在刚性垫层或结构层上用10~20 mm厚的1∶3水泥砂浆找平,面铺10~15 mm厚1∶(1.5~2)的水泥白石子,待面层达到一定承载力后加水用磨石机磨光、打蜡即成。所用水泥为普通水泥,所用石子为中等硬度的方解石、大理石、白云石屑等。

为适应地面变形可能引起的面层开裂以及施工和维修方便,做好找平层后,用嵌条把地面分成若干小块,尺寸为1 000 mm左右。分块形状可以设计成各种图案。嵌条用料常为玻璃、塑料或金属条(铜条、铝条),嵌条高度同磨石面层厚度,用1∶1水泥砂浆固定。嵌固砂浆不宜过高,否则会造成面层在嵌条两侧仅有水泥而无石子,影响美观(图5-9)。如果将普通水泥换成白水泥,并掺入不同颜料做成各种彩色地面,谓之美术水磨石地面,但造价较普通水磨石高约4倍。

水磨石地面具有良好的耐磨性、耐久性、防水防火性,并具有质地美观,表面光洁,不起尘,易清洁等优点。通常应用于居住建筑的浴室、厨房、厕所和公共建筑门厅、走道及主要房间地面、墙裙等。

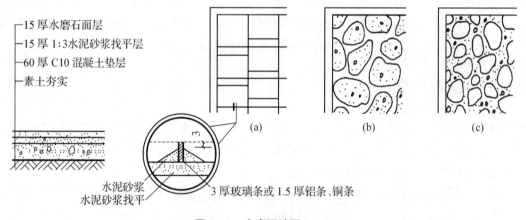

图 5-9 水磨石地面(mm)

(a) 嵌分格条;(b) 无分格缝;(c) 混合石屑

5.4.2 块料地面

块料地面是把地面材料加工成块(板)状,然后借助胶结材料贴或铺砌在结构层上。胶结材料既起胶结又起找平作用,也有先做找平层再做胶结层的。常用胶结材料有水泥砂浆、沥青玛碲脂等,也有用细砂和细炉渣作结合层的。块料地面种类很多,常用的有黏土砖、水泥砖、大理石、缸砖、陶瓷锦砖、陶瓷地砖等。

1) 黏土砖地面

黏土砖地面用普通标准砖,有平砌和侧砌两种。这种地面施工简单,造价低廉,适用于要求不高或临时建筑地面以及庭园小道等。

2) 水泥制品块地面

水泥制品块地面常见的有水泥砂浆砖(尺寸常为 150～200 mm 见方,厚 10～20 mm)、水磨石块、预制混凝土块(尺寸常为 400～500 mm 见方,厚 20～50 mm)。水泥制品块与基层黏结有两种方式:当预制块尺寸较大且较厚时,常在板下干铺一层 20～40 mm 厚细砂或细炉渣,待校正后,板缝用砂浆嵌填。这种做法施工简单、造价低,便于维修更换,但不易平整。城市人行道常按此方法施工(图 5-10a)。当预制块小而薄时,则采用 12～20 mm 厚 1∶3 水泥砂浆做结合层,铺好后再用 1∶1 水泥砂浆嵌缝。这种做法坚实、平整,但施工较复杂,造价也较高(图 5-10b)。

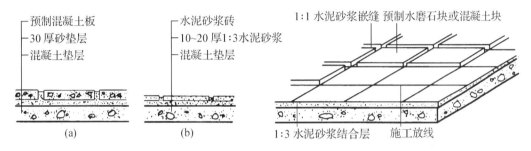

图 5-10 水泥制品块地面(mm)

3) 缸砖及陶瓷锦砖地面

缸砖也称防潮砖,是用陶土焙烧而成的一种无釉砖块。形状有正方形(尺寸为 100 mm×100 mm 和 150 mm×150 mm,厚 10～19 mm)、六边形、八角形等。缸砖表面平整,质地坚硬、耐磨、耐压、耐酸碱、吸水率小;可擦洗,不脱色不变形;色釉丰富,色调均匀,可拼出各种图案。缸砖背面有凹槽,使砖块和基层黏结牢固,铺贴时一般用 15～20 mm 厚 1∶3 水泥砂浆做结合材料,要求平整,横平竖直(图 5-11)。

陶瓷锦砖又称马赛克,是以优质瓷土烧制而成的小尺寸瓷砖,按一定图案反贴在牛皮纸上而成。它具有抗腐蚀、耐磨、耐火、吸水率小、抗压强度高、易清洗和永不褪色等优点,而且质地坚硬、色泽多样,加之规格小,不易踩碎,主要用于防滑卫生要求较高的卫生间、浴室等房间的地面。

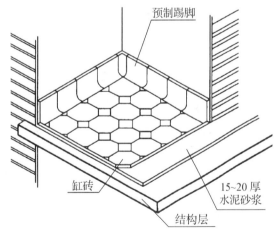

图 5-11 缸砖地面(mm)

4) 陶瓷地砖地面

陶瓷地砖又称墙地砖,其类型有釉面地砖、无光釉面砖和无釉防滑地砖及抛光同质地砖。

陶瓷地砖色彩丰富,色调均匀,砖面平整,抗腐耐磨,施工方便,且块大缝少,装饰效果好,特别是防滑地砖和抛光地砖又能防滑,因而越来越多地用于办公、商店、旅馆和住宅中。陶瓷地砖一般厚 6～10 mm,其规格有 500 mm×500 mm、400 mm×400 mm、300 mm×

300 mm、250 mm×250 mm、200 mm×200 mm。

新型的仿花岗岩地砖,还具有天然花岗岩的色泽和质感,经磨削加工后表面光亮如镜。梯沿砖又称防滑条,它坚固耐用,表面有凸起条纹,防滑性能好,主要用于楼梯、站台等处的边缘。

综上所述,常用地面、楼面做法总结见表5-3、表5-4。

表5-3 常用地面做法(mm)

名 称	材 料 及 做 法
水泥砂浆地面	25厚1:2水泥砂浆面层铁板赶光、水泥浆结合层一道、80~100厚C15混凝土垫层、素土夯实
水泥石屑地面	30厚1:2水泥石屑(瓜米石)面层铁板赶光、水泥浆结合层一道、80~100厚C15混凝土垫层、素土夯实
水磨石地面	15厚1:2水泥白石子面层表面草酸处理后打蜡上光、水泥浆结合层一道、25厚1:2.5水泥砂浆找平层、水泥浆结合层一道、80~100厚C15混凝土垫层、素土夯实
聚乙烯醇缩丁醛地面	面漆三道、清漆二道、填嵌并满按腻子、清漆一道、25厚1:2.5水泥砂浆找平层、80~100厚C15混凝土垫层、素土夯实
陶瓷锦砖(马赛克)地面	陶瓷锦砖面层白水泥浆擦缝、25厚1:2.5干硬性水泥砂浆结合层,上洒1~2厚干水泥并洒清水适量、水泥结合层一道、80~100厚C15混凝土垫层、素土夯实
缸砖地面	缸砖(防潮砖、地红砖)面层配色白水泥浆擦缝、25厚1:2.5干硬性水泥砂浆结合层,上洒1~2厚干水泥并洒清水适量、水泥结合层一道、80~100厚C15混凝土垫层、素土夯实
陶瓷地砖地面	6~10厚陶瓷地砖面层白水泥浆擦缝、25厚1:2.5干硬性水泥砂浆结合层,上洒1~2厚干水泥并洒清水适量、水泥结合层一道、80~100厚C15混凝土垫层、素土夯实

表5-4 常用楼面做法(mm)

名 称	材 料 及 做 法
水泥砂浆楼面	25厚1:2水泥砂浆面层铁板赶光、水泥浆结合层一道、结构层
水泥石屑楼面	30厚1:2水泥石屑面层铁板赶光、水泥浆结合层一道、结构层
水磨石楼面(美术水磨石楼面)	15厚1:2水泥白石子面层表面草酸处理后打蜡上光、水泥浆结合层一道、25厚1:2.5水泥砂浆找平层水泥浆结合层一道结构层
陶瓷锦砖(马赛克)楼面	陶瓷锦砖面层白水泥浆擦缝、25厚1:2.5干硬性水泥砂浆结合层,上洒1~2厚干水泥并洒适量清水、水泥浆结合层一道、结构层
陶瓷地砖楼面	10厚陶瓷地砖面层配色水泥浆擦缝、25厚1:2.5干硬性水泥砂浆结合层,上洒1~2厚干水泥并洒清水适量、水泥结合层一道、结构层
大理石楼面	20厚大理石块面层配色水泥浆擦缝、25厚1:2.5干硬性水泥砂浆结合层,上洒1~2厚干水泥并洒清水适量、水泥结合层一道、结构层

5.4.3 塑料地面

从广义上讲,塑料地面包括一切由有机物质为主所制成的地面覆盖材料。如以一定厚度平面状的块材或卷材形式的油地毡、橡胶地毯以及涂料地面和涂布无缝地面。

塑料地面装饰效果好,色彩选择性强,施工简单,清洗更换方便,塑料地面还有一定弹性,脚感舒适,轻质耐磨,但它有易老化、日久失去光泽、受压后产生凹陷、不耐高热、硬物刻划易留痕等缺点。常用的塑料地面有聚氯乙烯塑料地面、橡胶地面和涂料地面。

1) 聚氯乙烯塑料地面

聚氯乙烯塑料地面有卷材地板和块状地板两种。聚氯乙烯卷材地板是以聚氯乙烯树脂为主要原料,加入适当助剂,在片状连续基材上,经涂敷工艺生产而成。其宽度有1 800、2 000 mm,每卷长度20、30 m,总厚度为1.5、2 mm。聚氯乙烯卷材地板适合于铺设客厅、卧室地面(中档装修)。聚氯乙烯块状地板是以聚氯乙烯及其共聚树脂为主要原料,加入填料、增塑剂、稳定剂、着色剂等辅料,经压延、挤出或挤压工艺生产而成,有单层和同质复合两种。其规格为300 mm×300 mm,厚度1.5 mm。聚氯乙烯块状地板可由不同色彩和形状拼成各种图案,价格较低,应用广泛。

2) 橡胶地面

橡胶地面是以橡胶为主要原料再加入多种材料在高温下压制而成,有橡胶地砖、橡胶地板、橡胶脚垫、橡胶卷材、橡胶地毯等。橡胶地面具有良好的弹性,在抗冲击、绝缘、防滑、隔潮、耐磨、易清理等方面显示出优良的特性。橡胶地板在户内和户外都能长期使用,广泛运用在工业场地(车间、仓库)、停车库、现代住房(盥洗室、厨房、阳台、楼梯)、花圃、运动场地、游泳池畔、轮椅斜坡以及潮湿地面防滑部位等。由于其强度高耐磨性好,尤其适合于人流较多、交通繁忙和负荷较重的场合。通过配方的调整,橡胶地板还可以制成许多特殊的性能和用途:如高度绝缘、抗静电、耐高温、耐油、耐酸碱等。同时还可以制成仿玉石、仿天然大理石、仿木纹等各种表面图案,不同型号和颜色的橡胶地板砖搭配组合还可以形成独特的地面装饰效果。常见地面装修做法如图5-12所示。

   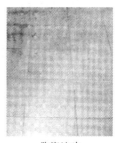

彩色水磨石地面　　陶土广场砖　　橡胶地面　　陶瓷地砖

图5-12 常见地面装修做法

3) 涂料地面

涂料地面和涂布无缝地面,它们的区别在于:前者以涂刷方法施工,涂层较薄;而涂布地面以刮涂方式施工,涂层较厚。

用于地面涂料有地板漆、过氯乙烯地面涂料、苯乙烯地面涂料等。这些涂料施工方便,造价较低,可以提高地面耐磨性和韧性以及不透水性。适用于民用建筑中的住宅、医院等。用于工业生产车间的地面涂料,也称为工业地面涂料,一般常用环氧树脂涂料和聚氨酯涂料。这两类涂料都具有良好的耐化学品性、耐磨损和耐机械冲击性能。但是由于水泥地面是易吸潮的多孔性材料,聚氨酯对潮湿的容忍性差,施工不慎易引起层间剥离、针孔等弊病,且对水泥基层的黏结力较环氧树脂涂料差。因而当以耐磨、洁净为主要的性能要求时宜选用环氧树脂涂料,而以弹性要求为主要性能要求时则宜使用聚氨酯涂料。

环氧树脂耐磨洁净地面涂料为双组分常温固化的厚膜型涂料,通常将其中无溶剂环氧树脂涂料称为"自流平涂料"。环氧树脂自流平地面是一种无毒、无污染与基层附着力强、在常温下固化形成整体的无缝地面;具有耐磨、耐刻划、耐油、耐腐蚀、抗渗且脚感舒适,便于清扫等优点，广泛用于医药、微电子、生物工程、无尘净化室等洁净度要求高的建筑工程中。

5.4.4 地面变形缝

地面变形缝包括温度伸缩缝、沉降缝和防震缝。其设置的位置和大小应与墙面、屋面变形缝一致，大面积的地面还应适当增加伸缩缝。构造上要求从基层到饰面层脱开，缝内常用可压缩变形的玛碲脂、金属调节片、沥青麻丝等材料做封缝处理。为了美观，还应在面层和顶棚加设盖缝板，盖缝板应不妨碍构件之间变形需要(伸缩、沉降)。此外，金属调节片要做防锈处理，盖缝板形式和色彩应和室内装修协调。图5-13为楼地面变形缝构造。

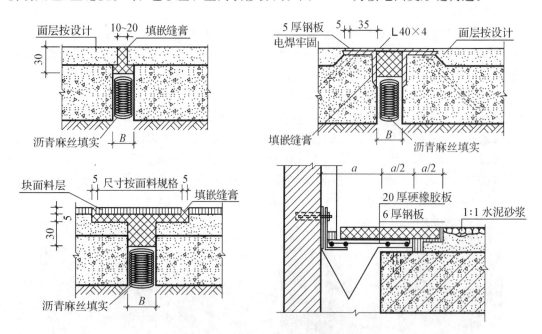

图 5-13 楼地面变形缝构造(mm)

5.4.5 顶棚装修

顶棚同墙面、楼地面一样，是建筑物主要装修部位之一。

1) 顶棚类型

(1) 直接顶棚：包括一般楼板板底、屋面板板底直接喷刷、抹灰、贴面。

(2) 吊顶：在较大空间和装饰要求较高的房间中，因建筑声学、保温隔热、清洁卫生、管道敷设、室内美观等特殊要求，常用顶棚把屋架、梁板等结构构件及设备遮盖起来，形成一个完整的表面。由于顶棚是采用悬吊方式支承于屋顶结构层或楼盖层的梁板之下，所以称之为吊顶。吊顶的构造设计应从上述多方面进行综合考虑。

2) 顶棚构造

(1) 直接式顶棚构造，包括直接喷刷涂料顶棚和直接抹灰顶棚及直接贴面顶棚三种做法。

①直接喷刷涂料：当要求不高或楼板底面平整时，可在板底嵌缝后喷(刷)石灰浆或涂料两道。

②直接抹灰:对板底不够平整或要求稍高的房间,可采用板底抹灰,常用的有:纸筋石灰浆顶棚、混合砂浆顶棚、水泥砂浆顶棚、麻刀石灰浆顶棚、石膏灰浆顶棚。

③直接贴面:对某些装修标准较高或有保温吸声要求的房间,可在板底直接黏贴装饰吸声板、石膏板、塑胶板等。

(2)吊顶。吊顶按设置的位置不同分为屋架下吊顶和混凝土楼板下吊顶;从基层材料分有木骨架吊顶和金属骨架吊顶。

吊顶的结构一般由基层和面层两大部分组成(图 5-14)。

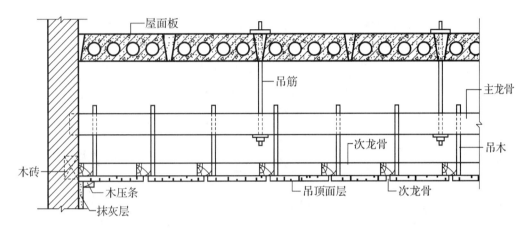

图 5-14 木基层吊顶的构造组成

①基层:基层承受吊顶的荷载,并通过吊筋传给屋顶或楼板承重结构。基层由吊筋、龙骨组成。吊顶龙骨分为主龙骨与次龙骨,主龙骨为吊顶的承重结构,次龙骨则是吊顶的基层。

主龙骨是通过吊筋或吊件固定在屋顶(或楼板)结构上,次龙骨用同样的方法固定在主龙骨上。龙骨可用木材、轻钢、铝合金等材料制作,其断面大小视其材料品种、是否上人(吊顶承受人的荷载)和面层构造做法等因素而定。主龙骨断面比次龙骨大,间距通常为 1 m 左右。悬吊主龙骨的吊筋为 $\varnothing 10$ 钢筋,间距也是 1 m 左右。次龙骨间距视面层材料而定,间距不宜太大,一般为 300~500 mm;刚度大的面层不易翘曲变形,可允许扩大至 600 mm。

②面层:吊顶面层分为抹灰面层和板材面层两大类。抹灰面层为湿作业施工,费工费时。板材面层,既可加快施工速度,又容易保证施工质量。吊顶面层板材的类型很多,一般可分为植物型板材(如胶合板,纤维板、木工板等)、矿物型板材(如石膏板、矿棉板等)、金属板材(如铝合金板,金属微孔吸声板等)等几种。

5.5 阳台及雨篷

阳台是多层或高层建筑中不可缺少的室内外过渡空间,为人们提供户外活动的场所。阳台的设置对建筑物的外部形象也起着重要的作用(图 5-15)。

图 5-15 各种阳台

5.5.1 阳台的类型、组成及要求

阳台按使用要求不同可分为生活阳台和服务阳台。根据阳台与建筑物外墙的关系,可分为挑(凸)阳台、凹阳台(凹廊)和半挑半凹阳台(图 5-16)。按阳台在外墙上所处的位置不同,有中间阳台和转角阳台之分。当阳台的长度占有两个或两个以上开间时,称为外廊。

阳台由承重结构(梁、板)和栏杆组成。阳台的结构及构造设计应满足以下要求:

1) 安全、坚固

挑阳台及半挑半凹阳台的出挑部分的承重结构均为悬臂结构,阳台挑出长度应满足结构抗倾覆的要求,以保证结构安全。阳台栏杆、扶手构造应坚固、耐久,并给人们以足够的安全感。

2) 适用、美观

阳台挑出长度根据使用要求确定,一般为1~1.5 m。阳台地面应低于室内地面60 mm左右,以免雨水流入室内,并应做一定坡度和布置排水设施,使排水顺畅(图5-17)。阳台栏杆应结合地区气候特点,并满足立面造型的需要。

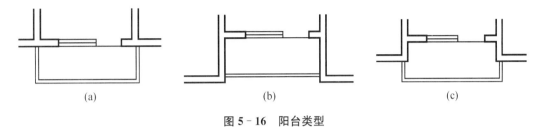

图 5-16 阳台类型

(a) 挑阳台;(b) 凹阳台;(c) 半挑半凹阳台

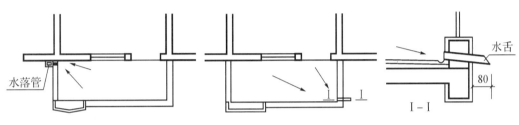

图 5-17 阳台排水处理(mm)

5.5.2 阳台承重结构的布置

阳台承重结构通常是楼板的一部分,因此阳台承重结构应与楼板的结构布置统一考虑,主要采用钢筋混凝土阳台板。钢筋混凝土阳台可采用现浇式、装配式或现浇与装配相结合的方式。

当为凹阳台时,阳台板可直接由阳台两边的墙支承,板的跨长与房屋开间尺寸相同。也可采用与阳台进深尺寸相同的板铺设。

挑阳台的结构布置可采用:

1) 挑梁搭板

即在阳台两端设置挑梁,挑梁上搭板(图5-18)。此种方式构造简单、施工方便,阳台板与楼板规格一致,是较常采用的一种方式。在处理挑梁与板的关系上有几种方式:第一种是挑梁外露(图5-18a),阳台正立面上露出挑梁梁头;第二种是在挑梁梁头设置边梁(图5-18b),在阳台外侧边上加一边梁封住挑梁梁头,阳台底边平整,使阳台外形较简洁;第三种设置L形挑梁(图5-18c),梁上搁置卡口板,使阳台底面平整,外形简洁、轻巧、美观,但增加了构件类型。

2) 悬挑阳台板

即阳台的承重结构是由楼板挑出的阳台板构成(图5-19)。此种方式阳台板底平整,造型简洁,阳台长度可以任意调整,但施工较麻烦。悬挑阳台板具体的悬挑方式有以下两种:一种是楼板悬挑阳台板,如采用装配式楼板,则会增加板的类型(图5-19a);另一种方式是墙梁(或框架梁)悬挑阳台板,通常将阳台板与梁浇在一起(图5-19b),在条件许可的情况下,可将阳台板与梁做成整块预制构件,吊装就位后用铁件与大型预制板焊接(图5-19d)。

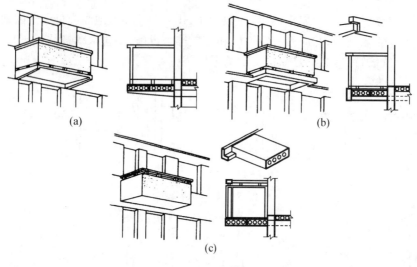

图 5-18 挑梁搭板

(a) 挑梁外露；(b) 设置边梁；(c) L 形挑梁卡口板

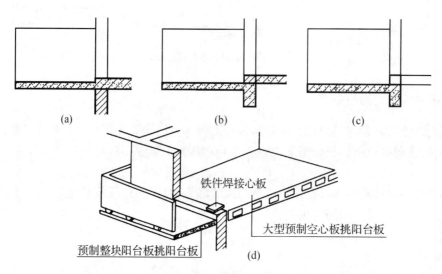

图 5-19 悬挑阳台板

(a) 楼板悬挑阳台板；(b) 墙梁悬挑阳台板（墙不承重）；(c) 墙梁悬挑阳台板（墙承重）；(d) 预制整块阳台板

5.5.3 阳台栏杆

1) 阳台栏杆高度

阳台栏杆高度因建筑使用对象不同而有所区别，根据《民用建筑设计通则》(GB 50352—2005)和《住宅设计规范》[GB 50096—1999(2003 年版)]中规定：临空高度在 24 m 以下时阳台、外廊栏杆高度不应低于 1.05 m，临空高度在 24 m 及以上（包括中高层住宅）时，栏杆不应低于 1.10 m，栏杆离地面或屋面 0.10 m 高度内不宜留空。有儿童活动的场所，栏杆应采用不易攀登的构造，当采用垂直杆件做栏杆时，其杆件净距不应大于 0.11 m。

2) 类型

根据阳台栏杆使用的材料不同,有金属栏杆、钢筋混凝土栏杆、玻璃栏杆(图5-20),还有不同材料组成的混合栏杆。金属栏杆如采用钢栏杆易锈蚀,如为其他合金,则造价较高;砖栏杆自重大,抗震性能差,且立面显得厚重;钢筋混凝土栏杆造型丰富,可虚可实,耐久,整体性好,自重较砖栏杆轻,常做成钢筋混凝土栏板,拼装方便。因此,钢筋混凝土栏杆应用较为广泛。

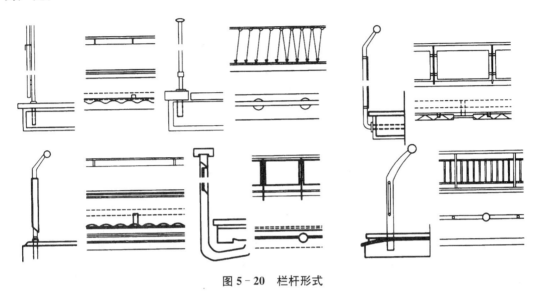

图 5-20 栏杆形式

按阳台栏杆空透的情况不同有实心栏板、空花栏杆和部分空透的组合式栏杆。选择栏杆的类型应结合立面造型的需要、使用的要求、地区气候特点、人的心理要求、材料的供应情况等多种因素决定。

3) 钢筋混凝土栏杆构造

(1) 栏杆压顶

钢筋混凝土栏杆通常设置钢筋混凝土压顶,并根据立面装修的要求进行饰面处理。预制钢筋混凝土压顶与下部的连接可采用预埋铁件焊接(图5-21a),也可采用榫接坐浆的方式,即在压顶底面留槽,将栏杆插入槽内,并用M10水泥砂浆坐浆填实,以保证连接的牢固性(图5-21b)。还可以在栏杆上留出钢筋,现浇压顶(图5-21c),这种方式整体性好、坚固,但现场施工较麻烦。

另外,也可采用钢筋混凝土栏板顶部加宽的处理方式(图5-21d),其上可放置花盆,当采用这种方式时,宜在压顶外侧采取防护措施,以防花盆坠落。

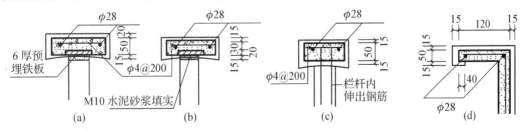

图 5-21 栏杆压顶的做法(mm)

(2) 栏杆与阳台板的连接

为了阳台排水的需要和防止物品由阳台板边坠落,栏杆与阳台板的连接处需采用C20混凝土沿阳台板边现浇挡水带。栏杆与挡水带采用预埋件焊接,或榫接坐浆,或插筋连接(图5-22)。如采用钢筋混凝土栏板,可设置预埋件直接与阳台板预埋件焊接。

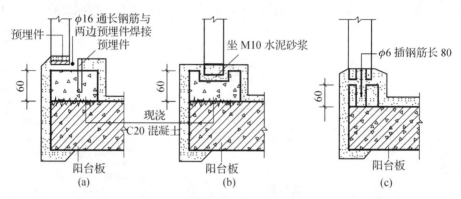

图5-22 栏杆与阳台板的连接(mm)

(a) 预埋件焊接;(b) 榫接坐浆;(c) 插筋连接

(3) 栏板的拼接

钢筋混凝土栏板的拼接有以下几种方式:一是直接拼接法,即在栏板和阳台板预埋铁件焊接(图5-23),构造简单,施工方便;二是立柱拼接法(图5-24),由于立柱为现浇钢筋混凝土,柱内设有立筋与阳台预埋件焊接,所以整体刚度好,但施工复杂,多在长外廊中使用。

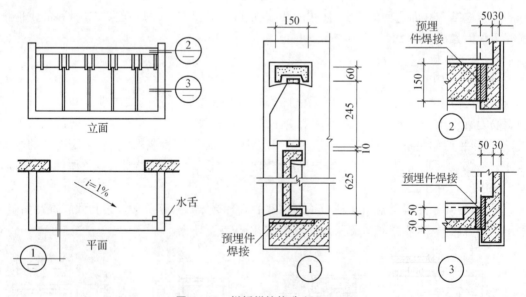

图5-23 栏板拼接构造之一(mm)

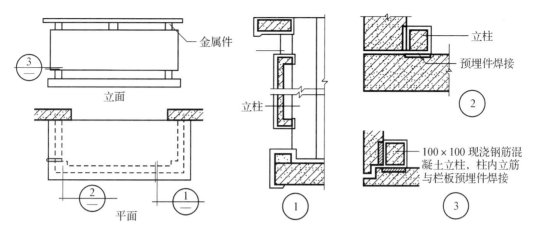

图 5-24 栏板拼接构造之二(mm)

(4) 栏杆与墙的连接

栏杆与墙的连接一般做法是在砌墙时预留 240 mm(宽)×180 mm(深)×120 mm(高)的洞,将压顶伸入锚固。采用栏板时将栏板的上下肋伸入洞内,或在栏杆上预留钢筋伸入洞内,用 C20 细石混凝土填实。

4) 金属及玻璃栏杆构造

金属栏杆常采用铝合金、不锈钢铁花。玻璃常用厚度较大不易碎裂或碎裂后不会脱落的玻璃,如各种有机玻璃、钢化玻璃等。金属栏杆构造见图 5-25,玻璃栏杆构造见图 5-26。

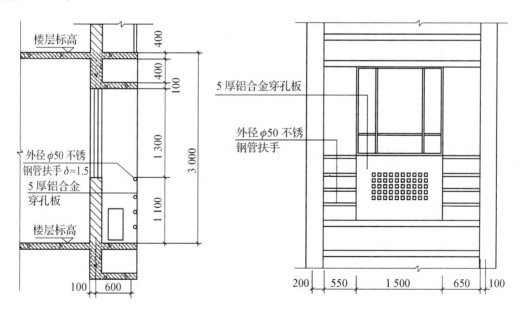

图 5-25 金属栏杆(mm)

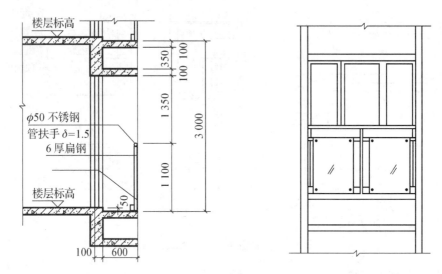

图 5-26 玻璃栏杆(mm)

5.5.4 雨篷

　　通常,雨篷设在房屋出入口的上方,为了雨天人们在出入口处作短暂停留时不被雨淋,并起到保护门和丰富建筑立面造型的作用。

　　由于房屋的性质、出入口的大小和位置、地区气候特点以及立面造型的要求等因素的影响,雨篷的形式可做成多种多样。根据雨篷板的支承不同有采用门洞过梁悬挑板的方式,也有采用墙或柱支承(图 5-27)。其中最简单的是过梁悬挑板式,即悬挑雨篷(图 5-28)。悬挑板板面与过梁顶面可不在同一标高上,梁面较板面标高高,对于防止雨水浸入墙体有利。由于雨篷上荷载大,悬挑板的厚度较薄,为了板面排水的组织和立面造型的需要,板外檐常做加高处理,采用混凝土现浇或砖砌成,板面需做防水处理,并在靠墙处做泛水。

　　近年来,采用悬挂式雨篷轻巧美观,通常用金属和玻璃材料,对建筑入口的烘托和建筑立面的美化有很好的作用(图 5-29、图 5-30)。

图 5-27　雨篷形式举例

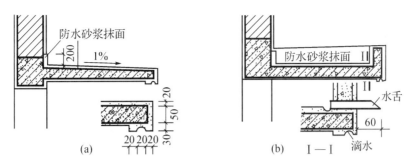

图 5-28 悬挑雨篷构造（mm）

(a) 悬挑板式；(b) 外檐加高

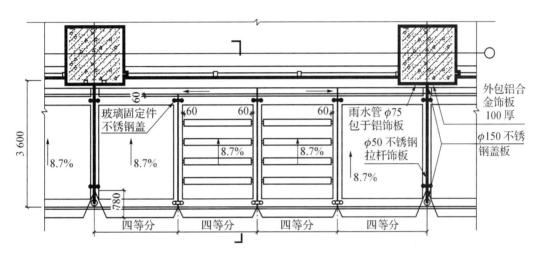

图 5-29 悬挂式雨篷平面（mm）

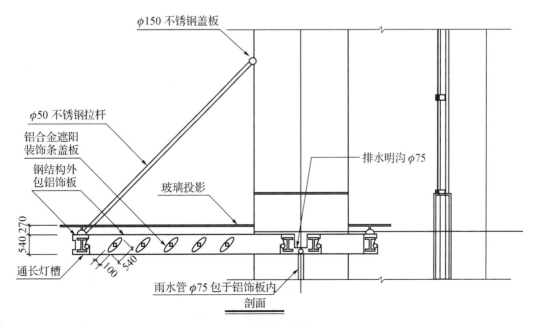

图 5-30 悬挂式雨篷剖面（mm）

复习思考题

1. 楼盖层与地坪层有什么相同和不同之处？
2. 楼盖层的基本组成及设计要求有哪些？
3. 楼板隔绝固体声的方法有哪三种？绘图说明。
4. 常用的装配式钢筋混凝土楼板的类型及其特点和适用范围。
5. 现浇肋梁楼板的布置原则。
6. 井式楼板和无梁楼板的特点及适应范围。
7. 地坪层的组成及各层的作用。
8. 简述挑阳台的结构布置。
9. 阳台栏杆的高度应如何考虑？
10. 简述雨篷的作用和形式。
11. 水泥砂浆地面、水泥石屑地面、水磨石地面的组成及优缺点、适应范围。
12. 常用的块料地面的种类、优缺点及适应范围。
13. 塑料地面的优缺点及主要类型。
14. 直接抹灰顶棚的类型及适应范围。
15. 设计吊顶应满足哪些要求？吊顶由哪几部分组成？注意主、次龙骨和吊筋的布置方法及其尺寸要求（跨度、间距等）。

6 楼梯与电梯

6.1 楼梯的形式与尺度

建筑空间的竖向交通有楼梯、电梯、自动扶梯、台阶、坡道以及爬梯等,其中楼梯作为竖向交通和人员紧急疏散的主要交通设施,使用最为普遍。

6.1.1 楼梯的组成

楼梯一般由梯段、楼梯平台、栏杆扶手三部分组成,如图 6-1 所示。

1) 梯段

俗称梯跑,是联系两个不同标高平台的倾斜构件。通常为板式梯段,也可以由踏步板和梯斜梁组成梁板式梯段。为了减轻疲劳,梯段的踏步步数一般不宜超过 18 级,但也不宜少于 3 级,因梯段步数太多使人连续疲劳,步数太少则不易为人察觉。

2) 楼梯平台

按平台所处位置和标高不同,有中间平台和楼层平台之分。两楼层之间的平台称为中间平台,用来供人们行走时调节体力和改变行进方向。而与楼层地面标高齐平的平台称为楼层平台,除起着与中间平台相同的作用外,还用来分配从楼梯到达各楼层的人流。

3) 栏杆扶手

栏杆扶手是设在梯段及平台边缘的安全保护构件。当梯段宽度不大时,可只在梯段临空面设置。当梯段宽度较大时,非临空面也应加设靠墙扶手。当梯段宽度很大时,则需在梯段中间加设中间扶手。

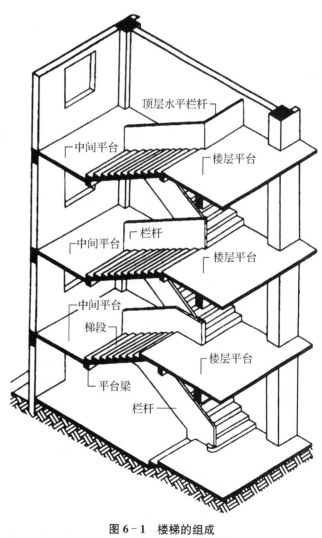

图 6-1 楼梯的组成

楼梯作为建筑空间竖向联系的主要部件，其位置应明显，起到提示引导人流的作用，并要充分考虑其造型美观、人流通行顺畅、行走舒适、结构坚固、防火安全，同时还应满足施工和经济条件的要求。因此，需要合理地选择楼梯的形式、坡度、材料、构造做法，精心地处理好其细部构造。

6.1.2 楼梯形式

楼梯形式，按其梯段布置的形式，包括所处位置、数量、方向等因素，分为以下 8 种（图 6-2）。

1）直行单跑楼梯

如图 6-2(a)所示，此种楼梯无中间平台，由于单跑楼段踏步数一般不超过 18 级，故仅用于层高不高的建筑。

2）直行多跑楼梯

如图 6-2(b)所示，此种楼梯是直行单跑楼梯的延伸，仅增设了中间平台，将单梯段变为多梯段。一般为双跑梯段，适用于层高较大的建筑。

直行多跑楼梯给人以直接、顺畅的感觉，导向性强，在公共建筑中常用于人流较多的大厅。但是，由于其缺乏方位上回转上升的连续性，当用于需上下多层楼面的建筑，会增加交通面积并加长人流行走的距离。

3）平行双跑楼梯

如图 6-2(c)所示，此种楼梯由于上完一层楼刚好回到原起步方位，与楼梯上升的空间回转往复性吻合，当上下多层楼面时，比直跑楼梯节约交通面积并缩短人流行走距离，是最常用的楼梯形式之一。

4）平行双分双合楼梯

如图 6-2(d)所示，为平行双分楼梯，此种楼梯形式是在平行双跑楼梯基础上演变产生的。其梯段平行而行走方向相反，且第一跑在中部上行，然后在其中间平台处往两边以第一跑的二分之一梯段宽，各上一跑到楼层面。通常在人流多、楼段宽度较大时采用。由于其造型的对称严谨性，常用作办公类建筑的主要楼梯。

如图 6-2(e)所示，为平行双合楼梯。此种楼梯与平行双分楼梯类似，区别仅在于楼层平台起步第一跑梯段前者在中而后者在两边。

5）折行多跑楼梯

如图 6-2(f)所示，为折行双跑楼梯。此种楼梯人流导向较自由，折角可变，可为 90°，也可大于或小于 90°。当折角大于 90°时，由于其行进方向性类似直行双跑楼，故常用于导向性强仅上一层楼的影剧院、体育馆等建筑的门厅中；当折角小于 90°时，其行进方向回转延续性有所改观，形成三角形楼梯间，可用于上多层楼的建筑中。

如图 6-2(g)所示，为折行三跑楼梯，此种楼梯中部形成较大梯井。由于有三跑梯段，常用于层高较大的公共建筑中。因楼梯井较大，不安全，供少年儿童使用的建筑不能采用此种楼梯。过去有在楼梯井中加电梯井的做法，如图 6-2(h)所示，但现在已不使用。

6）交叉跑（剪刀）楼梯

如图 6-2(i)所示交叉跑楼梯，可认为是由两个直行单跑楼梯交叉并列布置而成，通行的人流量较大，且为上下楼层的人流提供了两个方向，对于空间开敞、楼层人流多方向进入有利。但仅适合层高小的建筑。

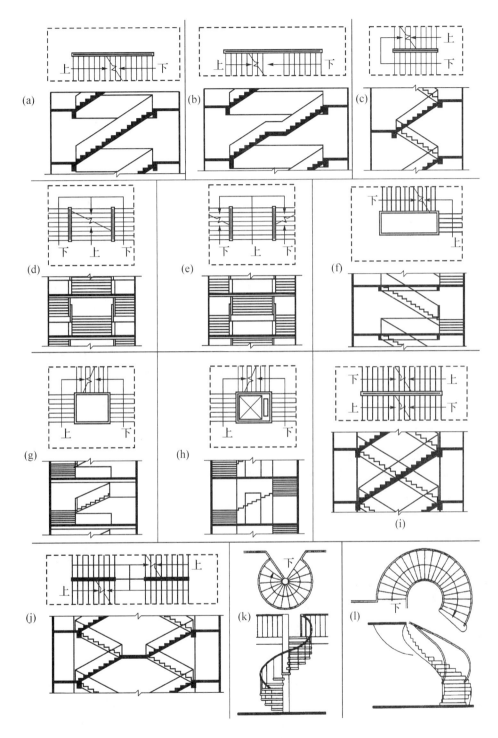

图 6-2 楼梯形式

(a) 直行单跑楼梯;(b) 直行多跑楼梯;(c) 平行双跑楼梯;(d) 平行双分楼梯;(e) 平行双合楼梯;
(f) 折行双跑楼梯;(g) 折行三跑楼梯;(h) 设电梯折行三跑楼梯;(i) 交叉跑楼梯;
(j) 剪刀楼梯;(k) 螺旋形楼梯;(l) 弧形楼梯

如图 6-2(j)所示为剪刀楼梯,当层高较大时,设置中间平台,中间平台为人流变换行走方向提供了条件,适用于层高较大且有楼层人流多向性选择要求的建筑,如商场、多层食堂等。

如图 6-2(i)、(j)所示交叉跑(剪刀)楼梯中间加上防火分隔墙(图中虚线所示),并在楼梯周边设防火墙并设防火门形成楼梯间,就成了防火交叉跑(剪刀)楼梯。其特点是两边梯段空间互不相通,形成两个各自独立的空间通道,这种楼梯可以视为两部独立的疏散楼梯,满足双向疏散的要求。由于其水平投影面积小,节约了建筑空间,常在有双向疏散要求的高层居住建筑中采用。

7) 螺旋形楼梯

如图 6-2(k)所示,螺旋形楼梯通常是围绕一根单柱布置,平面呈圆形。其平台和踏步均为扇形平面,踏步内侧宽度很小,并形成较陡的坡度,行走时不安全,且构造较复杂。这种楼梯不能作为主要人流交通和疏散楼梯,但由于其流线形造型美观,常作为建筑小品布置在庭院或室内。

为了克服螺旋形楼梯内侧坡度过陡的缺点,在较大型的楼梯中,可将其中间的单柱变为群柱或筒体。

8) 弧形楼梯

如图 6-2(l)所示,弧形楼梯与螺旋形楼梯的不同之处在于它围绕一较大的轴心空间旋转,未构成水平投影圆,仅为一段弧环,并且曲率半径较大。其扇形踏步的内侧宽度也较大,使坡度不至于过陡,可以用来通行较多的人流。弧形楼梯也是折行楼梯的演变形式,当布置在公共建筑的门厅时,具有明显的导向性和优美轻盈的造型。但其结构和施工难度较大,通常采用现浇钢筋混凝土结构。图 6-3 为楼梯实例。

楼梯按其功能分类:分为主楼梯、辅助楼梯和消防楼梯。

楼梯间的形式:楼梯间是容纳楼梯,并由墙或柱限定的空间。楼梯间的形式分为封闭楼梯间、非封闭楼梯间和防烟楼梯间。

6.1.3 楼梯尺度

1) 踏步尺度

楼梯的坡度在实际应用中均由踏步高宽比决定。踏步的高宽比需根据人流行走的舒适、安全和楼梯间的尺度、面积等因素进行综合权衡。常用的坡度为 1:2 左右。人流量大,安全要求高的楼梯坡度应该平缓一些,反之则可陡一些,以利节约楼梯水平投影面积。

楼梯踏步的踏步高和踏步宽尺寸一般根据经验数据确定,见表 6-1。

表 6-1 踏步常用高度尺寸(mm)

名 称	住 宅	幼儿园	学校、办公楼	医 院	剧院、会堂
踏步高 h	150~175	120~150	140~160	120~150	120~150
踏步宽 b	260~300	260~280	280~340	300~350	300~350

踏步的高度,成人以 150 mm 左右较适宜,不应高于 175 mm。踏步的宽度(水平投影宽度)以 300 mm 左右为宜,不应窄于 260 mm。当踏步宽度过宽时,将导致梯段水平投影面积的增加。而踏步宽度过窄时,会使人流行走不安全。为了在踏步宽度一定的情况下增加行走舒适度,常将踏步出挑 20~30 mm,使踏步实际宽度大于其水平投影宽度,如图 6-4 所示。

图 6-3 楼梯实例

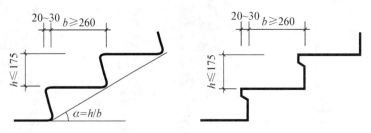

图 6-4 踏步出挑形式（mm）

2）梯段尺度

梯段尺度分为梯段宽度和梯段长度。梯段宽度应根据紧急疏散时要求通过的人流股数多少确定。每股人流按 550~600 mm 宽度考虑，双人通行时为 1 100~1 200 mm，三人通行时为 1 650~1 800 mm，依此类推。同时，需满足各类建筑设计规范中对梯段宽度的低限要求。

梯段长度（L）则是每一梯段的水平投影长度，其值为 $L=b\times(N_1-1)$，其中 b 为踏面水平投影步宽，N_1 为梯段踏步数，此处需注意踏步数为踢面高步数。楼梯尺寸计算图如图 6-5 所示。

3）平台宽度

平台宽度分为中间平台宽度 D_1 和楼层平台宽度 D_2，对于平行和折行多跑等类

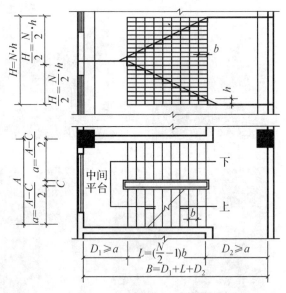

图 6-5 楼梯尺寸计算图

型楼梯，其中间平台宽度应不小于梯段宽度，并不得小于 1 200 mm，以保证通行和梯段同股数人流。同时应便于家具搬运，医院建筑还应保证担架在平台处能转向通行，其中间平台宽度应不小于 1 800 mm。对于直行多跑楼梯，其中间平台宽度不宜小于 1 200 mm。对于楼层平台宽度，则应比中间平台更宽松一些，以利人流分配和停留。

4）梯井宽度

所谓梯井，系指梯段之间形成的空当，此空当从顶层到底层贯通，见图 6-5 中的 C。在平行多跑楼梯中，可无梯井，但为了梯段安装和平台转变缓冲，可设梯井。为了安全，其宽度应小，以 60~200 mm 为宜。

5）楼梯尺寸计算

在进行楼梯构造设计时，应对楼梯各细部尺寸进行详细的计算。现以常用的平行双跑楼梯为例，说明楼梯尺寸的计算方法如图 6-5 所示。

（1）根据层高 H 和初选步高 h 定每层步数 N，$N=H/h$。为了减少构件规格，一般应尽量采用等跑梯段，因此 N 宜为偶数。如所求出 N 为奇数或非整数，可反过来调整步高 h。

（2）根据步数 N 和初选步宽 b 决定梯段水平投影长度 L，$L=(0.5N-1)\cdot b$。

（3）确定是否设梯井。如楼梯间宽度较富裕，可在两梯段之间设梯井。供少年儿童使

用的楼梯梯井不应大于 120 mm,以利安全。

(4) 根据楼梯间开间净宽 A 和梯井宽 C 确定梯段宽度 a,$a=(A-C)/2$。同时检验其通行能力是否满足紧急疏散时人流股数要求,如不能满足,则应对梯井宽 C 或楼梯间开间净宽 A 进行调整。

(5) 根据初选中间平台宽 $D_1(D_1 \geqslant a)$ 和楼层平台宽 $D_2(D_2 > a)$ 以及梯段水平投影长度 L 检验楼梯间进深净长度 B,$B=D_1+L+D_2$。如不能满足,可对 L 值进行调整(即调整 b 值)。必要时,则需调整 B 值。

在 B 值一定的情况下,如尺寸有富裕,一般可加宽 b 值以减缓坡度或加宽 D_2 值以利于楼层平台分配人流。

在装配式楼梯中,D_1 和 D_2 值的确定尚需注意使其符合平台预制板安放尺寸,或使异形尺寸板仅在一个平台,减少异形板数量。图 6-6 为楼梯各层平面图图示。

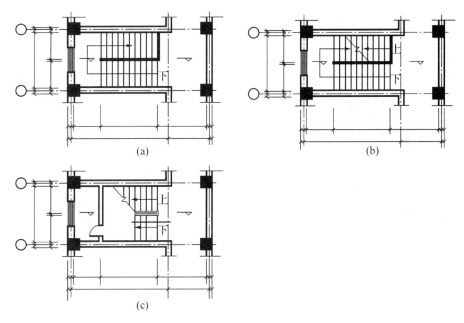

图 6-6 楼梯各层平面图图示

(a) 顶层平面图;(b) 标准层平面图;(c) 底层平面图

6) 栏杆扶手尺度

梯段栏杆扶手高度指踏步前缘线到扶手顶面的垂直距离。其高度根据人体重心高度和楼梯坡度大小等因素确定。一般不应低于 900 mm;靠楼梯井一侧水平扶手超过 500 mm 长度时,其扶手高度不应小于 1 050 mm;供儿童使用的楼梯应在 500~600 mm 高度增设扶手(图 6-7)。

7) 楼梯净空高度

楼梯各部位的净空高度应保证人流通行和家具搬运,一般要求不小于 2 000 mm,梯段范围内净空高度应大于 2 200 mm(图 6-8)。

当在平行双跑楼梯底层中间平台下需设置通道时,为保证平台下净高满足通行要求,一般可采用以下方式解决(图 6-9):

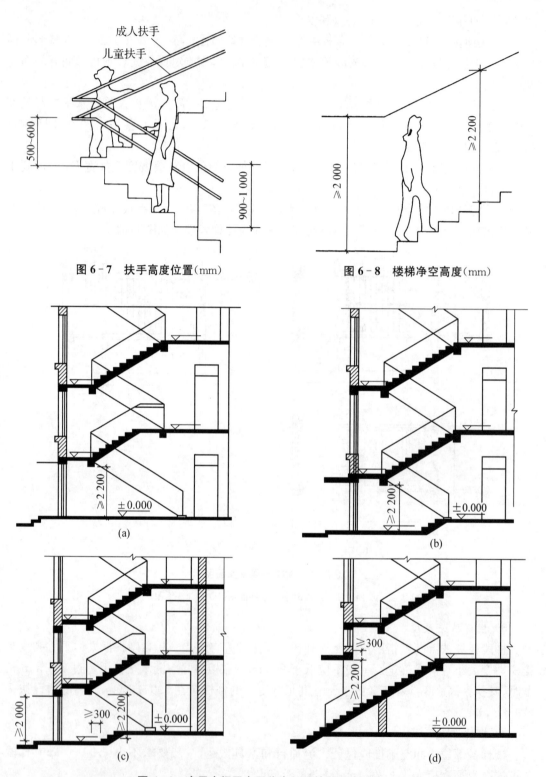

图 6-7 扶手高度位置(mm)

图 6-8 楼梯净空高度(mm)

图 6-9 底层中间平台下作出入口的处理方式(mm)
(a)底层长短跑;(b)局部降低地坪;(c)底层长短跑并局部降低地坪;(d)底层直跑

(1) 在底层变作长短跑梯段。起步第一跑为长跑,以提高中间平台标高(图6-9a)。这种方式仅在楼梯间进深较大、底层平台宽 D_2 富裕时适用。

(2) 局部降低底层中间平台下地坪标高,使其低于底层室内地坪标高±0.000,以满足净空高度要求。但降低后的中间平台下地坪标高仍应高于室外地坪标高,以免雨水内溢(图6-9b)。这种处理方式可保持等跑梯段,使构件统一。但中间平台下地坪标高的降低,常依靠底层室内地坪±0.000标高绝对值的提高来实现,可能增加填土方量或将底层地面架空。

(3) 综合以上两种方式,在采取长短跑梯段的同时,又适当降低底层中间平台下地坪标高(图6-9c)。这种处理方式可兼有前两种方式的优点,并弱化其缺点。

(4) 底层用直行单跑或直行双跑楼梯直接从室外上二层(图6-9d)。这种方式常用于住宅建筑,设计时需注意入口处雨篷底面标高的位置,保证净空高度在2.2m以上。

在楼梯间顶层,当楼梯不上屋顶时,由于局部净空高度大,空间浪费,可在满足楼梯净空要求情况下局部加以利用,例如做成小储藏间,如图6-10所示。

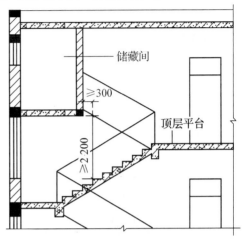

图6-10 楼梯间局部利用(mm)

6.2 钢筋混凝土楼梯构造

钢筋混凝土楼梯具有坚固耐久、节约木材、防火性能好、可塑性强等优点,目前得到广泛应用。按其施工方式可分为预制装配式和现浇整体式。预制装配式有利于节约模板、提高施工速度。现浇整体式整体刚度好,但现场施工量大。

6.2.1 预制装配式钢筋混凝土楼梯基本形式

预制装配式钢筋混凝土楼梯按其构造方式可分为墙承式、墙悬臂式和梁承式等类型。

1) 墙承式

预制装配墙承式钢筋混凝土楼梯系指预制钢筋混凝土踏步板直接搁置在墙上的一种楼梯形式,如图6-11所示。其踏步板一般采用一字形、L形或T形断面。

预制装配墙承式钢筋混凝土楼梯踏步两端由墙体支承,不需设平台梁、梯斜梁和栏杆,需要时设靠墙扶手。但由于踏步板直接安装入墙体,对墙体砌筑和施工速度影响较大。同时,踏步板入墙端形状、尺寸与墙体砌块模数不容易吻合,砌筑质量不易保证。这种楼梯由于在梯段之间有墙,搬运家具不方便,阻挡视线,对抗震不利,施工也较麻烦。现在仅有时用于小型的一般性建筑中。

2) 墙悬臂式

预制装配墙悬臂式钢筋混凝土楼梯系指预制钢筋混凝土踏步板一端嵌固于楼梯间侧墙上,另一端凌空悬挑的楼梯形式,如图6-12所示。

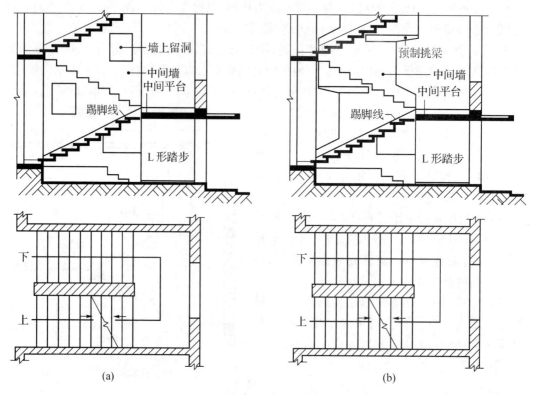

图 6-11 预制装配墙承式钢筋混凝土楼梯

(a) 中间墙上设观察窗；(b) 中间墙局部收进

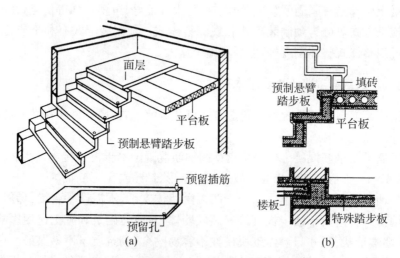

图 6-12 预制装配墙悬臂式钢筋混凝土楼梯

(a) 中间墙上设观察窗；(b) 中间墙局部收进

预制装配墙悬臂式钢筋混凝土楼梯无平台梁和梯斜梁，也无中间墙，楼梯间空间轻巧通透，结构所占空间少，但其楼梯间整体刚度极差，不能用于有抗震设防要求的地区。由于需随墙体砌筑安装踏步板，并需设临时支撑，施工比较麻烦，现在已较少采用。

3) 梁承式

预制装配梁承式钢筋混凝土楼梯系指梯段由平台梁支承的楼梯构造方式。由于在楼梯平台与斜向梯段交汇处设置了平台梁,避免了构件转折处受力不合理和节点处理的困难,同时平台梁既可支承于承重墙上又可支承于框架结构梁上,在一般大量性民用建筑中较为常用。预制构件可按梯段(板式或梁板式梯段)、平台梁、平台板三部分进行划分,如图6-13所示。

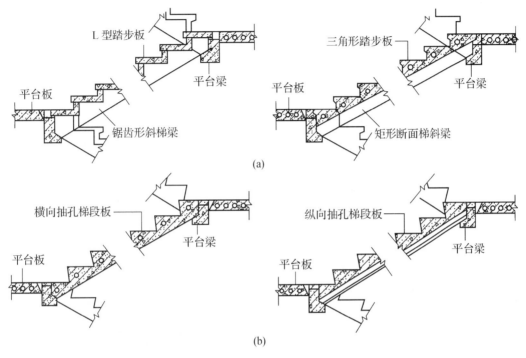

图 6-13 预制装配梁承式楼梯

(a) 梁板式梯段;(b) 板式梯段

6.2.2 预制装配梁承式楼梯构件

1) 梯段

(1) 梁板式梯段

梁板式梯段由梯斜梁和踏步板组成。一般在踏步板两端各设一根梯斜梁,踏步板支承在梯斜梁上。由于构件小型化,不需大型起重设备即可安装,施工简便(图6-13a)。

踏步板,踏步板断面形式有一字形、L形、T形、三角形等,断面厚度根据受力情况约为40~80 mm(图6-14)。一字形断面踏步板制作简单,踢面可漏空或填实,但其受力不太合理,仅用于简易梯、小梯、室外梯等。L形与T形断面踏步板较一字形断面踏步板受力合理、用料省、自重轻,为平板带肋形式,其缺点是底面呈折线形,不平整。三角形断面踏步板使梯段底面平整、简洁,解决了前几种踏步板底面不平整的问题。为了减轻自重,常将三角形断面踏步板抽孔,形成空心构件。

梯斜梁,梯斜梁一般为矩形断面,为了减少结构所占空间,也可做成L形断面,但构件制作较复杂。用于搁置一字形、L形、T形断面踏步板的梯斜梁为锯齿形变断面构件。用于搁置三角形断面踏步板的梯斜梁为等断面构件(图6-15)。梯斜梁一般按$L/12$估算其断面有效高度(L为梯斜梁水平投影跨度)。

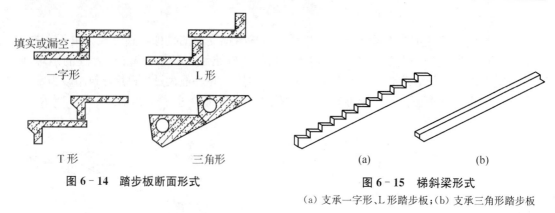

图 6-14 踏步板断面形式

图 6-15 梯斜梁形式
(a) 支承一字形、L形踏步板；(b) 支承三角形踏步板

(2) 板式梯段

板式梯段为整块或数块带踏步条板，其上下端直接支承在平台梁上(图 6-13b)。由于没有梯斜梁，梯段底面平整，结构厚度小，其有效断面厚度可按 $L/30\sim L/20$ 估算，由于梯段板厚度小，且无梯斜梁，使平台梁相应抬高，增大了平台下净空高度。

为了减轻梯段板自重，也可做成空心构件，有横向抽孔和纵向抽孔两种方式。横向抽孔较纵向抽孔合理易行，较为常用，如图 6-16 所示。

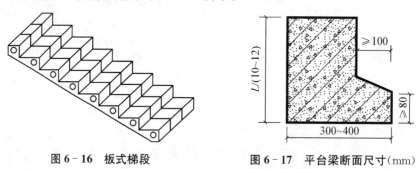

图 6-16 板式梯段

图 6-17 平台梁断面尺寸(mm)

2) 平台梁

为了便于支承梯斜梁或梯段板，平衡梯段水平分力并减少平台梁所占结构空间，一般将平台梁做成 L 形断面，如图 6-17 所示。其构造高度按 $L/12$ 估算(L 为平台梁跨度)。

3) 平台板

平台板可根据需要采用钢筋混凝土空心板、槽板或平板。需要注意的是，在平台上有管道井处，不宜布置空心板。平台板一般平行于平台梁布置，以利于加强楼梯间整体刚度。当垂直于平台梁布置时，常用小平板，如图 6-18 所示为平台板布置方式。

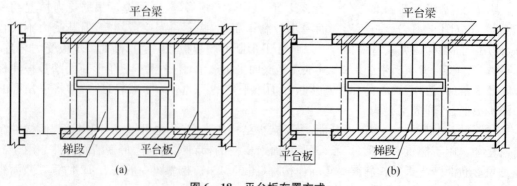

图 6-18 平台板布置方式
(a) 平台板平行于平台梁；(b) 平台板垂直于平台梁

6.2.3 梯段与平台梁节点处理

梯段与平台梁节点处理是构造设计的难点。就两梯段之间的关系而言，一般有梯段齐步和错步两种方式。就平台梁与梯段之间的关系而言，也有多种方式，如图 6-19 所示。

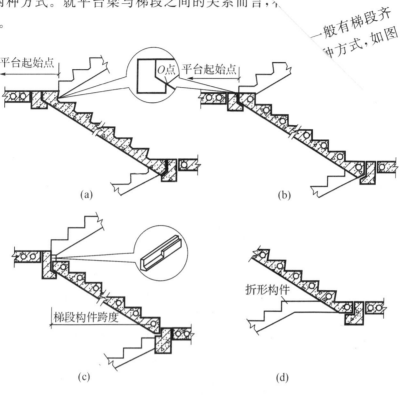

图 6-19 梯段与平台梁节点处理
(a) 梯段齐步并埋步；(b) 梯段错一步；(c) 梯段齐步不埋步；(d) 梯段错多步

1) 梯段齐步布置的节点处理

如图 6-19(a)所示，上下梯段起步和末步对齐，平台完整，可节省梯间进深尺寸。梯段与平台梁的连接一般以上下梯段底线交点作为平台梁牛腿 O 点，可使梯段板或梯斜梁支承端形状简化。

2) 梯段错步布置的节点处理

如图 6-19(b)所示，上下梯段起步和末步相错一步，在平台梁与梯段连接方式相同的情况下，平台梁底标高可比齐步方式抬高，有利于减少结构空间。但错步方式使平台不完整，并且多占楼梯间进深尺寸。

当两梯段采用长短跑时，它们之间相错步数便不止一步，需将短跑梯段做成折形构件，如图 6-19(d)所示。

3) 梯段不埋步的节点处理

如图 6-19(c)所示，此种方式用平台梁代替了一步踏步，可以减小梯段跨度。当楼层平台处侧墙上有门洞时，可避免平台梁支承在门过梁上，在住宅建筑中尤为实用。但此种方式的平台梁为变截面梁，平台梁底标高也较低，结构占空间较大，减少了平台梁下净空高度。另外，尚需注意不埋步梁板式梯段采用 L 形踏步板时，其起步处第一踢面需填砖。

此种方式梯段跨度较前者大,但平台梁底标高可提高,有利于增加踏步板时,在末步处会产生一字形踏步板,当采用T形踏步板时,在起步处也可为等截面梁。此种方式常用于公共建筑。另外尚需注意埋步梁踏步板。

6. 板式楼梯连接

楼梯是主要交通部件,对其坚固耐久、安全可靠的要求较高,特别是在地震区更需引起重视。并且梯段为倾斜构件,故需加强各构件之间的连接,提高其整体性。

1) 踏步板与梯斜梁连接

如图6-20(a)所示,一般在梯斜梁支承踏步板处用水泥砂浆坐浆连接。如需加强,可在梯斜梁上预埋插筋,与踏步板支承端预留孔插接,用高强度等级水泥砂浆填实。

2) 梯斜梁或梯段板与平台梁连接

如图6-20(b)所示,在支座处除了用水泥砂浆坐浆外,应在连接端预埋钢板进行焊接。

3) 梯斜梁或梯段板与梯基连接

如图6-20(c)、(d)所示,在楼梯底层起步处,梯斜梁或梯段板下应作梯基,梯基常用砖或混凝土,也可用平台梁代替梯基。但需注意该平台梁无梯段处与地坪的关系。

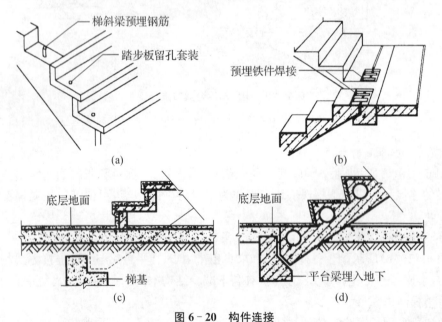

图6-20 构件连接

(a)踏步板与梯斜梁连接;(b)梯段与平台梁连接;(c)梯段与梯基连接;(d)平台梁代替梯基

6.2.5 现浇整体式钢筋混凝土楼梯构造

现浇整体式钢筋混凝土楼梯结构整体性好,能适应各种楼梯间平面和楼梯形式,充分发挥钢筋混凝土的可塑性。但由于需要现场支模,模板耗费较大,施工周期较长。并且抽孔困难,不便做成空心构件,所以混凝土用量和自重较大。通常用于特殊异形的楼梯或整体性要求高的楼梯,或当预制装配条件不具备时采用。

现浇整体式钢筋混凝土楼梯有梁承式、梁悬臂式、扭板式等类型,其构造特点如下:

1) 现浇梁承式

现浇梁承式钢筋混凝土楼梯由于其平台梁和梯段连接为一整体,比预制装配梁承式钢筋混凝土楼梯受构件搭接支承关系的制约少。当梯段为梁板式梯段时,梯斜梁可上翻或下翻形成梯帮,如图 6-21(a)、(b)所示。由于梁板式梯段踏步板底面为折线形,支模较困难,常做成板式梯段,如图 6-21(c)所示。

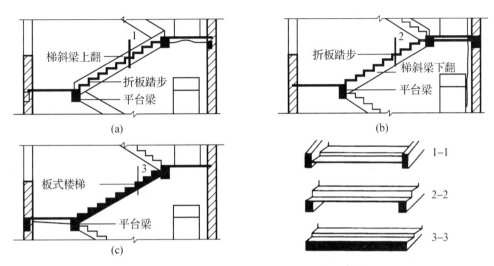

图 6-21 现浇梁承式钢筋混凝土楼梯

(a) 梯斜梁上翻;(b) 梯斜梁下翻;(c) 板式楼梯

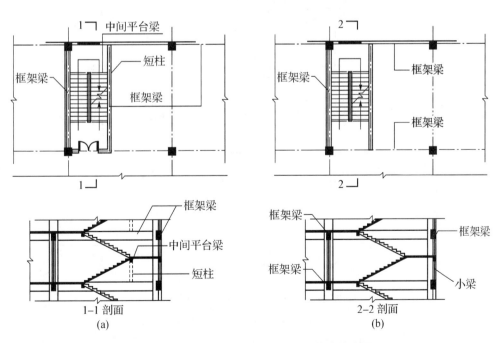

图 6-22 楼梯在钢筋混凝土框架结构中的布置

在钢筋混凝土框架结构建筑中,当楼梯设有平台梁时,中间平台梁的荷载向框架梁传递时会遇到两者高度位置的矛盾,一般采取在框架梁上设短柱的方式支承中间平台梁,如图 6-22(a)所示。当楼梯为开敞式,未用墙体围合成封闭楼梯间时,短柱将影响美观效果,这时,可将平台板和梯段板联合成 Z 形构件,楼层平台一端支承于框架梁上,中间平台一端支承于约半层高(具体高度视设计而定)位置小梁上,如图 6-22(b)所示。

2) 现浇梁悬臂式

现浇梁悬臂式钢筋混凝土楼梯系指踏步板从梯斜梁两边或一边悬挑的楼梯形式。常用于框架结构建筑中或室外露天楼梯,如图 6-23 所示。

这种楼梯一般为单梁或双梁悬臂支承踏步板和平台板。单梁悬臂常用于中小型楼梯或小品景观楼梯,双梁悬臂则用于梯段宽度大、人流量大的大型楼梯。可减小踏步板跨,但双梁底面之间常需另做吊顶。由于踏步板悬挑,造型轻盈美观。踏步板断面形式有平板式、折板式和三角形板式。平板式断面踏步使梯段踢面空透,常用于室外楼梯,为了使悬臂踏步板符合力学规律并增加美观,常将踏步板断面逐渐向悬臂端减薄,如图 6-23(a)所示。折板式断面踏步板由于踢面未漏空,可加强板的刚度并避免尘埃下落,故常用于室内,如图 6-23(b)所示。为了解决折板式断面踏步板底支模困难和不平整的弊病,可采用三角形断面踏步板板式梯段,使其板底平整,支模简单,如图 6-23(c)所示。但采用这种做法,混凝土用量和自重均有所增加。

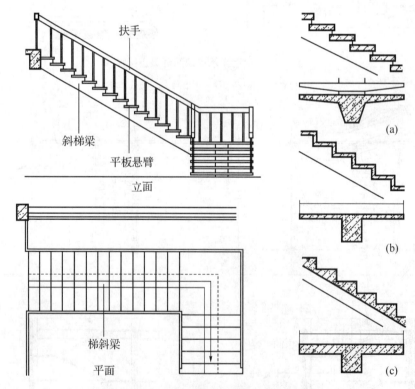

图 6-23 现浇梁悬臂式钢筋混凝土楼梯
(a) 平板式;(b) 折板式;(c) 三角形板式

现浇梁悬臂式钢筋混凝土楼梯通常采用整体现浇方式,但为了减少现场支模,也可采用梁现浇、踏步板预制装配的施工方式。这时,对于斜梁与踏步板和踏步板之间的连接,须慎重处理,以保证其安全可靠。如图 6-24 所示,在现浇梁上预埋钢板与预制踏步板预埋件焊接,并在踏步之间用钢筋插接后高强度等级水泥砂浆灌浆填实,加强其整体性。

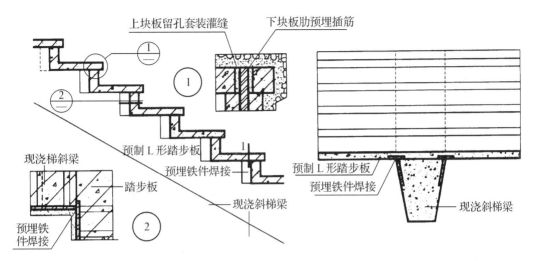

图 6-24 部分现浇梁悬臂式钢筋混凝土楼梯

3) 现浇扭板式

现浇扭板式钢筋混凝土楼梯底面平顺,结构所占空间少,造型美观。但由于板跨大,受力复杂,结构设计和施工难度较大,钢筋和混凝土用量也较大。图 6-25 为现浇扭板式钢筋混凝土弧形楼梯,一般只宜用于建筑标准高的建筑,特别是公共大厅中。为了使梯段边沿线条轻盈,常在靠近边沿处局部减薄出挑。

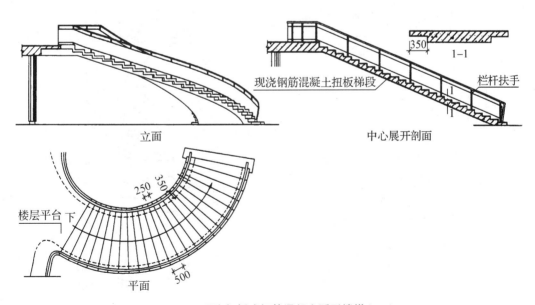

图 6-25 现浇扭板式钢筋混凝土弧形楼梯(mm)

6.3 踏步和栏杆扶手构造

踏步面层装修和栏杆扶手处理的好坏直接影响楼梯的使用安全和美观,在设计中应引起足够重视。

6.3.1 踏步面层及防滑处理

1) 踏步面层

楼梯踏步面层装修做法与楼层面层装修做法基本相同。但由于楼梯是一幢建筑中的主要交通疏散部件,其对人流的导向性要求高,装修用材标准应高于或至少不低于楼地面装修用材标准,使其在建筑中具有明显醒目的地位,引导人流。同时,由于楼梯人流量大,使用率高,在考虑踏步面层装修做法时应选择耐磨、防滑、美观、不起尘的材料。根据造价和装修标准的不同,常用的有水泥豆石面层、普通水磨石面层、彩色水磨石面层、缸砖面层、大理石面层、花岗岩面层等,如图 6-26 所示,还可在面层上铺设地毯。

2) 防滑处理

在踏步上设置防滑条的目的在于避免行人滑倒,并起到保护踏步阳角的作用。在人流量较大的楼梯中均应设置。其设置位置靠近踏步阳角处。常用的防滑条材料有:水泥铁屑、金刚砂、金属条(铸铁、铝条、铜条)、陶瓷锦砖及带防滑条缸砖等,如图 6-26 所示。需要注意的是,防滑条应突出踏步面 2~3 mm,但不能太高,实际工程中常见做得太高,反而使行走不便。

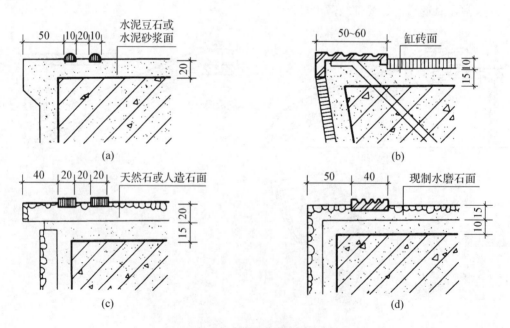

图 6-26 踏步面层及防滑处理(mm)

(a) 金刚砂防滑条;(b) 铸铁防滑条;(c) 陶瓷锦砖防滑条;(d) 有色金属防滑条

6.3.2 栏杆与扶手构造

1) 栏杆形式与构造

栏杆形式可分为空花式、栏板式、混合式等类型,须根据材料、经济、装修标准和使用对象的不同进行合理地选择和设计。

(1) 空花式

空花式楼梯栏杆以栏杆竖杆作为主要受力构件,一般常采用钢材制作,有时也采用木材、铝合金型材、铜材或不锈钢材等制作。这种类型的栏杆具有重量轻、空透轻巧的特点,是楼梯栏杆的主要形式。一般用于室内楼梯。

图 6-27 为空花式栏杆示例。在构造设计中应保证其竖杆具有足够的承载力以抵抗侧向冲击力,最好将竖杆与水平杆及斜杆连为一体共同工作。其杆件形成的空花尺寸不宜过大,以避免不安全感,特别是供少年儿童使用的楼梯尤应注意。当竖杆间距较密时,其杆件断面可小一些,反之则可大一些。常用的钢竖杆断面为圆形和方形,并分为实心和空心两种。实心竖杆断面尺寸圆形一般为 $\phi 16 \sim \phi 30$,方形为 20 mm×20 mm～30 mm×30 mm。

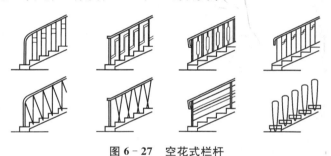

图 6-27 空花式栏杆

(2) 栏板式

栏板式取消了杆件,免去了空花式栏杆的不安全因素,无锈蚀问题,但栏板构件应与主体结构连接可靠,能承受侧向推力。栏板材料常采用钢丝网(或钢板网)水泥抹灰栏板、钢筋混凝土栏板等,常用于室外楼梯,如图 6-28 所示。

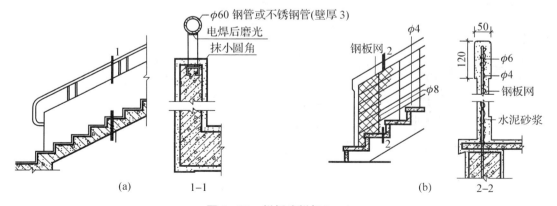

图 6-28 栏板式栏杆(mm)

(a) 钢筋混凝土栏板;(b) 钢板网水泥栏板

钢丝网(或钢板网)水泥抹灰栏板以钢筋作为主骨架,然后在其间绑扎钢丝网或钢板网,用高强度等级水泥砂浆双面抹灰。这种做法需注意钢筋骨架与梯段构件应可靠连接。

钢筋混凝土栏板与钢丝网水泥栏板类似,多采用现浇处理,比前者牢固、安全、耐久,但栏板厚度以及造价和自重增大。栏板厚度太大会影响梯段有效宽度,并增加自重。

(3) 混合式

混合式是指空花式和栏板式两种栏杆形式的组合,栏杆竖杆作为主要抗侧力构件,栏板则作为防护和美观装饰构件,其栏杆竖杆常采用钢材或不锈钢等材料,其栏板部分常采用强度较高的轻质美观材料制作,如木板、塑料贴面板、铝板、有机玻璃板或刚化玻璃板等(图6-29)。

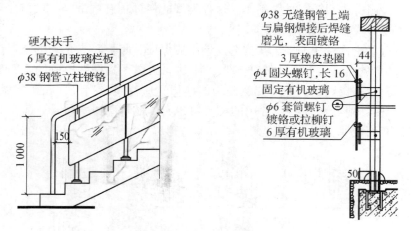

图6-29 混合式栏杆(mm)

2) 扶手形式

楼梯扶手常用木材、塑料、金属管材(钢管、铝合金管、铜管和不锈钢管等)制作。木扶手和塑料扶手具有手感舒适,断面形式多样的优点,使用最为广泛。木扶手常采用硬木制作。塑料扶手可选用生产厂家定型产品,也可另行设计加工制作。金属管材扶手由于其可弯性,常用于螺旋形、弧形楼梯扶手,但其断面形式单一。钢管扶手表面涂层易脱落,铝管、铜管和不锈钢管扶手则造价高,使用受限。

扶手断面形式和尺寸的选择既要考虑人体尺度和使用要求,又要考虑与楼梯的尺度关系和加工制作可能性。图6-30为几种常见扶手断面形式与尺度。

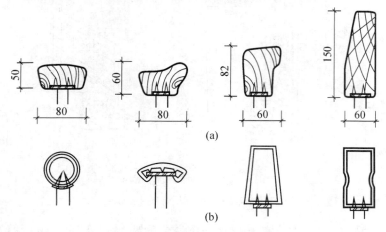

图6-30 常见扶手断面形式与尺度(mm)

(a) 木扶手;(b) 塑料扶手

3）栏杆扶手连接构造

(1) 栏杆与扶手连接

空花式和混合式栏杆当采用木材或塑料扶手时，一般在栏杆竖杆顶部设通长扁钢与扶手底面或侧面槽口榫接，用木螺钉固定，如图6-30所示。金属管材扶手与栏杆竖杆连接一般采用焊接或铆接，采用焊接时需注意扶手与栏杆竖杆用材一致。

(2) 栏杆与梯段、平台连接

栏杆竖杆与梯段、平台的连接一般在梯段和平台上预埋钢板焊接或预留孔插接。为了保护栏杆免受锈蚀和增强美观，常在竖杆下部装设套环，覆盖住栏杆与梯段或平台的接头处，如图6-31所示。

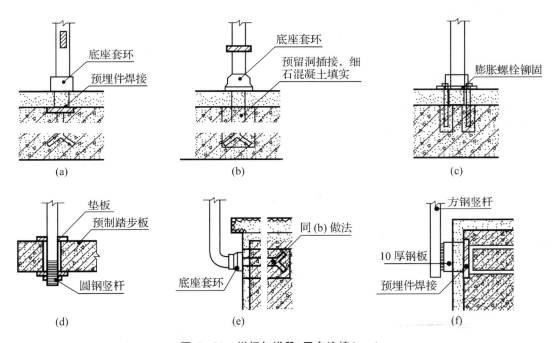

图 6-31 栏杆与梯段、平台连接(mm)

(3) 扶手与墙面连接

当直接在墙上装设扶手时，扶手应与墙面保持100 mm左右的距离。一般在砖墙上留洞，将扶手连接杆件伸入洞内，用细石混凝土嵌固，如图6-32(a)所示。当扶手与钢筋混凝土墙或柱连接时，一般采取预埋钢板焊接，如图6-32(b)所示。在栏杆扶手结束处与墙、柱面相交，也应有可靠连接，如图6-32(c)、(d)所示。

(4) 楼梯起步和梯段转折处栏杆扶手处理

在底层第一跑梯段起步处，为增强栏杆刚度和美观，可以对第一级踏步和栏杆扶手进行特殊处理，如图6-33所示。

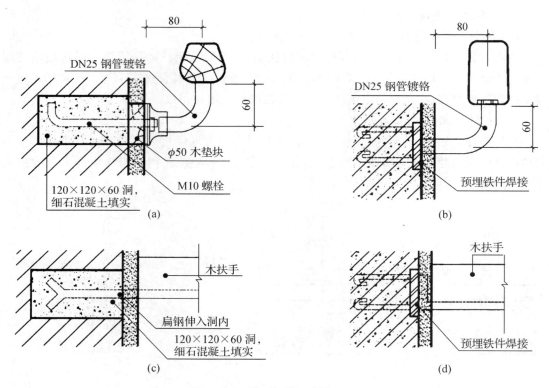

图 6-32 扶手与墙面连接（mm）

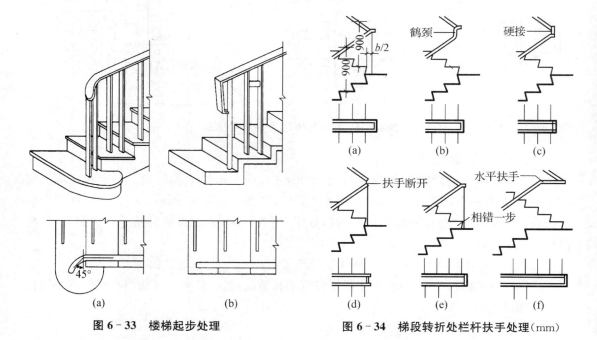

图 6-33 楼梯起步处理　　　图 6-34 梯段转折处栏杆扶手处理（mm）

在梯段转折处，由于梯段间的高差关系，为了保持栏杆高度一致和扶手的连续，需根据不同情况进行处理。如图 6-34 所示，当上下梯段齐步时，上下扶手在转折处同时向平台延伸半步，使两扶手高度相等，连接自然，但这样做缩小了平台的有效深度；如扶手在转折处不伸入平台,下跑梯段扶手在转折处需上弯形成鹤颈扶手;因鹤颈扶手制作较麻烦,也可改用直线转折的硬接方式。当上下梯段错一步时,扶手在转折处不需向平台延伸即可自然连接。当长短跑梯段错开几步时,将出现一段水平栏杆。

6.4 室外台阶与坡道

室外台阶与坡道是建筑出入口处室内外高差之间的交通联系部件。由于其位置明显,人流量大,并需考虑无障碍设计,又处于半露天位置,特别是当室内外高差较大或基层土质较差时,须慎重处理。

6.4.1 台阶尺度

台阶处于室外,踏步宽度应比楼梯大一些,使坡度平缓,以提高行走舒适度。其踏步高(h)一般在 100~150 mm 左右,踏步宽(b)在 300~400 mm 左右,步数根据室内外高差确定。在台阶与建筑出入口大门之间,常设一缓冲平台,作为室内外空间的过渡。平台深度一般不应小于 1 000 mm,平台需做 3%左右的排水坡度,以利雨水排除,如图 6-35 所示。考虑有无障碍设计坡道时,出入口平台深度不应小于 1 500 mm。平台处铁箅子空格尺寸不大于 20 mm。

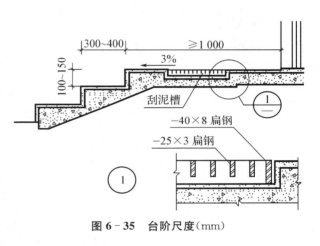

图 6-35　台阶尺度(mm)

6.4.2 台阶面层

由于台阶位于易受雨水侵蚀的环境之中,需慎重考虑防滑和抗风化问题。其面层材料应选择防滑和耐久的材料,如水泥石屑、斩假石(剁斧石)、天然石材、防滑地面砖等。对于人流量大的建筑的台阶,还宜在台阶平台处设刮泥槽。需注意刮泥槽的刮齿应垂直于人流方向,如图 6-35 所示。

6.4.3 台阶垫层

步数较少的台阶,其垫层做法与地面垫层做法类似。一般采用素土夯实后按台阶形状尺寸做 C15 混凝土垫层或砖石垫层。标准较高的或地基土质较差的还可在垫层下加铺一层碎砖或碎石层。

对于步数较多或地基土质差的台阶,可根据情况架空成钢筋混凝土台阶,以避免过多填土或产生不均匀沉降。

严寒地区的台阶还需考虑地基土冻胀因素,可用含水率低的砂石垫层换土至冰冻线以下。图 6-36 为几种台阶做法示例。

图 6-37 为上海游泳馆折行双跑楼梯构造实例;图 6-38 为北京某使馆圆弧形楼梯构造实例;图 6-39 为上海游泳馆陆上训练房螺旋形楼梯构造实例。

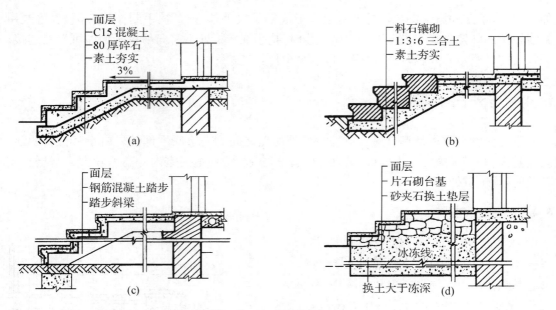

图 6-36 台阶构造示例(mm)

(a) 混凝土台阶;(b) 石砌台阶;(c) 钢筋混凝土架空台阶;(d) 换土地基台阶

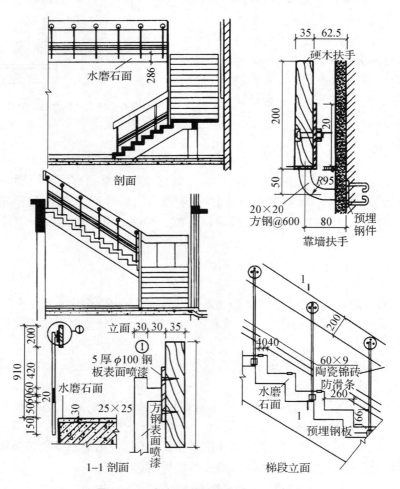

图 6-37 折行双跑楼梯构造实例(mm)

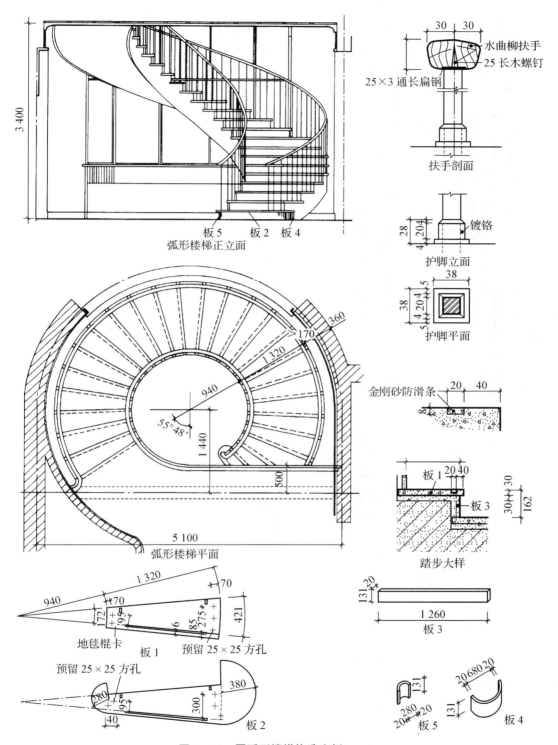

图 6-38 圆弧形楼梯构造实例(mm)

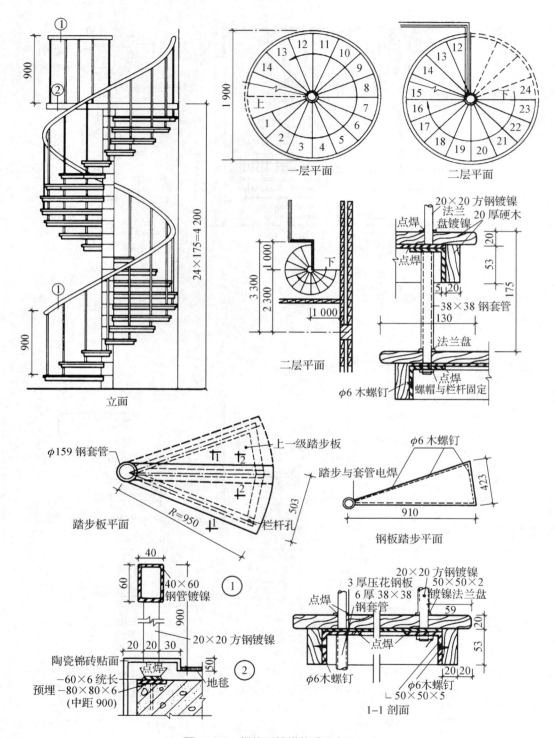

图 6-39 螺旋形楼梯构造实例(mm)

6.4.4 坡道

在需要进行无障碍设计的建筑物的出入口内外,应留有不小于 1 500 mm×1 500 mm 平坦的轮椅回转面积。室内外的高差处理除用台阶连接外,还应采用坡道连接。坡道的形式如图 6-40 所示。

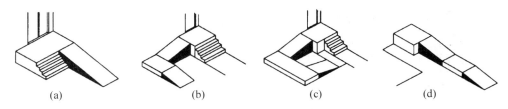

图 6-40 坡道的形式
(a) 一字形坡道;(b) L 形坡道;(c) U 字形坡道;(d) 一字形多段式坡道

1) 坡道尺度

建筑物出入口的坡道宽度不应小于 1 200 mm,坡度不宜大于 1/12,当坡度为 1/12 时,每段坡道的高度不应大于 750 mm,水平投影长度不应大于 9 000 mm。坡道的坡度、坡段高度和水平长度的最大容许值见表 6-2。当长度超过时需在坡道中部设休息平台,休息平台的深度不小于 1 500 mm,如图 6-41 所示,在坡道的起转弯时起点和终点处应留有深度不小于 1 500 mm 的轮椅缓冲区。

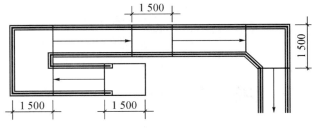

图 6-41 坡道休息平台的最小深度(mm)

2) 坡道扶手

坡道两侧宜在 900 mm 高度处和 650 mm 高度处设上下层扶手,扶手应安装牢固,能承受身体重量,扶手的形状要易于抓握。两段坡道之间的扶手应保持连贯性。坡道起点和终点处的扶手,应水平延伸 300 mm 以上。坡道侧面凌空时,在栏杆下端宜设高度不小于 50 mm 的安全挡台(图 6-42)。

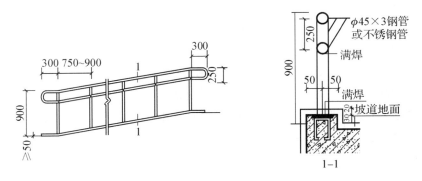

图 6-42 坡道扶手(mm)

表 6-2　每段坡道的坡度、坡段高度和水平长度的最大容许值(mm)

坡　度	1/20	1/16	1/12	1/10	1/8	1/6
坡段最大高度	1 500	1 000	750	600	350	200
坡段水平长度	30 000	16 000	9 000	6 000	2 800	1 200

3) 坡道地面

坡道地面应平整，面层宜选用防滑及不易松动的材料，构造做法如图 6-43 所示。

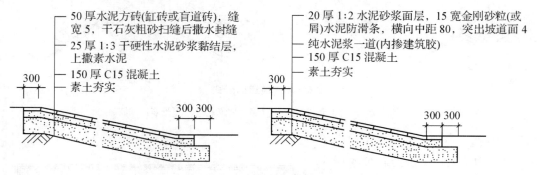

图 6-43　坡道地面构造做法(mm)

6.5　电梯与自动扶梯

6.5.1　电梯

1) 电梯的类型

(1) 按使用性质分类

①客梯，主要用于人们在建筑物中上下楼层的联系。

②货梯，主要用于运送货物及设备。

③消防电梯，主要用于在发生火灾、爆炸等紧急情况下消防人员紧急救援使用。

(2) 按电梯行驶速度分类

①高速电梯，速度大于 2 m/s，目前最高速度达到 9 m/s 以上。

②中速电梯，速度在 1.5~2 m/s 之间。

③低速电梯，速度在 1.5 m/s 以内。

为缩短电梯等候时间，提高运送能力，需选用恰当的速度。速度选用一般随建筑层数增加和人流量增加而提高，以满足在期望的时间段内运送期望的人流量。低速电梯一般用于速度要求不高的客梯或货梯；中速电梯一般用于层数不多人流量不大的建筑中的客梯或货梯；高速电梯一般用于层数多人流量大的建筑中。消防电梯常用高速电梯，并要求在 1 min 内从建筑底层到达顶层。

(3) 其他分类

有按单台、双台分；按交流电梯、直流电梯分；按轿厢容量分；按升降驱动方式分；按电梯门开启方向分等。

(4) 观光电梯

观光电梯是把竖向交通工具和登高流动观景相结合的电梯。电梯从封闭的井道中解脱出来,透明的轿厢使电梯内外景观视线相互流通。

2) 电梯的组成

电梯由下列几部分组成:

(1) 电梯井道

不同性质的电梯,其井道根据需要有各种井道尺寸,以配合不同的电梯轿厢。井道壁多为钢筋混凝土井壁或框架填充墙井壁。

(2) 电梯机房

机房和井道的平面相对位置允许机房任意向一个或两个相邻方向伸出,并满足机房有关设备安装的要求。

(3) 井道地坑

井道地坑在最底层平面标高下大于或等于1.3 m,作为轿厢下降时所需的缓冲器的安装空间。

(4) 组成电梯的有关部件

①轿厢,是直接载人、运货的厢体。

②井壁导轨和导轨支架,是支承、固定轿厢上下升降的轨道。

③牵引轮及其钢支架、钢丝绳、平衡锤、轿厢开关门、检修起重吊钩等。

④有关电器部件。交流、直流电动机、控制柜、继电器、选层器、动力照明、电源开关、厅外层数指示灯和厅外上下召唤盒开关等。

3) 电梯与建筑物相关部位构造

(1) 电梯井道

每个电梯井道平面净空尺寸需根据选用的电梯型号要求决定,一般为(1 800~2 500)mm×(2 100~2 600)mm。电梯安装导轨支架分预留孔插入式和预埋铁焊接式,井道壁为钢筋混凝土时,应预留150 mm×150 mm×150 mm孔洞,垂直中距2 m,以便安装支架。井道壁为框架填充墙时,框架(圈梁)上应预埋铁板,铁板后面的焊件与梁中钢筋焊牢。每层中间加圈梁一道,并需设置预埋铁板。当电梯为两台并列时,中间可不用隔墙而按一定的间隔放置钢筋混凝土梁或型钢过梁,以便安装支架。电梯构造组成如图6-44所示。

(2) 梯井道底坑

井道底坑深度一般在电梯最底层平面标高下1 300~2 000 mm左右,作为轿厢下降到最底层时所需的缓冲器空间。底坑需注意防潮防水,消防电梯的井道底坑还需设置排水装置。

(3) 电梯机房

电梯机房除特殊需要设在井道下部外,一般均设在井道顶板之上。机房平面净空尺寸变化幅度很大,为(1 600~6 000)mm×(3 200~5 200)mm,需根据选用的电梯型号要求决定。电梯机房中电梯井道的顶板面需根据电梯型号的不同,高于顶层楼面4 000~4 800 mm左右。这一要求高度因一般与顶层层高不吻合,故通常需使井道顶板部分高于屋面或整个机房地面高于屋面。井道顶板上空至机房顶棚尚需留不低于2 000 mm的空间高度。通向机房的通道和楼梯宽度不小于1.2 m,楼梯坡度不大于45°。机房楼板应平坦整洁,机房楼板和机房顶板应满足电梯所要求的荷载。机房需有良好的通风、隔热、防寒、防尘、减噪措施。

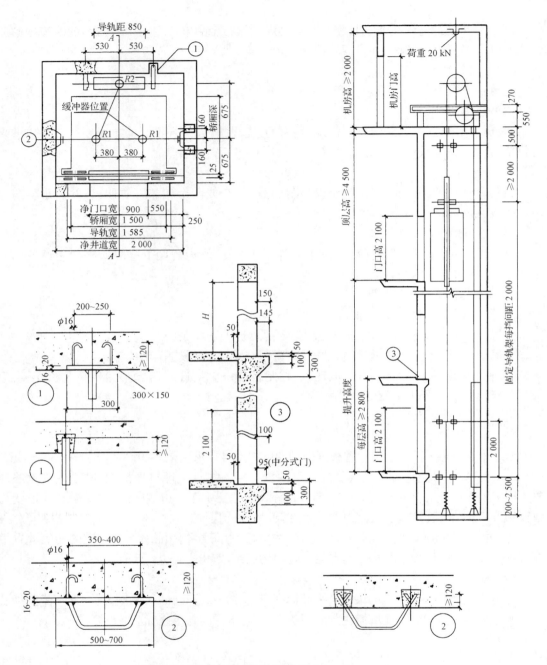

图 6-44 电梯构造组成(mm)

6.5.2 自动扶梯

自动扶梯是通过机械传动,在一定方向上能大量连续输送人流的装置。其运行原理,是采取机电系统技术,由电机、变速器以及安全制动器所组成的推动单元拖动两条环链,而每级踏板都与环链连接,通过轧轮的滚动,踏板便沿主构架中的轨道循环地运转,而在踏板上面的扶手带以相应速度与踏板同步运转(图 6-45)。

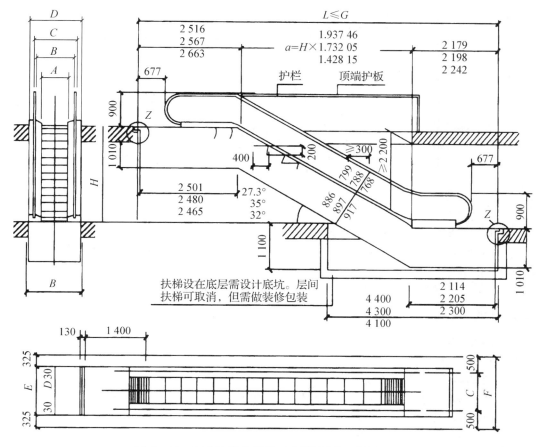

图 6-45 自动扶梯的平面、立面及剖面示意图(mm)

自动扶梯可用于室内或室外。用于室内时,运输垂直高度最低 3 m,最高可达 11 m 左右;用于室外时,运输垂直高度最低 3.5 m,最高可达 60 m 左右。自动扶梯倾角有 27.3°、30°、35°几种角度。常用 30°角度。速度一般为 0.45～0.75 m/s。常用速度为 0.5 m/s。可正向逆向运行。自动扶梯的宽度一般有 600、800、1 000、1 200 mm 几种,理论载客量为 4 000～10 000 人次/h。

自动扶梯作为整体性设备与土建配合需注意其上下端支承点在楼盖处的平面空间尺寸关系;注意楼层梁板与梯段上人流通行安全的关系;还需满足支承点的荷载要求;自动扶梯使上下楼层空间连续为一体,当防火分区面积超过规范限定时,需进行特殊处理。

能力训练

教学楼楼梯设计

设计目的:掌握楼梯各部件的构造要求,能够进行楼梯的简单构造设计,并绘制楼梯的建筑设计图。

设计条件与要求:楼梯间尺寸如图 6-46 所示,墙厚 200 mm,层高为 3 600 mm,共三层。

设计现浇钢筋混凝土双跑板式楼梯,踏步高为 150 mm,梯板与平台板厚 100 mm,平台梁截面为高 350 mm,宽 200 mm。完善楼梯间底层平面图,画出楼梯间二层、三层平面图和楼梯纵向剖面图(1—1),比例均为 1:60,并反映楼梯栏杆的设置情况。绘制平台梁节点、踏步装饰节点、栏杆固定节点的大样图,比例为 1:10。书写相应的楼梯设计说明。

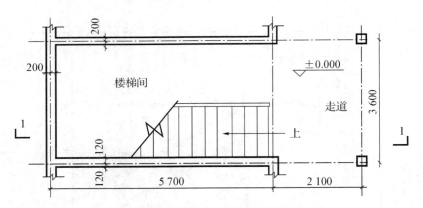

图 6-46 楼梯间底层平面图(mm)

设计步骤:①根据设计条件和要求,进行楼梯的步宽、步数、平台标高计算。②根据计算结果绘制楼梯的平面与纵剖面图。③设计相应的栏杆。④设计所要求的节点大样。⑤书写相应的设计说明。⑥书写图纸的标题。

注意事项:①线型与图例使用正确。②文字与数字的标注应与相应制图规范一致。

复习思考题

1. 楼梯由哪些部分所组成?各组成部分的作用及要求?
2. 常见的楼梯形式和使用范围。
3. 确定梯段和平台宽度的依据。
4. 楼梯坡度如何确定?踏步高与踏步宽和行人步距的关系。
5. 楼梯间的开间、进深应如何确定?
6. 当底层平台下作出入口时,为保证净高,常采取哪些措施?
7. 钢筋混凝土楼梯常见的结构形式和特点。
8. 预制装配式楼梯的构造形式。
9. 楼梯扶手、栏杆与踏步的构造如何?
10. 台阶与坡道的构造要求。
11. 电梯、自动扶梯的构造设计特点及要求。

7 屋顶构造

7.1 屋顶的形式与设计要求

屋顶是房屋最上部的围护结构,应满足相应的使用功能要求,为建筑提供适宜的内部空间环境。屋顶也是房屋顶部的承重结构,受到材料、结构、施工条件等因素的制约。屋顶又是建筑体量的一部分,其形式对建筑物的造型有很大影响,因而设计中还应注意屋顶的美观问题。在满足其他设计要求的同时,力求创造出适合各种类型建筑的屋顶。

7.1.1 屋顶的形式

屋顶由支承构件、屋面构件和顶棚等组成。屋顶按所使用的材料,可分为钢筋混凝土屋顶、瓦屋顶、金属屋顶、玻璃屋顶等;按屋顶的外形和结构形式,又可以分为平屋顶、坡屋顶、悬索屋顶、薄壳屋顶、拱屋顶、折板屋顶、金属网架屋顶等。

1) 平屋顶

大量性民用建筑一般采用混合结构或框架结构,结构空间与建筑空间多为矩形,这种情况下采用与楼盖基本类同的屋顶结构,就形成平屋顶。平屋顶易于协调统一建筑与结构的关系,较为经济合理,因而是广泛采用的一种屋顶形式,如图7-1所示。

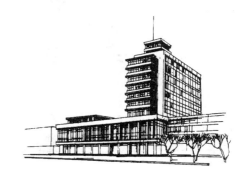

图 7-1 平屋顶

平屋顶既是承重构件,又是围护结构。为满足多方面的功能要求,屋顶构造具有多种材料叠合、多层次做法的特点。

平屋顶也应有一定的排水坡度,平屋顶的排水坡度一般在 2%～5%。

2) 坡屋顶

坡屋顶是我国的传统屋顶形式,广泛应用于民居等建筑。现代的某些公共建筑考虑景观环境或建筑风格的要求也常采用坡屋顶。

坡屋顶的常见形式有:单坡、双坡屋顶,硬山及悬山屋顶,四坡歇山及庑殿屋顶,圆形或多角形攒尖屋顶等,如图7-2所示。

坡屋顶的屋面防水材料多为瓦材,坡度一般为20°～30°。其受力较平屋顶复杂。坡屋顶的结构应满足建筑形式的要求。

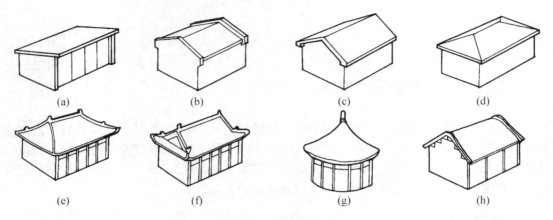

图7-2 坡屋顶

(a) 单坡;(b) 硬山;(c) 悬山;(d) 四坡;(e) 庑殿;(f) 歇山;(g) 攒尖;(h) 卷棚

3) 其他形式的屋顶

民用建筑通常采用平屋顶或坡屋顶,有时也采用曲面或折面等其他形状特殊的屋顶,如拱屋顶、折板屋顶、薄壳屋顶、桁架屋顶、悬索屋顶、网架屋顶等,如图7-3所示。

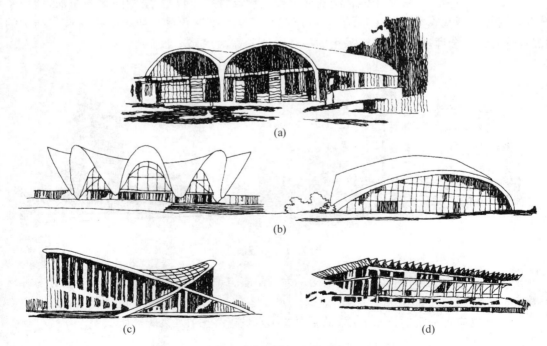

图7-3 其他形式的屋顶

(a) 拱屋顶;(b) 薄壳屋顶;(c) 悬索屋顶;(d) 折板屋顶

这些屋顶的结构形式独特,其传力系统、材料性能、施工及结构技术等都有一系列的理论和规范,再通过结构设计形成结构覆盖空间。建筑设计应在此基础上进行艺术处理,以创造出新型的建筑形式。

7.1.2 屋顶的设计要求

1) 防水要求

作为围护结构,屋顶最基本的功能是防止渗漏,因而屋顶构造设计的主要任务就是解决防水问题。一般通过采用不透水的屋面材料及合理的构造处理来达到防水的目的,同时也需根据情况采取适当的排水措施,将屋面积水迅速排掉,以减少渗漏的可能。因而,一般屋面都需做一定的排水坡度。

屋顶的防水是一项综合性技术,它涉及建筑及结构的形式、防水材料、屋顶坡度、屋面构造处理等问题,需综合加以考虑。设计中应遵循"合理设防、防排结合、因地制宜、综合治理"的原则。

我国现行的《屋面工程技术规范》(GB 50345—2014)根据建筑物的性质、重要程度、使用功能要求及防水耐久年限等,将屋面防水划分为 4 个等级,各等级均有不同的设防要求(表 7-1)。

表 7-1 屋面防水等级和设防要求

项目	屋面防水等级			
	Ⅰ	Ⅱ	Ⅲ	Ⅳ
建筑物类别	特别重要或对防水有特殊要求的建筑	重要的建筑和高层建筑	一般的建筑	非永久性的建筑
防水层合理使用年限(年)	25	15	10	5
设防要求	三道或三道以上防水设防	两道防水设防	一道防水设防	一道防水设防
防水层选用材料	宜选用合成高分子防水卷材、高聚物改性沥青防水卷材、合成高分子防水涂料、细石混凝土等材料	宜选用高聚物改性沥青防水卷材、合成高分子防水卷材、合成高分子防水涂料、高聚物改性沥青防水涂料、细石混凝土、平瓦、油毡瓦等材料	应选用三毡四油沥青防水卷材、高聚物改性沥青防水卷材、金属板材、合成高分子防水涂料、高聚物改性沥青防水涂料、细石混凝土、平瓦、油毡瓦等材料	可选用二毡三油沥青防水卷材、高聚物改性沥青防水涂料等材料

注:1. 本表中采用的沥青均为石油沥青,不包括煤沥青和煤焦油等材料。
2. 石油沥青低胎油毡和沥青复合胎柔性防水卷材,系限制使用材料。
3. 在Ⅰ、Ⅱ级屋面防水设防中,如仅做一道金属板材时,应符合有关技术规定。

2) 保温隔热要求

屋顶的另一功能是保温隔热。

在寒冷地区的冬季,室内一般都需要采暖,屋顶应有良好的保温性能,以保持室内温度。否则不仅浪费能源,还可能产生室内表面结露或内部受潮等一系列问题。

南方炎热地区的气候属于湿热型气候,夏季气温高、湿度大、天气闷热。如果屋顶的隔热性能不好,在强烈的太阳辐射和气温作用下,大量的热量就会通过屋顶传入室内,影响人们的工作和休息。

在处于严寒与炎热地区之间的中间地带,对高标准建筑也需做保温或隔热处理。

对于有空调的建筑来说,为保持其室内气温的稳定,减少空调设备的投资和经常维持费用,要求其外维护结构具有良好的热工性能。

屋顶的保温,通常是采用导热系数小的材料,阻止室内热量由屋顶流向室外。屋顶的隔热则通常靠设置通风间层,利用风压及热压差带走一部分辐射热;或采用隔热性能好的材料,减少由屋顶传入室内的热量来达到目的。

3) 结构要求

屋顶要承受风、雨、雪等荷载及其自重。如果是上人的屋顶,和楼板一样,还要承受人和家具等活荷载。屋顶将这些荷载传递给墙柱等构件,与它们共同构成建筑的受力骨架,因而屋顶也是承重构件,应有足够的承载力和刚度,以保证房屋的结构安全;从防水的角度考虑,也不允许屋顶受力后有过大的结构变形,否则易使防水层开裂,造成屋面渗漏。

4) 建筑艺术要求

屋顶是建筑外部形体的重要组成部分。其形式对建筑物的性格特征具有很大的影响。屋顶设计还应满足建筑艺术的要求。

中国古典建筑的坡屋顶造型优美,具有浓郁的民族风格,如图7-4所示。如天安门城楼采用重檐歇山屋顶和金黄色的琉璃瓦屋面,使建筑物显得灿烂辉煌。新中国成立后,我国修建的不少著名建筑,也采用了中国古建筑屋顶的某些手法,取得了良好的建筑艺术效果。如北京民族文化宫塔楼为四角重攒尖屋顶,配以孔雀蓝琉璃瓦屋面,其民族特色分外鲜明。又如毛主席纪念堂虽采用的是平屋顶,但在檐口部分采用了两圈金黄色琉璃瓦,就与天安门广场上的建筑群取得了协调统一。国外也有很多著名建筑,由于重视了屋顶的建筑艺术处理而使建筑各具特色。

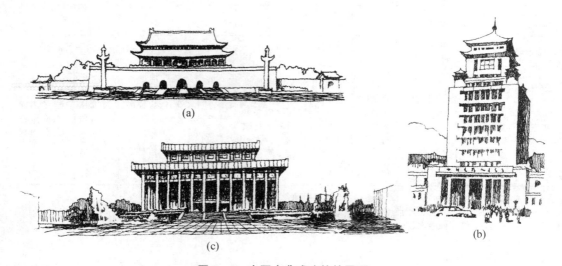

图 7-4 中国古典式建筑的屋顶

(a) 天安门;(b) 北京民族文化宫;(c) 毛主席纪念堂

5) 其他要求

除了上述方面的要求外,社会的进步及建筑科技的发展还对建筑的屋顶提出了更高的要求。

例如,随着生活水平的提高,人们要求其工作和居住的建筑空间与自然环境更多地取得协调,改善生态环境。这就提出了利用建筑的屋顶开辟园林绿化空间的要求。国内外的一些建筑如美国的华盛顿水门饭店、香港葵芳花园住宅、广州东方宾馆、北京长城饭店等,利用屋顶或天台铺筑屋顶花园,不仅拓展了建筑的使用空间,美化了屋顶环境,也改善了屋顶的保温隔热性能,取得了很好的综合效益。

再如现代超高层建筑出于消防扑救和疏散的需要,要求屋顶设置直升飞机停机坪等设施;某些有幕墙的建筑要求在屋顶设置擦窗机轨道;某些"节能型"建筑要求利用屋顶安装太阳能集热器等。

屋顶设计时应对这些多方面的要求加以考查研究,协调好与屋顶基本要求之间的关系,以期最大限度地发挥屋顶的综合效益。

7.2 屋顶的排水

7.2.1 排水坡度

1) 排水坡度的表示方法

(1) 角度法

角度法用屋面与水平面的夹角表示屋面的坡度,如图 7-5(a)所示。通常用于坡屋顶。表示方法为:$\alpha=26°$、$30°$等。

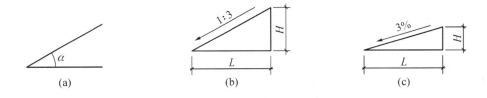

图 7-5 坡度表示方法

(a) 角度法;(b) 斜率法;(c) 百分比法

(2) 斜率法

斜率法用屋顶高度与坡面的水平长度之比表示屋面的排水坡度,即 $H:L$,如 1:3、1:20、1:50 等。斜率法可用于坡屋顶也可用于平屋顶,如图 7-5(b)所示。

(3) 百分比法

百分比法用屋顶的高度与坡面水平投影长度的百分比来表示排水坡度,如 $i=1\%$、$i=2\%$、$i=3\%$ 等,主要用于平屋顶,如图 7-5(c)所示。

2) 影响屋面排水坡度大小的因素

(1) 防水材料尺寸大小的影响

防水材料的尺寸小,接缝必然较多,容易产生缝隙渗漏,因而屋面应有较大的排水坡度,以便将屋面积水迅速排除。坡屋顶的防水材料多为瓦材,如小青瓦、平瓦、琉璃筒瓦等,覆盖面积较小,应采用较大的坡度,一般为 1:2~1:3。如果防水材料的覆盖面积大,接缝少而且严密,使防水层形成一个封闭的整体,屋面的坡度就可以小一些。平屋顶的防水材料多为卷材或现浇混凝土等,其屋面坡度一般为 2%~3%即可。

各种屋面防水材料的常见坡度如图7-6所示。

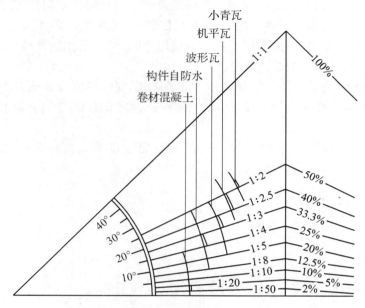

图7-6 各种屋面防水材料的常见坡度

(2) 年降雨量的影响

降雨量的大小对屋面防水的影响很大。降雨量大,屋面渗漏的可能性较大,屋面坡度就应适当加大。我国南方地区年降雨量较大,北方地区年降雨量较小,因而在屋面防水材料相同时,一般南方地区屋面坡度比北方地区大。

(3) 其他因素的影响

其他一些因素也可能影响屋面坡度的大小,如屋面排水的路线较长,屋顶有上人活动的要求,屋顶蓄水等,屋面的坡度可适当小一些,反之则可以取较大的排水坡度。

3) 屋面排水坡度的形成

形成屋面排水坡度应考虑以下因素:建筑构造做法合理,满足房屋室内外空间的视觉要求,不过多增加屋面荷载,结构经济合理,施工方便等。

(1) 材料找坡

将屋面板水平搁置,其上用轻质材料垫置起坡,这种方法叫做材料找坡。常见的找坡材料有水泥焦砟、石灰炉渣等。由于找坡材料的强度和平整度往往均较低,应在其上加设水泥砂浆找平层。采用材料找坡的房屋,室内可获得水平的顶棚面,但找坡层会加大结构荷载,当房屋跨度较大时尤为明显。材料找坡适用于跨度不大的平屋顶,坡度宜为2%,如图7-7所示。

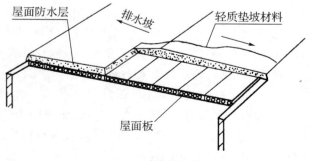

图7-7 材料找坡

(2) 结构找坡

将平屋顶的屋面板倾斜搁置,形成所需的排水坡度,不在屋面上另加找坡材料,这种方法叫做结构找坡,如图 7-8 所示。结构找坡省工省料,构造简单,不足之处是室内顶棚呈倾斜状。结构找坡适用于室内美观要求不高或设有吊顶的房屋。单坡跨度大于 9 m 的屋顶宜做结构找坡,且坡度不应小于 3%。坡屋顶也是结构找坡,由屋架形成排水坡度。

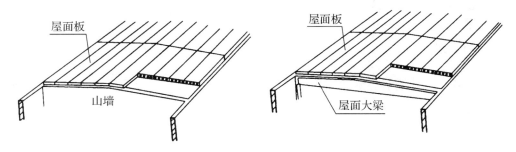

图 7-8 结构找坡

7.2.2 屋顶排水方式

屋顶排水方式分为无组织排水和有组织排水两类。

1) 无组织排水

无组织排水又称自由落水,意指屋面雨水自由地从檐口落至室外地面。自由落水构造简单,造价低廉,缺点是自由下落的雨水会溅湿墙面。这种方法适用于三层及三层以下或檐高不大于 10 m 的中、小型建筑物或少雨地区建筑,标准较高的低层建筑或临街建筑都不宜采用。常见的无组织排水如图 7-9 所示。

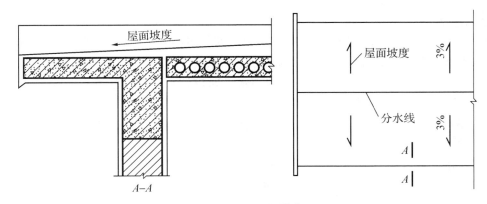

图 7-9 无组织排水

2) 有组织排水

有组织排水是通过排水系统,将屋面积水有组织地排至地面。即把屋面划分成若干排水区,使雨水有组织地排到檐沟中,经过水落口排至水落斗,再经水落管排到室外,最后排往城市地下排水管网系统,如图 7-10 所示。

有组织排水又可分为内排水和外排水两种方式。内排水的水落管设于室内,构造复杂,极易渗漏,维修不便,常用于多跨或高层屋顶,一般建筑则应尽量采用有组织外排水方式。

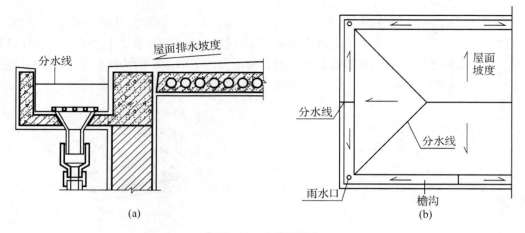

图 7-10 有组织排水

有组织排水方式的采用与降雨量大小及房屋的高度有关。在年降雨量大于 900 mm 的地区,当檐口高度大于 8 m 时;或年降雨量小于 900 mm 的地区,檐口高度大于 10 m 时,应采用有组织排水。

有组织排水广泛应用于多层及高层建筑,高标准低层建筑、临街建筑及严寒地区的建筑也应采用有组织排水方式。

采用有组织排水方式时,应使屋面流水线路短捷,檐沟或天沟流水通畅,雨水口的负荷适当且布置均匀。对排水系统还有如下要求:

(1) 屋面流水线路不宜过长,因而屋面宽度较小时可做成单坡排水;如屋面宽度较大,例如 12 m 以上时宜采用双坡排水。

(2) 水落口负荷按每个水落口排除 150~200 m^2 屋面集水面积的雨水量估算,且应符合《建筑给水排水设计规范》(GB 50015—2003) 的有关规定。当屋面有高差时,如高处屋面的集水面积小于 10 m^2,可将高处屋面的雨水直接排在低屋面上,但出水口处应采取防护措施;如高处屋面面积大于 100 m^2,高屋面则应自成排水系统。

(3) 檐沟或天沟应有纵向坡度,使沟内雨水迅速排到水落口。纵坡的坡度一般为 1%,用石灰炉渣等轻质材料垫置起坡。

(4) 檐沟净宽不小于 200 mm,分水线处最小深度大于 120 mm,沟底水落差不得超过 200 mm。

(5) 水落管的管径有 75、100、125 mm 等几种,一般屋顶雨水管内径不得小于 100 mm。管材有铸铁、石棉、水泥、塑料、陶瓷等。水落管安装时离墙面距离不小于 20 mm,管身用管箍卡牢,管箍的竖向间距不大于 1.2 m。

7.2.3 有组织排水常用方案

有组织排水通常采用檐沟外排水、女儿墙外排水及内排水方案。

1) 檐沟外排水

(1) 平屋顶挑檐沟外排水

这种方案通常采用钢筋混凝土檐沟,由于它是悬挑构件,为了防止倾覆,常采用下列方式固定:现浇式、预制搁置式、自重平衡式,如图 7-11 所示。

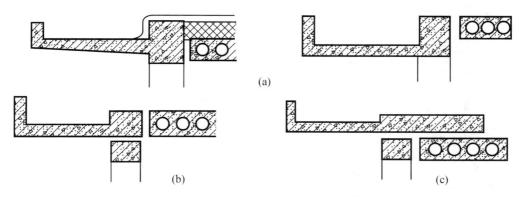

图 7-11 平屋顶挑檐沟外排水

(a) 现浇式;(b) 预制搁置式;(c) 自重平衡式

檐沟外排水是使屋面雨水直接流入挑檐沟内,再由沟内纵坡导入水落口。此种方案排水通畅,设计时檐沟的高度可视建筑体型而定。平屋顶挑檐沟外排水是一种常用的排水形式。

(2) 坡屋顶檐沟外排水

外排水檐沟悬挂在坡屋顶的挑檐处,如图 7-12 所示,可采用镀锌薄钢板或石棉水泥等轻质材料制作,水落管则仍可用铸铁、塑料、陶瓦、石棉水泥等材料。檐沟的纵坡一般由檐沟斜挂形成,不宜在沟内垫置材料起坡。

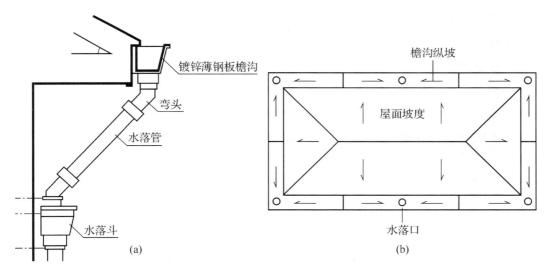

图 7-12 坡屋顶檐沟外排水

2) 女儿墙外排水

房屋周围的外墙高于屋面时即形成封檐,高于屋面的这段外墙又称作女儿墙。如将女儿墙与屋面交接处做出坡度为 1% 的纵坡,让雨水沿此纵坡流向弯管式水落口,再流入墙外的水落斗及水落管,即形成女儿墙外排水。这种方案的排水不如檐沟外排水通畅。

平屋顶女儿墙外排水方案施工较为简便,经济性较好,建筑体型简洁,是一种常用的形式,如图 7-13 所示。坡屋顶女儿墙外排水的内檐沟排水不畅,极易渗漏,宜慎用,如

图 7-14 所示。

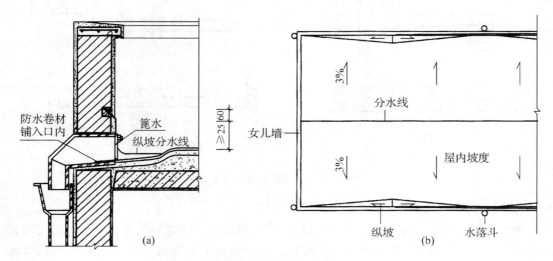

图 7-13 平屋顶女儿墙外排水（mm）

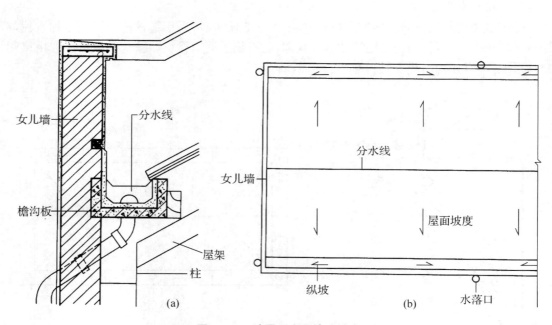

图 7-14 坡屋顶女儿墙外排水

3）内排水

内排水方案的屋面向内倾斜，坡度方向与外排水相反，如图 7-15 所示。屋面雨水汇集到中间天沟内，再沿天沟纵坡流向水落口，最后排入室内水落管，经室内地沟排往室外。内排水方案的水落管在室内接头甚多，易渗漏，多用于不宜采用外排水的建筑屋顶，如高层及多跨建筑等。

4）其他排水方案

上述几种排水方案是最基本的形式。在实践中还可根据需要派生出各种不同的排水形式,如蓄水屋面常用的檐沟女儿墙外排水方案,为使水落管隐蔽而做的外墙暗管排水或管道井暗管内排水等。

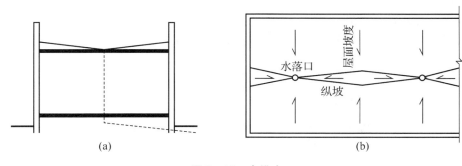

图 7-15 内排水

7.3 平屋顶构造

屋顶坡度小于 1∶10 者称为平屋顶。一般平屋顶的坡度在 2%~5% 之间。平屋顶的支承结构常用钢筋混凝土,大跨度常用钢结构屋架、平板网架。梁板结构布置灵活,较简单,适合各种形状和大小的平面。建筑外观简洁,坡度小,并可利用屋顶作为活动场地,例如作日光浴场、屋顶花园、体育活动或晾晒衣物等用。支承结构设计时要考虑能承受上述活动所增加的荷载。平屋顶坡度小,易产生渗漏现象,故对屋面排水与防水问题的处理更为重要。

7.3.1 平屋顶的组成与构造层次

平屋顶的基本组成除结构层外,根据功能要求还有防水层、保护层、保温层、隔气层。在结构层上常设找坡层,结构层下可设顶棚,见图 7-16。

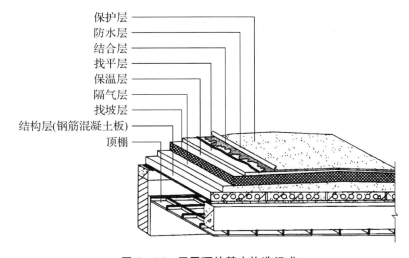

图 7-16 平屋顶的基本构造组成

1) 结构层

结构层设计应具有足够的承载力、刚度,多为钢筋混凝土屋面板,减少板的挠度和形变。

按施工方式不同有预制板和现浇板,因屋面要防水和防渗漏,要求接缝少,故常采用现浇式钢筋混凝土屋面板。

2)找坡层

平屋面的排水坡度分结构找坡和建筑找坡。结构找坡要求屋面结构按屋面坡度设置;建筑找坡(又称材料找坡)常利用屋面保温层铺设厚度的变化完成,保温层材料如1∶8水泥膨胀珍珠岩或1∶6水泥焦砟等。

3)防水层

平屋面防水层有柔性防水层与刚性防水层两类(图7-17)。

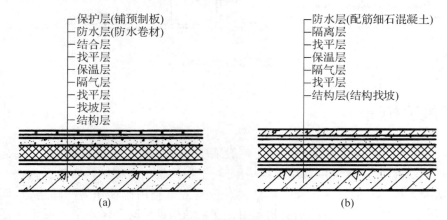

图 7-17 柔性与刚性防水屋面基本构造

(a)柔性防水平屋面;(b)刚性防水平屋面

(1)柔性防水层

柔性防水层是指采用有一定韧性的防水材料,隔绝雨水,防止雨水渗漏到屋面下层。由于柔性材料允许有一定变形,所以在屋面基层结构变形不大的条件下可以使用。

柔性防水层的材料主要有防水卷材和防水涂料两类。

①防水卷材

合成高分子防水卷材:以合成橡胶、合成树脂或它们两者的共混体为基料制成的卷材,如三元乙丙丁基橡胶防水卷材、聚氯乙烯防水卷材、氯化聚乙烯橡胶共混防水卷材等。合成高分子防水卷材属高档防水材料,其特点是低温柔性好,适应变形能力强,防水年限长(可达25~30年)。

高聚物改性沥青防水卷材:以纤维织物或纤维毡为胎基,以合成高分子聚合物改性沥青为涂盖层,以粉状、粒状、片状或薄膜材料为覆盖材料制成的卷材,如SBS改性沥青卷材、APP改性沥青卷材等。高聚物改性沥青防水卷材属中档防水材料,其特点是有较好的低温、柔性和延伸率,防水使用年限可达15年。

沥青防水卷材:用原纸、纤维织物、纤维毡等胎基材料浸涂沥青等制成的卷材,又称油毡。

②防水涂料

合成高分子防水涂料:以合成橡胶或合成树脂为主要成膜物质,配制成的单组分或多组分的防水涂料,如丙烯酸防水涂料。

高聚物改性沥青防水涂料:以沥青为基料,用合成高分子聚合物进行改性,配制成的水乳型或溶剂型防水涂料,如SBS改性沥青防水涂料。

(2) 刚性防水层

刚性防水层是采用密实混凝土现浇而成的防水层。刚性防水层的材料有:

①普通细石混凝土防水层:是指 C20 级普通细石混凝土,又称豆石混凝土。混凝土中可掺加膨胀剂或防水剂等,内配⌀6 中距 100~200 mm 钢筋网片。

②补偿收缩防水混凝土防水层:是在细石混凝土中加入膨胀剂,使之微膨胀,达到补偿混凝土收缩的目的,并使混凝土密实,提高混凝土的抗裂性和抗渗性。

③块体刚性防水层:是通过底层防水砂浆、块体(一般用砖块)和面层防水砂浆共同工作,发挥作用而防水的防水层。

④配筋钢纤维刚性防水层:做法同配筋刚性防水层,但混凝土内掺钢纤维,每立方米细石混凝土掺 50 kg 钢纤维。纤维直径 0.3 mm,长 30 mm。

4) 保温层

保温层的常用材料有:松散材料、板(块)状材料或现场整浇等三种。松散材料包括膨胀珍珠岩、膨胀蛭石等。板(块)状材料有加气混凝土块、沥青膨胀珍珠岩板、水泥聚苯板、聚苯乙烯泡沫塑料板、塑聚苯乙烯泡沫塑料板及硬质聚氨酯泡沫塑料等。现场整浇的材料有沥青膨胀珍珠岩(蛭石)和硬质聚氨酯泡沫塑料等。选用时应综合考虑材料来源、性能、经济等因素。

5) 找平层

找平层是为了使平屋面的基层平整,以保证防水层能平整,使排水顺畅,无积水。找平层的材料有水泥砂浆、细石混凝土或沥青砂浆(表 7-2)。找平层宜设分格缝,并嵌填密封材料。分格缝其纵横缝的最大间距:水泥砂浆或细石混凝土找平层,不宜大于 6 m;沥青砂浆找平层,不宜大于 4 m。

表 7-2 找平层厚度和技术要求

类 别	基层种类	厚度(mm)	技术要求
水泥砂浆找平层	整体混凝土	15~20	1:2.5~1:3(水泥:砂)体积比,水泥强度等级不低于 32.5
	整体或板状材料保温层	20~25	
	装配式混凝土板、松散材料保温层	20~30	
细石混凝土找平层	松散材料保温层	30~35	混凝土强度等级不低于 C20
沥青砂浆找平层	整体混凝土	15~20	质量比为 1:8(沥青:砂)
	装配式混凝土板、整体或板状材料保温层	20~25	

6) 结合层

基层处理剂是在找平层与防水层之间涂刷的一层黏结材料,以保证防水层与基层更好地结合,故又称结合层。增加基层与防水层之间的黏结力并堵塞基层的毛孔,以减少室内潮气渗透,避免防水层出现鼓泡。

7) 隔气层

防止室内的水蒸气渗透,进入保温层内,降低保温效果。采暖地区湿度大于 75%~80% 屋面应设置隔气层。隔气层的材料采用单层防水卷材或防水涂料。

8) 保护层

当柔性防水层置于最上层时,防止阳光的照射使防水材料日久老化,或上人屋面应在防水层上加保护层,同时保护层还可以防止沥青类卷材中的沥青过热流淌,并防止暴雨对沥青的冲刷。保护层的构造做法应视屋面的利用情况而定。不上人时,改性沥青卷材防水屋面一般在防水层上撒粒径为 3~5 mm 的小石子作为保护层,称为绿豆砂保护层;高分子卷材如三元乙丙橡胶防水屋面等通常是在卷材面上涂刷水溶型或溶剂型浅色保护着色剂,如氯丁银粉胶等,如图 7-18 所示。

上人屋面的保护层有着双重作用:既保护防水层又是地面面层,因而要求保护层平整耐磨。保护层的构造做法通常有:用沥青砂浆铺贴缸砖、大阶砖、混凝土板等块材;在防水层上现浇 30～40 mm 厚细石混凝土。板材保护层或整体保护层均应设分隔缝,位置是:屋顶坡面的转折处,屋面与突出屋面的女儿墙、烟囱等的交接处。保护层分隔缝应尽量与找平层分隔缝错开,缝内用油膏嵌封。上人屋面做屋顶花园时,水池、花台等构造均在屋面保护层上设置。

上人屋面保护层的做法如图 7-19 所示。

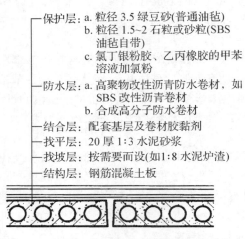
图 7-18 不上人卷材防水屋面保护层做法(mm)

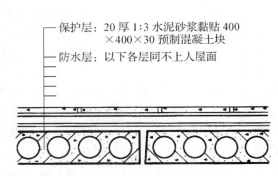
图 7-19 上人卷材防水屋面保护层做法(mm)

7.3.2 平屋面的设计

1) 平屋面的防水等级和设防要求

根据建筑物的性质、重要程度、使用功能及防水层合理使用年限等,国家标准《屋面工程技术规范》(GB 50345—2012)将屋面防水分为 4 个等级,按不同等级进行设防(表 7-3)。

表 7-3 屋面防水等级和设防要求

项 目	屋面防水等级			
	Ⅰ	Ⅱ	Ⅲ	Ⅳ
建筑物类别	特别重要或对防水有特殊要求的建筑	重要的建筑物和高层建筑	一般的建筑	非永久性的建筑
防水层合理使用年限	25 年	15 年	10 年	5 年
防水层选用材料	宜选用合成高分子防水卷材、高聚物改性沥青防水卷材、金属板材、合成高分子防水涂料、细石防水混凝土等材料	宜选用高聚物改性沥青防水卷材、合成高分子防水卷材、金属板材、合成高分子防水涂料、高聚物改性沥青防水涂料、细石防水混凝土、平瓦、油毡瓦等材料	宜选用三毡四油沥青防水卷材、高聚物改性沥青防水卷材、金属板材、合成高分子防水卷材、合成高分子防水涂料、高聚物改性沥青防水涂料、细石防水混凝土、平瓦、油毡瓦等材料	可选用二毡三油沥青防水卷材、高聚物改性沥青防水涂料等材料
设防要求	三道或三道以上防水设防	两道防水设防	一道防水设防	一道防水设防

不同性质的建筑物有不同等级的设防要求。其中所谓一道防水设防是指具有单独防水能力的一个防水层次。多道防水设防系指具有多项独立防水能力的防水层次的处理。

2）平屋面构造类型和构造层次的选择

屋面工程应根据工程特点、地区自然条件等，按照屋面防水等级的设防要求，进行防水构造设计。在选择设计屋面构造类型和构造层次的时候，通常综合考虑以下诸因素：

(1) 屋面防水等级、与此等级相应的设防要求以及防水屋面材料的相关要求。

(2) 上人或不上人。

(3) 找坡方式，及其坡度大小。

(4) 是否需要保温层、隔热层。

(5) 材料供应和造价条件等。

3）各种防水屋面的特点

(1) 卷材防水屋面

采用卷材作为防水层的屋面称为卷材防水屋面。

卷材防水屋面适用于防水等级为Ⅰ～Ⅳ级的屋面防水。

屋面结构层为装配式钢筋混凝土板时，应采用细石混凝土灌缝。其强度等级不应小于C20。

找平层表面应压实平整，排水坡度一般为2%～3%，檐沟处为1%。构造上需设间距不大于6 m的分格缝。

①卷材防水屋面设计要点

屋面防水等级为Ⅰ级或Ⅱ级的多道防水设防时，可采用多道卷材，亦可采用卷材、涂膜、刚性防水复合使用。屋面防水卷材的选择应考虑下列要求：

为确保防水工程质量，使屋面在防水层合理使用年限内不发生渗漏，除卷材的材质因素外，其厚度应为考虑最主要的因素。当屋面防水等级为Ⅰ级三道以上设防时，合成高分子防水卷材厚度不应少于1.5 mm；高聚物改性沥青防水卷材厚度不应小于3 mm。屋面防水等级为Ⅱ级时，合成高分子防水卷材厚度不应小于1.2 mm；高聚物改性沥青防水卷材厚度不宜小于3 mm。屋面防水等级为Ⅲ级单道设防时，合成高分子防水卷材厚度不应小于1.2 mm；高聚物改性沥青防水卷材厚度不宜小于4 mm，沥青防水卷材采用三毡四油。屋面防水等级为Ⅳ级时，沥青防水卷材可以采用二毡三油，也可用单道合成高分子卷材，厚度不小于1.0 mm，或高聚物改性沥青卷材，厚度不小于2.0 mm。

②卷材防水层的铺贴方法

主要有三种铺贴方法，即冷黏法铺贴卷材、自黏法铺贴卷材、热熔法铺贴卷材，三种黏贴卷材的方法主要用于高聚物改性沥青防水卷材和合成高分子防水卷材防水屋面，在构造上一般是采用单层铺贴，极少采用双层铺贴。

(2) 涂膜防水屋面

采用防水涂料作为防水层的屋面，称为涂膜防水屋面。涂膜防水屋面的基层处理要求与卷材防水屋面相同，适用于防水等级为Ⅲ级、Ⅳ级屋面防水，也可用作Ⅰ级、Ⅱ级屋面多道防水中的一道防水层。

涂膜防水层的厚度见表7-4。

表7-4 涂膜防水屋面防水等级和设防要求

屋面防水等级	设防道数	高聚物改性沥青防水涂料	合成高分子防水涂料
Ⅰ级	三道或三道以上设防	—	不应小于1.5 mm
Ⅱ级	两道设防	不应小于3 mm	不应小于1.5 mm
Ⅲ级	一道设防	不应小于3 mm	不应小于2 mm
Ⅳ级	一道设防	不应小于2 mm	—

涂膜防水屋面设计要点：

按屋面防水等级和设防要求选择防水涂料。防水涂膜应分层分遍涂布。待先涂的涂层干燥成膜后，方可涂布后一遍涂料。为增强涂膜的抗裂性和防水效果，对涂膜防水层要增设"胎体增强材料"。胎体增强材料有黄麻纤维布和玻璃纤维布两类。其具体做法见图7-20。对于易开裂、渗水的部位，应留凹槽嵌填密封材料，并应增设一层或一层以上带有胎体增强材料的附加层。

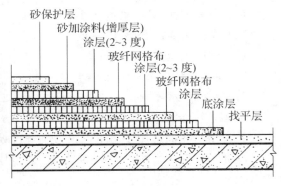

图7-20 涂膜防水屋面构造

涂膜防水层的基层、找平层应设分格缝，缝宽宜为20 mm并应留设在屋面板的支承处，其间距不宜大于6 m。分格缝应嵌填密封材料。转角处应抹成圆弧形，其半径不宜小于50 mm。

涂料品种的选择应根据当地历年最高气温、最低气温、屋面坡度和使用条件等因素选择与延伸性能相适应的涂料。

涂膜防水屋面应设置保护层，其材料可采用细砂、云母、蛭石、浅色涂料、水泥砂浆或块材等。水泥砂浆和块材的厚度不宜小于20 mm，并应在涂膜与保护层之间设置隔离层。

天沟、檐沟、檐口、泛水等部位均应加铺有胎体增强材料的附加层。

(3) 刚性防水屋面

用细石防水混凝土(配以钢筋网)作为防水层的屋面称刚性防水屋面。屋面的坡度宜为2%～3%，并应采用结构找坡。

刚性防水屋面适用于防水等级为Ⅲ级的屋面防水，也可用作Ⅰ级、Ⅱ级屋面多道防水中的一道防水层。不适用于设有松散材料保温层的屋面以及受较大震动或冲击的建筑屋面。

刚性防水屋面的结构层宜为现浇钢筋混凝土。如采用装配式钢筋混凝土板时，应用细石混凝土灌缝。灌缝的细石混凝土中宜掺微膨胀剂，并作砂浆找平层。

细石混凝土防水层的厚度不宜小于40 mm。小于40 mm时，混凝土失水快，水泥水化不充分，会降低其抗渗性能。同时，当防水层过薄，一旦遇到石子粒径可能超过厚度的一半时，上部砂浆收缩后容易在薄处出现微裂，而出现渗水通道。

由于温度差和混凝土材料的干缩以及支座部位出现的角变位(负弯矩作用)的影响等会导致刚性防水层出现裂缝。为预防防水层开裂产生渗漏，防水层必须设分格缝(又称分舱缝)。分格缝应设于屋面板的支承端、屋面转折处以及刚性防水层与女儿墙交接处。其缝的间距不宜大于6 m。对预制屋面板，分格缝应沿开间设置，缝宽20～30 mm。缝中钢筋断开，缝内填防水密封材料，缝的下半部填衬垫材料(如沥青麻丝等)，在缝上铺一层防水卷材

(与防水层黏牢),见图 7-21。

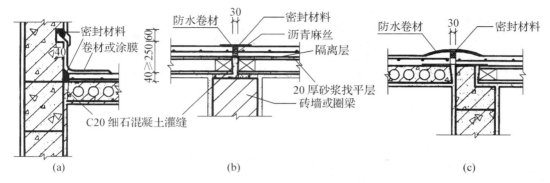

图 7-21 刚性防水屋面分格缝构造
(a) 女儿墙处;(b) 分格缝之一;(c) 分格缝之二

刚性防水层与山墙、女儿墙以及突出屋面结构的交接处均应做柔性密封处理。

细石混凝土防水层与找平层之间宜设置隔离层以保证防水层伸缩变形的需要。隔离层可采用纸筋灰、低强度等级砂浆或干铺卷材等材料。

细石混凝土防水层宜掺微膨胀剂、减水剂、防水剂等外加剂。

刚性防水层内严禁埋设管线。

块体刚性防水层应用 1:3 防水水泥砂浆铺砌,块体之间的缝宽应为 12~15 mm,座浆厚度不应小于 25 mm。面层应用 1:2 防水水泥砂浆,其厚度不应小于 12 mm。

4)平屋面构造设计举例(图 7-22)

A 型:无保温层柔性防水屋面。适用于屋面防水等级为 Ⅰ 级或 Ⅱ 级。

保护层:①涂料或粒料(用于不上人屋面);②铺块材(垫层为粗砂,可上人)。

B 型:有保温层柔性防水屋面。适用于屋面防水等级为 Ⅰ 级或 Ⅱ 级。有保温层,材料及其厚度按计算确定。保护层根据是否上人而定。

C 型:细石防水混凝土面层屋面。适用于屋面防水等级为 Ⅲ 级防水屋面。有保温层或无保温层。兼作上人屋面。

D 型:有架空板的隔热、保温屋面。适用于屋面防水等级为 Ⅲ 级。有保温层及隔热层。

E 型:倒置式保温层柔性防水层(或组合防水层)屋面(组合防水层指多种防水材料组成的复合防水层)。有保温层。

上人屋面则保护层为铺块材,不上人屋面则保护层为卵石或水泥砂浆。

7.3.3 细部构造

1)檐口构造

(1)无组织排水的檐口构造

当檐口出挑较大时,常采用预制钢筋混凝土挑檐板,与屋面板焊接,或伸入屋面一定长度,以平衡出挑部分的重量。亦可由屋面板直接出挑,但出挑长度不宜过大,檐口处做滴水线。预制挑檐板与屋面板的接缝要做好嵌缝处理,以防渗漏。目前常用做法是现浇圈梁挑檐。防水卷材收头处理见图 7-23。

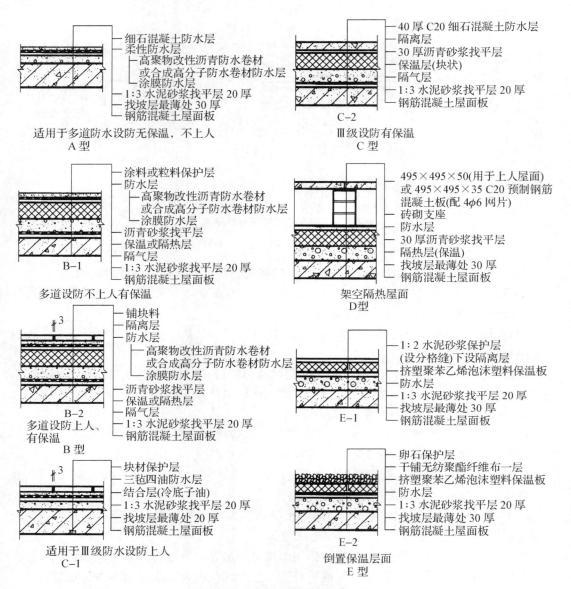

图 7-22 平屋面构造设计类型(mm)

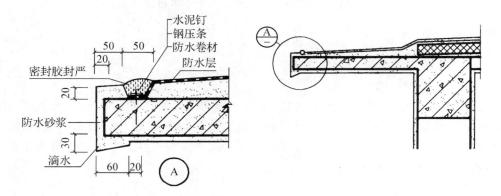

图 7-23 无组织排水檐口构造(mm)

（2）有组织排水的檐口构造

有组织排水是将聚集在檐沟中的雨水分别由雨水口经水斗、雨水管（又称水落管）等装置导至室外明沟内。在有组织的排水中，通常可有两种情况，即檐沟排水和女儿墙排水。檐沟可采用钢筋混凝土制作，挑出墙外，挑出长度大时可用挑梁支承檐沟。檐沟内的水经雨水口流入雨水管，见图 7-24(a)。在有女儿墙的檐口，檐沟也可设于外墙内侧，见图 7-24(b)，并在女儿墙上每隔一段距离设雨水口，檐沟内的水经雨水口流入雨水管中。亦有不设檐沟，雨水顺屋面坡度直通至雨水口排出女儿墙外，或借弯头直接通至雨水管中。

有组织排水宜优先采用外排水，高层建筑、多跨及集水面较大的屋面应采用内排水。北方为防止排水管被冻结也常做内排水处理。外排水系根据屋面大小做成四坡、双坡或单坡排水。内排水也将屋面做成坡度，使雨水经埋置于建筑物内部的雨水管排到室外。

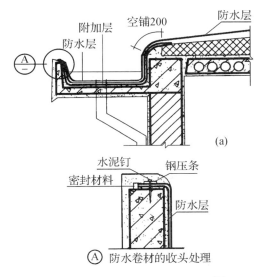
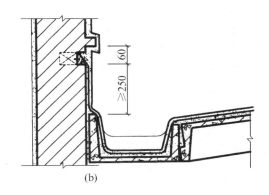

图 7-24 檐沟构造（mm）

(a) 檐沟在檐墙外侧；(b) 檐沟在檐墙内侧

檐沟设在女儿墙檐墙内侧时，檐沟与女儿墙相连处要做好泛水设施（图 7-25）。并应具有一定纵坡，一般不应小于 1%。挑檐檐沟为防止暴雨时积水产生倒灌或水外泄，沟深（减去起坡高度）不宜小于 150 mm。屋面防水层应包入沟内，以防止沟与外檐墙接缝处渗漏，沟壁外口底部要做滴水线，防止雨水顺沟底流至外墙面（图 7-26）。

内排水屋面的水落管往往在室内，依墙或柱子，万一损坏，不易修理。雨水管应选用能抗腐蚀及耐久性好的铸铁管和铸铁排水口，也可以采用镀锌钢管或 PVC 管。由于屋面做出排水坡，在不同的坡面相交处就

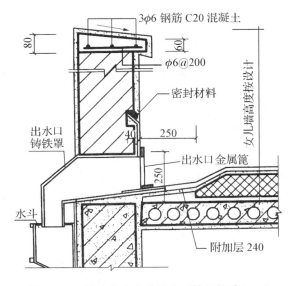

图 7-25 檐沟设在女儿墙内侧檐口构造（mm）

形成了分水线,将整个屋面明确地划分为一个个排水区。排水坡的底部应设屋面落水口。屋面落水口应布置均匀,其间距决定于排水量,有外檐天沟时不宜大于 24 m,无外檐天沟或内排水时不宜大于 15 m。

(3) 坡檐口构造

建筑设计中出于造型方面的考虑,常采用一种平顶坡檐的处理形式,意在使较为呆板的平顶建筑具有某种传统的韵味,形象更为丰富。坡檐口的构造如图 7-27 所示。由于在挑檐的端部加大了荷载,结构和构造设计都应特别注意悬挑构件的抗倾覆问题,要处理好构件的拉结锚固。

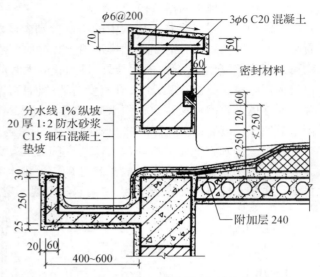

图 7-26 檐沟设在女儿墙外侧檐口构造(mm)

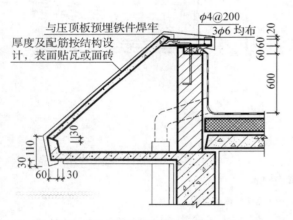

图 7-27 平屋顶坡檐口构造(mm)

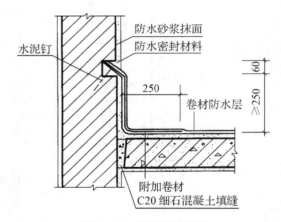

图 7-28 卷材防水屋面泛水构造(mm)

2) 泛水构造

泛水又称范水,是指屋面与垂直墙面相交处的防水处理。女儿墙、山墙、烟囱、变形缝等屋面与垂直墙面相交部位,均需做泛水处理,防止交接缝出现漏水。

(1) 柔性防水屋面的泛水构造要点及做法

①将屋面的卷材继续铺至垂直墙面上,形成卷材泛水,泛水高度不小于 250 mm。

②在屋面与垂直女墙面的交接缝处,砂浆找平层应抹成圆弧形,圆弧半径为 20~150 mm,上刷卷材胶黏剂,使卷材铺贴密实,避免卷材架空或折断,并加铺一层卷材。

③做好泛水上口的卷材收头固定,防止卷材在垂直墙面上下滑。一般做法是:在垂直墙中凿出通长凹槽,将卷材收头压入凹槽内,用防水压条钉压后再用密封材料嵌填封严,外抹水泥砂浆保护。凹槽上部的墙体亦应做防水处理,如图 7-28 所示。

(2) 刚性防水屋面的泛水构造要点及做法

泛水应有足够高度,一般不小于 250 mm,泛水应嵌入立墙上的凹槽内并用压条及水泥钉固定。不同的地方是：刚性防水层与屋面突出物（女儿墙、烟囱等）间须留分隔缝，另铺贴附加卷材盖缝形成泛水。

下面以女儿墙泛水、变形缝泛水和管道出屋面构造为例说明其构造做法。

(3) 刚性防水屋面女儿墙泛水构造

女儿墙与刚性防水层间留分隔缝，缝宽一般为 30 mm，使混凝土防水层在收缩和温度变形时不受女儿墙的影响，可有效地防止其开裂。分隔缝内用油膏嵌缝，如图 7-29(a)所示，缝外用附加卷材铺贴至泛水所需高度并做好压缝收头处理，以免雨水渗进缝内。

(4) 刚性防水屋面变形缝泛水构造

变形缝分为高低屋面变形缝和横向变形缝两种情况。如图 7-29(b)所示为高低屋面变形缝构造，其低跨屋面也需像卷材屋面那样砌上附加墙来铺贴泛水。

图 7-29(c)、(d)为横向变形缝的做法。图(c)与(d)的不同之处是泛水顶端盖缝的形式不一样，前者用可伸缩的镀锌薄钢板作盖缝板并用水泥钉固定在附加墙上，后者采用混凝土预制板盖缝，盖缝前先干铺一层卷材，以减少泛水与盖板之间的摩擦力。

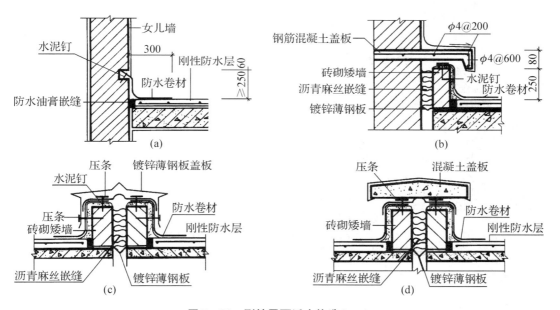

图 7-29　刚性屋面泛水构造(mm)

(a) 女儿墙泛水；(b) 高低屋面变形缝泛水；(c) 横向变形缝泛水之一；(d) 横向变形缝泛水之二

(5) 柔性防水屋面变形缝泛水构造

屋面变形缝的构造处理原则是既要保证屋顶有自由变形的可能，又能防止雨水经由变形缝渗入室内。

屋面变形缝按建筑设计可设于同层等高屋面上，也可设在高低屋面的交接处。

等高层面的变形缝在缝的两边屋面板上砌筑矮墙，挡住屋面雨水。矮墙的高度应大于 250 mm，厚度为半砖墙厚；屋面卷材与矮墙的连接处理类同于泛水构造。矮墙顶部可用镀锌薄钢板盖缝，也可铺一层油毡后用混凝土板压顶，如图 7-30 所示。高低屋面的变形缝则是在低侧屋面板上砌筑矮墙。当变形缝宽度较小时，可用镀锌薄钢板盖缝并固定在高侧墙上，做法同泛水构造，也可从高侧墙上悬挑钢筋混凝土板盖缝，如图 7-31 所示。

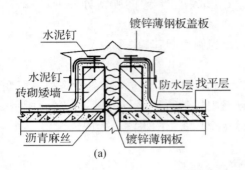
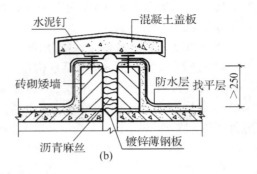

图 7-30 等高屋面变形缝(mm)

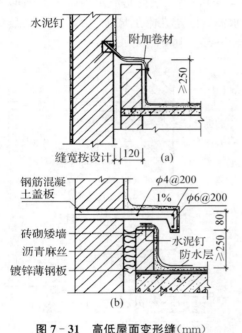

图 7-31 高低屋面变形缝(mm)

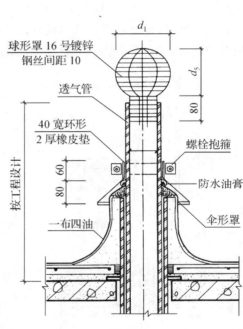

图 7-32 透气管出屋面(mm)

(6) 管道出屋面构造

伸出屋面的管道(如厨、卫等房间的透气管等)与刚性防水层间亦应留设分隔缝,缝内用油膏嵌填,然后用卷材或涂膜防水层在管道周围做泛水,如图 7-32 所示。

3) 水落口构造

水落口是用来将屋面雨水排至水落管而在檐口或檐沟开设的洞口。构造上要求排水通畅,不易渗漏和堵塞。有组织外排水最常用的有檐沟及女儿墙水落口两种构造形式。有组织内排水的水落口设在天沟上,其构造与外檐沟相同。

(1) 柔性屋面檐沟外排水水落口构造

在檐沟板预留的孔中安装铸铁或塑料连接管,就形成水落口。水落口周围直径 500 mm 范围内坡度≥5%,并应用防水涂膜涂封,其厚度≥2 mm,为防止水落口四周漏水,应将防水卷材铺入连接管内 50 mm,水落口与基层接触处,应留宽 20 mm、深 20 mm 的凹槽,用油膏嵌缝,水落口上用定型铸铁罩或钢丝球盖住,防止杂物落入水落口中。

水落口连接管的固定形式常见的有两种：

一种是采用喇叭形连接管卡在檐沟板上，再用普通管箍固定在墙上；另一种则是用带挂钩的圆形管箍将其悬吊在檐沟板上。水落口过去一般用铸铁制作，易锈不美观，如图 7-33 所示。现在多改为硬质聚氯乙烯塑料（PVC）管，具有质轻、不锈、色彩多样等优点，已逐渐取代铸铁管。

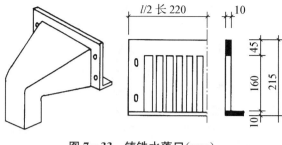

图 7-33 铸铁水落口（mm）

（2）柔性屋面女儿墙外排水水落口构造

如图 7-25 所示，在女儿墙上的预留孔洞中安装水落口构件，使屋面雨水穿过女儿墙排至墙外的水落斗中。为防止水落口与屋面交接处发生渗漏，也需将屋面卷材铺入水落口内 50 mm，水落口上还应安装铁箅，以防杂物落入造成堵塞。

（3）刚性屋面水落口构造

刚性防水屋面的水落口常见的做法有两种，一种是用于天沟或檐沟的水落口，另一种是用于女儿墙外排水的水落口。前者为直管式，后者为弯管式。

①直管式水落口。这种水落口的构造如图 7-34 所示。安装时为了防止雨水从水落口套管与檐沟底板间的接缝处渗漏，应在水落口的四周加铺宽度约 200 mm 的附加卷材，卷材应铺入套管内壁中，天沟内的混凝土防水层应盖在卷材的上面，防水层与水落口的接缝用油膏嵌填密实。其他做法与卷材防水屋面相似。

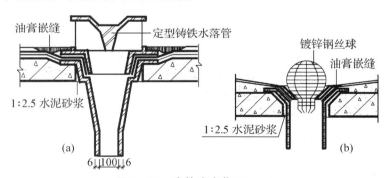

图 7-34 直管式水落口（mm）

(a) 65 型水落口；(b) 铸铁水落口

②弯管式水落口。弯管式水落口多用于女儿墙外排水，水落口可用铸铁或塑料做弯头，如图 7-35 所示。

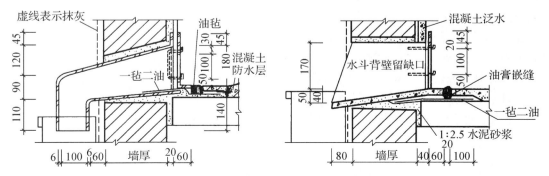

图 7-35 女儿墙外排水的水落口构造（mm）

4) 屋面检修孔、屋面出入口构造

不上人屋面需设屋面检修孔,检修孔四周的孔壁可用砖立砌,也可在现浇屋面板时将混凝土上翻制成,高度≥250 mm。壁外的防水层应做成泛水并将卷材用镀锌薄钢板盖缝并压钉好,如图7-36所示。

出屋面的楼梯间一般需设屋面出入口,最好在设计中让楼梯间的室内地坪与屋面间留有足够的高差,以利防水,否则需在出入口处设门槛挡水。屋面出入口处的构造与泛水构造类同,如图7-37所示。

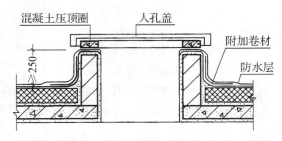

图7-36 屋面检修孔构造(mm)

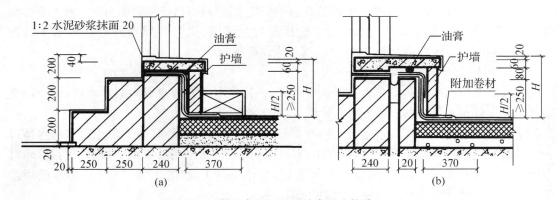

图7-37 屋面出入口门下踏步泛水构造(mm)
(a) 无变形缝;(b) 有变形缝

5) 分隔缝构造

分隔缝(又称分舱缝)是一种设置在刚性防水层中的变形缝,其作用有:

(1) 大面积的整体现浇混凝土防水层受气温影响产生的温度变形较大,容易导致混凝土开裂。设置一定数量的分隔缝将单块混凝土防水层的面积减小,从而减少其伸缩变形,可有效地防止和限制裂缝的产生。

(2) 在荷载作用下屋面板会产生挠曲变形,支承端翘起,易于引起混凝土防水层开裂,如在这些部位预留分隔缝就可避免防水层开裂。

由上述分析可知,分隔缝应设置在装配式结构屋面板的支承端、屋面转折处、刚性防水层与立墙的交接处,并应与板缝对齐。分隔缝的纵横间距不宜大于6 m。在横墙承重的民用建筑中,分隔缝的位置可如图7-38所示:屋脊是屋面转折的界线,故此处应设一纵向分隔缝;横向分隔缝每开间设一条,并与装配式屋面板的板缝对齐;沿女儿墙四周

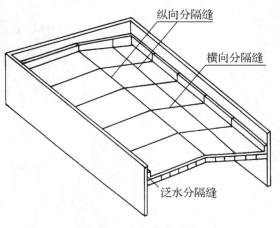

图7-38 分隔缝的位置

的刚性防水层与女儿墙之间也应设分隔缝。因为刚性防水层与女儿墙的变形不一致,所以刚性防水层不能紧贴在女儿墙上,它们之间应做柔性封缝处理以防女儿墙或刚性防水层开裂引起渗漏。

其他突出屋面的结构物四周都应设置分隔缝。分隔缝构造可参见图7-39。

分隔缝构造设计要点包括：
①防水层内的钢筋在分隔缝处应断开。
②屋面板缝用浸过沥青的木丝板等密封材料嵌填,缝口用油膏等嵌填。
③缝口表面用防水卷材铺贴盖缝,卷材的宽度为200～300 mm。
④在屋脊和平行于流水方向的分隔缝处,也可将防水层做成翻边泛水,用盖瓦单边座灰固定覆盖。

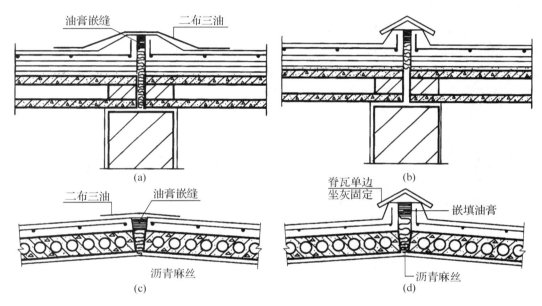

图7-39 刚性防水屋面分隔缝做法
(a)横向分隔缝之一;(b)横向分隔缝之二;(c)屋脊分隔缝之一;(d)屋脊分隔缝之二

7.4 坡屋顶构造

坡屋顶又称瓦屋面,是在屋面基层上铺盖各种瓦材,利用瓦材的相互搭接来防止雨水渗漏。也有出于造型需要而在屋面盖瓦,利用瓦下的其他材料来防水的做法。坡屋顶的坡度随着所采用的支承结构、屋面铺材和铺盖方法不同而异,一般坡度均大于1∶10。

7.4.1 坡屋顶的构造组成

坡屋顶的屋面是由一些坡度相同的倾斜面相互交接而成,交线为水平线时称正脊;当斜面相交为凹角时,所构成的倾斜交线称斜天沟;斜面相交为凸角时的交线称斜脊。

坡屋顶由屋面构件、支承构件和顶棚等主要部分组成。

屋面构件包括屋顶基层和屋面瓦材两部分,其中屋顶基层就是指包括檩条、椽子、屋面板等构件。屋顶基层的构造层次中还有辅助层次,例如在寒冷地区设有保温层,炎热地区则设通风、隔热层等。瓦材即是指屋面防水层的各种瓦,包括黏土平瓦、水泥瓦、油毡瓦、金属材料中的镀锌钢板彩瓦及彩色镀铝锌压型钢板等。金属瓦材多用于大型公共建筑中耐久性及防水要求高、自重要求轻的建筑上。目前,我国在大量性民用建筑中的坡屋顶以水泥瓦采用为多。

坡屋顶的承重结构一般可分为桁架结构、梁架结构和空间结构几种系统,瓦屋面所用的桁架多为三角形屋架。当房屋的内横墙较少时,常将檩条搁在屋架之间构成屋面承重结构,如图 7-40(a)所示;当房屋采用小开间横墙承重的结构布置方案时,可将横墙砌至屋顶代替屋架,这种方式称为山墙承檩,如图 7-40(b)所示。民间传统建筑多采用由木柱、木梁、木枋构成的梁架结构,如图 7-40(c)所示,这种结构又被称为穿斗结构或立贴式结构。

空间结构则主要用于大跨度建筑,如网架结构和悬索结构等。

瓦屋面按屋面基层的组成方式也可分为有檩和无檩体系两种。无檩体系是将屋面板直接搁在山墙、屋架或屋面梁上,瓦主要起造型和装饰的作用。这种构造方式近年来常见于民用住宅或风景园林建筑的屋顶,如图 7-41 所示。

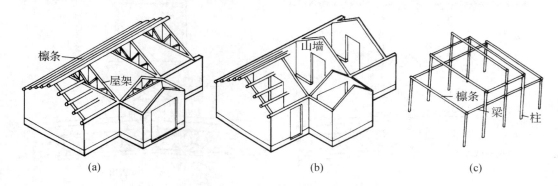

图 7-40 坡屋顶的承重结构系统

(a)屋架支承檩条;(b)山墙支承檩条;(c)木结构梁架支承檩条

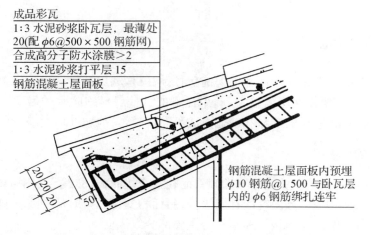

图 7-41 钢筋混凝土基层瓦屋面(mm)

7.4.2 坡屋顶的支承结构

1) 山墙承重

山墙作为屋顶承重结构,多用于房间开间较小的建筑。这种建筑是在山墙上搁檩条、檩条上架椽子再铺屋面板;或在山墙上直接搁钢筋混凝土板,然后铺瓦。

在山墙承檩的结构形式中,山墙的间距即为檩条的跨度,因而房屋横墙的间距宜尽量一致,使檩条的跨度保持在一个比较经济的尺度以内。檩条常用木材、型钢或钢筋混凝土制作。

木檩条的跨度一般在 4 m 以内,断面为矩形或圆形,大小由结构计算确定。木檩条的间距为 500~700 mm,如檩条间采用椽子时,其间距也可放大至 1 m 左右。木檩条在山墙上的支承端应涂以沥青等材料防腐,并垫以混凝土或防腐木垫块。

钢筋混凝土檩条的跨度一般为 4 m,有的也可达 6 m。其断面有矩形、T 形和 L 形等,尺寸由结构计算确定。山墙承檩时,应在山墙上预置混凝土垫块。为便于在檩条上固定瓦屋面的木基层,可在钢筋混凝土檩条上预留直径 4 mm 的钢筋固定木条,木条断面为梯形,尺寸为 40~50 mm 对开,如图 7-42 所示。

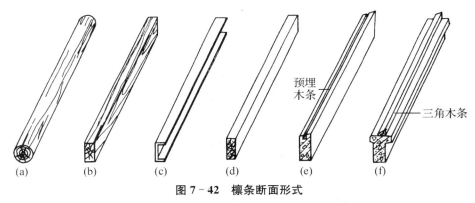

图 7-42 檩条断面形式

(a) 圆木檩条;(b) 方木檩条;(c) 槽钢檩条;(d) 混凝土檩条一;
(e) 混凝土檩条二;(f) 混凝土檩条三

采用木檩条时,山墙端部檩条可出挑,成悬山屋顶,或将山墙砌出屋面做成硬山屋顶。钢筋混凝土檩条一般不宜出挑,如需出挑,出挑长度一般不宜过大。

山墙承重结构一般用于小型、较简易的建筑。其优点是节约木材和钢材,构造简单,施工方便,隔声性能较好。山墙可以采用 240 标准黏土砖砌筑,为节约农田和能源,也可采用水泥煤渣砖或多孔砖等。

2) 梁架承重

梁架承重系我国传统的木结构形式。它由柱和梁组成梁架,檩条搁置在梁间,承受屋面荷载,并将各梁架联系为一完整的骨架(图 7-43)。内外墙体均填充在梁架之间,起分隔和围护作用,不承受荷载。梁架交接处为榫齿结合,整体性与抗震性均较好,但耗用木料较多,防火、耐久性均较差。今在一些仿古建筑中常以钢筋混凝土梁柱仿效传统的木梁架。

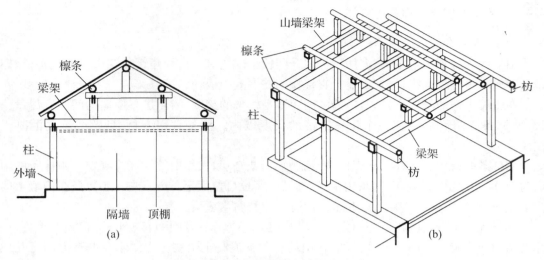

图 7-43 梁架传统木结构坡屋顶

(a) 剖面图；(b) 示意图

3) 屋架承重

(1) 屋架的组成

屋架是由一组杆件在同一平面内互相结合成整体的构件。其每个杆件承受拉力或压力，各轴心交汇于一点，称为节点。节点之间称为节间。

屋架由上弦、下弦及腹杆组成。上弦又称人字木，是受压杆件；下弦是受拉构件。腹杆分为斜杆和直杆，分别受压和受拉，见图 7-44。

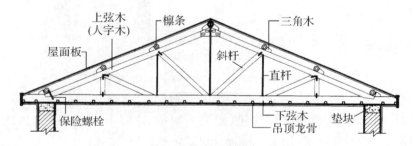

图 7-44 屋架的组成

(2) 屋架的类型

中小跨度的屋架用木、钢木、钢或钢筋混凝土制作。形式有三角形、梯形、多边形、弧形等。三角形屋架构造较简单，跨度不大于 12 m 的建筑可采用全木屋架。跨度不超过 18 m 时可采用钢木混合屋架，受压杆件用木材，而受拉杆件用钢材。跨度更大时则宜采用钢筋混凝土屋架或钢屋架等，见图 7-45。

(3) 屋架布置

屋架与檩条的布置方式视屋顶的形式而定。双坡屋顶的布置较简单，一般按开间尺寸为间距布置屋架即可；四坡顶、歇山顶、丁字形交接的屋顶和转角屋顶的布置则较复杂，其布置示例如图 7-46 所示。其中图 7-46(a)为四坡顶的屋架布置，其屋顶尽端的三个斜面呈

45°相交,该处的屋架不用全屋架,而采用斜大梁或至角屋架和半屋架作为承重结构。斜大梁和半屋架的一端支承在外墙上,另一端支承在尽端全屋架上,因而该屋架承受的荷载大于别处的屋架。图 7-46(b) 是歇山顶的屋架布置,它和四坡顶的布置大同小异,区别之处在于是将尽端全屋架朝端墙挪动了一段距离,从而露出了歇山顶的小山花。图 7-46(c) 是转角屋顶的屋架布置,在转角处沿 45°方向布置对角屋架,然后将半屋架搭在对角屋架上。图 7-46 中(d)和(e)均为 T 字形交接处屋顶的结构布置,其中图(d)为垂直相交的两屋顶檩条相互搭接,搭接点的连线呈 45°的斜沟,图(e)的布置方式是将两屋顶的檩条同时支承在斜梁上。

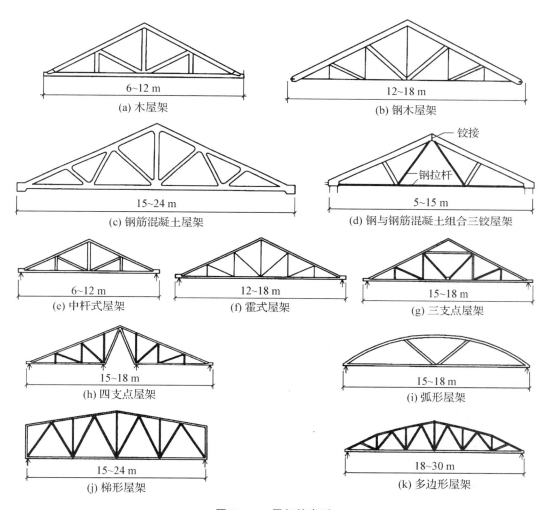

图 7-45 屋架的类型

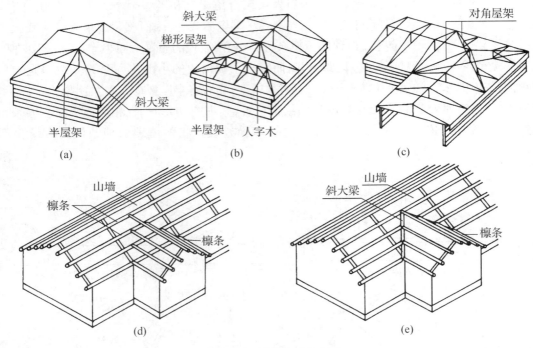

图 7-46 屋架和檩条布置

7.4.3 坡屋顶的屋面构造

1) 檩条

一般搁在山墙或屋架节点上。檩条可用木、钢筋混凝土或钢制作。如用木屋架则用木檩条,用钢筋混凝土或钢屋架,则用钢筋混凝土檩条或钢檩条。

木檩条可用 $\varnothing 100\ mm$ 圆木或 $50\ mm \times 100\ mm$ 方木制作,跨度为 $2.6 \sim 4\ m$。钢檩条跨度可达 $6\ m$ 或更大。断面大小视跨度和间距及屋面荷载大小经过计算决定。木檩条搁置在木屋架上以三角木承托,每根檩条的距离必须相等,顶面在同一平面上,以利于铺钉椽子或屋面板。

木檩条可做成悬臂檩条,搁置在两榀屋架上或墙上,见图 7-47(a)、(c)。

钢筋混凝土檩条截面有矩形、"T"形和"L"形(图 7-47b)。预应力钢筋混凝土檩条为矩形截面,长度在 $2.6 \sim 6\ m$,截面尺寸为 $60\ mm \times 140\ mm$、$80\ mm \times 200\ mm$ 或 $80\ mm \times 250\ mm$,视跨度与荷载不同而分别采用。

钢筋混凝土檩条用预埋铁件与钢筋混凝土屋架焊接(图 7-47c),搁置面长度$\geqslant 70\ mm$,如搁置在墙上时,在山墙上设 $120 \sim 240\ mm$ 混凝土垫块,块内预埋铁件与檩条焊接(图 7-47c②③),檩条搁置在内山墙长$\geqslant 70\ mm$。檩条上预埋圆钉固定木条($30\ mm \times 40\ mm$ 或 $40\ mm \times 40\ mm$)或留孔,以便架设椽子(图 7-47b②)。

2) 椽子

当檩条间距大,垂直于檩条方向架立 $40\ mm \times 60\ mm$ 或 $50\ mm \times 50\ mm$ 椽子。间距 $360 \sim 400\ mm$。椽子上铺钉屋面板,或直接钉挂瓦条挂瓦。出檐椽子下端锯齐,以便钉封檐板。

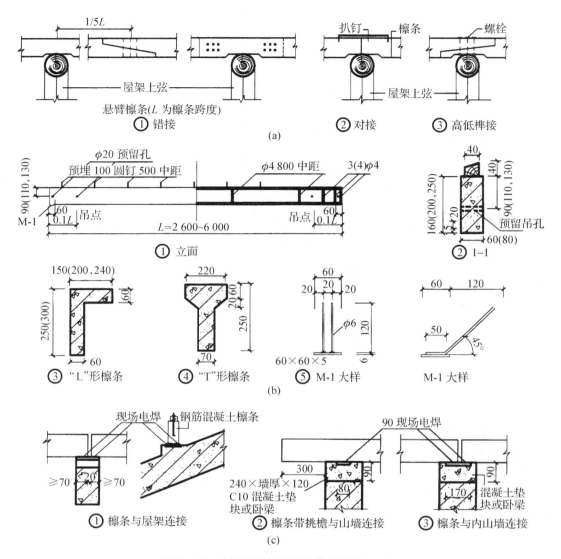

图 7-47　木屋及钢筋混凝土檩条构造（mm）

(a) 木檩条；(b) 钢筋混凝土檩条；(c) 钢筋混凝土檩条与屋架或山墙连接

3) 屋面板

当檩条间距小于 800 mm 时，可直接在檩条上钉木屋面板，木屋面板用厚度为 15～25 mm 的杉木或松木。为防水，在屋面板上铺油毡一层。

4) 钢筋混凝土屋面板

用钢筋混凝土技术可塑造坡屋面的任何形式效果，可作直斜面、曲斜面或多折斜面，尤其现浇钢筋混凝土屋面对建筑的整体性、防渗漏、抗震害和防火耐久性等都有明显的优势。当今，钢筋混凝土坡屋顶已广泛用于住宅、别墅、仿古建筑和高层建筑中（图 7-41）。

5) 块瓦屋面

块瓦包括彩釉面和素面西式陶瓦、彩色水泥瓦及一般的水泥平瓦、黏土平瓦等能钩挂、可钉、绑固定的瓦材。

铺瓦方式包括水泥砂浆卧瓦、钢挂瓦条挂瓦、木挂瓦条挂瓦,其屋面防水构造做法如图 7-48 所示。钢、木挂瓦条有两种固定方法,一种是挂瓦条固定在顺水条上,顺水条钉牢在细石混凝土找平层上;另一种不设顺水条,将挂瓦条和支承垫块直接钉在细石混凝土找平层上。

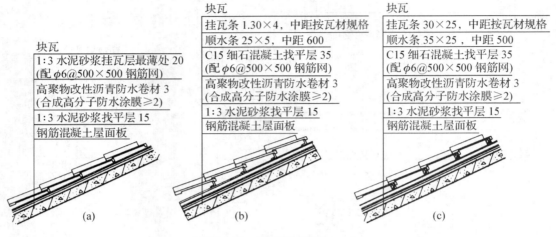

图 7-48 块瓦屋面构造(mm)
(a) 砂浆卧瓦;(b) 钢挂瓦条;(c) 木挂瓦条

块瓦屋面应特别注意块瓦与屋面基层的加强固定措施。一般说来地震地区和风荷载较大的地区,全部瓦材均应采取固定加强措施。非地震和大风地区,当屋面坡度大于 1∶2 时,全部瓦材也应采取固定加强措施。块瓦的固定加强措施一般有三种:①水泥砂浆卧瓦,用双股 18 号铜丝将瓦与ϕ6 钢筋绑牢;②钢挂瓦条钩挂,用双股 18 号铜丝将瓦与钢挂瓦条绑牢;③木挂瓦条钩挂,用 40 mm 圆钉(或双股 18 号铜丝)将瓦与木挂瓦条钉(绑)牢。

块瓦屋面中最常用的瓦材是平瓦,平瓦用黏土烧制或水泥砂浆制成,一般尺寸在 230 mm×400 mm,厚 50 mm(净厚 20 mm)。

平瓦屋面的屋面坡度不小于 1∶2,其构造有下列几种(图 7-49):

(1) 冷摊瓦屋面

冷摊瓦屋面一般用于不保温、简易的建筑上。作法为在椽子上钉 25 mm×30 mm 的挂瓦条,直接挂瓦。建筑造价经济,但雨水可能从瓦缝中渗入屋内,屋顶隔热、保温性能均较差(图 7-49b)。

(2) 木屋面板平瓦屋面

木屋面板平瓦屋面即在檩条或椽子上铺钉木屋面板,板上铺防水卷材一层(平行屋脊方向),上钉顺水条(又称压毡条),再钉挂瓦条挂瓦。由瓦缝渗漏的水可沿顺水条流至檐沟(图 7-49c)。瓦由檐口铺向屋脊,脊瓦应搭盖在两片瓦上不小于 50 mm,常用水泥石灰砂浆填实嵌浆,以防止雨雪飘入(图 7-49d)。

(3) 钢筋混凝土板基层平瓦屋面

在住宅、学校、宾馆、医院等民用建筑中,钢筋混凝土屋面板找平层上铺防水卷材、保温层,再做水泥砂浆卧瓦层,最薄处为 20 mm,内配ϕ6@500 mm×500 mm 钢筋网,再铺瓦。也可在保温层上做 C15 细石混凝土找平层,内配ϕ6@500 mm×500 mm 钢筋网,再做顺水条、挂瓦条挂瓦。这类坡屋面防水等级可为Ⅱ级。

同样在钢筋混凝土基层上除铺平瓦屋面外,也可改用小青瓦、琉璃瓦、多彩油毡瓦或钢板彩瓦等屋面(图7-50)。

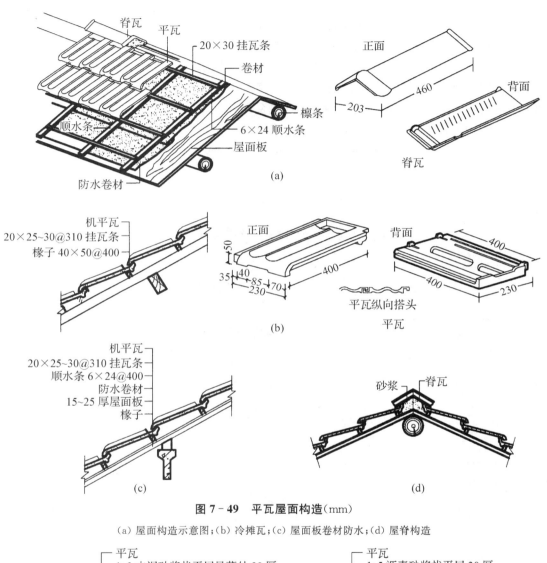

图7-49 平瓦屋面构造(mm)

(a)屋面构造示意图;(b)冷摊瓦;(c)屋面板卷材防水;(d)屋脊构造

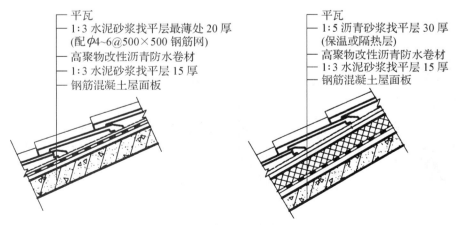

图7-50 钢筋混凝土板平瓦屋面

6) 小青瓦屋面

我国传统民居中常用小青瓦(板瓦、蝴蝶瓦)作屋面。小青瓦断面呈弧形(图 7-51)。铺盖方法是分别将瓦仰覆(阴阳)铺排,仰铺成沟,覆盖成陇(图 7-52)。盖瓦搭设底瓦约 1/3 左右,上、下两皮瓦搭叠长度:少雨地区为搭六露四,多雨地区搭七露三。露出长度不宜大于 1/2 瓦长。一般在木望板或芦席上铺灰泥,灰泥上铺瓦。在檐口处底瓦尽头处铺滴水瓦(附有尖舌形的底瓦),盖瓦则铺花边瓦。屋脊可做成各种形式,构造见图 7-53。小青瓦块小,易渗漏雨水,须经常维修,适用于旧房维修及少数地区民居。

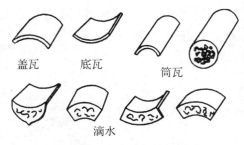

图 7-51 小青瓦与筒瓦外形

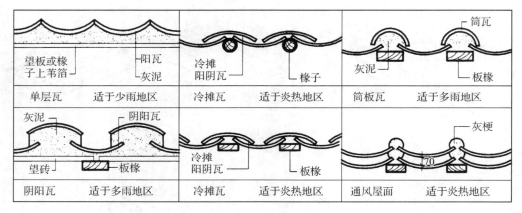

图 7-52 小青瓦铺法(mm)

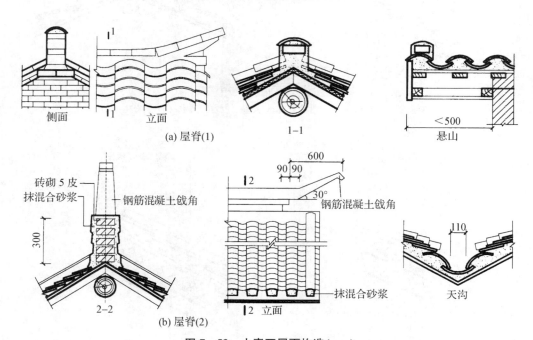

图 7-53 小青瓦屋面构造(mm)

此外古代宫殿、庙宇等建筑还常用各种颜色的琉璃瓦作屋面。琉璃瓦有盖瓦、底瓦之分。盖瓦是圆筒形,称筒瓦,底瓦称板瓦。铺法一般将底瓦仰铺,两底瓦之间覆以盖瓦(即筒瓦)。适用于重大公共建筑如纪念堂、美术馆等的屋面或檐墙装饰,富有传统特色。

7)油毡瓦屋面

油毡瓦是以玻纤毡为胎基的彩色块瓦状屋面防水片材,规格一般为 1 000 mm×333 mm×2.8 mm。

铺瓦方式采用钉黏结合,以钉为主的方法。其屋面防水构造做法如图 7-54 所示。

8)块瓦形钢板彩瓦屋面

块瓦形钢板彩瓦系用彩色薄钢板冷压成型呈连片块瓦形状的屋面防水板材。瓦材用自攻螺钉固定于冷弯型钢挂瓦条上。其屋面防水构造做法如图 7-55 所示。

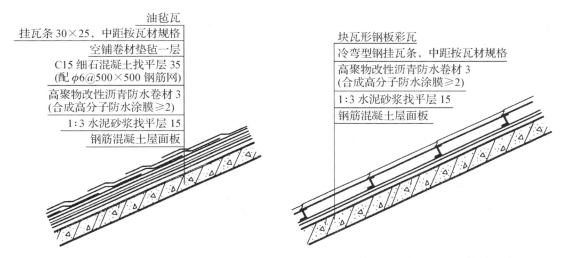

图 7-54　油毡瓦屋面构造层次(mm)　　　图 7-55　块瓦形钢板彩瓦屋面构造层次(mm)

9)彩色镀锌压型钢板(简称压型钢板)屋面

压型钢板由于自重轻,强度高,防水性能好,且施工、安装方便,色彩绚丽,质感、外形现代新颖,因而被广泛应用于平直坡屋顶。

压型钢板分为单层板和夹心板两种。

单层板由厚度为 0.5~1 mm 的钢板,经连续式热浸处理后,在钢板两面形成镀铝锌合金层(在同样条件下镀铝锌合金钢板比镀锌钢板使用年限长 4 倍以上)。然后在镀铝锌钢板上先涂一层防腐功能的化学皮膜,皮膜上涂覆底漆,最后涂耐候性强的有色化学聚酯,确保使用多年后仍保持原有色彩和光泽。

压型钢板有波形板、梯形板和带肋梯形板多种。波高>70 mm 的称高波板;而波高≤70 mm 的称低波板。压型钢板宽度为 750~900 mm,长度受吊装、运输条件的限制一般宜在 12 m 以内。

压型钢板的连接方式,用各种螺钉、螺栓或拉铆钉等紧固件和连接件固定在檩条上。檩条一般有槽钢、工字钢或轻钢檩条。檩条的间距一般为 1.5~3 m。

压型钢板的纵向连接应位于檩条或墙梁处,两块板均应伸至支承件上。搭接长度:高波屋面板为 350 mm;屋面坡度≤(1∶10)的低波屋面板为 250 mm,屋面坡度>(1∶10)时低波屋面板的搭接长度为 200 mm。两板的搭接缝间需设通长密封条。

7.4.4 坡屋顶的细部构造

1）檐口构造

建筑物屋顶与外墙的顶部交接处称檐口。坡屋顶的檐口常做成挑檐和包檐两种不同形式。挑檐是将檐口挑出在墙外，做成露檐头或封檐头形式。而包檐是将檐口与檐墙齐平或用女儿墙将檐口封住。

(1) 砖砌挑檐

出檐小时在檐墙顶部将砖每2皮挑出1/4砖长叠砌，挑出总长度不超过墙厚的一半。第一排瓦头应伸在檐墙之外(图7-56a)。

(2) 木挑檐口

利用屋架下弦的托木来支承挑檐檩，以增加出挑檐口的长度。但挑檐的长度不能超过屋顶檩条之间的距离(图7-56b)。挑檐木也可置于承重横墙中(图7-56c)。挑檐木一头出挑檐墙外，使其端头与屋面板及封檐板结合。挑檐木的另一头压入屋架或檐墙内。在挑檐木的下面可钉 40 mm×45 mm 的顶棚龙骨，下抹出檐顶棚。用椽子挑檐的也可在椽下做出檐斜面顶棚(图7-56d)。

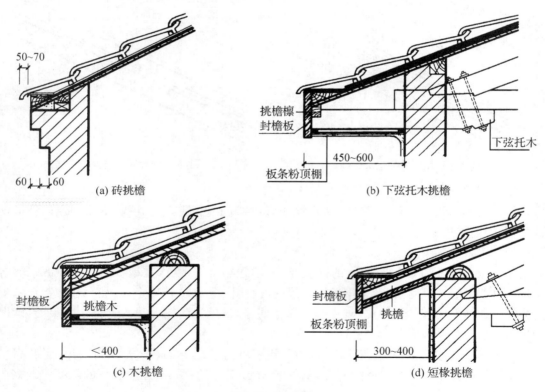

图 7-56 坡屋顶细部挑檐构造(mm)

(3) 钢筋混凝土板挑檐口

当采用现浇钢筋混凝土坡屋顶时，可将现浇板悬挑作檐口，一般出挑 600～700 mm(图7-57)，亦可利用现浇钢筋混凝土檐沟作挑檐。这种檐沟一般与圈梁结合成一个构件。檐沟的宽度一般约为 300～400 mm(图7-58)。

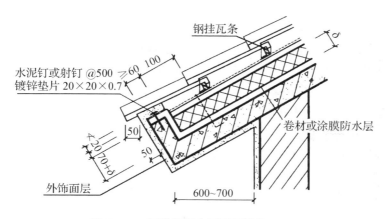

图 7-57 钢筋混凝土屋面板挑檐(mm)

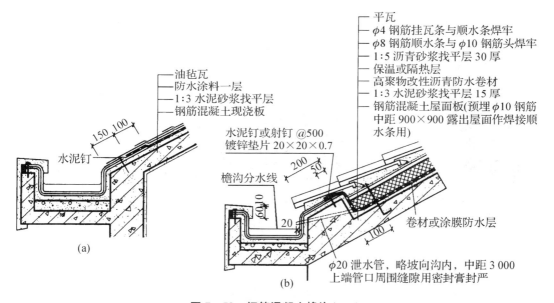

图 7-58 钢筋混凝土檐沟(mm)

(a)多彩油毡瓦屋面钢筋混凝土檐沟;(b)平瓦屋面钢筋混凝土檐沟

(4)包檐

有的坡屋面将檐墙砌出屋面并遮挡檐口,形成女儿墙。这时常在女儿墙与屋面相交处设排水沟(图 7-59)。

2)山墙构造

两坡屋顶尽端墙体称为山墙,常做成悬山或硬山两种形式。

(1)悬山

悬山是两坡屋顶尽端屋面出挑在山墙外面,一般常用檩条出挑。檩条端头用博风板封住,根据需要下面钉 40 mm×40 mm 的木条,再钉灰板条钢丝网后抹灰。瓦与博风板相交处,用水泥麻刀石灰砂浆或水泥砂浆粉出瓦出线(图 7-60a)。现浇钢筋混凝土屋面板悬出山墙,端部翻起高度同保温层等厚度(图 7-60b)。

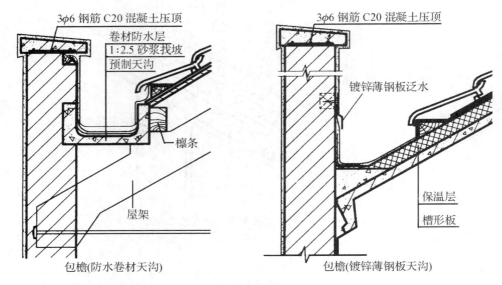

图 7-59 包檐天沟(mm)

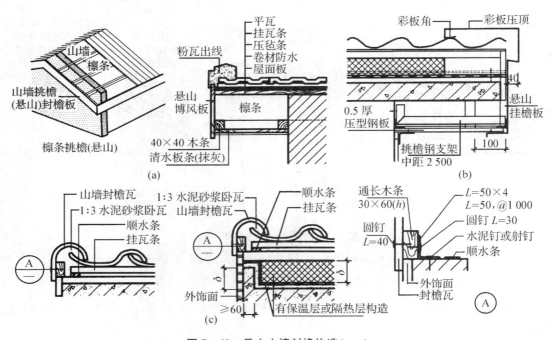

图 7-60 悬山山墙封檐构造(mm)

(a) 悬山挑檐；(b) 彩钢板屋面山墙封檐；(c) 块瓦屋面山墙封檐(钢挂瓦条)

(2) 硬山

山墙与屋面砌平，或高出屋面，这种坡屋顶山墙称硬山顶。山墙砌至屋面高度，将瓦片盖过山墙，用1∶2.5水泥纸筋石灰砂浆窝瓦，用1∶3水泥砂浆抹瓦出线。当山墙高出屋面时，应在山墙上做压顶，山墙与屋面相交处抹1∶3水泥砂浆或钉镀锌薄钢板泛水，见图7-61(a)、(b)、(c)。

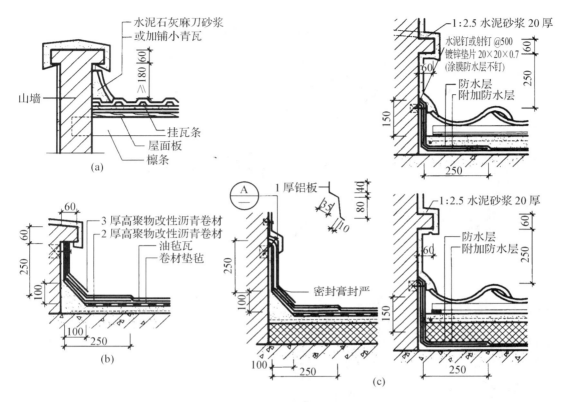

图 7 - 61 硬山山墙封檐构造(mm)

(a) 平瓦山墙封檐；(b) 多彩油毡瓦屋面山墙封檐；(c) 块瓦屋面山墙封檐

3）顶棚

在屋架或檩条下面的吊顶主要起保温隔热及装修作用。顶棚的主要支承构件是吊杆、吊挂主龙骨，下钉次龙骨，再做面层。面层可用灰板条或钢板网抹灰或钉胶合板、纤维板等。吊顶主龙骨大小：不上人顶棚一般为 50 mm×70 mm 或 50 mm×100 mm，中距 1 200 mm 左右。主龙骨由吊杆钉牢在檩条上，吊杆截面常用 40 mm×40 mm 或直径为 70 mm 的圆木对开，亦可用 ∅6 钢筋。次龙骨常用 40 mm×40 mm 小木料，与主龙骨方向垂直，钉在主龙骨底面或籍挂钩挂在主龙骨上。间距一般在 400～600 mm。当为 400 mm 时，下做灰板条抹灰；当为 600 mm 时，则用轻钢龙骨和难燃吊顶板，如钉矿棉板、石膏板、压密水泥板等（图 7 - 62）。

顶棚与屋面之间的空间，可作储藏室或屋顶通风层使用。在采暖地区，可将保温材料放在次龙骨上。在炎热地区屋顶设有通风洞，组织好顶棚内的自然通风。在顶棚上应设≥600 mm×600 mm 的上人孔，供检修等用。

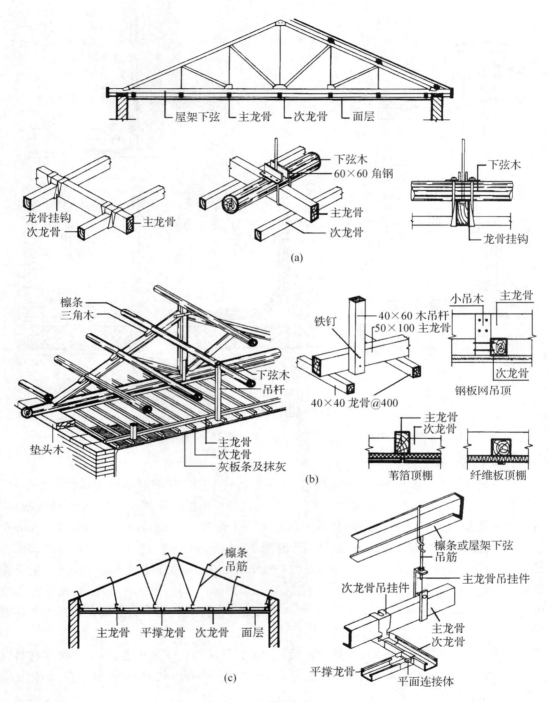

图 7-62 顶棚构造(mm)

(a) 屋架下弦吊顶棚；(b) 檩条下吊顶棚；(c) 檩条与轻钢龙骨的连接

7.5 屋顶的保温和隔热

屋顶与外墙都同属房屋的外围护结构,不仅要能遮风避雨,还应具有保温和隔热的功能。

7.5.1 屋顶保温

寒冷地区或装有空调设备的建筑,其屋顶应设计成保温屋面。保温屋面按稳定传热原理考虑其热工计算,墙体在稳定传热条件下防止室内热损失的主要措施是提高墙体的热阻,这一原则同样适用于屋面的保温,提高屋顶热阻的办法是在屋面设置保温层。

1) 保温材料

保温材料一般为轻质、疏松、多孔或纤维的材料,其重度不大于 10 kN/m^3,导热系数不大于 0.25 W/(m·K)。按其成分分为无机材料和有机材料两种;按其形状可分为以下三种类型:

(1) 松散保温材料

常用的松散材料有膨胀蛭石(粒径 3~15 mm)、膨胀珍珠岩、矿棉、岩棉、玻璃棉、炉渣(粒径 5~40 mm)等。

(2) 整体保温材料

通常用水泥或沥青等胶结材料与松散保温材料拌合,整体浇筑在需保温的部位,如沥青膨胀珍珠岩、水泥膨胀珍珠岩、水泥膨胀蛭石、水泥炉渣等。

(3) 板状保温材料

如加气混凝土板、泡沫混凝土板、膨胀珍珠岩板、膨胀蛭石板、矿棉板、泡沫塑料板、岩棉板、木丝板、刨花板、甘蔗板等。有机纤维板材的保温性能一般较无机板材为好,但耐久性较差,只有在通风条件良好、不易腐烂的情况下使用才较为适宜。

各类保温材料的选用应结合工程造价、铺设的具体部位、保温层是否封闭还是敞露等因素加以考虑。

2) 平屋顶的保温构造

平屋顶的屋面坡度较缓,宜于在屋面结构层上放置保温层。保温层的位置有两种处理方式:

(1) 将保温层放在结构层之上,防水层之下,成为封闭的保温层。这种方式通常叫做正置式保温,也叫做内置式保温。

(2) 将保温层放在防水层上,成为敞露的保温层。这种方式通常叫做倒置式保温,也叫外置式保温。

刚性防水屋面由于防水层易开裂渗漏,造成内置的保温层受潮失去保温作用,一般不宜设置保温层,故而保温层多设于卷材防水或涂膜防水屋面。

图 7-63 为正置式卷材平屋顶保温屋面构造。与非保温屋面不同的是,增加了保温层和保温层上下的找平层及隔气层。

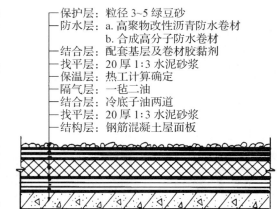

图 7-63 卷材平屋顶保温构造做法(mm)

保温层上设找平层是因为保温材料的强度通常较低,表面也不够平整,其上需经找平后才便于铺贴防水卷材;保温层下设隔气层是因为冬季室内气温高于室外,热气流从室内向室外渗透,空气中的水蒸气随热气流从屋面板的孔隙渗透进保温层,由于水的导热系数比空气大得多,一旦多孔隙的保温材料进了水便会大大降低其保温效果。同时,积存在保温材料中的水分遇热也会转化为水蒸气而膨胀,容易引起卷材防水层的起鼓。因此,正置式保温层下应铺设隔气层,常用做法是"一毡二油"或"一布四油"。

隔气层阻止了外界水蒸气渗入保温层,但也产生了一些副作用。因为保温层的上下均被不透水的材料封住,如施工中保温材料或找平层未干透就铺设了防水层,残存于保温层中的水蒸气就无法散发出去。为了解决这个问题,需在保温层中设置排气道,道内填塞大粒径的炉渣,既可让水蒸气在其中流动,又可保证防水层的坚实牢靠,如图 7-64(b)所示,找平层内的相应位置也应留槽做排气道,并在其上干铺一层宽 200 mm 的卷材,卷材用胶黏剂单边点贴铺盖。排气道应在整个屋面纵横贯通,并与连通大气的排气孔相通,如图 7-64(a)、(c)、(d)所示。排气孔的数量视基层的潮湿程度而定,一般以每 36 m² 设置一个为宜。

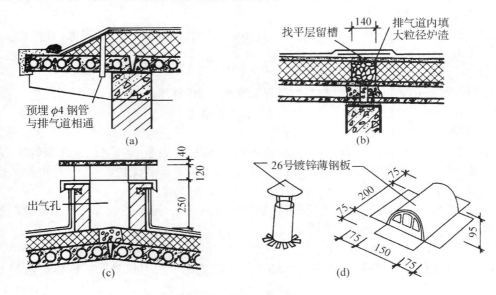

图 7-64 排气道构造(mm)
(a) 檐口排气道;(b) 保温层排气道;(c) 排气孔;(d) 通风帽

图 7-65 是倒置式油毡保温屋面的构造做法,倒置式保温屋面于 20 世纪 60 年代开始在德国和美国被采用,其特点是保温层做在防水层之上,对防水层起到一个屏蔽和防护的作用,使之不受阳光和气候变化的影响,温度变形较小,也不易受到来自外界的机械损伤。因此,现在有不少人认为这种屋面是一种值得推广的保温屋面。

倒置式保温屋面的保温材料应采

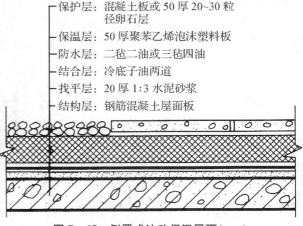

图 7-65 倒置式油毡保温屋面(mm)

用吸湿性小的憎水材料,如聚苯乙烯泡沫塑料板、聚氨酯泡沫塑料板等,不宜采用如加气混凝土或泡沫混凝土这类吸湿性强的保温材料。保温层上应铺设保护层,以防止保温层表面破损和延缓其老化过程。保护层应选择有一定重量、足以压住保温层的材料,使之不致在下雨时漂浮起来。可选择大粒径的石子或混凝土板做保护层,不能采用绿豆砂保护层。因此,倒置式屋面的保护层要比正置式的厚重一些。

7.5.2 屋顶隔热

在夏季太阳辐射和室外气温的综合作用下,从屋顶传入室内的热量要比从墙体传入室内的热量多得多。在低多层建筑中,盖层房间占有很大比例,屋顶的隔热问题应予以认真考虑。我国南方地区的建筑屋面隔热尤为重要,应采取适当的构造措施解决屋顶的降温和隔热问题。

屋顶隔热降温的基本原理是:减少直接作用于屋顶表面的太阳辐射热量。所采用的主要构造做法是:通风隔热、蓄水隔热、种植隔热、反射降温隔热等。

1) 通风隔热

通风隔热就是在屋顶设置架空通风间层,使其上层表面遮挡阳光辐射,同时利用风压和热压作用将间层中的热空气不断带走,使通过屋面板传入室内的热量大为减少,从而达到隔热降温的目的。通风间层的设置通常有两种方式:一种是在屋面上做架空通风隔热间层,另一种是利用吊顶棚内的空间做通风间层。

(1) 架空通风隔热间层

架空通风隔热间层设于屋面防水层上,架空层内的空气可以自由流通,其隔热原理是:一方面利用架空的面层遮挡直射阳光,另一方面架空层内被加热的空气与室外冷空气产生对流,将层内的热量源源不断地排走,从而达到降低室内温度的目的。

架空通风层通常用砖、瓦、混凝土等材料及制品制作,如图7-66所示。其中最常用的是图7-66(a),即砖墩架空混凝土板(或大阶砖)通风层。架空通风层的设计要点有:

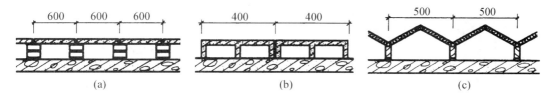

图 7-66 架空通风隔热(mm)

(a) 架空预制板(或大阶砖);(b) 架空混凝土山形板;(c) 架空钢丝网水泥折板

①架空层的净空高度应随屋面宽度和坡度的大小而变化:屋面宽度和坡度越大,净空越高,但不宜超过360 mm,否则架空层内的风速将反而变小,影响降温效果。架空层的净空高度一般以180～300 mm为宜。屋面宽度大于10 m时,应在屋脊处设置通风桥以改善通风效果。

②为保证架空层内的空气流通顺畅,其周边应留设一定数量的通风孔,图7-67(b)是将通风孔留设在对着风向的女儿墙上。如果在女儿墙上开孔有碍于建筑立面造型,也可以在离女儿墙至少250 mm宽的范围内不铺架空板,让架空板周边开敞,以利空气对流。

③隔热板的支承物可以做成砖垄墙式的,如图7-67(a)所示,也可做成砖墩式的,如

图 7-67(b)所示。当架空层的通风口能正对当地夏季主导风向时,采用前者可以提高架空层的通风效果。但当通风孔不能朝向夏季主导风向时,采用砖垄墙式的反而不利于通风。这时最好采用砖墩支承架空板方式,这种方式与风向无关,但通风效果不如前者。这是因为砖垄墙架空板通风是一种巷道式通风,只要正对主导风向,巷道内就易形成流速很快的对流风,散热效果好。而砖墩架空层内的对流风速要慢得多。

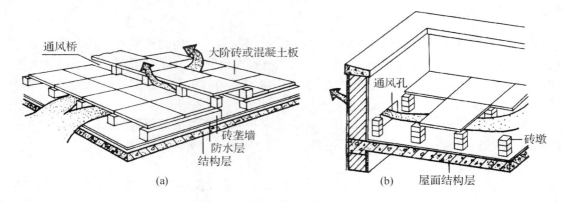

图 7-67 通风桥与通风孔

(a) 架空隔热层与通风桥;(b) 架空隔热层与女儿墙通风孔

(2) 利用吊顶棚内的空间做通风间层

利用顶棚与屋面间的空间做通风隔热层可以起到架空通风层同样的作用。图 7-68 是几种常见的顶棚通风隔热屋面构造示意,设计中应注意满足下列要求:

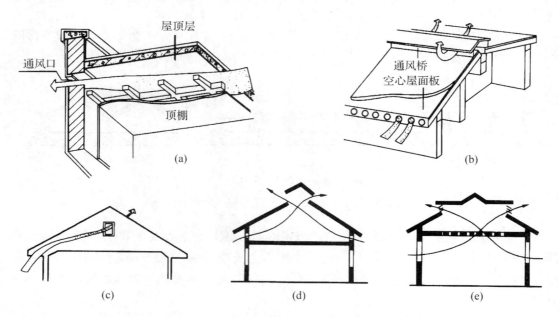

图 7-68 顶棚通风隔热屋面

(a) 在外墙上设通风孔;(b) 空心板孔通风;(c) 檐口及山墙通风孔;
(d) 外墙及天窗通风孔;(e) 顶棚及天窗通风孔

①必须设置一定数量的通风孔,使顶棚内的空气能迅速对流。平屋顶的通风孔通常开设在外墙上,孔口饰以混凝土花格或其他装饰性构件,如图 7-68(a)所示。坡屋顶的通风孔常设在挑檐顶棚处、檐口外墙处、山墙上部,如图 7-68(c)、(d)所示。屋顶跨度较大时还可以在屋顶上开设天窗作为出气孔,以加强顶棚层内的通风,如图 7-68(d)、(e)所示。进气孔可根据具体情况设在顶棚或外墙上。有的地方还利用空心屋面板的孔洞作为通风散热的通道,如图 7-68(b)所示,其进风孔设在檐口处,屋脊处设通风桥。有的地区则在屋顶安放双层屋面板而形成通风隔热层,其中上层屋面板用来铺设防水层,下层屋面板则用作通风顶棚,通风层的四周仍需设通风孔。

②顶棚通风层应有足够的净空高度,应根据各综合因素所需高度加以确定。如通风孔自身的必需高度,屋面梁、屋架等结构的高度,设备管道占用的空间高度及供检修用的空间高度等。仅作通风隔热用的空间净高一般为 500 mm 左右。

③通风孔须考虑防止雨水飘进,特别是无挑檐遮挡的外墙通风孔和天窗通风口应注意解决好飘雨问题。当通风孔较小(不大于 300 mm×300 mm)时,只要将混凝土花格窗靠外墙的内边缘安装,利用较厚的外墙洞口即可挡住飘雨。当通风孔尺寸较大时,可以在洞口处设百叶窗片挡雨,如图 7-69 所示。

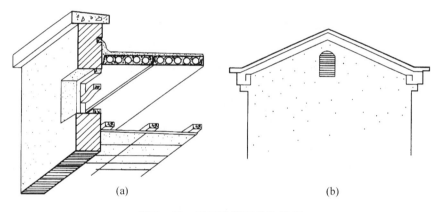

图 7-69 通风孔挡雨措施举例

(a) 通风孔花格窗朝外墙内沿安装;(b) 通风孔用百叶窗挡雨

④应注意解决好屋面防水层的保护问题。较之架空板通风屋面,顶棚通风屋面的防水层由于暴露在大气中,缺少了架空层的遮挡,直射阳光可引起刚性防水层的变形开裂,还会使混凝土出现碳化现象。防水层的表面一旦粉化,内部的钢筋便会锈蚀。因此,炎热地区应在刚性防水屋面的防水层上涂上浅色涂料,既可用以反射阳光,又能防止混凝土碳化。卷材特别是油毡卷材屋面也应做好保护层,以防屋面过热导致油毡脱落和玛碲脂流淌。

2) 蓄水隔热

蓄水隔热屋面利用平屋盖所蓄积的水层来达到屋盖隔热的目的,其原理为:在太阳辐射和室外气温的综合作用下,水能吸收大量的热而由液体蒸发为气体,从而将热量散发到空气中,减少了屋盖吸收的热能,起到隔热的作用。水面还能反射阳光,减少阳光辐射对屋面的热作用。水层在冬季还有一定的保温作用。此外,水层长期将防水层淹没,使混凝土防水层处于水的养护下,减少由于温度变化引起的开裂和防止混凝土的碳化,使诸如沥青和嵌缝胶泥之类的防水材料在水层的保护下推迟老化过程,延长使用年限。

总的来说，蓄水屋面具有既能隔热又可保温，既能减少防水层的开裂又可延长其使用寿命等优点。在我国南方地区，蓄水屋面对于建筑的防暑降温和提高屋面的防水质量能起到很好的作用。如果在水层中养殖一些水浮莲之类的水生植物，利用植物吸收阳光进行光合作用和叶片遮蔽阳光的特点，其隔热降温的效果将会更加理想。

蓄水屋面的构造设计主要应解决好以下几方面的问题：

(1) 水层深度及屋面坡度

过厚的水层会加大屋面荷载，过薄的水层夏季又容易被晒干，不便于管理。从理论上讲，50 mm 深的水层即可满足降温与保护防水层的要求，但实际比较适宜的水层深度为 150～200 mm。为保证屋面蓄水深度的均匀，蓄水层面的坡度不宜大于 0.5%。

(2) 防水层的做法

蓄水屋面既可用于刚性防水屋面，也可用于卷材防水屋面。采用刚性防水层时也应按规定做好分隔缝，防水层做好后应及时养护，蓄水后不得断水。采用卷材防水层时，其做法与前述的卷材防水屋面相同，应注意避免在潮湿条件下施工。

(3) 蓄水区的划分

为了便于分区检修和避免水层产生过大的风浪，蓄水屋面应划分为若干蓄水区，每区的边长不宜超过 10 m。

蓄水区间用混凝土做成分仓壁，壁上留过水孔，使各蓄水区的水层连通，但在变形缝的两侧应设计成互不连通的蓄水区。当蓄水屋面的长度超过 40 m 时，应做横向伸缩缝一道。分仓壁也可用 M10 水泥砂浆砌筑砖墙，顶部设置直径 6 mm 或 8 mm 的钢筋砖带。

(4) 女儿墙与泛水

蓄水屋面四周可做女儿墙并兼作蓄水池的仓壁。在女儿墙上应将屋面防水层延伸到墙面形成泛水，泛水的高度应高出溢水孔 100 mm。若从防水层面起算，泛水高度应为水层深度与 100 mm 之和，即 250～300 mm。

(5) 溢水孔与泄水孔

为避免暴雨时蓄水深度过大，应在蓄水池外壁上均匀布置若干溢水孔，通常每开间约设一个，以使多余的雨水溢出屋面。为便于检修时排除蓄水，应在池壁根部设泄水孔，每开间约一个。泄水孔和溢水孔均应与排水檐沟或水落管连通。

(6) 管道的防水处理

蓄水屋面不仅有排水管，一般还应设给水管，以保证水源的稳定。所有的给排水管、溢水管、泄水管均应在做防水层之前装好，并用油膏等防水材料妥善嵌填接缝。

综上所述，蓄水屋面与普通平屋盖防水屋面不同的就是增加了一壁三孔。所谓一壁是指蓄水池的仓壁，三孔是指溢水孔、泄水孔、过水孔。一壁三孔概括了蓄水屋面的构造特征。

近年来，我国南方部分地区也有采用深蓄水屋面做法的，其蓄水深度可达 600～700 mm，视各地气象条件而定。采用这种做法是出于水源完全由天然降雨提供，不需人工补充水的考虑。为了保证池中蓄水不致干涸，蓄水深度应大于当地气象资料统计提供的历年最大雨水蒸发量，也就是说蓄水池中的水即使在连晴高温的季节也能保证不干。深蓄水屋面的主要优点是不需人工补充水，管理便利，池内还可以养鱼增加收入。但这种屋面的荷载很大，超过一般屋面板承受的荷载。为确保结构安全，应单独对屋面结构进行验算。

3) 种植隔热

种植隔热的原理是：在平屋盖上种植植物，借助栽培介质隔热及植物吸收阳光进行光合作用和遮挡阳光的双重功效来达到降温隔热的目的。

种植隔热根据栽培介质层构造方式的不同可分为一般种植隔热和蓄水种植隔热两类。

一般种植隔热屋面是在屋面防水层上直接铺填种植介质,栽培各种植物。其构造要点为:

①选择适宜的种植介质

为了不过多地增加屋面荷载,宜尽量选用轻质材料作栽培介质,常用的有谷壳、蛭石、陶粒、泥炭等,即所谓的无土栽培介质。近年来,还有以聚苯乙烯、尿甲醛、聚甲基甲酸酯等合成材料泡沫或岩棉、聚丙烯腈絮状纤维等作栽培介质的,其质量更轻,耐久性和保水性更好。

为了降低成本,也可以在发酵后的锯末中掺入约30%体积比的腐殖土作栽培介质,但密度较大,需对屋面板进行结构验算,且容易污染环境。

栽培介质的深度应满足屋盖所栽种的植物正常生长的需要,可参考表7-5选用,但一般不宜超过300 mm。

表 7-5 种植层的深度

植物种类	种植层深度(mm)	备 注
草 皮	150～300	前者为该类植物的最小生存深度,后者为最小开花结果深度
小灌木	300～450	
大灌木	450～600	
浅根乔木	600～900	
深根乔木	900～1 500	

②种植床的做法

种植床又称苗床,可用砖或加气混凝土砌块来砌筑床埂。床埂最好砌在下部的承重结构上,内外用1:3水泥砂浆抹面,高度宜大于种植层6 mm左右。每个种植床应在其床埂的根部设不少于两个的泄水孔,以防种植床内积水过多造成植物烂根。为避免栽培介质的流失,泄水孔处需设滤水网,滤水网可用塑料网或塑料多孔板、环氧树脂涂覆的铁丝网等制作(图7-70)。

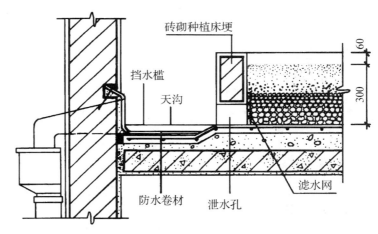

图 7-70 种植屋面构造示意(mm)

③种植屋面的排水和给水

一般种植屋面应有一定的排水坡度(1%～3%),以便及时排除积水。通常在靠屋面低侧的种植床与女儿墙间留出300～400 mm的距离,利用所形成的天沟组织排水。如采用含泥砂的栽培介质,屋面排水口处宜设挡水槛,以便沉积水中的泥砂,这种情况要求合理地设计屋面各部位的标高。

种植层的厚度一般都不大,为了防止久晴天气苗床内干涸,宜在每一种植分区内设给水阀一个，以供人工浇水之用。

④种植屋面的防水层

种植屋面可以采用一道或多道（复合）防水设防，但最上面一道应为刚性防水层，要特别注意防水层的防蚀处理。防水层上的裂缝可用一布四涂盖缝，分隔缝的嵌缝油膏应选用耐腐蚀性能好的，不宜种植根系发达、对防水层有较强侵蚀作用的植物，如松、柏、榕树等。

⑤注意安全防护问题

种植屋面是一种上人屋面，需要经常进行人工管理（如浇水、施肥、栽种），因而屋盖四周应设女儿墙等作为护栏以利安全。

护栏的净保护高度不宜小于 1.1 m。如屋盖栽有较高大的树木或设有藤架等设施，还应采取适当的紧固措施，以免被风刮倒伤人。

4）反射降温隔热

屋面受到太阳辐射后，一部分辐射热量被屋面材料吸收，另一部分被屋面反射出去。反射热量与入射热量之比称为屋面材料的反射率（用百分数表示）。该比值取决于屋面表面材料的颜色和粗糙程度，色浅而光滑的表面比色深而粗糙的表面具有更大的反射率。表 7-6 为不同材料不同颜色屋面的反射率。设计中如果能恰当地利用材料的这一特性，也能取得良好的降温隔热效果。例如屋面采用浅色砾石、混凝土，或涂刷白色涂料，均可起到明显的降温隔热作用。

如果在吊顶棚通风隔热层中加铺一层铝箔纸板，其隔热效果更加显著，因为铝箔的反射率在所有材料中是最高的。

表 7-6　各种屋面材料的反射率

屋面材料与颜色	反射率(%)	屋盖表面材料与颜色	反射率(%)
沥青、玛𹥯脂	15	石灰刷白	80
油毡	15	砂	59
镀锌薄钢板	35	红	26
混凝土	35	黄	65
铝箔	89	石棉瓦	34

复习思考题

1. 屋盖楼外形有哪些形式？注意各种形式屋盖的特点及适用范围。
2. 设计屋盖应满足哪些要求？
3. 影响屋盖坡度的因素有哪些？各种屋盖的坡度值是多少？屋盖坡度的形成方法有哪些？注意各种方法的优缺点比较。
4. 什么叫无组织排水和有组织排水？它们的优缺点和适用范围是什么？
5. 常见的有组织排水方案有哪几种？各适用于何种条件？
6. 层盖排水组织设计的内容和要求是什么？
7. 如何确定屋面排水坡面的数目？如何确定天沟（或檐沟）断面的大小和天沟纵坡值？如何确定雨水管和雨水口的数量及尺寸规划？
8. 卷材屋面的构造层有哪些？各层如何做法？卷材防水层下面的找平层为何要设分隔缝？上人和不上人的卷材屋面在构造层次及做法上有什么不同？
9. 卷材防水屋面的泛水、天沟、檐口、雨水口等细部构造的要点是什么？注意记忆它们的典型构造图。

10. 何谓刚性防水屋面？刚性防水屋面有哪些构造层？各层如体做法？注意为什么要设隔离层？

11. 刚性防水屋面为什么容易开裂？可以采取哪些措施预防开裂？

12. 为什么要在刚性屋面的防水层中设分隔缝？分隔缝应设在哪些部位？注意分隔缝的构造要点和记住典型的构造图。

13. 什么叫涂膜防水屋面？

14. 瓦屋面的承重结构系统有哪几种？注意根据不同的屋盖形式来进行承重结构的布置，注意屋架和檩的经济跨度值。

15. 平屋盖和坡屋盖的保温有哪些构造做法（用构造图表示）？各种做法适用于何种条件？

16. 平屋盖和坡屋盖的隔热有哪些构造做法（用构造图表示）？各种做法适用于何种条件？

8 门和窗

门和窗是房屋的重要组成部分。门的主要功能是交通联系,窗主要供采光和通风之用,它们均属建筑的围护构件。

在设计门窗时,必须根据有关规范和建筑的使用要求来决定其形式及尺寸大小。造型要美观大方,构造应坚固、耐久,开启灵活,关闭紧严,便于维修和清洁,规格类型应尽量统一,并符合现行《建筑模数协调统一标准》的要求,以降低成本和适应建筑工业化生产的需要。

门窗按其制作的材料可分为:木门窗、铝合金门窗、塑料门窗、彩板门窗等。

8.1 门窗的形式与尺度

门窗的形式主要是取决于门窗的开启方式,不论其材料如何,开启方式均大致相同。

8.1.1 门的形式与尺度

1) 门的形式

门按其开启方式通常有:平开门、弹簧门、推拉门、折叠门、转门等。

(1) 平开门

平开门是水平开启的门,它的铰链装于门扇的一侧与门框相连,使门扇围绕铰链轴转动。其门扇有单扇、双扇,向内开和向外开之分。平开门构造简单,开启灵活,加工制作简便,易于维修,是建筑中最常见、使用最广泛的门(图 8-1)。

(2) 弹簧门

弹簧门的开启方式与普通平开门相同,所不同之处是以弹簧铰链代替普通铰链,借助弹簧的力量使门扇能向内、向外开启并可经常保持关闭。它使用方便,美观大方,广泛用于商店、学校、医院、办公和商业大厦。为避免人流相撞,门扇或门扇上部应镶嵌安全玻璃(图 8-2、图 8-3)。

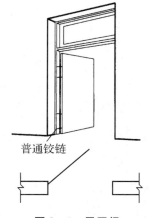

图 8-1 平开门

(3) 推拉门

推拉门开启时门扇沿轨道向左右滑行。通常为单扇和双扇,也可做成双轨多扇或多轨多扇,开启时门扇可隐藏于墙内或悬于墙外。根据轨道的位置,推拉门可分为上挂式和下滑式。当门扇高度小于 4 m 时,一般作为上挂式推拉门,即在门扇的上部装置滑轮,滑轮吊在门过梁之预埋上导轨上,当门扇高度大于 4 m 时,一般采用下滑式推拉门,即在门扇下部装滑轮,将滑轮置于预埋在地面的下导轨上。为使门保持垂直状态下稳定运行,导轨必须平直,并有一定刚度,下滑式推拉门的上部应设导向装置,较重型的上挂式推拉门则在门的下部设导向装置。

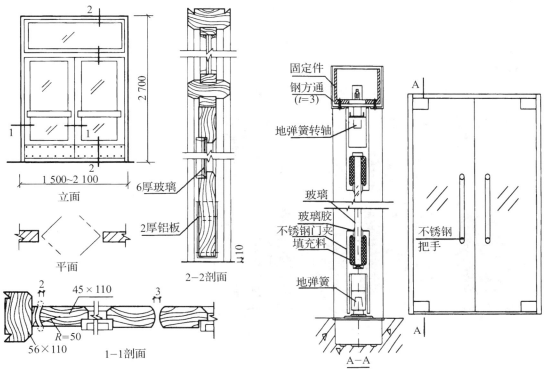

图 8-2 木制弹簧门(mm)　　　　图 8-3 铝合金弹簧门

推拉门开启时不占空间,受力合理,不易变形,但在关闭时难于严密,构造亦较复杂,多在工业建筑中,用作仓库和车间大门。在民用建筑中,一般采用轻便推拉门分隔内部空间(图 8-4)。

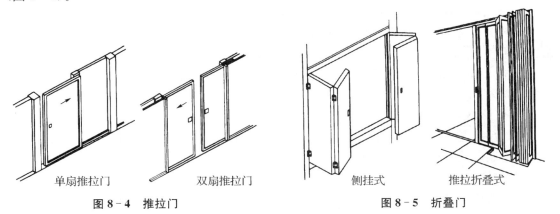

图 8-4 推拉门　　　　图 8-5 折叠门

(4) 折叠门

折叠门可分为侧挂式折叠门和推拉式折叠门两种。折叠门由多扇门构成,每扇门宽度 500~1 000 mm,一般以 600 mm 为宜,适用于宽度较大的洞口。侧挂式折叠门与普通平开门相似,只是门扇之间用铰链相连而成。当用铰链时,一般只能挂两扇门,不适用于宽大洞口。如侧挂门扇超过两扇时,则需使用特制铰链。

推拉式折叠门与推拉门构造相似,在门顶或门底装滑轮及导向装置,每扇门之间连以铰链,开启时门扇通过滑轮沿着导向装置移动(图 8-5)。

折叠门开启时占空间少,但构造较复杂,一般用在公共建筑或住宅中作灵活分隔空间用。

(5) 转门

转门是由两个固定的弧形门套和垂直旋转的门扇构成。门扇可分为三扇或四扇,绕竖轴旋转(图 8-6)。转门对隔绝室外气流有一定作用,可作为寒冷地区公共建筑的外门,但不能作为疏散门。当设置在疏散口时,需在转门两旁另设疏散用门。

图 8-6 转门

普通转门。普通转门为手动旋转结构,旋转方向通常为逆时,门扇的惯性转速可通过阻力调节装置按需要进行调整。转门的构造复杂、结构严密,起到控制人流通行量、防风保温的作用。普通转门按材质分为铝合金、钢质、钢木结合三种类型。铝合金转门采用转门专用挤压型材,由外框、圆顶、固定扇和活动扇等 4 部分组成。钢结构和钢木结构中的金属型材为 20 号碳素结构钢无缝异型管,经加工冷拉成不同类型转门和转壁框架。

旋转自动门。又称圆弧自动门,属高级豪华用门。采用声波、微波或红外传感装置和电脑控制系统,传动机构为弧线旋转往复运动。旋转自动门有铝合金和钢质两种,现多采用铝合金结构,活动扇部分为全玻璃结构。其隔声、保温和密闭性能更加优良,具有两层推拉门的封闭功效。

2) 门的尺度

门的尺度通常是指门洞的高宽尺寸。门作为交通疏散,其尺度取决于人的通行要求、家具器械的搬运及与建筑物的比例关系等,并要符合现行《建筑模数协调统一标准》(GBJ 2—1986)的规定。

一般民用建筑门的高度不宜小于 2 100 mm。如门设有亮子时,亮子高度一般为 300~600 mm,则门洞高度为门扇高加亮子高,再加门框及门框与墙间的缝隙尺寸,即门洞高度一般为 2 400~3 000 mm。公共建筑大门高度可视需要适当提高。

门的宽度:单扇门为 700~1 000 mm 双扇门为 1 200~1 800 mm。宽度在 2 100 mm 以上时,则多做成三扇、四扇门或双扇带固定扇的门,因为门扇过宽易产生翘曲变形,同时也不利于开启。辅助房间(如浴厕、储藏室等),门的宽度可窄些,一般为 700~800 mm。

为了使用方便,一般民用建筑门(木门、铝合金门、塑料门),均编制成标准图,在图上注明类型及有关尺寸,设计时可按需要直接选用。

8.1.2 窗的形式与尺度

1) 窗的形式

窗的形式一般按开启方式定。而窗的开启方式主要取决于窗扇铰链安装的位置和转动方式。通常窗的开启方式有以下几种：

(1) 平开窗

铰链安装在窗扇一侧与窗框相连，向外或向内水平开启。平开窗有单扇、双扇、多扇及向内开与向外开之分。平开窗构造简单，开启灵活，制作维修均方便，是民用建筑中使用最广泛的窗(图8-7)。

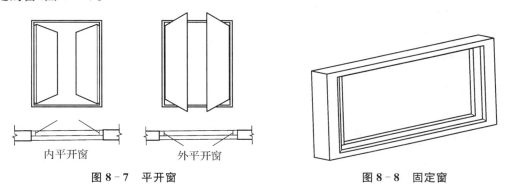

图8-7 平开窗　　　　　图8-8 固定窗

(2) 固定窗

无窗扇、不能开启的窗为固定窗。固定窗的玻璃直接嵌固在窗框上，可供采光和眺望之用，不能通风。固定窗构造简单，密闭性好，多与门亮子和开启窗配合使用(图8-8)。

(3) 旋转窗

包括悬窗和立转窗。

悬窗，根据铰链和转轴位置的不同，可分为上悬窗、下悬窗和中悬窗(图8-9)。

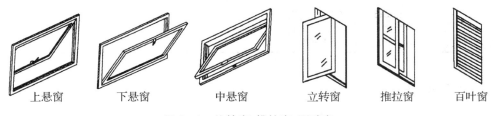

图8-9 旋转窗、推拉窗、百叶窗

上悬窗铰链安装在窗扇的上边，一般向外开防雨好，多采用作外门和门上的亮子。

下悬窗铰链安在窗扇的下边，一般向外开，通风较好，不防雨，不宜用作外窗，一般用于内门上的亮子。

中悬窗是在窗扇两边中部装水平转轴，开启时窗扇绕水平轴旋转，窗扇上部向内，下部向外，对挡雨、通风均有利，并且开启易于机械化，故常用作大空间建筑的高侧窗，也可用于外窗或用于靠外廊的窗。

立转窗，窗扇的转轴竖直，窗扇沿垂直轴旋转开启(图8-9)。

(4) 推拉窗

分上下推拉窗和左右推拉窗，左右推拉窗是窗扇沿水平轨道左右推拉，构造简单，应用广泛；上下推拉窗是用重锤通过钢丝绳平衡窗扇,构造较复杂(图8-9)。

（5）百叶窗

百叶窗是一种由斜木片或金属片组成的通风窗,多用于有特殊要求的部位(图8-9)。

2）窗的尺度

窗的尺度主要取决于房间的采光通风、构造做法和建筑造型等要求,并要符合现行《建筑模数协调统一标准》的规定。对一般民用建筑用窗,各地均有通用图,各类窗的高度与宽度尺寸通常采用扩大模数3M数列作为洞口的标志尺寸,需要时只要按所需类型及尺度大小直接选用。

确定窗洞口大小的因素很多,其主要因素为使房间有足够的采光。因而应进行房间的采光计算,其采光系数应符合表8-1的规定。

表8-1 几类建筑的采光系数标准值

建筑类别	采光等级	房间名称	侧面采光		顶部采光	
			采光系数最低值 C_{min}(%)	室内天然光临界照度(lx)	采光系数平均值 C_{av}(%)	室内天然光临界照度(lx)
居住建筑	Ⅳ	起居室、卧室、书房、厨房	1	50		
	Ⅴ	卫生间、过厅、楼梯间、餐厅	0.5	25		
办公建筑	Ⅱ	设计室、绘图室	3	150		
	Ⅲ	办公室、视屏工作室、会议室	2	100		
	Ⅳ	复印室、档案室	1	50		
	Ⅴ	走道、楼梯间、卫生间	0.5	25		
学校建筑	Ⅲ	教室、阶梯教室、实验室、报告厅	2	100		
	Ⅴ	走道、楼梯间、卫生间	0.5	25		
图书馆、医院建筑	Ⅲ	图书馆:阅览室、开架书库。医院:诊室、药房、治疗室、化验室	2	100		
	Ⅳ	图书馆:目录室。医院:候诊室、挂号室、综合大厅、病房、医生办、护士室	1	50	医院1.5	75
	Ⅴ	书库、走道、楼梯间、卫生间	0.5	25		

8.2 木门构造

8.2.1 平开门的组成

门一般由门框、门扇、亮子、五金零件及其附件组成(图8-10)。

门扇按其构造方式不同,有镶板门、夹板门、拼板门、玻璃门和纱门等类型。亮子又称腰头窗,在门上方,为辅助采光和通风之用,有平开、固定及上中下悬几种。

门框是门扇、亮子与墙的联系构件。

五金零件一般有铰链、插销、门锁、拉手、门碰头等。

附件有贴脸板、筒子板等。

8.2.2 门框

门框又称门樘,一般由两根竖直的边框和上框组成。当门带有亮子时,还有中横框。多扇门则还有中竖框(图 8-10)。

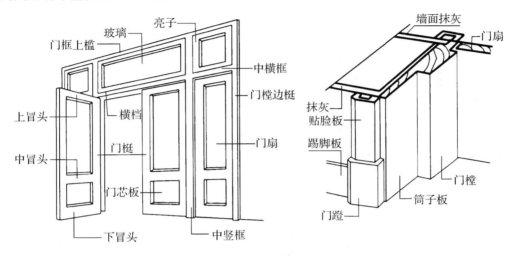

图 8-10 木门的组成

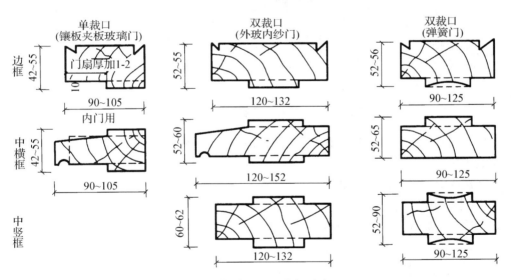

图 8-11 门框的断面形式与尺寸(mm)

门框的断面形式与门的类型、层数有关,同时应利于门的安装,并具有一定的密闭性(图 8-11)。门框的断面尺寸主要考虑接榫牢固与门的类型,还要考虑制作时创光损耗,毛断面尺寸应比净断面尺寸大些。

为便于门扇密闭,门框上要有裁口(或铲口)。根据门扇数与开启方式的不同,裁口的形式可分为单裁口与双裁口两种。单裁口用于单层门,双裁口用于双层门或弹簧门。裁口宽度要比门扇宽度大 1~2 mm,以利于安装和门扇开启。裁口深度一般为 8~10 mm。

由于门框靠墙一面易受潮变形,故常在该面开 1~2 道背槽,以免产生翘曲变形,同时也利于门框的嵌固。背槽的形状可为矩形或三角形,深度约 8~10 mm,宽约 12~20 mm。

门框的安装根据施工方式分为后塞口和先立口两种(图8-12)。

塞口(又称塞樘子),是在墙砌好后再安装门框。采用此法时,洞口的宽度应比门框宽20～30 mm,高度比门框高10～20 mm。门洞两侧墙上每隔600～1 000 mm预埋木砖或预留缺口,以便用圆钉或水泥砂浆将门框固定。框与墙间的缝隙需用沥青麻丝嵌填(图8-13)。

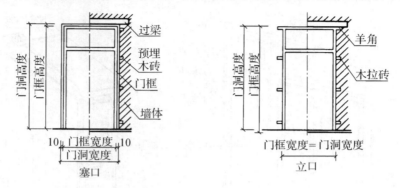

图8-12 门框的安装方式(mm)

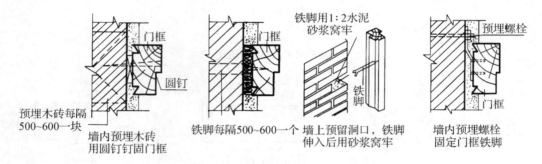

图8-13 塞口门框在墙上安装(mm)

立口(又称立樘子)在砌墙前即用支撑先立门框然后砌墙。框与墙的结合紧密,但是立樘与砌墙工序交叉,施工不便。

门框在墙中的位置,可在墙的中间或与墙的一边平(图8-14)。一般多与开启方向一侧平齐,尽可能使门扇开启时贴近墙面。门框四周的抹灰极易开裂脱落,因此在门框与墙结合处应做贴脸板和木压条盖缝,装修标准高的建筑,还可在门洞两侧和上方设筒子板(图8-14a)。

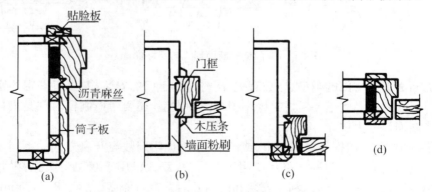

图8-14 门框位置、门贴脸板及筒子板
(a)外平;(b)立中;(c)内平;(d)内外平

8.2.3 门扇

常用的木门门扇有镶板门(包括玻璃门、纱门)和夹板门。

1) 镶板门

镶板门门扇由边梃、上冒头、中冒头(可作数根)和下冒头组成骨架,内装门芯板而构成(图 8-15)。构造简单,加工制作方便,适于一般民用建筑作内门和外门。

门扇的边梃与上、中冒头的断面尺寸一般相同,厚度为 40~45 mm,宽度为 100~120 mm。为了减少门扇的变形,下冒头的宽度一般加大至 160~250 mm,并与边梃采用双榫结合。

门芯板一般采用 10~12 mm 厚的木板拼成,也可采用胶合板、硬质纤维板、塑料板、玻璃和塑料纱等。当采用玻璃时,即为玻璃门,可以是半玻门或全玻门。若门芯板换成塑料纱(或铁纱),即为纱门。由于纱轻,门扇骨架用料可小些,边框与上冒头可采用 30~70 mm,下冒头用 30~150 mm。

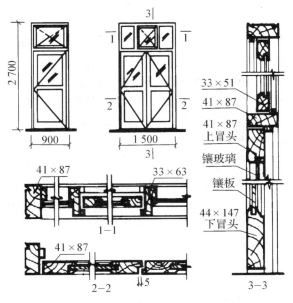

图 8-15 镶板门的构造(mm)

2) 夹板门

夹板门是用断面较小的方木做成骨架,两面黏贴面板而成(图 8-16)。门扇面板可用胶合板、塑料面板和硬质纤维板。面板和骨架形成一个整体,共同抵抗变形。夹板门的形式可以是全夹板门、带玻璃或带百叶夹板门。

平板门的骨架一般用厚约 30 mm、宽 30~60 mm 的木料做边框,中间的肋条用厚约 30 mm,宽 10~25 mm 的木条,可以是单向排列、双向排列或密肋形式,间距一般为 200~400 mm,安门锁处需另加上锁木。为使门扇内通风干燥,避免因内外温湿度差产生变形,在骨架上需设通气孔。为节约木材,也有用蜂窝形或浸塑纸来代替肋条的。

由于夹板门构造简单,可利用小料、短料,自重轻,外形简洁,在一般民用建筑中广泛用作建筑的内门。

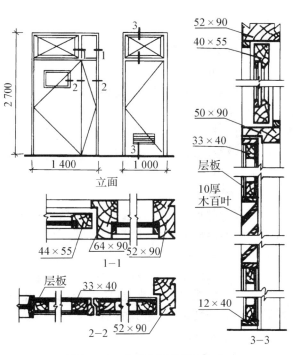

图 8-16 夹板门的构造(mm)

8.2.4 成品装饰木门窗

在酒店、宾馆、办公大楼、中高档住宅等民用建筑中广泛采用成品装饰木门窗,该门窗采用标准化、工厂化生产,组装成形的新工艺,有很好的装饰效果。

木门为无钉胶接固定施工,工期短,施工现场无噪声、垃圾、污染等。木门窗的木材为松木、榉木或其他优良材种,内框骨架采用指接工艺,榫接胶合严密,填充芯料选用电热拉伸定型蜂窝芯。

门窗套基材一般选用优质密度板,背面覆防潮层。面层饰面选用0.6 mm优质天然实木单板或仿真饰面膜,常用品种有枫木、红榉、樱桃、黑胡桃等。

门窗配套用合页、锁具、滑轨、门上五金,可按订货合同规定由工厂提供,相关的锁孔、滑轨开槽均可在工厂预制加工。

木门分为三大类,即平板门、装板门、玻璃门。

平板门:共3种门型,即普通平板门、拼花平板门、百叶平板门。

装板门:共3种门型,即平板装板门、鼓子板装板门、混合装板门。

玻璃门:共7种门型,即全玻璃门、半玻璃门、条形玻璃门、花格玻璃门、百叶玻璃门、装板玻璃门、铁艺玻璃门。

木窗以推拉窗为主,分为推拉窗、门连推拉窗等。

8.3 铝合金及彩板门窗

8.3.1 铝合金门窗

1) 铝合金门窗的特点

(1) 质量轻

铝合金门窗用料省,质量轻。

(2) 性能好

铝合金门窗密封性好,气密性、水密性、隔声性、隔热性都较木门窗有显著的提高。因此,在装设空调设备的建筑中,对防潮、隔声、保温、隔热有特殊要求的建筑中,以及多台风、多暴雨、多风沙地区的建筑更适合用铝合金门窗。

(3) 耐腐蚀、坚固耐用

铝合金门窗不需要涂涂料,氧化层不褪色、不脱落,表面不需要维修。铝合金门窗强度高,刚性好,坚固耐用,开闭轻便灵活,无噪声,安装快。

(4) 色泽美观

铝合金门窗框料型材,表面经过氧化着色处理,既可保持铝材的银白色,也可以制成各种柔和的颜色或带色的花纹,如古铜色、暗红色、黑色等。还可以在铝材表面涂刷一层聚丙烯酸树脂保护装饰膜,制成的铝合金门窗造型新颖大方,表面光洁,外观美观、色泽牢固,增加了建筑立面和内部的美观。

2) 铝合金门窗的设计要求

(1) 应根据使用和安全要求确定铝合金门窗的风压强度性能、雨水渗漏性能、空气渗透性能等综合指标。

（2）组合门窗设计宜采用定型产品门窗作为组合单元。非定型产品的设计应考虑洞口最大尺寸和开启扇最大尺寸的选择和控制。

（3）外墙门窗的安装高度应有限制。广东地区规定，外墙铝合金门窗安装高度小于等于 60 m（不包括玻璃幕墙）、层数小于等于 20 层；若安装高度大于 60 m 或层数大于 20 层则应进行更细致的设计。必要时，应进行风洞模型试验。

（4）铝合金门窗框料传热系数大，一般不能单独作为节能门窗的框料，应采取表面喷塑或其他断热处理技术来提高热阻。应采用导热系数小的材料或利用空气层截断铝合金框扇型材的热桥。

3）铝合金门窗框料系列

系列名称是以铝合金门窗框的厚度构造尺寸来区别各种铝合金门窗的称谓，如：平开门门框厚度构造尺寸为 50 mm，即称为 50 系列铝合金平开门；推拉窗窗框厚度构造尺寸为 90 mm，即称为 90 系列铝合金推拉窗等。

铝合金门窗设计通常采用定型产品，选用时应根据不同地区、不同气候、不同环境、不同建筑物的不同使用要求，选用不同的门窗框系列（表 8-2、表 8-3）。

表 8-2 我国各地铝合金门型材系列对照参考表（mm）

地区 \ 门型系列	铝合金门			
	平开门	推拉门	有框地弹簧门	无框地弹簧门
北 京	50、55、70	70、90	70、100	70、100
上海、华东	45、53、38	90、100	50、55、100	70、100
广 州	38、45、46、100	70、73、90、108	46、70、100	70、100
	40、45、50、55、60、80			
深 圳	40、45、50	70、80、90	45、55、70	70、100
	55、60、70、80	80、100		

表 8-3 我国各地铝合金窗型材系列对照参考表（mm）

地区 \ 窗型系列	铝合金窗				
	固定窗	平开、滑轴	推拉窗	立轴、上悬	百叶
北 京	40、45、50	40、50、70	50、60、45	40、50、70	70、80
	55、70		70、90、90-1		
上 海	38、45、50	38、45、50	60、70、75	50、70	70、80
华 东	53、90		90		
广 州	38、40、70	38、40、46	70、70B	50、70	70、80
			73、90		
深 圳	38、55	40、45、50	40、55、60	50、60	70、80
	60、70、90	55、60、65、70	70、80、90		

4）铝合金门窗安装

铝合金门窗是表面处理过的铝材经下料、打孔、铣槽、攻丝等加工，制作成门窗框料的构件，然后与连接件、密封件、开闭五金件一起组合装配成门窗（图 8-17）。

门窗安装时,将门、窗框在抹灰前立于门窗洞处,与墙内预埋件对正,然后用木楔将三边固定。经检验确定门、窗框水平、垂直、无挠曲后,用连接件将铝合金框固定在墙(柱、梁)上,连接件固定可采用焊接、膨胀螺栓或射钉等方法。

门窗框固定好后与门窗洞四周的缝隙,一般采用软质保温材料填塞,如泡沫塑料条、泡沫聚氨酯条、矿棉毡条和玻璃丝毡条等,分层填实,外表留5～8 mm深的槽口用密封膏密封。这种做法主要是为了防止门、窗框四周形成冷热交换区产生结露,影响防寒、防风的正常功能和墙体的寿命,也影响了建筑物的隔声、保温等功能。同时,避免了门窗框直接与混凝土、水泥砂浆接触,消除了碱对门、窗框的腐蚀。

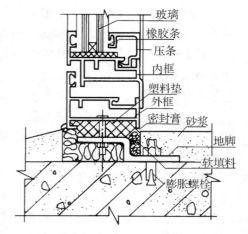

图8-17 铝合金门窗安装节点

铝合金门窗装入洞口应横平竖直,外框与洞口应弹性连接牢固,不得将门、窗外框直接埋入墙体,防止碱对门、窗框的腐蚀。

门窗框与墙体等的连接固定点,每边不得少于两点,且间距不得大于0.7 m。在基本风压值大于等于0.7 kPa的地区,间距不得大于0.5 m,边框端部的第一固定点与端部的距离不得大于0.2 m。

5) 常用铝合金门窗构造

(1) 平开窗

铝合金平开窗分为平开窗(或称合页平开窗)、滑轴平开窗。

平开窗合页装于窗侧面,平开窗玻璃镶嵌可采用干式装配、湿式装配或混合装配。混合装配又分为从外侧安装玻璃和从内侧安装玻璃两种。所谓干式装配是采用密封条嵌入玻璃与槽壁的空隙将玻璃固定。湿式装配是在玻璃与槽壁的空腔内注入密封胶填缝,密封胶固化后将玻璃固定,并将缝隙密封起来。混合装配是一侧空腔嵌密封条,另一侧空腔注入密封胶填缝密封固定。从内侧安装玻璃时,外侧先固定密封条,玻璃定位后,对内侧空腔注入密封胶填缝固定。湿式装配的水密、气密性能优于干式装配,而且当使用的密封胶为硅酮密封胶时,其寿命远较密封条为长。平开窗开启后,应用撑挡固定。撑挡有外开启上撑挡,内开启下撑挡。平开窗关闭后应用执手固定。

滑轴平开窗是在窗上下装有滑轴(撑),沿边框开启。滑轴平开窗仅开启撑挡不同于合页平开窗。

隐框平开窗玻璃不用镶嵌夹持而用密封胶固定在扇梃的外表面。由于所有框梃全部在玻璃后面,外表只看到玻璃,从而达到隐框的要求。

寒冷地区或有特殊要求的房间,宜采用双层窗,双层窗有不同的开启方式,常用的有内层窗内开、外层窗外开(图8-18a)、双层窗均内开(图8-18b)以及双层窗均外开。

(2) 推拉窗

铝合金推拉窗有沿水平方向左右推拉和沿垂直方向上下推拉的窗。沿垂直方向推拉的窗用得较少。铝合金推拉窗外形美观、采光面积大、开启不占空间、防水及隔声均佳,并具有很好的气密性和水密性,广泛用于宾馆、住宅、办公、医疗建筑等。推拉窗可用拼樘料(杆件)组合其他形式的窗或门连窗。推拉窗可装配各种形式的内外纱窗,纱窗可拆卸,也可固定(外装)。推拉窗在下框或中横框两端,或在中间开设排水孔,使雨水及时排除。

推拉窗常用的有 90 系列、70 系列、60 系列、55 系列等。其中 90 系列是目前广泛采用的品种,其特点是框四周外露部分均等,造型较好,边框内设内套,断面呈"己"型。

70 带纱系列,其主要构造与 90 系列相仿,不过将框型材断面由 90 mm 改为 70 mm,并加上纱扇滑轨(图 8-19)。

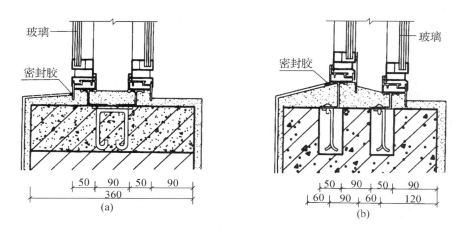

图 8-18 双层窗(mm)

(a) 外窗外开,内窗内开;(b) 双层窗均内开

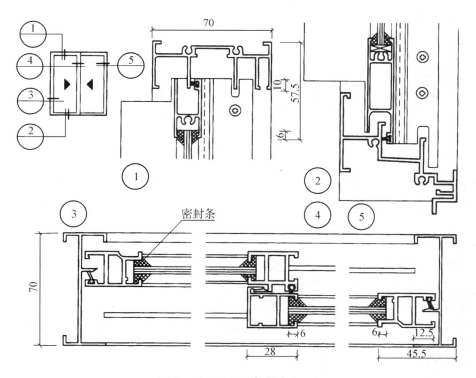

图 8-19 70 系列推拉窗(mm)

55系列属半压式半推拉窗(单滑轨),它又分为Ⅰ型、Ⅱ型。Ⅰ型下滑道为单壁,Ⅱ型下滑道的双层壁中间空腔为集水腔(图8-20),由于滑道中的水下泄到集水腔内,滑道内无积水。

(3) 地弹簧门

地弹簧门为使用地弹簧作开关装置的平开门,门可以向内或向外开启。铝合金地弹簧门分为有框地弹簧门(图8-21)和无框地弹簧门。

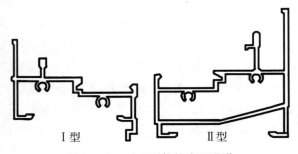

图8-20 55系列推拉窗下滑道

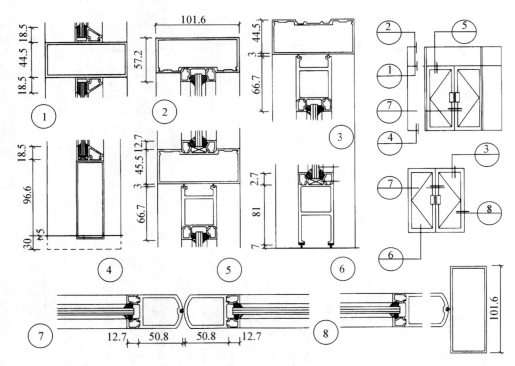

图8-21 地弹簧门(mm)

地弹簧门向内或向外开启不到90°时,能使门扇自动关闭;当门扇开启到90°时,门扇可固定不动。门扇玻璃应采用6 mm或6 mm以上的钢化玻璃或夹层玻璃。

地弹簧门通常采用70系列或100系列。

6) 断热型铝合金门窗

由于铝合金门窗框料传热系数大,近年来从国外引进断热型铝合金门窗型材。断热型铝合金型材可较大地降低铝合金门窗的传热系数。断热型铝合金门窗框是指型材采用非金属材料将铝合金型材进行断热。其构造方式有穿条式和灌注式两种,前者在框中间采用高强度增强尼龙隔热条(一般为黑色),后者用聚氨基甲酸乙酯灌注,目前市场上的断热型铝合金门窗以穿条式为主。

穿条式断热型铝合金型材,是把传统的一体性铝型材一分为二,然后用两只低热导性能的增强尼龙隔热条,通过机械复合的手段,再将分开的铝型材连接起来,通过这种方式来解决铝门窗型材热传导耗能的问题(图 8-22)。这种断热型铝门窗在欧洲已有 30 多年的使用历史,特别是在铝门窗专用隔热条的选材、结构,以及受力、连接、密封等质量控制上积累了成熟的经验。

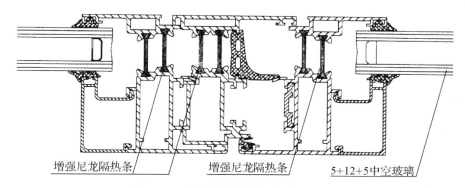

图 8-22 断热型铝合金门窗型材(mm)

8.3.2 彩板门窗

彩板门窗是以彩色镀锌钢板,经机械加工而成的门窗。它具有质量轻、硬度高、采光面积大、防尘、隔声、保温密封性好、造型美观、色彩绚丽、耐腐蚀等特点。

彩板门窗断面形式复杂,种类较多,通常在出厂前就已将玻璃装好,在施工现场进行成品安装。

彩板门窗,目前有两种类型,即带副框和不带副框的两种。当外墙面为花岗石、大理石等贴面材料时,常采用带副框的门窗。安装时,先用自攻螺钉将连接件固定在副框上,并用密封胶将洞口与副框及副框与窗樘之间的缝隙进行密封(图 8-23)。当外墙装修为普通粉刷时,常用不带副框的做法,即直接用膨胀螺钉将门窗樘子固定在墙上(图 8-24)。

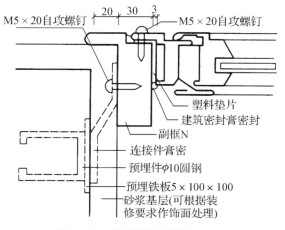

图 8-23 带副框彩板门窗(mm)

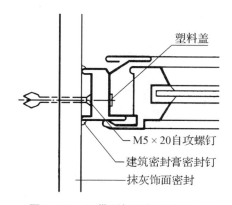

图 8-24 不带副框彩板门窗(mm)

8.4 塑料门窗

塑料门窗是以聚氯乙烯、改性聚氯乙烯或其他树脂为主要原料,轻质碳酸钙为填料,添加适量助剂和改性剂,经挤压机挤出成各种截面的空腹门窗异型材,再根据不同的品种规格选用不同截面异型材料组装而成。由于塑料的变形大、刚度差,一般在型材内腔加入钢或铝等,以增加抗弯能力,即所谓塑钢门窗,较之全塑门窗刚度更好。

塑料门窗线条清晰、挺拔,造型美观,表面光洁细腻,不但具有良好的装饰性,而且有良好的隔热性和密封性。其气密性为木窗的3倍,铝窗的1.5倍;热损耗为金属窗的1/1 000;隔声效果比铝窗高30 dB以上。同时塑料本身具有耐腐蚀等功能,不用涂涂料,可节约施工时间及费用。因此,塑料门窗发展很快,在建筑上得到大量应用。

8.4.1 塑料门窗类型

按其塑料门窗型材断面分为若干系列,常用的有60系列、80系列、88系列推拉窗和60系列平开窗、平开门系列(表8-4)。

表8-4 塑料门窗类型(按型材断面分)

型材系列名称	适用范围及选用要点
60系列	主型材为三腔,可制作固定窗、普通内外平开窗、内开下悬窗、外开下悬窗;单窗。可安装纱窗。内开可用于高层,外开不适于高层
80系列	主型材为三腔,可安装纱窗。窗型不宜过大,适合用于7~8层以下住宅
88系列	主型材为三腔,可安装纱窗。适用于7~8层以下建筑。只有单玻设计,适合南方地区

8.4.2 设计选用要点

(1) 门窗的抗风压性能、空气渗透性能、雨水渗透性能及保温隔声性能必须满足相关的标准、规定及设计要求。

(2) 根据使用地区、建筑高度、建筑体型等进行抗风压计算,在此基础上选择合适的型材系列。

8.4.3 塑料门窗安装

塑料门窗施工安装要点(图8-25)包括:

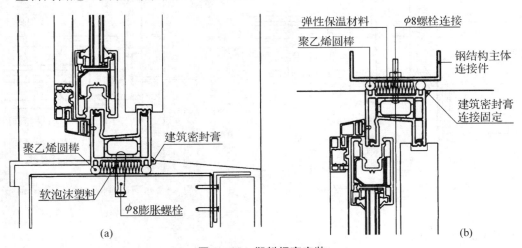

图8-25 塑料门窗安装

(a) 用膨胀螺栓与钢筋混凝土结构连接;(b) 用螺栓与钢结构主体连接体连接

(1) 塑料门窗应采取预留洞口的方法安装,不得采用边安装边砌口或先安装后砌口的施工方法。门窗洞口尺寸应符合现行国家标准《建筑门窗洞口尺寸系列》(GB 5824—1986)有关的规定。对于加气混凝土墙洞口,应预埋胶黏圆木。

(2) 门窗及玻璃的安装应在墙体湿作业完工且硬化后进行,当需要在湿作业前进行时,应采取保护措施。

(3) 当门窗采用预埋木砖法与墙体连接时,其木砖应进行防腐处理。

(4) 施工时,应采取保护措施。

8.5 遮阳

在炎热地区,夏季阳光直射室内,会使房间过热,并产生眩光,严重影响人们的工作和生活。外墙窗户遮阳措施,可以避免阳光直射室内,降低室内温度,节省能耗,同时对丰富建筑立面造型也有很好的作用。

8.5.1 遮阳的类型

遮阳的种类很多,对于低层建筑运用植物对建筑物进行遮阳是一种既有效又经济的措施。结合立面造型,运用钢筋混凝土构件作遮阳处理,通常采用水平式遮阳板、垂直式遮阳板、综合式遮阳板以及挡板式遮阳板。近年来在国内外大量运用的各种轻型遮阳板,常用不锈钢、铝合金及塑料等材料制作。

1) 水平式遮阳板(图 8-26a)

水平式遮阳板能够遮挡高度角较大的、从窗口上方射来的阳光。适用于南向窗口和北回归线以南的低纬度地区的北向窗口。

2) 垂直式遮阳板(图 8-26b)

垂直式遮阳板能够遮挡高度角较小的、从窗口两侧斜射来的阳光。适用于偏东、偏西的南或北向窗口。

3) 综合式遮阳板(图 8-26c)

水平式和垂直式的综合形式,能遮挡窗口上方和左右两侧射来的阳光。适用于南、东南、西南的窗口以及北回归线以南低纬度地区的北向窗口。

4) 挡板式遮阳板(图 8-26d)

能够遮挡高度角较小的、正射窗口的阳光,适用于东西向窗口。

根据以上形式,可以演变成各种各样的其他形式。例如单层水平板遮阳其挑出长度过大时,可做成双层或多层水平板,挑出长度可缩小而具有相同的遮阳效果。又如综合式水平式遮阳,在窗口小、窗间墙宽时,以采用单个式为宜;若窗口大而窗间墙窄时以采用连续式为宜。

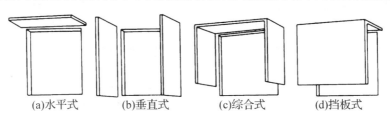

图 8-26 遮阳板

5）轻型遮阳

由于建筑室内对阳光的需求是随时间、季节变化的，而太阳高度角度也是随气候、时间不同而不同，因而采用便于拆卸的轻型遮阳和可调节角度的活动式遮阳对于建筑节能和满足使用要求均很好（表8-5、图8-27）。轻型遮阳因材料构造不同而类型很多，常用的有机翼形遮阳系统，按其安装方式的不同可分为固定安装系统和机动可调节系统。

固定安装系统是将叶片装在边框固定的位置上。叶片安装角度从 0°～180°（以 5°递增）均可，安装后叶片角度不可调整。

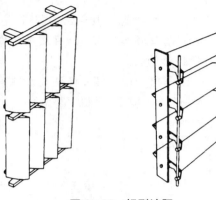

图 8-27 轻型遮阳

机动可调节安装系统中叶片通过可调节的传动杆连接到电动马达上，以使叶片按需要在 0°～120°之间任意调整。

表 8-5 轻型遮阳的构件（mm）

叶片形状							
高度(b)	200	250	300	350	400	450
高度(h)	45	51	56	60	63	66
叶片铝型材厚度	1.8					
叶片跨度宽度	叶片跨度与宽度根据各地风荷载确定					
表面处理及颜色	可作阳极氧化处理或聚酯粉末喷涂为各种颜色					

8.5.2 门窗遮阳系数

门窗是建筑围护结构中热工性能最薄弱的部位，建筑门窗的能耗约占到建筑围护结构总能耗的 40%～50%，同时它也是建筑中的得热构件，可以通过太阳光透射入室内而获得太阳热能，因此它是影响建筑室内热环境和建筑节能的重要因素。

门窗要达到好的节能效果，其选择应根据当地气候条件、功能要求、建筑形式等因素综合考虑，满足国家节能设计标准对门窗设计指标的要求。

对于南方炎热地区，在强烈的太阳辐射条件下，阳光直射到室内，将严重影响建筑室内热环境，因此外窗应采取适当遮阳措施，以降低建筑空调能耗，门窗遮阳包括玻璃遮阳和建筑外遮阳，建筑外遮阳分为水平遮阳、垂直遮阳、综合遮阳以及挡板遮阳。

门窗的遮阳效果用综合遮阳系数（S_w）来衡量，其影响因素有玻璃本身的遮阳性能和外遮阳的遮阳性能。

当有外遮阳时：综合遮阳系数（S_w）＝玻璃的遮阳系数（S_C）×外遮阳的遮阳系数（S_D）

无外遮阳时：综合遮阳系数（S_w）＝玻璃的遮阳（遮蔽）系数（S_C）

复习思考题

1. 门窗的作用和要求？
2. 门的形式有哪几种？各自有哪些特点和适应范围？
3. 窗的形式有哪几种？各自有哪些特点和适应范围？
4. 平开门的组成和门框的安装方式？
5. 铝合金门窗的特点？各种铝合金门窗系列的称谓是如何确定的？
6. 简述铝合金门窗的安装要点。
7. 简述塑料门窗的优点。

9 园林建筑基本构造

在园林中起着点景、休憩和服务等功能的建筑,一般称为园林建筑,园林建筑是造园中的要素。园林建筑所包含的内容很广泛,其造型也千姿百态,相应的构造做法则更为复杂。在实际的园林建筑设计和施工中,应结合当时当地的情况,妥善选择各种结构类型和构造方式,处理好各类园林建筑中的构造问题。

9.1 景墙

在园林建筑中,作为分隔空间,直接作为景物欣赏的墙叫做景墙。景墙一般不承受自身质量外的荷载。

景墙的设置因位置不同而分为园林围墙、园中墙、建筑物内墙等多种,由于功能要求不同,其构造形式也有较大的差异。在本节中仅讨论一般景墙的构造形式。

一般的景墙分为墙基础、墙体、顶饰、墙面饰、墙面窗洞等几部分,如图 9-1 所示。

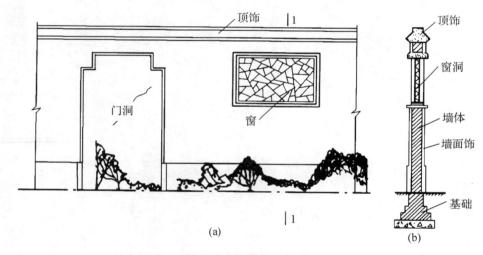

图 9-1 景墙的基本组成

(a) 立面图;(b) 1-1 剖面图

9.1.1 墙基础

墙基础是景墙的地下部分,墙基础直接安置于地基上。

墙基础的作用,是把墙的自重及相应的荷载传至地基。

墙基础的埋置深度,一般为 500 mm 左右,常将耕植土挖除,将老土夯实即可。当遇到虚土时,必须做地基处理,以防墙体出现不均匀沉降而形成裂缝、倾斜的现象。地基处理常采用换土、加深、扩大、打桩等方法。位于湖、河、崖旁的墙基础,应该设置桩基础,以防墙底的泥土被掏空而出现倾倒的现象。

墙基础的底面宽度应由设计规定,由于承受的垂直荷载不大,一般为 500～700 mm,其宽度随墙身的高度增加而变宽。

墙基础一般由垫层、大放脚、基础墙、墙梁所组成,图 9-2 为墙基础的几种构造方式。

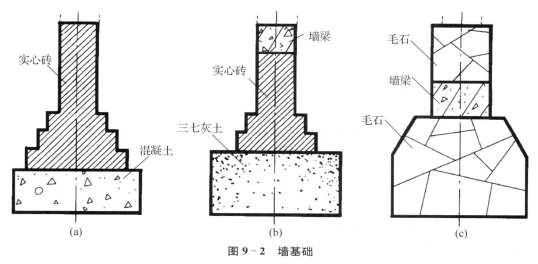

图 9-2 墙基础
(a) 混凝土垫层;(b) 灰土垫层;(c) 毛石墙

垫层常用砂石、素混凝土、毛石或三七灰土做成。墙体采用实心的烧土砖、毛石砌成。设置墙梁是为了加强基础的整体性,常用 C20 的混凝土,内设 2 至 4 根 $\varnothing 6 \sim \varnothing 12$ 的钢筋。当景墙中设置钢筋混凝土柱时,其柱的钢筋应埋置于基础中,并穿越于墙梁之内。

9.1.2 墙体

墙体是景墙的主体骨架部件。为了加强墙体的刚度,墙体中间常设置墙垛,墙垛的间距为 2 400～3 600 mm。墙垛的平面尺寸为 370 mm×370 mm、490 mm×370 mm、490 mm×490 mm 等几种。

墙体的高度一般为 2 200～3 200 mm,厚度常为 120、180、240 mm 等几种。墙体常用黏土砖、小型空心砌块砌筑。使用实心黏土砖,可以砌筑成实心墙、空斗墙、漏花墙等多种形式,如图 9-3 所示。使用小型空心砌块时,在墙垛处应浇筑细石混凝土,并在孔洞中加设 $4\varnothing 10 \sim \varnothing 14$ 的钢筋。

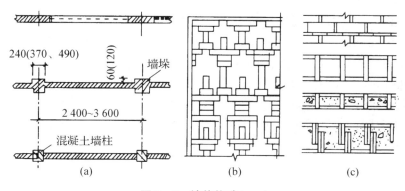

图 9-3 墙体构造(mm)
(a) 墙体平面;(b) 漏空墙;(c) 空斗墙

对于采用砌体砌筑装饰的墙体,因外表不作抹灰等饰面处理,或仅作勾缝装饰,则应注意砖块的排列组砌方式,不宜采用一顺一丁、三顺一丁之类的组砌方式,宜为沙包式、十字交错式之类的组砌方式,如图9-4所示。

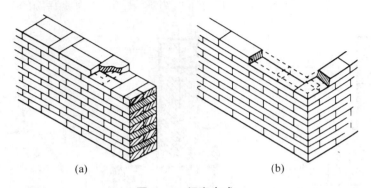

图9-4 组砌方式

(a)沙包式;(b)十字交错式

为了加强墙的整体性,一般在墙体的顶部设置压顶的构造形式。压顶可采用钢筋混凝土或加设钢筋网带的方式,如图9-5所示。

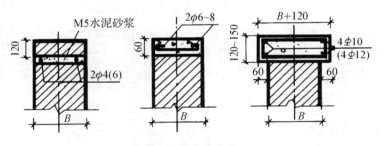

图9-5 压顶构造方式(mm)

9.1.3 顶饰

顶饰是指景墙的顶部装饰构造做法。顶饰构造处理的基本要求有两个,一是形成一定的造型形态,以满足景观设计的要求;二是形成良好的防水防雨构造层次,以防止水渗漏进入墙体,达到保护墙体的目的。

现代景墙中的顶饰,常采用抹灰的工艺施工方法进行处理,即以1:4~1:2.5的水泥砂浆抹底层与中层,然后用1:2水泥砂浆抹面层,或者以装饰砂浆、石子砂浆抹出各种装饰线脚,图9-6为抹灰类的顶饰构造做法。

对于有柱墩的顶饰,其装饰线脚一般随墙体贯通,或是独立存在而自成系统,如图9-7所示。根据设计要求,有时在柱墩的顶部设置灯具、器物几何体、人物雕塑等饰物,如图9-8所示。

图9-9为中国古典景墙中顶饰的做法,有时将整个顶饰塑造为龙形,营造为卧龙藏水或腾云戏雾等情景。

9 园林建筑基本构造 · 271 ·

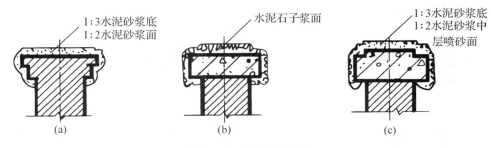

图 9-6 抹灰顶饰做法
(a) 水泥砂浆；(b) 石子砂浆；(c) 喷砂

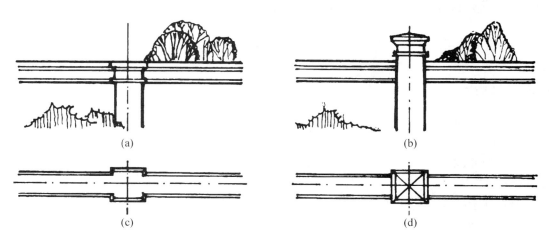

图 9-7 柱墩顶装饰（一）
(a) 立面一；(b) 立面二；(c) 平面一；(d) 平面二

图 9-8 柱墩顶装饰（二）
(a) 灯饰；(b) 人物饰；(c) 几何体

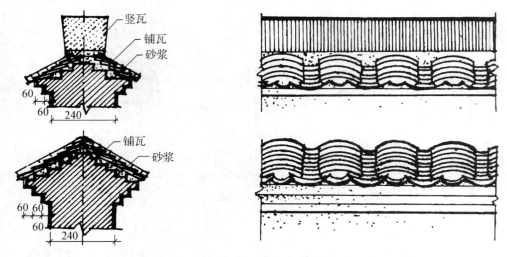

图 9-9 中式古典景墙的顶饰(mm)

9.1.4 墙面饰

墙面饰指的是景墙墙体的墙面装饰。墙面装饰一般有勾缝、抹灰、贴面三种构造类型。

1) 勾缝

所谓勾缝,即对砌体或饰面块材之间的观面搭接拼砌缝隙,使用特定的勾缝砂浆,进行涂抹处理。

勾缝砂浆应具有油腻、稠度好的施工性能,满足干硬后不开裂、防水、抗冻等技术要求,分别有麻丝砂浆、白水泥砂浆、细砂水泥砂浆等数种。

根据勾缝的形状有凸缝、平缝、凹缝、圆缝等几种类型。

根据墙面装饰的观面上勾缝布局方式,勾缝有冰纹缝、虎皮缝、十字缝、十字错缝等多种形式。当然,缝的布局形式受砌块的组砌方式所控制。

2) 抹灰

抹灰是墙面装饰中最普通的装饰做法。室内的景墙饰面抹灰,可以采用石灰或石膏砂浆,对于室外的景墙饰面抹灰,必须采用水泥混合砂浆、水泥砂浆或石子水泥砂浆。

可以采用拉毛、搭毛、压毛、扯制浅脚、堆花等工艺操作方法,获得相应的抹层装饰效果,也可以采用喷砂、喷石、洗石、斩石、磨石等工艺操作方法,取得相应的材质效果。

在抹灰层的表面,可以喷涂各种涂料,能够获得设计所需要的色彩效果。

图 9-10 为抹面层上堆塑图案的一种构造做法。

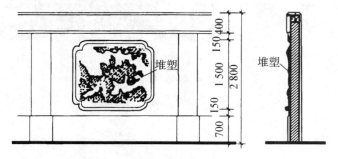

图 9-10 墙面堆塑面构造(mm)

3) 贴面

贴面装饰是指将装饰板材或块材铺贴于实体墙身上的一种构造做法。此种方法一般用于比较高级的景墙墙面装饰工程中。

景墙的贴面板块材的种类很多,例如素土青砖、泰山墙砖、劈裂石、劈裂砖、花岗石、大理石板、琉璃砖以及墙面雕塑块件等。

对于小型的墙面板块材,可以使用水泥浆直接黏贴于墙基体上;对于较大型的板块材,可以设置相应的钢筋网架,以增加与墙基体之间的联系固定力。

随着黏结新材料的出现,黏贴工艺的简便化,墙面贴面装饰的构造做法,将会进一步得到发展。

9.1.5 墙洞口装饰

墙洞口装饰,指的是景墙上开设的门洞口、窗洞口及其他洞口上的装饰构造做法。

景墙上的门洞口,一般有设置门扇和无门无扇两种,如图 9-11 所示。洞口的外形有圆形、椭圆形、矩形等多种形式。

景墙的门洞口,一般都设置门套。门套常用抹灰、砖石材料贴面的装饰构造方式,有时,还在洞口上方加设楣牌,书写相应的文字。

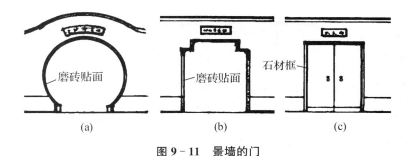

图 9-11 景墙的门

(a) 圆门口;(b) 凸形门口;(c) 矩形门口

门洞口的门扇,宜采用耐水耐腐朽的杉木制成,并在木门的表面涂刷桐油等涂料。

景墙中的窗饰,在园林中常称为什景窗。什景窗是一种装饰和园林气氛很浓的窗饰,窗的外形有矩形、圆弧形、扇面、月洞、双环、三环、套方、梅花、玉壶、玉盏、方胜、银锭、石榴、寿桃、五角、六角、八角等,如图 9-12 所示的多种式样。

窗饰按其功能性分为漏窗、镶嵌窗、夹樘窗三种形式。

漏窗是常用的一种装饰花窗,具有框景的功能,并使景墙两侧既有分隔又有联系。对于窗框景平面较大的漏窗,在窗面中设置相应的透漏饰件,如图 9-13 所示,由混凝土预制块、雕塑件、铸铁件、中式小青瓦等多种饰件所组成。这些饰件,常使用水泥砂浆固定于窗面中。

镶嵌窗是镶在墙身一面的假窗,又叫盲窗,如图 9-14 所示。它没有一般窗子所具有的通风、透光、通视等功能,只起设置装饰件和直接起装饰作用,一般构造体系比较简单。

夹樘窗是指在墙的两侧各设相应的一樘仔屉,在仔屉上镶嵌玻璃或糊纱,其上题字绘画,中间安放照明灯,故又称灯窗;如在玻璃片中间注水养殖观赏鱼或观赏植物,则又称养殖窗。图 9-15 为夹樘窗的构造做法。

· 274 ·　　建筑材料与构造

图 9-12　窗的各种立面形式

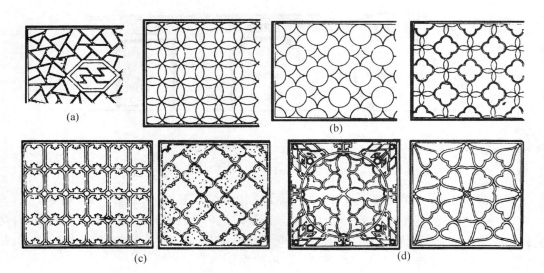

图 9-13　双漏窗的几种形式

(a) 冰裂纹式；(b) 瓦花式；(c) 预制块式；(d) 铸件式

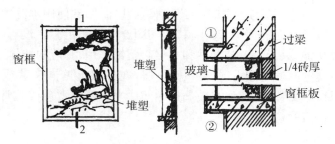

图 9-14　盲窗的构造

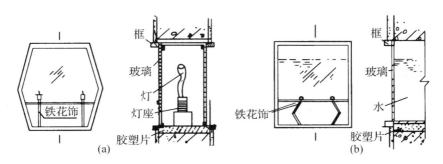

图 9-15 灯窗与养殖窗的构造做法

(a) 灯窗；(b) 养殖窗

墙洞口的上方,在墙体中应设置过梁,一般使用钢筋混凝土预制梁,梁高一般不小于洞口宽度的 1/10,梁端搁置长度不少于梁高。

9.1.6 墙身变形缝

为适应墙体变形需要而设置的构造措施缝,叫做墙身变形缝。在景墙中,一般设置温度变形缝和沉降变形缝两种。

1) 温度变形缝

温度变形缝又叫伸缩缝。由于自然界冬冷夏热气温变化,墙体因热胀冷缩发生变形而产生裂缝,为限制墙体的绝对变形值,防止变形过大而发生墙体开裂现象,设计时将较长的墙体垂直分为若干段,以控制每段墙的长度,从而控制每段墙体的水平绝对变形值,每段墙一般为 40 m 左右。

景墙的温度变形缝一般采用基础不分开、墙体断开的方式,中间留设 20～40 mm 的缝隙,缝隙中可填嵌松软可变耐腐材料。

景墙若有墩子,温度变形缝应设置在墩子的中间。当墙体厚度为 240 mm 以上时,应做成错口缝或企口缝的形式;在墙体厚度为 240 mm 时,可做成平缝形式。

2) 沉降变形缝

沉降变形缝简称为沉降缝。当景墙建造于不均匀的地基地段上,同一景墙的不同地段的荷载和结构形式差别过大,则景墙会出现不均匀的沉降,以致墙体的某些薄弱环节发生错位开裂。因而,需要在荷载和结构形式差别过大的部位,设置相应的沉降缝,把景墙划分为若干个刚性较好的单元,使相邻各单元可以自由沉降。

凡属下列情况,一般应设置沉降变形缝:①当景墙建造在不同的地基土层上时;②当景墙有高差,且高墙与低墙的墙高之比大于 1∶0.5 时;③景墙与建筑物墙体的相邻处;④新建景墙与原有景墙的接触之处;⑤在相邻的基础宽度与埋置深度相差悬殊时。

沉降缝是一道由基础底面到墙顶饰的通缝,使缝的两侧墙体、基础、相应的墙顶饰、墙面饰体成为自由沉降的独立单元。

沉降变形缝的宽度与地基情况、墙体的高度有关,以适应于沉降量不同而引起的垂直方向倾斜变化。景墙中的沉降变形缝宽度,一般为 30～70 mm。

9.2 园路与铺地

园路与铺地是园林工程中的重要内容,并占有重要地位。本书将园路假定为园中起交通组织、引导游览、停车等作用的带状、狭长形的硬质地面设施;而铺地则假定为较为宽广、提供停车、人流集散与休憩等功能的硬质铺装地面设施。园路与铺地在构造上具有较大相同性。

9.2.1 园路

1) 基本概念

园路好比园中的脉络,一般具有组织车流与人流的交通、引导游览以及划分园中各个空间以构成多个不同的园景,产生园林的生命灵气的作用。

园路的设计中,一般分为平面设计、剖面设计与构造设计。平面设计主要解决园路的平面布局、组织交通流向、布置景点等问题;剖面设计主要解决路的宽度与排水等问题;构造设计主要解决园路的具体构成、建造形式等问题。

2) 园路类别

园路的分类体系不同,就有各种不同的类别。

按路的受力情况不同,分为刚性道路和柔性道路两种。刚性道路稳定性强,变形受到限制,例如现浇混凝土或现浇钢筋混凝土道路,因路表面呈灰白色,故又叫白色道路。为了适应混凝土的热胀冷缩的要求,一般在路的上部设置横向变形缝,缝中嵌设沥青材料,以防受热路面隆起或受冷产生不规则裂缝现象。柔性道路是指自身可以进行微小变形的道路,以适应路面热胀冷缩和路基少量沉降变化等情况,一般指沥青路面和散块铺设的道路,因沥青路面呈青灰色,故被称为黑色道路。

按路的使用功能不同,分为车流道、人流道两种。主要为汽车设置的道路,叫做车流道。车流道一般承载能力大、路宽、路面平整、路的长方向坡度受到一定限度、拐弯处要有一定的转弯半径。人行道主要提供给人行走,故平面布置比较自由,并且构造方式比较复杂多变。

按路的构成材料,尤其以路的表面铺装材料分类,常以材料与施工方法来命名,例如砂石路、碎石路、现浇水泥路、花砖铺路、木桩路等等。

3) 园路的基本构造层次

园路一般由路基和路面两大部分组成,如图 9-16 所示。

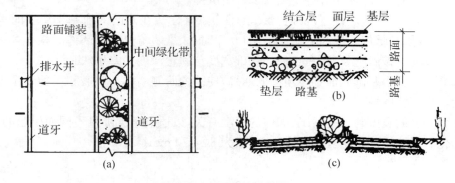

图 9-16 园路的构造简图
(a) 平面图;(b) 大样;(c) 横剖面

各类路面结合层的最小厚度,可查下列表 9-1 选用。

路基是路面的基础,为园路提供一个平整的基面,承受路面上传递下来的荷载,以保证园路具有足够的强度和稳定性。常见的路基是将地面耕植土挖去后进行夯实处理,以减少使用后沉降量。园路路面构造通常包括垫层、基层、结合层、面层。各个构造层次的要求如下:

表 9-1 路面结构层最小厚度控制值

结构层材料		层位	最小厚度(mm)	备 注
现浇水泥混凝土		面层	60	
现浇钢筋混凝土		面层	80	
水泥砂浆表面处理		面层	10	1:2 水泥砂浆用中粗砂
石片、釉面地砖铺贴		面层	15	水泥作结合层
沥青混凝土	细粒式	面层	30	双层式结构的上层为细粒式时,上层油毡层最小厚度为 20 mm
	中粒式	面层	35	
	粗粒式	面层	50	
石板、混凝土预制板		面层	60	预制板∅6@150 双向钢筋
整齐石块、预制砌块		面层	100～120	
半整齐、不整齐石块		面层	100～120	包括拳石、圆石
卵石铺地		面层	25	干硬性 1:1 水泥砂浆结合层
砖铺地		面层	60	1:2.5 水泥砂浆结合层
砖石镶嵌拼花		面层	50	1:2 水泥砂浆结合层
石灰土		基层或垫层	80 或 150	老路上为 80 mm,新路上为 150 mm
碎石级配道砟		基层	60	
手摆石块		基层	120	
砂、砂砾、煤渣		垫层	150	

(1) 垫层

设在路基上,由于标高过低或路基排水不良,特别是有冻胀、翻浆的路线上,为了填高或排水、隔温、防冻的需要,可用煤渣土、石灰土等筑成,也可直接抬高路基,不设此层。

(2) 基层

一般直接设置于路基基土之上,起承重作用,即一方面承受由面层传下的荷载,另一方面把此荷载传给路基土层。基层不直接受车辆、行人和气候因素的作用,对材料的外观要求比面层低,一般用碎石、灰土或各种工业废渣等筑成,对于要求较高的园路,有时采用现浇混凝土的做法。

(3) 结合层

当采用块料铺筑面层时,在面层和基层之间,为了找平和结合而设置的结构层,叫做结合层。结合层一般使用 30～50 mm 厚的中粗砂、水泥砂浆或白灰砂浆即可。

(4) 面层

面层是园路最上面的一层,它除了有较好的视觉感受之外,直接承受人流、车流和大气因素(日晒、风雪、雨水、冷热)的影响。因此,路面面层应美观、坚固、平稳、耐磨损,具有一定的粗糙度、少尘或不起尘,便于清扫。面层因材料不同、施工方法不同,可以形成相当多的构造方式。

4）常见园路的路面结构形式

园林中的园路不同于一般的城市道路，除了稳定、结实、耐用外，同时要求有相应的景观效果，尤其是对面层的铺装有一定的要求。表9-2为常见的园路路面结构的做法。

表9-2 常见的园路路面构造

简　图	材料及做法	简　图	材料及做法
	C20混凝土160 mm厚 30 mm厚粗砂间层 大块石垫层厚180 mm 素土夯实		70 mm厚混凝土栽小卵石 40 mm厚M2.5混合砂浆 200 mm厚碎砖三合土 素土夯实
混凝土车行道		卵石路面	
	C20混凝土120 mm厚 80 mm厚粗砂间层 素土夯实		100 mm厚混凝土空心砖 30 mm厚粗砂间层 200 mm厚碎石垫层 素土夯实
混凝土人行道		砌块嵌草路面	
	C20混凝土砌块100 mm厚 1∶3水泥砂浆厚15 mm 级配砂石垫层 素土夯实		普通砖平砌细砂嵌缝 10 mm厚石灰、黏土、炉渣 或5 mm厚粗砂 素土夯实
混凝土砌块路面		平铺砖路面	
	20 mm厚沥青表面处理 级配碎石面层厚80 mm 碎(砾)石垫层厚120 mm 素土夯实		100 mm厚石板留草缝宽 40～50 mm厚黄砂垫层 素土夯实
沥青表面处治		石板嵌草路面	
	40 mm厚中粒沥青混凝土 80 mm厚碎(砾)石间层 100 mm厚碎(砾)石垫层 素土夯实		石灰、黏土、炉渣三合土 比例15∶10∶15,厚100 mm 素土夯实
沥青混凝土路		三合土路面	

5）路面铺装构造实例

路面铺装的构造做法，要充分展示园路的园林特色，体现相应的装饰效果，必须与园景的总体要求相一致。路面铺装，就是指路面材料的选用、外形形状的处理，相应的施工工艺的考虑等方面的综合反映。以下介绍常见的园路铺装的构造实例。

（1）整体路面

路面为一次而整体制作的铺装做法，主要为沥青混凝土或水泥混凝土铺筑的路面。

整体路面具有平整度好、耐磨耐压、施工和养护简单的特点，多用于园林中车行道和主要的人行道。

水泥混凝土路面基层的做法,可用 80～120 mm 的道砟碎石层,或用 150～200 mm 厚的大石块层并上置 50～80 mm 的砂石层做找平间隔层。对于人行道的面层,一般采用 100～150 mm 厚的 C20 现浇混凝土;对于车行道的面层,一般采用 150～250 mm 厚的 C20 现浇混凝土,为了加强抗弯能力,对于行驶重型车辆的道路,中间应设置 ∅14@250 mm 的双向钢筋网片。路面每隔 6～10 m 设置横向伸缩缝一道。对于路面的装饰,可用一般的水泥砂浆或彩色水泥砂浆进行相应的抹灰等其他的工艺处理。

沥青混凝土路面,其基层的做法同水泥混凝土的基层,或用石灰碎石铺设 60～150 mm 厚做垫层,再以 30～50 mm 沥青混凝土做面层,并以 15～20 mm 厚的沥青细石砂浆做光面覆盖层。

(2) 块料路面

用规则或比较规则的砖、预制混凝土块、石板材做路面的道路铺装方式,一般适用于园林中的游步道、次路等处,也是容易体现园林特色较为普遍的形式之一。块料一般使用水泥砂浆结合层铺设于混凝土的基层上。

①砖铺路面。以成品砖为路面面层,使用砖的自身本质色彩(青灰、土黄、红棕等色),采用各种不同的编排图式,可以构成各种形式,如图 9-17 所示。

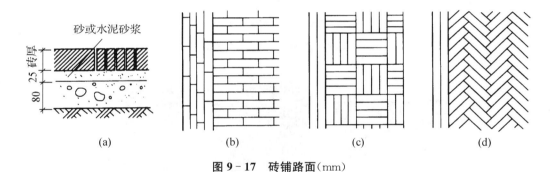

图 9-17 砖铺路面(mm)

(a) 详图;(b) 平行纹;(c) 蓆纹;(d) 人字纹

②石材路面。一般选用等厚的石板材作面层,利用石材的天然质感,营造出一种自然、沉稳的气氛,根据块材的周边形状,经铺设工艺加工,使形式多种多样。

石板可以直接铺设于砂垫层上,或直接铺设于路基上,如图 9-18 所示。

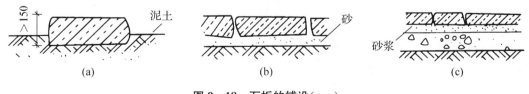

图 9-18 石板的铺设(mm)

(a) 直铺;(b) 砂铺;(c) 水泥砂浆铺

③预制混凝土块路面。预制混凝土块的规格尺寸按设计要求而定,常用的为正方形、长方形和嵌锁形、空孔型等多种。不加钢筋的混凝土预制块,其厚度不应小于 80 mm,加钢筋的混凝板,其厚度最小可达 60 mm,钢筋为 ∅6～∅8@200～250 mm,双向布筋。混凝土预制块的顶部,可做成彩色、光面、露骨料等艺术形式。

预制混凝土块的铺设基本上同石材路面。

（3）颗粒路面

颗粒路面是指采用小型不规则的硬质材料，使用水泥砂浆黏结于混凝土基层上的路面铺装方式，主要有卵石、陶材碎片、竖木、碎石的路面形式。

①卵石路面。卵石是园林中最常见的一种路面材料，一般用于公园游步道或小庭园中的道路。在中式古典园林中很早就使用卵石铺路，创造了许多具有中式文化传统的图案。近来，在公园或休闲广场上，卵石路面还经常充作足疗健身步行道。将卵石按大小、形状（圆形、长形、扁形）、色彩进行分档分类，可以铺设成各种色彩、图案形式，如图 9-19 所示。

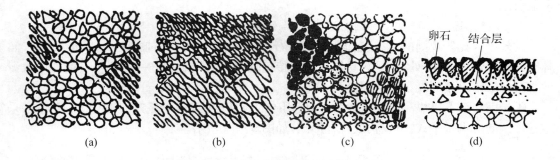

图 9-19 卵石路面

(a) 形状；(b) 大小；(c) 色彩；(d) 详图

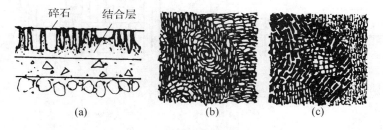

图 9-20 陶材碎石路面

(a) 详图；(b) 不同形态；(c) 不同色彩

②陶材碎片路面。以陶质或瓷质器具的碎片，侧立铺设于路面基层上，形成具有特色的路面，如图 9-20 所示，碎片的上表面应尽量平整，避免尖角朝天现象的出现。

③竖木路面。采用直径 50～100 mm 粗的杉木、柏木树材，锯成长度一致的短木料，经剥皮、涂刷沥青防腐处理后，使用砂或水泥砂浆固定于路的基层上，形成自然质朴的园艺气氛，如图 9-21 所示。如果将木料劈开水平铺设，则可形成浓重的室内的情趣。

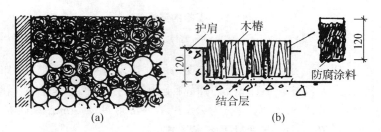

图 9-21 竖木路面(mm)

(a) 平面；(b) 详图

④碎石路面。碎石路面又叫"弹街石"路面,即选用粒径 50～100 mm 的不规则碎石或较规则的正方体石块,使用中粗砂固定于路的基层上,如图 9-22 所示。

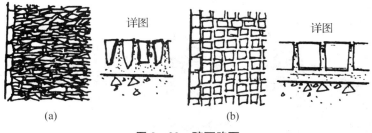

图 9-22 碎石路面
(a) 片石;(b) 立方石

(4) 花式路面

花式路面是指艺术形式比较特别、功能要求比较复杂的路面,一般有图案路面、嵌草路面等类型。

最常见的图案路面为"石子画"。它是选用精雕的砖、磨细的瓦和经过严格挑选的各色卵石拼凑铺装而成的路面。图面内容丰富,制作方便。图 9-23 为其中的几种。

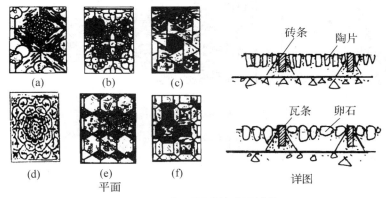

图 9-23 "石子画"的路面铺装
(a) 海棠之花;(b) 葵花;(c) 冰纹;(d) 莲花纹;(e) 六方式;(f) 八角景

(5) 嵌草路面

嵌草路面又叫植草路面,是指面层块材之间留出 30～50 mm 的缝隙,或块材自身穿空,中填培养土,用以种植草或其他地被植物。如图 9-24 所示。嵌草路面的面层块材,一般可直接铺设在路基土上,或在混凝土基层上设置较厚的砂结合层。

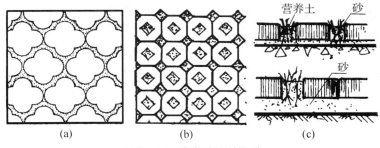

图 9-24 嵌草路面的构造
(a) 实心砖;(b) 穿心空心砖;(c) 详图

(6) 依物路面

依物路面是指使用水泥类的胶凝材料,经工艺加工塑造成植物或动物的外形,做成类似汀步的游行道路,如图 9-25 所示。图 9-26 为草地上设置的按步行习惯而设的石块或石板,一般称为步石道、散置块石道。

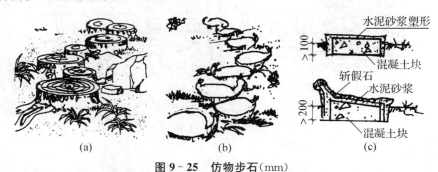

图 9-25 仿物步石(mm)

(a) 仿树桩;(b) 仿物形象;(c) 详图

图 9-26 草地步石道(mm)

(a) 大石块;(b) 圆石板;(c) 详图

6) 附属工程的构造

(1) 道牙

道牙又叫路肩石、路缘石。

道牙是安置园路两侧的园路附属工程,其作用是保护路面,便于排水,在路面与路肩之间起衔接联系作用。

道牙的结构形式如图 9-27 所示,有立式、曲线形、平式、复式等多种方式。

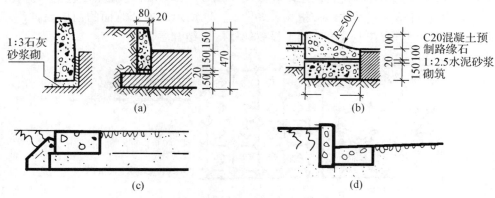

图 9-27 道牙的结构(mm)

(a) 立式;(b) 曲线形;(c) 平式;(d) 复式

道牙一般采用C20的预制混凝土块、长方形的花岗石块做成,有时采用砖块砌作小型的路牙。对于自然式园林的小道,可以采用瓦、大卵石、大石块等材料构成,能起到很好的造景效果,如图9-28所示。

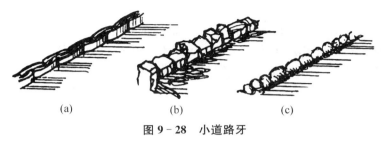

图9-28 小道路牙

(a)瓦;(b)大块石;(c)卵石

(2) 明沟与雨水井

明沟与雨水井是收集和引走路面雨水的设施物。在园林中明沟与雨水井一般用砖块或混凝土预制块材砌成。

明沟一般多置于平行于道牙的路两侧,而雨水井则处于立式道牙的路面边侧,如图9-29所示。

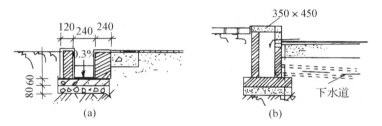

图9-29 明沟与雨水井(mm)

(a)明沟;(b)雨水井

(3) 礓䃰

当园路坡度大于15%时,为了通车,将斜面做成锯齿形坡道,这种带有锯齿形的路面叫礓䃰。礓䃰的构造形式如图9-30所示。

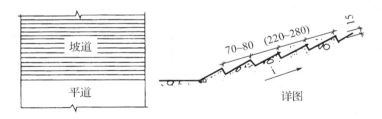

图9-30 礓䃰的构造形式(mm)

当路面坡度超过15°时,为了便于行走,在不需要通过车辆的路段,一般进行台阶的构造处理,即平常所说的做梯式踏步。每级台阶的高度为120～170 mm,台阶面宽为300～380 mm,每级台阶面应有1%～2%的外倾坡度,以利于排水。台阶的构造将在以后相关章节中介绍。

9.2.2 铺地

在常见的园林铺地中,按使用功能分类有停车场、回车道、景园广场、健身场地、集散场地及其他附属铺装地等几种。

铺地工程中一般都做较好的排水系统设计,地面标高都有相应的排水坡度要求。有时为了适应不同的功能特点要求,在材料、色彩的选用上,都有明确的安排。

铺地的构造做法,基本与园路相同,施工时可参照园路的构造做法进行。

9.3 梯道与楼梯

9.3.1 梯道与楼梯的基本要求

园林的梯道与楼梯,一般均由踏步梯段、平台、栏杆三大部件所组成,如图 9-31 所示。

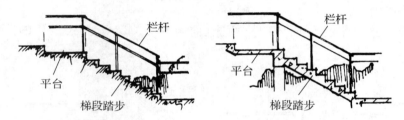

图 9-31 梯道与楼梯的组成

踏步梯段的宽度,一般根据同一时刻通过梯段同一剖面的人数而定。以人均需要宽度为侧行 300 mm、直行 600 mm 计算梯段的宽度。

踏步的高度,一般为 120～170 mm,宽度为 280～330 mm,每级踏步高与宽之和宜为 450 mm,以适应人们的行走自然步距。

踏步的连续步数宜控制在 18 级之内,连续步数过多,中间应设置相应的休息平台。园林中的踏步,一般处于室外的自然环境中,受到雨水、冰雪的影响较大,故踏步的上表面应采取坡度排水与防滑的构造措施。

平台的宽度应与踏步梯段的宽度相匹配,其进深或长度应不小于梯段的宽度,如图 9-32 所示。

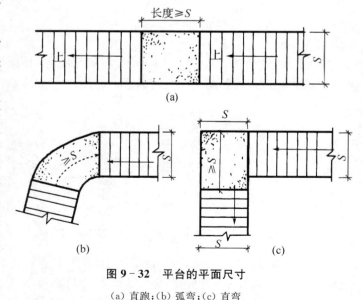

图 9-32 平台的平面尺寸
(a) 直跑;(b) 弧弯;(c) 直弯

梯道和楼梯的栏杆,高一般为 800～1 100 mm,可以由型钢、木材钢筋混凝土材料组成,设置于临空的一侧,栏杆底下应固定牢固。所采用的构造方式,应充分考虑室外自然条件的影响因素,以防固定失效而影响保护作用。图 9-33 为栏杆的几种构造方式。有时,根据设计要求,可以用砖砌筑护栏矮墙,以代替栏杆。

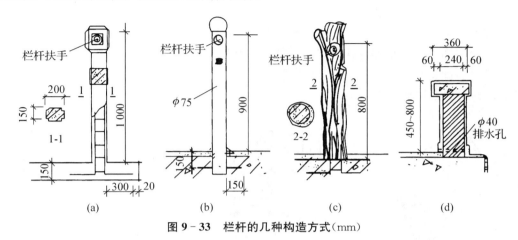

图 9-33 栏杆的几种构造方式(mm)

(a) 钢筋混凝土;(b) 金属管材;(c) 仿物;(d) 砖砌

9.3.2 梯道的构造

梯道又叫做台阶,一般是在原有坡地上建造踏步而成。实践表明,每级台阶的尺寸以 150 mm×350 mm(高×宽)较佳,至少每级台阶不宜小于 120 mm×300 mm 的高与宽的尺寸,还反映出梯道的坡度情况。

梯道可根据设计要求使用多种材料制作,常用的有现浇混凝土、石材、预制混凝土块、砖材、木材、型钢及相应的铺装石层材料,图 9-34 为常见的梯道构造形式。

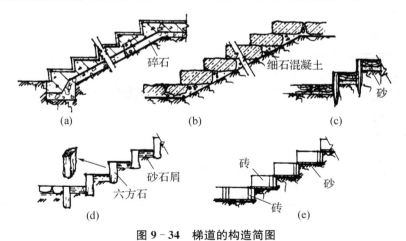

图 9-34 梯道的构造简图

(a) 混凝土;(b) 石板;(c) 木材;(d) 六方石;(e) 砖

9.3.3 园梯

园梯,即园林中的楼梯,主要设置于室外的建筑上,一般都有明显的景观要求,常采用外露裸装的手法,以取得较有个性的视觉效果。

园梯的材料比较多地采用钢筋混凝土与金属型材,以适应复杂的室外气象变化。为了特定的景观需要,使用杉木等耐腐木材也较多。

园梯的结构形式较多,除了一般的板式结构、梁式结构、梁板式结构外,为了造型的需要也经常采用悬挑等各类形式。

园梯的结构形式,除了与所用的材料有关外,还与园梯的平面布局形状有较大的关系。图 9-35 为园梯的几种平面形状及相应的梯段的结构形式。

园梯的装饰构造要求,除了设计所需要的景观效果外,必须坚固耐用、防滑。装饰构造做法,可以参照以前所讲述的相应内容。

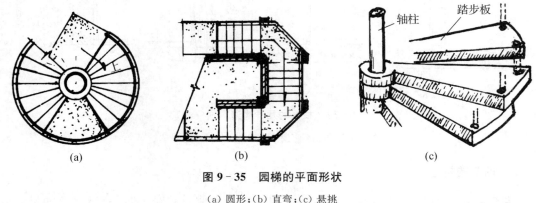

图 9-35　园梯的平面形状
(a) 圆形;(b) 直弯;(c) 悬挑

9.3.4　滑梯

滑梯,即园林中专供滑行的梯子,常设于儿童游戏场地之中。滑梯的垂直高度一般在 2 000～2 200 mm,滑梯梯段的宽度为 600～1 500 mm,梯段的坡度为 45°左右,梯段两旁应设置扶手,扶手高度为 100～200 mm。

滑梯梯段的面板一般为木质板材做成,以取软硬适中,感受亲切之效果。滑梯梯板落地处,常作草地、塑料等软质铺地的处理,以减少滑行落地时的下降冲击力。图 9-36 为滑梯的构造简图。滑梯梯段的下端可做 600～650 mm 长的坡度,距地面约 150～250 mm 高,以作为下滑时的缓冲过渡。

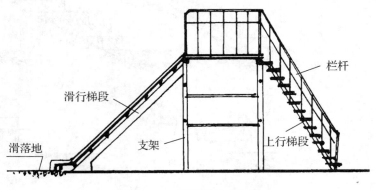

图 9-36　滑梯的构造简图

滑梯的上行梯段一般设置常见的踏步板,每级踏步板的高度和宽度比常规尺寸略小一些,以适应儿童的步行间距,其高宽取值可为 150 mm×280 mm(高×宽)左右。

上行梯段、平台的侧边须设置栏杆,其高度一般为 750～800 mm,栏杆中间的横杆设置时应偏上部位置,以防儿童登翻栏杆。

9.4 花架

花架是园林中支撑藤类植物的工程设施物,具有廊的某些功能,并更接近自然,融于园林环境中。与花架相匹配的植物主要为紫藤、葡萄、蔷薇、络石、常春藤、凌霄、木香等。

9.4.1 花架的类型

花架按平面形状分,有点状、条形、圆形、转角形、多边形、弧形、复柱形等。

花架按组成的材料分,有竹、木、钢筋混凝土、砖石柱、型钢梁架等多种类别。

花架按上部结构受力分,有简支式、悬臂式、拱门刚架式、组合单体花架式等结构类型。

花架按垂直支撑分,有立柱式、复柱式、花墙式等,常见的花架形式,如图 9-37 所示。

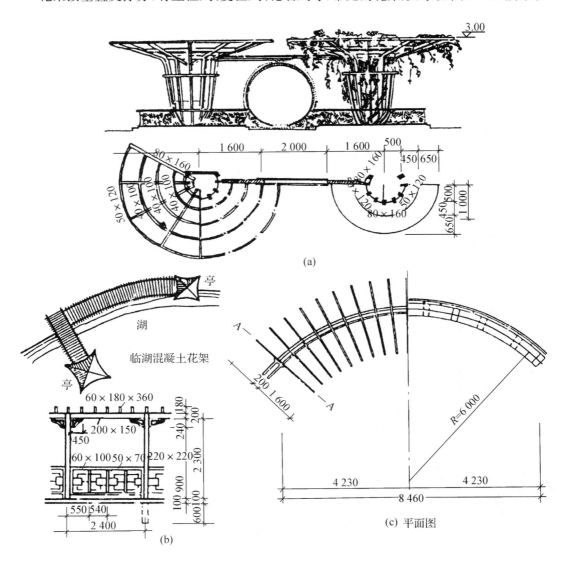

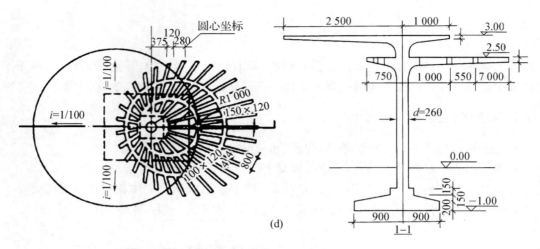

图 9-37 花架的几种形式(mm)

(a) 组合单体花架;(b) 长廊花架(通道式);(c) 圆弧形花架;(d) 单体花架

9.4.2 花架的体量尺度

花架的高度控制在 2 500～2 800 mm,使其具有亲切感,常用尺寸为 2 300 mm、2 500 mm、2 700 mm。其高度一般为地面至梁架底部之间的垂直距离。

多立柱花架的开间,一般为 3 000～4 000 mm。进深根据梁架下的功能特点而定,以作坐椅休息用为主时,则进深为 2 000～3 000 mm,作大流量的人行通道用为主时,则进深跨度在 3 000～4 000 mm。

9.4.3 花架的构造做法

1) 竹花架与木花架

竹花架的立柱常用⌀100 mm 竹竿,主梁用⌀70～100 mm 的竹竿,次梁用⌀70 mm 的竹竿,其余的杆件用⌀50～70 mm 的竹竿制成。

木花架的木料树种最好为杉木或柏木。立柱的断面为 200 mm×200 mm～300 mm×300 mm,主梁的断面为 100 mm×150 mm～150 mm×200 mm,横梁断面为 50 mm×75 mm～75 mm×100 mm。

竹木立柱一般将下端涂刷防腐沥青后埋设于基础预留孔中。

竹立柱与横梁的交接之处,可采用如图 9-38 所示的附加木杆连接。

木立柱与梁之间的连接,可以采用扣合榫的结合方式,如图 9-39 所示。

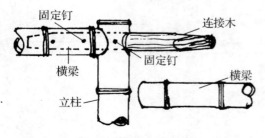

图 9-38 竹立柱与横梁的连接

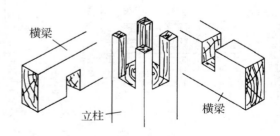

图 9-39 木立柱与梁的连接

竹木花架的外表面,应涂刷清漆或桐油,以增强其抗气候侵蚀的耐久性。

对于竹木花架中的挂落等装饰物,一般都绘制相应的大样图,以便按图制作与安装。

2) 砖石花架

花架柱以砖块、块石砌成或石板贴面处理,花架梁架以竹木、混凝土、条石制成,形成朴实浑厚的风格。立柱外表面的块材之间的缝隙,应进行勾缝处理。对于砖柱,可采用汰石子、斩假石的工艺方法处理,形成比较精细的风格。

3) 混凝土花架

使用钢筋混凝土材料,采用现浇或预制装配的施工方法制成的花架,被叫做混凝土花架。

立柱的截面控制在 150 mm×150 mm～250 mm×250 mm,若用圆形断面,则直径在 160～250 mm,若为小八角形、海棠形带线角者能达到秀气精细的效果。柱的垂直轴线方向,截面大小与形状可以有变化。有时,将单柱设计成双柱,柱间布置小花混凝土花饰,以加强花架的景观效果。

混凝土的大梁可现浇或预制后安装,其小梁与横格栅,一般预制好后安装至设计位置。梁的截面为 75～200 mm×150～250 mm,格栅的截面为 50 mm×100 mm。梁与格栅、梁与柱之间的安装应采用电焊连接。

最上面的格栅又叫条子,可用"104"涂料或丙烯酸酯涂料,刷白两遍。梁可同上格栅一样刷白,或做装饰抹灰,立柱一般采用装饰抹灰处理,常用斩假石、汰石子或贴石板面。

4) 钢花架

使用各种规格的管材型钢制成的花架,造型活泼自由,轻巧挺拔。

立柱可用 $\varnothing$100～150 mm 的圆钢管或 150 mm×150 mm 的组合槽钢做成。立柱的下端固定于钢筋混凝土基础上,大梁可用轻钢桁架的形式,格栅可用 $\varnothing$48 mm 的钢管做成。

各钢杆件之间一般采用电焊连接固定,所有钢杆件的表面必须作防锈涂料处理。

9.4.4 木坐凳的构造

条形花架内一般设置固定的木质坐凳,其高度为 400～500 mm,宽度为 350～450 mm,图 9-40 为一种构造做法。

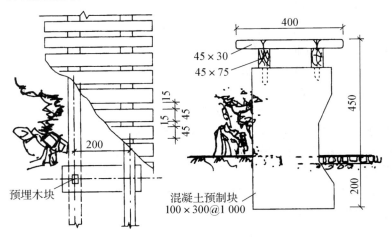

图 9-40 木条坐凳的构造

9.5 廊与亭

廊是园林中一个重要的建筑设施。廊通常布置于两个建筑物或两个观赏点之间,作为划分与组织园林空间的一种重要手段。廊自身具有避风避雨、交通联系的功能,并对园林中风景的展示、景观程序的层次深化与演变起着重要作用。在整个园林布局中,廊也是一个重要的景观内容。

9.5.1 廊的一般构造要求

廊从建筑角度上,一般由基础、柱与墙、屋顶、装饰与坐凳等部件所组成。各部件因廊的类型不同而存在较大的差异。

廊的开间一般不会很大,宜在 3 000 mm 左右,故柱的纵向间距与之相匹配。廊的宽度以适应游人截面流量的需要而定,常为 1 500～3 000 mm。廊的檐口高度一般为 2 400～2 800 mm,若廊地坪的标高起伏,则檐口也作相应的高低起落处理。

廊的屋顶一般有平顶、坡顶、卷棚等形式。廊柱的直径根据柱高而确定,直径不应小于柱高的 1/30。当柱高为 2 500～3 000 mm,柱距为 3 000 mm 时,一般圆柱直径不小于150 mm,方柱截面控制在150 mm × 150 mm～250 mm×250 mm,长方形截面柱的长边不宜大于 300 mm。廊的墙可设为承重墙或作柱间的非承重分隔墙。墙体可增强廊的水平抗风抗剪能力,保证廊的水平稳定性。屋顶自重

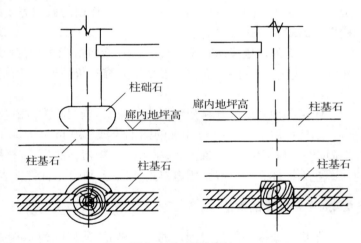

图 9-41 露地廊柱

较大的廊柱,可安置于柱础石上,并砌筑部分柱间墙,以增强稳定性。如图 9-41 所示。

廊的地坪一般比室外自然地面高 1～3 个踏步。廊地坪应作铺装处理,以改善使用环境。廊地坪的铺装构造方法同一般的室内地面,或采用园路面层的构造做法。当廊内外地坪有高差时,必须设置相应的踏步或坡道。

廊中一般不作吊顶设置,直接在屋顶下部作抹灰、涂料等简单的装饰处理。在屋顶下部、柱间的上部,有时设置挂落,作为柱间装饰饰件。挂落多为松木或松木制成,也有以钢筋混凝土预制件、铝合金管件、塑料型材代替制成。挂落的表面应作表面涂料装饰处理。

廊中的坐凳,一般设置于柱间的矮墙之内,凳面高为 450 mm,宽度为 350～400 mm,凳面料使用水泥砂浆抹灰、木板、石板、塑料等,并做上相应的面层涂料。

靠近水边,廊外落差较大的廊边,应设置护身栏杆。栏杆的高度为 900～1 200 mm,一般使用木材或金属管材制成,或用石质材料,以取得古朴、稳重的景观效果。

9.5.2 廊的类型

廊按平面造型形式分,有直廊、曲廊、回廊、桥廊等,如图 9-42 所示。按其通道的数量有单廊、双廊等数种。

廊按剖面形式分,有平坡、圆弧坡、双坡、披坡(又名侧廊、依廊)等形式,图 9-43 为其中的几种。

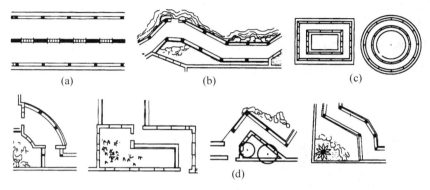

图 9-42 廊的平面类型

(a) 直廊;(b) 曲廊;(c) 回廊;(d) 廊的转角

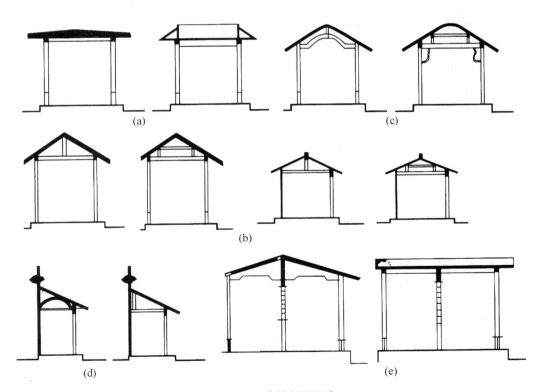

图 9-43 廊的剖面形式

(a) 平单廊;(b) 双坡单廊;(c) 弧顶单廊;(d) 披廊;(e) 双廊

按结构主体的组成材料,廊有竹木、钢筋混凝土、轻钢或铝合金等数种结构体系。

按廊的艺术造型,常见的有中外古典曲样式、现代流行样式、山野自然乡土样式、民族地区样式等多种形式。

9.5.3 廊的结构实例

由于廊的类型多样,其各类结构、造型、用料、装饰要求也随之有较大的区别。在此介绍最常见、最基本的竹木廊、混凝土廊的部分构造做法。

1) 木结构

木结构的廊,结构布置比较灵活,各构造杆件之间的连接技术比较成熟,中式古典的廊,常采用木结构的构造方式,形成了特有的风格,图 9-44 为廊的部分构造简图。

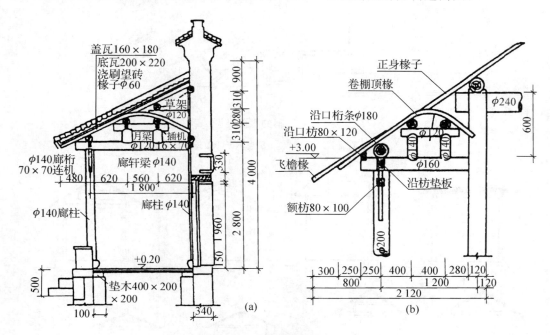

图 9-44 木廊构造图(mm)

(a) 半廊及其结构构造;(b) 走廊卷棚顶结构图

2) 竹结构

竹廊为双坡单道,宽度为 2 500 mm,纵向柱距为 2 500 mm,高度按常规为 2 800 mm,廊内外的地坪标高相同。有挂落、栏杆等装饰设置,在廊的转角处做发戗艺术处理。各种杆件均以竹材制作(图 9-45)。

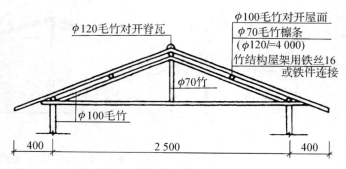

图 9-45 竹廊构造图(mm)

3) 钢筋混凝土结构

园林中现代造型形式的廊,较多采用钢筋混凝土结构。基础一般为条形或独立柱基的形式,基础的埋置深度至少为 500 mm,或埋于密实老土之上。柱及屋盖结构可采取现浇或预制装配的方式。屋面应采用较好的缸砖或卷材防水措施。图 9-46 为某廊的钢筋混凝土结构的构造详图,图 9-47 为某披廊的详图。

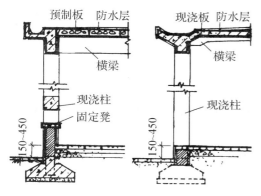

图 9-46 钢筋混凝土结构廊构造图(mm)

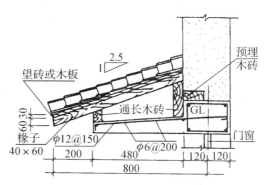

图 9-47 钢筋混凝土披廊(mm)

9.5.4 亭的基本构造知识

园林中的亭,又叫亭子,主要供游人休息和观景之用。同时,亭子自身小而富有一定的造型特点,形成相对独立而完整的建筑形象,因此常作为造园中"点景"的一个重要手段。亭的功能主要是为了满足人们在游赏活动过程中驻足休息、纳凉避雨和极目远望的需要,自身没有复杂的功能要求。因此,亭的建筑形式容易做得多姿多样,其结构与构造随之而有较大的区别。

1) 亭的构造组成

亭子一般小而集中,体量不大,但造型上的区别都相当大。亭的造型主要取决于其平面形状、柱梁体系、屋顶的形状及相互之间的组合方式。

亭子从立面上一般可以划分为台基、柱身、屋顶三部分。

台基是亭子的地上部分最下端,是亭子基础的覆盖与亭子地坪的设置装饰体。台基的周边常用块体材料砌筑围合,中间填设土石碎料,表面再作抹灰、铺贴面料的构造措施。在台基的构造中,应防止出现沉降不均匀、变形过大而形成裂缝的现象。

亭子的柱身部分一般为几根承重立柱,形成比较空灵的亭内空间。柱的断面常为圆形或矩形,其断面尺寸一般为$\phi 250 \sim 350$ mm 或 250 mm×250 mm $\sim$ 370 mm×370 mm,具体数值应根据亭子的高度与所用结构材料而定。柱可以直接固定于台基中的柱基,也可搁置在台基上的柱础石上。木质柱的表面需做油漆涂料;钢筋混凝土的柱可现浇或预制装配,表面应做抹灰涂料装饰,或进行贴面处理;石质柱应进行表面加工再安装。对于装配式的柱,常做成内倾,即柱轴顶向亭子中心倾斜一定的尺寸,可为柱高的 1/200 左右,以增强柱架的稳定性。

亭子的屋顶,往往是亭子艺术形式的决定因素。屋顶一般由梁架、屋面两部分组成。梁架由各种梁组合而成,中式古典木结构的梁架比较复杂,现代亭子中的梁架一般比较简单。

亭子的梁架，一般由柱上搁梁成柱上梁，柱上梁上设置屋面坡度造型梁，造型梁上设置屋面板或椽，如图9-48所示。亭子的屋面主要起防雨、遮阳、挡雪等围护作用，故要求有充分的防水和隔热性能，常由结构承重层和屋面防水层等层次所组成。屋面结构层有椽子、屋面板等构件组成；屋面防水层有平屋面中的刚性或柔性防水层做法，或由坡屋面中的瓦片、坡瓦等构件组成。有时，根据设计的要求，以树皮、竹材、草秸、棕丝、石板等材料所组成的防水层，能形成特殊的风格情趣。

亭子屋顶的室内部位，一般不设吊顶，直接把梁架部分裸露出来，进行涂刷等工艺处理。

亭子柱间周边，常设置相应的固定坐凳与靠身栏杆，在亭内空间较大的情况下，有时在中心设置可移动的木质或石质的凳或桌，以供少量的游人使用。

亭子的基础采用独立柱基或板式柱基的构造形式，较多地使用钢筋混凝土的结构方法。基础的埋置深度一般不应小于500 mm。对于如图9-49所示的监水亭子，其水中的柱基，应进行加固处理。

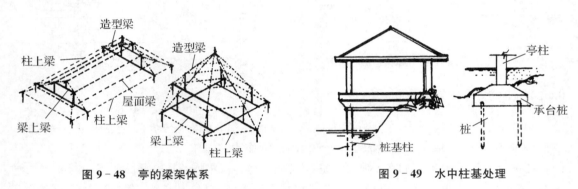

图9-48 亭的梁架体系　　　　　　图9-49 水中柱基处理

2) 亭的类别

亭子的类型，如图9-50所示。

园林中的亭子种类很多，按习惯一般根据造型特征、结构形式、用料种类、功能不同，分为许多相应的种类，其名称因地区等不同而有较大的区别。以下是习惯中使用的分类方法：

(1) 按设置位置不同

有山中亭、湖心亭、山顶亭、井亭、桥亭等。

(2) 按功能不同

有观花亭、品味亭、听风亭、观云亭、操琴亭、儿童趣味亭、报亭、动植物养植亭、碑亭等。

(3) 按造型不同

有中式古典亭、西式古亭、民族风俗亭、现代仿物亭、现代亭等。

(4) 按构成材料不同

有木亭、石亭、草亭、竹亭、钢架亭、钢筋混凝土亭、塑料亭等。

(5) 按平面形状不同

有多边形亭（如四角、六角亭）、圆形亭、半亭、连体亭（如双亭、套亭）等。

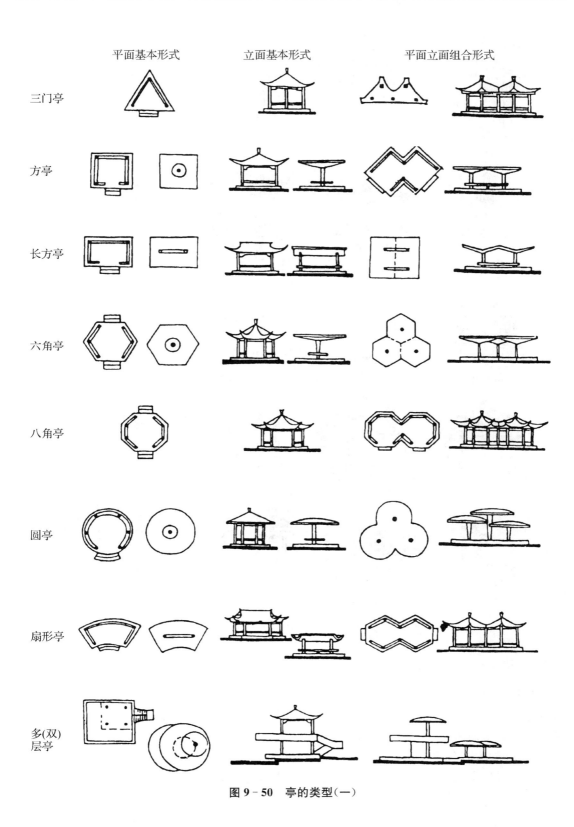

图 9-50 亭的类型(一)

图 9-50 亭的类型(二)

9.5.5 传统亭的构造实例

传统亭是指中式古建筑的亭子。由于历史时期的演变、地区的差别、中华各民族的差异,中式古典亭子的造型、结构、用料等方面,存在着一定的个体特征。以下介绍的是常见亭子的个案构造做法。

1) 歇山卷棚亭(图 9-51)

此亭采用木柱木梁架,设置弧形顶椽,屋面为青色小瓦铺设,柱间檐口处有木质挂落装饰件,柱间下部设置砖砌坐凳。

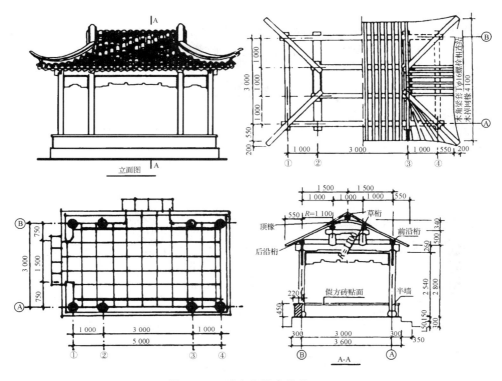

图 9-51 歇山卷棚亭构造(mm)

2) 伞法构架亭(图 9-52)

伞法亭的构造特点,主要为亭顶构架采用伞法的结构模式。这种模拟伞的结构模式,不用梁而用斜戗及枋组成亭的攒顶架子,边缘靠柱支撑,即由老戗支灯芯木(雷公柱)。这种亭顶的构造方式会因自重而形成向四周作用的横向推力,此横向推力由檐口处一圈檐梁(枋)和柱组成的排架来承受。伞法亭顶结构整体刚度较差,一般用于亭顶较小,自重较轻的小亭、草亭、竹亭上,或在亭顶内上部增加一圈拉结圈梁,以减小横向推力,增强亭顶的刚度。

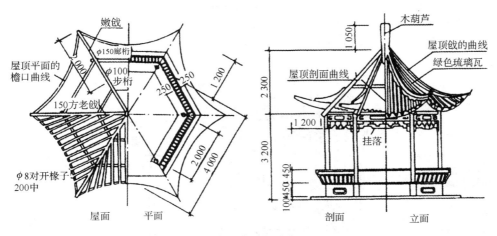

图 9-52 伞法亭的构造做法(mm)

3）大梁法亭

此亭的亭顶一般使用对称的一字梁，上架立灯芯木，然后设置相应的椽子即可，对于较大的亭，则可用两根平行的大梁或相交的十字架，以此共同组成梁架，承受亭顶屋面荷载。

4）扒梁法亭

扒梁法构架实际上就是柱梁上架设短梁的构造做法。

图 9-53 为六角亭和八角亭亭顶构架的典型做法。扒梁分为长扒梁与短扒梁，长扒梁两端一般搁置在柱顶上，而短扒梁则搭设在长扒梁上，长短扒梁交替叠合，有时还应辅以必要的抹角梁。

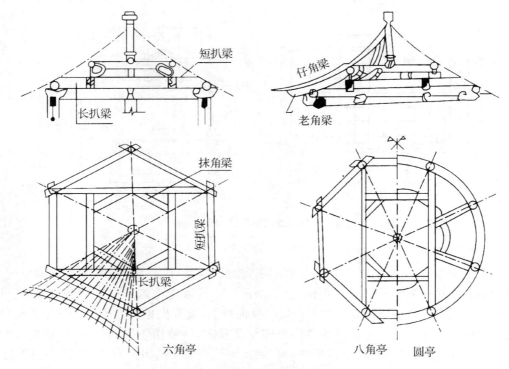

图 9-53 扒梁法亭构造

图 9-54 为上部四坡屋面，下部八坡屋面的重檐亭子，其亭顶梁架也采用扒梁法的结构模式。

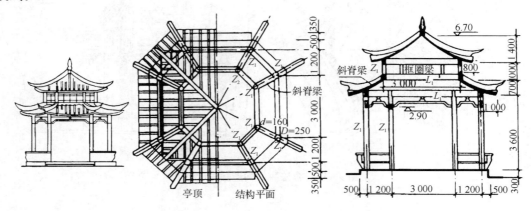

图 9-54 上四下八重檐扒梁法亭构造（mm）

5) 石亭

石亭多用花石和凝灰岩石建造,结构多为仿木结构形式,柱截面多为矩形或海棠形,下设置地伏,上与檐枋相连接,再加普柏枋。在栌斗上置明伏,伏上正中安置圆栌斗,斗上覆盘石,分置大角梁、斜伏,再铺上石板屋面即可(图9-55)。

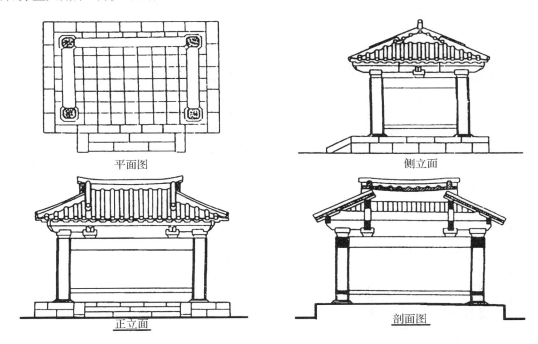

图9-55 仿唐石亭(立、剖面)

6) 石木混合亭(图9-56)

此亭使用了块石、杉木等材料建成,达到了取材方便、造价便宜、结构安全等目的,体现了就地取材、造型乡土自然的特色。

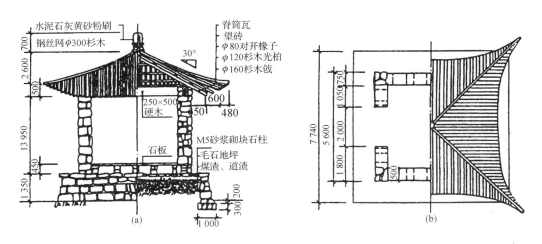

图9-56 石木混合亭(mm)

7) 竹亭(图 9-57)

此亭主要由各种规格的竹材所组成,形成了清秀明快的南方园林特点。

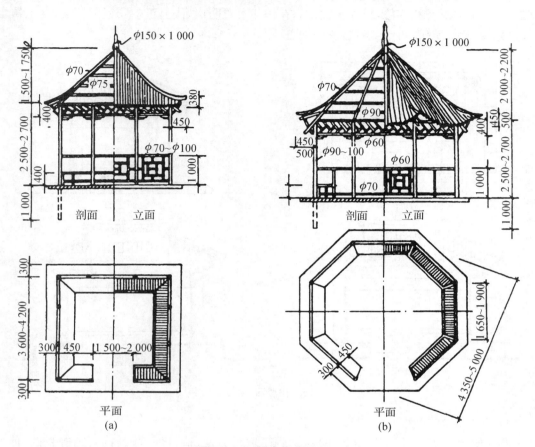

图 9-57 竹亭构造(mm)

(a) 竹制方亭;(b) 竹八角亭

8) 宝顶与美人靠

宝顶是亭顶屋面最高部位中心处的结构装饰构件,一般由亭顶灯芯木伸出亭顶,直径在 180~200 mm,长度为 600~1 200 mm,常与亭顶的平面尺寸大小、亭屋面的坡度等艺术造型有关。宝顶也可由砖、木、混凝土、钢丝网抹灰、玻璃材质所组成。图 9-58 为外表面采用水泥砂浆抹灰的宝顶构造详图。

美人靠又叫吴王靠,是紧靠固定坐凳临空一侧的弯曲栏杆,在古典亭子中一般使用木材制成,其垂直高度为 400~1 200 mm,图 9-59 为木质与钢管组成的美人靠构造详图。

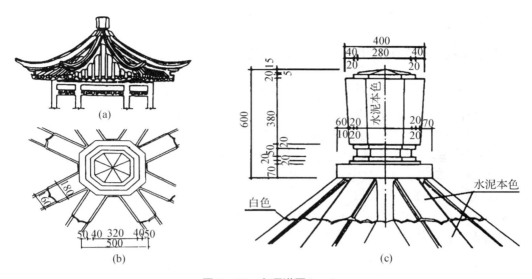

图 9-58 宝顶详图(mm)

(a)立面;(b)平面大样;(c)立面大样

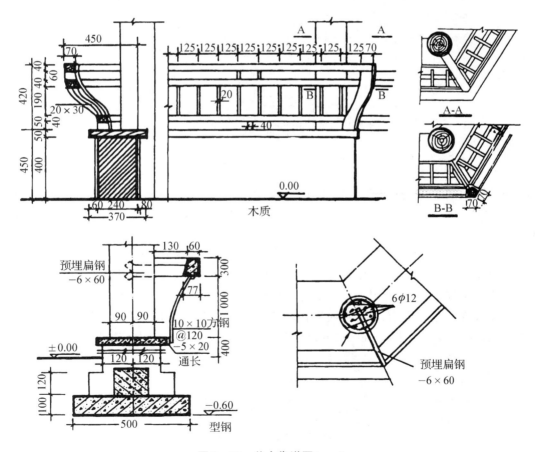

图 9-59 美人靠详图(mm)

9.5.6 现代亭的构造实例

现代亭是指采用现代的材料、造型以及新的结构模式形成的亭子。

1) 钢筋混凝土仿传统亭

钢筋混凝土亭为仿古亭,柱子可采用预制或现浇的方法制作,亭顶梁架的部分梁预制好后安装到设计位置上,采用电焊的方法固定,然后现浇其余的梁体,以形成一个牢固的亭顶梁架体系。屋面板采用双层钢丝网加钢筋固定成网板形体,然后采用水泥砂浆抹灰的工艺方法形成外形符合设计要求的板体。若使用椽子,则采用预制的方式制成相应的杆件,然后以电焊的方式固定于设计位置上。所有的混凝土构件外露部分,在装饰施工阶段涂刷相应的涂料,以形成逼真的古典形态。

对于混凝土亭,可以进行仿竹或仿树皮的工艺处理,以形成自然野趣的艺术形象,图9-60为混凝土仿竹亭构造图。

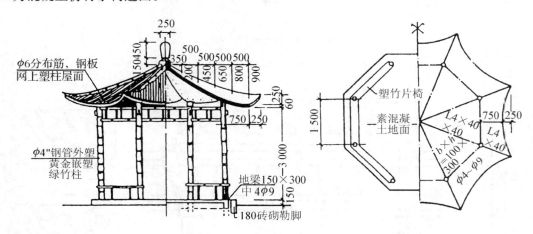

图9-60 混凝土仿竹亭(mm)

仿竹屋面的装修为:将亭顶屋面分为若干竹垅,截面仿竹搭接成宽100 mm,高60～80 mm、间距100 mm 的连续曲波形条。即自宝顶往檐口处,用1:2.5的水泥砂浆堆抹成竹垅,表面抹竹色水泥砂浆,厚为2 mm,做出竹带和竹芽,并压光出亮。将亭顶脊梁做成仿竹竿或仿拼装竹片。在做竹芽中,可加上石棉纱绳或铁丝,则形态更逼真。

仿树皮亭的装修为:顺亭顶坡分3～4段,弹线确定位置。自宝顶向檐口处按顺序压抹仿树皮色水泥砂浆,并用专用工具塑出树皮纹理,使其翘曲自然,无明显的接槎痕迹。

角梁戗背可仿树干,梁身不必太直,可略有所曲,表面用铁皮专用工具拉出树皮纹。对于直径较大的仿树干,可加入适量的棕丝,形象更为逼真。仿树干上应做好节疤,并画上相应的年轮。

2) 平板亭

平板亭又叫板亭,一般为独柱支撑悬臂板的结构形式。如图9-61所示。

板亭的柱为现浇钢筋混凝土构件,固定于柱的独立基础上。柱的截面较多为圆形,柱身的轴向断面常有变化,柱顶覆盖现浇的钢筋混凝土板,板的造型可按景观功能要求呈多种形态。板下的净高为2 100～2 600 mm,在柱的下半身底部,较多设置300～500 mm高的固定坐凳。

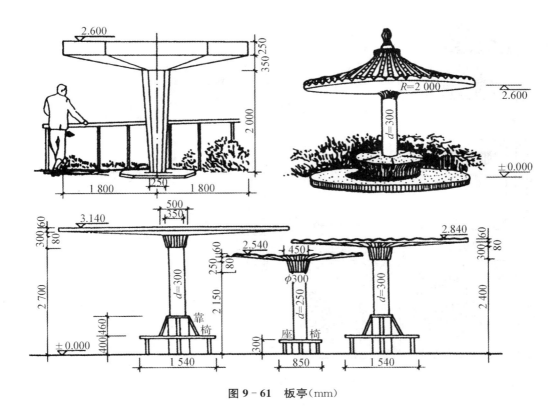

图 9-61 板亭(mm)

3) 构架亭

构架亭是指由各细长状的杆件组成受力结构体系的亭子,细长杆的材料为型钢、方木、铝合金等。

图 9-62 为钢管构架组成造型奇特的半封闭亭子。屋面可做钢丝网抹灰层,或以涂塑织物覆盖。

图 9-63 为用木材做成的亭子。木材的树种以杉木或柏木耐朽为好,其屋面表面采取竹材装饰。

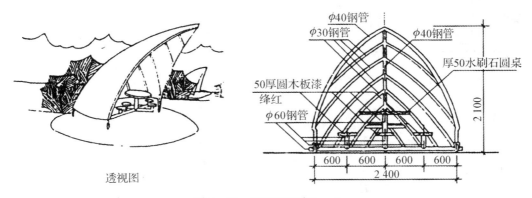

透视图

图 9-62 钢管构架亭(mm)

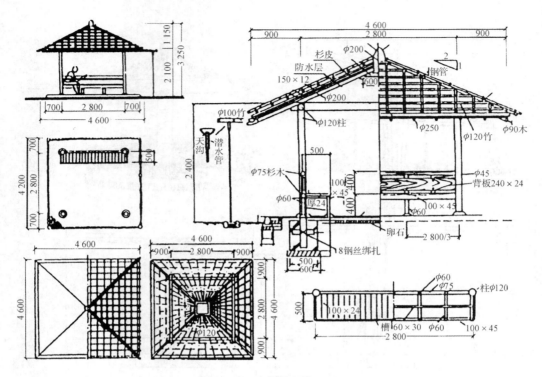

图 9-63　木质构架亭（mm）

4) 软体结构亭

软体结构亭，一般是指采用涂塑充气织物的构件，相互连接拼装而成的亭子，或是由钢架组成简单的基本骨架，悬吊或覆盖涂塑防水织物组成的亭子，如图 9-64 所示。

软体结构质轻，结构简单，容易形成一种新颖、活泼的园林气氛。

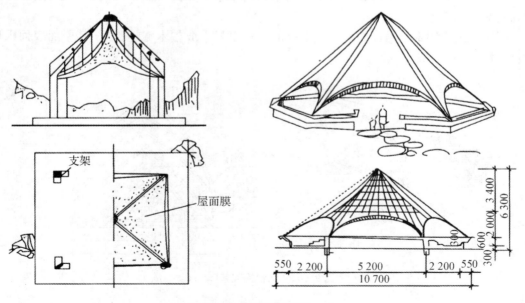

图 9-64　软体构架亭（mm）

9.6 石景与水景

石景一般指置石和假山两个内容，水景是指河湖、溪流、瀑布、喷泉等内容，本书就此内容进行介绍。

石，有时包含着土，尤其在假山的构筑中更是相互结合在一起。水，在园林中往往离不开石，俗语所说，有土有石有水，才有植物，才能有灵气，才具备了园林建设的条件，故治石理水，是园林工程的重要工作内容。

9.6.1 园林石材

园林造景中的石材，在多数情况下，应该结合当地的情况，使用当地的石材，体现地方特色，并能最大限度地减少费用。

我国各地可作园林造景的石材品种很多，现在用得比较多的为以下几种：

1）湖石

因最早开采于太湖一带而得此名，并在江南一带运用得最普遍。实际上，湖石是一种经过熔融的石灰岩，分布的范围很广。由于产地不同，在色泽、纹理和形态方面有所差别，按产地区分，有以下几种：

（1）太湖石

太湖石原产于苏州太湖中的洞庭西山。其石质坚而脆，由于风浪或地下水的作用，其纹理纵横、脉络显隐，色分白、清而黑、微黑青三种，自然形成缝、沟、穴、窝、洞、环等，玲珑剔透，为天然的雕塑品，观赏价值较高，开采于水中或土中。因大多从整体岩层中选择而采凿下来，故一般靠岩层面必有人工采凿的创面。

（2）房山石

房山石产于北京房山大灰石一带。因其具有太湖石那样的沟、洞、孔等肌理，故又名北太湖石。但石色多为灰黑色，扣之无共鸣声，外观比较沉实、浑厚。

（3）灵璧石

灵璧石原产于安徽灵璧县。石存在于土中，被江泥渍滴，须经去土冲洗后方显石形与石色。其石中灰色而甚为清润，质脆并弹之能共鸣，有声。但石形虽有千变万化，须经人工修饰才能显其精美。

（4）宣石

宣石产于安徽省宁国市。其色愈旧愈白，具有积雪一般的外貌色相。

2）黄石

黄石是一种带橙黄色的细砂岩，其质坚硬，但可依纹理敲开。色分暗红、褐色、微褐等几种，故俗称为黄石。黄石块体的棱角分明，纹理古拙方整，质感浑厚沉实，容易取得棱角简洁明确的造景效果，是在南方做叠山理水的主要用材，沿长江流域的苏州、常州、镇江等地皆出产。

3）黄蜡石

黄蜡石色黄，表面油润如涂蜡，有的浑圆如卵石，有的形态奇异，多为块料采得。由于其形美色明，常作孤石布景的石材用料，此石产于广东、广西等地。

4）青石

青石是一种青灰色的细砂石。石质机体多呈片状，故又有"青云片"之称，以北京西郊红山口一带所产最有代表性。

5）石笋

石笋为外形修长如竹笋一类山石的总称。此石原卧于土中,采出后直立于置境中,呈出土笋状形态。常见的石笋有以下几种：

（1）白果笋

在青灰色的细砂岩中沉积了一些卵石,如银杏的白果嵌在石中,因而得名。

（2）慧剑

指净面青灰色或灰青色的笋状条石。

（3）钟乳石笋

将石灰岩经熔融凝成的钟乳石倒置,或正放,呈垂直向上进行置境的石材,色有多样而不尽相同,常作石景小品用料。

图 9-65 为几种石材的示意外形图。除了上述石材之外,在园林造景工程中,还使用木化石、石珊瑚、大卵石等材料。

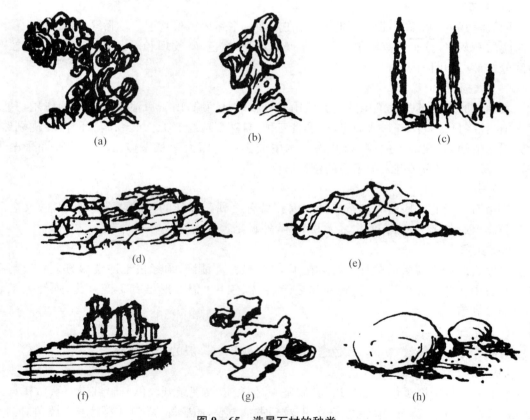

图 9-65 造景石材的种类

(a) 太湖石；(b) 灵璧石；(c) 石笋石；(d) 黄石；(e) 黄蜡石；(f) 青石；(g) 英德石；(h) 卵石

9.6.2 置石

以较少的景石,进行精心的点置,形成突出的特置石景,这种造景方式称为置石。

对于置石中所用景石材,对其形状、肌理、色彩等要求一般较高,具有一定的意境、韵味,给人提供较大的联想空间,方能达到特有的景观艺术水平。

置石的特点是以少胜多,以简胜繁,虽量小但对质的要求较高。依景石的用量和布局形式不同,置石的布置分为特置、对置、散置、群置等几种。

特置是将景石单独布置成景的一种方式,又称孤置山石。特置的景石材一般为体量较大,形态奇特,具有较高观赏价值或历史文化价值的峰石,也可以采用几块同种材质的山石料拼接成山峰。

对置是以两块景石为组合对象,沿着一个轴线或中心景物作对称布置,呈相互呼应的构图状态。

散置是用少数几块大小不等、形状自然的景石,按照美学构图法则进行点置布景的方法。散置对石材的要求比特置的要求低,但布景难度较高。

群置是运用数块景石材互相搭配布景,组成一个群体的置石方式。群置的布景空间比较大,堆数增多,有时堆叠量也较大。图9-66为置石的几种方式。

图 9 - 66　置石方式

(a) 独置;(b) 对置;(c) 散置;(d) 群置

在园林中,有时配置用石材制成的室内外家具,布置于亭中、林间或树荫的地方,供人休憩坐息,这种方式叫做石器设置,又叫器设。选用的石质器具,用于室外的材料体量应大一些,使之与外界空间相匹配。作为室内的石质器具,则较室外可适当小些。石质器具的外表面不必全部精细加工,次要的面顺其自然略为加工即可。

置石中的景石固定,有堆放固定、埋入固定、基础固定、基座固定等方式。

堆放固定是指将景石材直接搁置在土层等基面上,依据景石材的自重固定于设置点上,适用于体积较大、重心较低、容易放置平稳的景石,例如大卵石可直接搁置于草坪地上。

埋入固定是将景石的下部埋入土层中的固定方式,即根据景石的形状、高度、重量,先挖掘出相应形状和深度的土坑,把景石送入坑中定位后,四周填土捣实。此法适用于重量较小、底部形状简单或材身呈杆件状的景石材固定布景。这种方法往往因石材底部埋入土中而减短了景石材的有效景段高度。

基础固定是先制作设置基础,然后将景石料安装在基础上的方法。基础的底面一般比景石的外沿大 300 mm,当挖至老土或 500 mm 深后,铺设砂石层 100~150 mm 厚,然后浇筑 C15 或 C20 的混凝土 150~200 mm 厚,并可留出景石料连接榫孔,待混凝土的强度达到要求后,将景石料吊入并用水泥砂浆或细石混凝土固定,并在露出地表的混凝土上铺设、拼接与景石料相同的料石。这种固定方法适用于形体复杂的大型景石。

基座固定是指景石固定在基座中的方法。基座使用石材或混凝土材料制成,在基座内部的上表面中留设榫孔,将景石的底部石榫头套入榫孔中,并使用水泥砂浆等材料进行固定。榫头的长度一般为 100~250 mm,直径宜大不宜小,榫肩宽为不少于景石底面宽的 1/3,石榫头的中心必须在安装就位时的重心线上。基座固定的方式适用于珍贵、重要的景石安装配景上。

图 9-67 为置石固定的示意图。

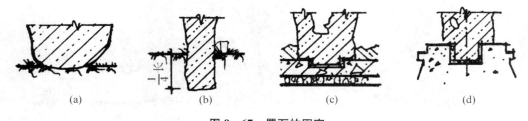

图 9-67 置石的固定
(a) 堆放;(b) 埋入;(c) 基础;(d) 基座

9.6.3 假山

假山是中国园林中主要景观之一,假山是通过人工方法叠石筑山成景,这种造景方式被称为掇山。假山的建造方法有使用天然石材叠筑成全石假山;使用天然石材依靠原有的土堆基体表面铺设成土基石面的假山;使用混凝土与砂浆塑造成人造石的假山等几种。本节所讲的假山,主要为全石假山。

1) 假山的结构组成

假山的外形、用料虽然千变万化,但其结构一般都分为基础、中层、顶层和山脚几个部分。

(1) 基础

基础包括基础主体、拉底两个组成部分及相应的地基。假山如果能坐落在天然岩石地基上,则结构上最为省事,而坐落在土质等地基上,则应进行地基处理和设置相应的基础主体。

基础的做法一般有桩基、灰土基础、毛石基础与混凝土基础几种方法。

北方地区园林中位于陆地上的假山,多采用灰土基础。灰土基础的宽度应比假山底面宽度放出 500 mm 左右;灰槽的深度根据假山的高度而定,但不得少于 500 mm,灰土的比例采用 3∶7,灰土的填入高度随假山的高度和重量而定,一般高 2 000 mm 以下的假山做一步素土,一步灰土;高于 2 000 mm 的假山用一步素土,两步灰土。

现代的假山多采用毛石砌体或现浇混凝土基础。这类基础适应能力大,能承受较大的山体压力、施工速度快,若配置相应的钢筋,则基础的承受力更大、抗开裂性能强。在地基土坚实的情况下可直接挖槽开坑后做基础主体部分。槽坑的底面应比假山的底面边线外放 500～600 mm,槽坑的土中埋置深度不应小于 500 mm。槽坑的底面先铺 50～100 mm 厚的垫层,然后浇筑 C10～C20、厚 150～250 mm 的混凝土,水中的混凝土强度等级与厚度应增大,即 C15～C20、厚 200～350 mm。当假山的体量不大时,可采用砂浆与细石混凝土砌筑大石块作为基础,并使用 C15 的混凝土对砌石基础封面 50～100 mm 厚。

桩基是一种古老的基础,现在仍在使用,特别在水中建假山或做山石驳岸,经常使用此法。桩使用柏木、杉木或钢筋混凝土制成,截面为 100～150 mm 或 150 mm×150 mm～250 mm×250 mm,长为 1 000～2 000 mm,下端制成尖状,打入水下的坚实土层中。桩位以平面梅花形布置,桩边与桩边之间的距离一般为 200～300 mm,桩的设置数量按假山的平面形状、整个体量而定。采用木质的桩身,在湖水底上可露出 150～800 mm,其间以石块嵌紧,再用花岗石等整形石条作压顶,石条应在常年水位线以下,以控制木桩腐烂。对于钢筋混凝土及石质桩,应在桩顶浇筑钢筋混凝土的承桩台板,把各个桩连成一体,并支托整个假山。

拉底是指在基础主体部分的上表面铺设最底层的自然料石,作为假山的底层造型石,术语称为拉底。拉底应打破基础主体部分的规则有形格局,为整个假山的平面造型做出良好的布局。拉底为假山基础的最上部分的结构组成部分,大部分在地面以下,只有小部分露出地表,故可以采用形状好、强度高、没有风化的大石。拉底的结构要求为侧边美观、石块之间咬合紧密、石底垫平,以确保假山山体的稳定性。

(2) 中层

假山的中层是指底面之上、顶层以下的部分,这部分体量大,占据了假山的主要部分,是最易让人们注意到的部位。同时,也是石材拼叠安装构造中最复杂的层体。

每一块石材,都有其自身的大小、形状、重量、纹理、脉络、色泽等,必须设置在比较合理的位置,以充分发挥自身的材质特点。

石块与石块之间的堆积与拼叠,恰当地应用假山营造的堆叠技法,以达到假山的造型要求。假山的堆叠技法很多,每一种技法的地方术语称呼也不尽相同。图 9-68 为主要技法的示意图。

假山的中层结构中,平衡问题特别重要,要充分考虑山石的重心组合,山体的重心不能偏离着力的基础山石,不得存在局部或整体的倒塌危险因素。

(3) 顶层

顶层是假山最顶上的山石部分。处理假山顶部山石的设计与施工工作,叫做收顶。

顶层是假山立面上最突出、视线最集中的部位。为此,顶层部分要求轮廓丰富,能够表现出假山的风貌特点。从结构上讲,收顶的景石料体量应选用较大者,以便紧凑封顶收顶,形成较坚固的结构体系。

收顶的方式一般有峰顶、峦顶、崖顶、平顶等 4 种类型。峰顶是在山峰的形态上做文章,呈剑状、斧立状、横挑流云状、斜设有动势状,并将峰的数量配置成单峰、双峰、多峰等数种。峦顶一般作山头较圆缓的处理,以体现柔美的特征。崖顶是作山体陡峭的边缘处理,成悬崖绝壁之状。平顶是将山顶作平台式处理,上设亭台、草坪、坐石等小品,作可游可憩的景点。

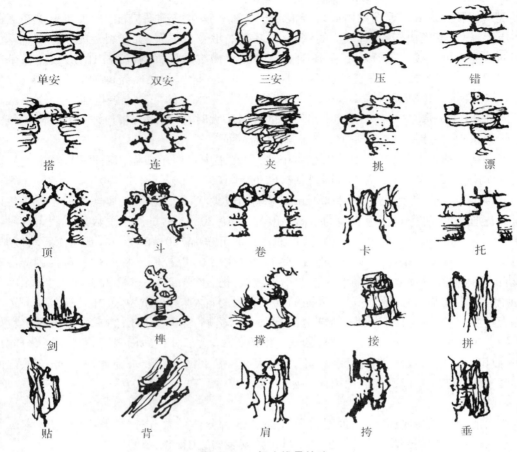

图 9-68 假山堆叠技法

(4) 山脚

山脚是指紧贴拉底石外缘部分，后堆叠的山体部分，以形成假山底脚部分的最终造型，或弥补拉底造型中的不足。山脚处理得恰当，能表现出山体的自然效果，增强山体的完美性。

山脚的构造形式有凹进脚、凸出脚、断连脚、承上脚、悬底脚、平板脚等形式，在应用中无论选用哪种形式，在外观和结构中，都是整个山体的有机组成部分。

2) 假山山洞

山洞是假山中一个重要的组成内容，其布局、造型、数量、结构也千差万别。按洞的数量分有单洞和复洞两种。单洞是指由一个洞口出入，复洞是指由几个洞口出入。按穴的走向分有水平洞和爬山洞、单层洞和多层洞、旱洞和水洞等。爬山洞中有上下坡的设置，多层洞在垂直方向上有如楼层一样的设置，旱洞以形取胜，洞体立面造型讲究精彩，而水洞中设置水景要素。

山洞的构造做法中有梁柱式、挑梁式、卷拱式等几种方式，如图 9-69 所示。

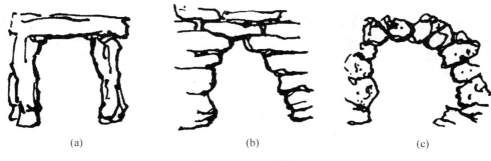

图 9-69 山洞的构造
(a) 梁柱;(b) 挑梁;(c) 卷拱

(1) 梁柱式

一般使用黄石、青石等条形石材,作柱作梁,形成洞柱洞壁洞顶的洞穴。这种方法布置灵活,施工方便,结构结实稳固,但外观易显生硬,人工痕迹明显,需加设铺贴饰面景石,改善洞体的造型效果。

(2) 挑梁式

挑梁式是指山石出挑,逐渐向洞上上方靠拢,至洞顶用一块巨石合压。在设置石材时,应选用外形有变化、纹理统一有序的料石,以营造一个极富趣意的洞穴。

(3) 卷拱式

卷拱式是借鉴拱顶的建造原理,使山石间相互挤压,使上层的重力等荷载以环形方向传递到洞底结构上,不会出现梁体断裂、柱体破裂等现象,并容易营造洞穴复杂的内部立面形象。

如果由假山的洞穴中间的某些部件,对外设置各种不同形状的大小孔洞,可以通风透光,而不易进雨水,以增多假山洞穴中的造景元素,丰富洞景的趣味。

3) 假山结构设施

假山的叠造过程中,一般采用以下几种结构设施。

(1) 石垫片

假山的堆叠中,每一块每一层都必须平衡。由于大块景石料的外形不规则,必须使用石垫片来控制与支垫,确保每块景石料的稳定。

石垫片是把坚实的山石打制成斧形或楔形等各种形状的小块石料,石质一定要坚实、耐压。石垫片设置在大石块的要害部位,用最少量的垫片确保其稳定。对于大石之间其余空隙,常用一般的小块塞满,并灌以灰浆固定。

(2) 灰浆

灰浆主要用于填塞大块景石安置稳定之后的空隙,或块石之间的黏结固定。古代采用糯米石灰浆作为块石堆叠砌筑的灰浆,现代常用 1∶3 的水泥砂浆,或 1∶2∶4 的水泥、黄砂、细碎石混凝土。使用水泥类的砂浆,必须注意养护条件和要求。

(3) 加固设施

所谓的加固,是指在山石自身重心稳定的前提下进行的加固,即增加原有的稳定平衡性能。常用的加固设施有银锭扣、铁件及施工中临时支撑等。图 9-70 为假山山体中的加固设施示意图。

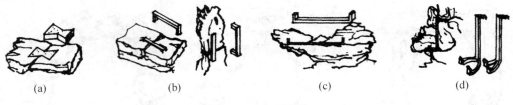

图 9-70 加固措施

(a) 银锭扣;(b) 铁爬钉;(c) 铁扁担;(d) 吊架

①银锭扣。传统的银锭扣用生铁铸成,现常用方钢制成。大小可按要求进行设计,不受原有的大、中、小三种规格限制。银锭扣主要用于增强景石块之间的水平联系,提高同一层面中的山石整体性。

②铁爬钉。铁爬钉用熟铁或扁钢制成,用于加固水平和垂直方向的联系。铁爬钉形如钉书钉,长约 100~800 mm,厚 60~70 mm,宽 60~100 mm,两端垂直弯曲,分别插入垂直或斜向槽内,深约 50~100 mm。

③铁扁担。铁扁担用高强度的钢板或铁板制成,其外形与铁爬钉相似,但尺寸大且两端翘起,宽 150~200 mm,厚约 60 mm,其具体的长、宽及翘头的长度规格尺寸按实际要求而定。铁扁担一般用于山洞、悬岩的堆叠构造中。

④吊架。吊架有马蹄形、叉形两种形式,用于加固铺设装饰类景石,以改善山体或山洞的面观形态。吊架使用型钢制成,其形状及大小根据实际情况而定。

4) 假石的叠缝处理

假石堆叠成形后,必须对叠缝进行构造处理,以增强假山的整体强度和营造外观的欣赏效果。

假山堆叠中的内部块石之间的缝隙,现在一般使用小粒块石与水泥砂浆或细石混凝土填塞密实,并要求每堆叠一层时同时进行填塞。

假山堆叠中的外观缝隙,应进行清缝与勾缝的工艺处理。清缝即通过冲洗、剔除等方式,理出景石料的自然缝隙。勾缝则通过清缝、开缝、加抹灰浆等方式,对石块之间的堆叠缝隙处理成自然状态下的缝隙状态。

现代勾缝的材料是用 1:3 的水泥砂浆,并调制成与景石料外观颜色相似的浆料。

9.6.4 护坡、驳岸与挡土墙

1) 护坡

护坡是保护地形坡面,防止雨水径流冲刷、风浪拍击对岸坡破坏的一种构造措施。在土层斜坡 45°以内适宜采用护坡的措施,能够达到防止滑坡,保证岸坡稳定,产生自然亲水的景观效果。

护坡的做法一般有草皮护坡、灌木护坡、铺石护坡等几种,应按照坡地的土质、坡地的坡度、径流的情况而合理选用。

草皮护坡适用于坡度在 1:5~1:20 之间的湖岸缓坡。草皮可条形设置,沿水平方向铺设,较多选用全铺,也可以采用播种方法形成草坪。可用耐水湿、根系发达、生长快、生存力强的草种,例如假俭草、狗牙根等品种。为了增强草皮的护岸固砂能力,有时在坡地上先铺设带有孔洞的混凝土预制块,或间铺小型块材,之后在块材孔洞或块材之间的空缝中栽种草被植物。图 9-71 为草皮护坡的示意图。

图 9-71 草皮护坡构造
(a) 实地铺设;(b) 有孔块材

灌木护坡适用于大水面旁的平缓坡岸。可用沼生植物,或耐水灌木,选用速生、根系发达、株矮常绿等树种。有的地区选用柳条进行编结压条或粗柳扦插栽种而成。图 9-72 为灌木护坡的示意图。

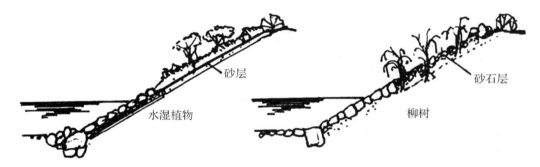

图 9-72 灌木护坡构造

铺石护坡适用于坡岸较陡,风浪较大,或造景需要设置的坡岸。护坡的石料应为吸水率低、密度大和有较强的耐水抗冻性的石材,如花岗石、石灰石、砂等。铺石护坡有单层块石、双层块石、设置反滤垫层的护坡等几种。图 9-73 为铺石护坡的几种构造做法。

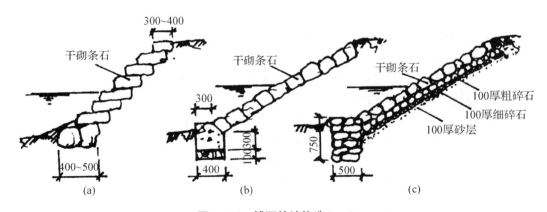

图 9-73 铺石护坡构造(mm)
(a) 阶梯;(b) 单层;(c) 滤层

为了减少或消除湖、河水对水中坡岸的冲刷影响,在水中坡岸处有时也设置相应的保护构造层,多采用块体材料铺砌而成。

2) 驳岸

驳岸是一种单面临水的挡土设施,是支持和防止岸体坍塌的构筑物。它能保护水体岸坡不受冲刷损害,维系陆地与水面的界线,营造特殊的岸线景观层次。

驳岸的构造一般分为基础、堰身和压顶三部分,如图 9-74 所示。

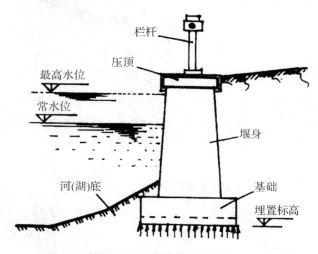

图 9-74 驳岸的构造组成

基础是驳岸的承重部分,驳岸的基础要求坚固,埋入水底土中的深度不得小于 500 mm,基础的宽度应视土质与驳岸的高度和自重等因素而定,一般情况下,基础宽度为埋置深度的 3/4。基础常用浆砌毛石或 C10~C20 的混凝土做成。当地基不良,或有特殊设计要求时,可以做桩基础。桩材选用钢筋混凝土预制桩或耐水防腐蚀的柏木、杉木桩。桩顶应埋入含水土中,上做承桩台板(带),以便安置堰身。

堰身是驳岸的主体部分,承受自身的垂直荷载、水压力与水冲刷力、身后土侧压力等,并以此确定堰身的厚度。堰身的高度,即堰身的上部设置标高,以水面的最高水位与水的浪高来确定。岸顶一般高出 250~1 000 mm,水面大、风浪大时可高出 500~1 000 mm,反之则小些。堰身可采用浆砌块石、现浇混凝土或现浇钢筋混凝土做成。

压顶为驳岸的最上部分,常用钢筋混凝土做成,高为 200~250 mm,宽为 300~400 mm,也可以使用方整石材做成,主要为增强驳岸的整体稳定性,形成优美的岸边收头线。

在驳岸的上部,当岸身一面为平坦的景地时,应该设置防身栏杆,栏杆的高度为 800~1 200 mm,可以采用石材、金属型材、钢筋混凝土杆件组成,也可进行仿竹仿木处理,以增添自然景趣。有时,根据设计的要求,在岸顶设置景石,营造假石之类的景点。

对于驳岸,每隔 15 000 mm 左右应设置伸缩缝,缝宽为 15~25 mm,缝中填塞油膏或以 2~3 层的油毡隔开。图 9-75 为驳岸的几种实例。

3) 挡土墙

挡土墙的主要功能是在较高地面与较低地面之间充当泥土阻挡物,以防止陡坡坍塌。同时,在园林中可以作为一种造景的措施。

挡土墙的建造材料为砌体块材(毛石、块石、砖、预制砌块)、混凝土与钢筋混凝土、木材等。挡土墙的结构类型有重力式、悬壁式、扶垛式、桩板式、砌板式等多种,如图9-76所示。一般常应用重力式挡土墙。

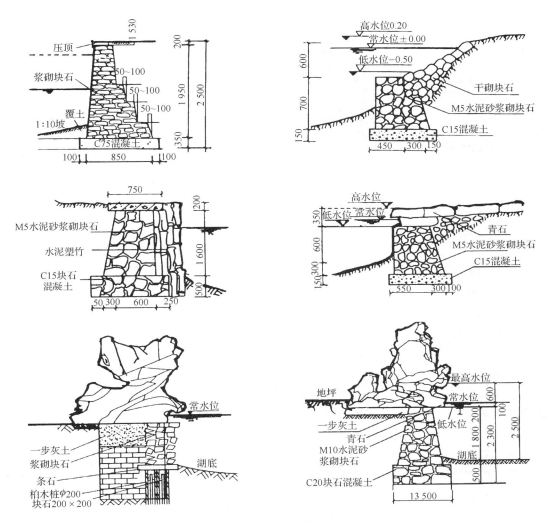

图9-75 驳岸剖面构造(mm)

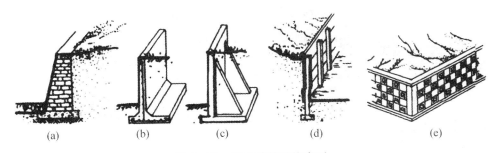

图9-76 挡土墙的结构类型
(a)重力式;(b)悬臂式;(c)扶垛式;(d)桩板式;(e)砌块式

挡土墙的构造组成部分主要有基础、墙体、墙头、排水系统,如图 9-77 所示。挡土墙的断面形式因其结构类型不同而有较大的差别,对于重力结构类型,如图 9-78 所示的几种形式。

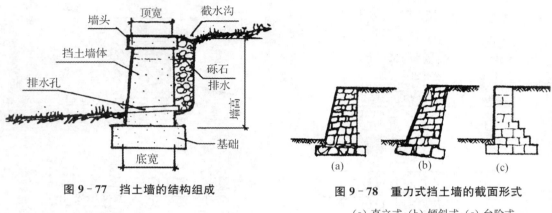

图 9-77 挡土墙的结构组成

图 9-78 重力式挡土墙的截面形式
(a) 直立式;(b) 倾斜式;(c) 台阶式

挡土墙的基础、墙身、墙头的构造要求,基本上同驳岸的构造要求相同,并在长度方向上每隔 15 000 mm 左右同样应设垂直变形缝。

挡土墙后土坡的排水系统,对于维持挡土墙的稳定十分重要。挡土墙排水系统中应考虑地面水和土中渗透水两部分。

对于地面水的排除,可以采用种植草皮、黏土 200～300 mm 厚填铺、做浆砌毛石、现浇混凝地面等进行密封处理,并设置相应的坡度或明沟以排除积水。

对于土中的渗透水,可以在墙身的后部设置砂砾渗水层,通过排水暗沟、泄水孔将渗透积水排至墙外。

图 9-79 为排水系统的构造简图。对于排除渗透水的构造处理,可以在紧贴墙身填以 300 mm 左右厚的粗砂,在填砂中用碎石做排水盲沟,盲沟的截面可为 300 mm×300 mm,经盲沟截下的渗透地下水通过墙身中的泄水孔排出。泄水孔的直径可为 20～40 mm,竖向每隔 1 500 mm 左右设一个,水平方向的间距为 2 000～3 500 mm。当墙面不允许设泄水孔时,则在墙身背面采用砂浆或贴面防水构造措施,在墙脚设排水暗沟将渗透水由盲沟引入后排至墙外。

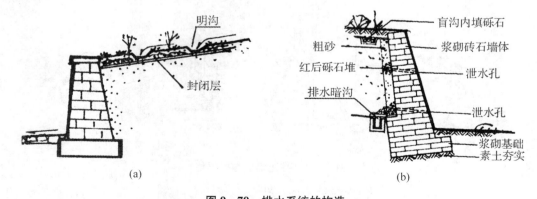

图 9-79 排水系统的构造
(a) 墙后土坡排水明沟;(b) 渗透水排除

9.6.5 动水致景的构造

园林水景的水,可以归纳为平静的、流动的、跌落的和喷涌的等 4 种基本类型。平静的一般包括湖泊、水池、水塘等,水流形象不明显,水面受风而起波。一般对岸边进行相应的保护与造景处理,例如前面所述的护坡、驳岸等构造做法,对于渗透现象严重或缺水地区,还应对水底泥层采取隔离层或加密加实的构造措施,以减少水量的渗透损失。当然,采用大面积的水底隔离做法,应当考虑整个地区的生态环境情况。

流动的、跌落的、喷涌的水,总称为动水。现介绍动力置景中的部分构造做法。

1) 流水

园林中的流水一般局限于槽沟中,产生特有的动、形、光、声的景观效果,组成溪涧的景物。

流水的平面线形一般曲折流畅,水面的宽窄有变化,两岸线的组景、协调中有变化。图 9-80 为流水线形的某个实例。

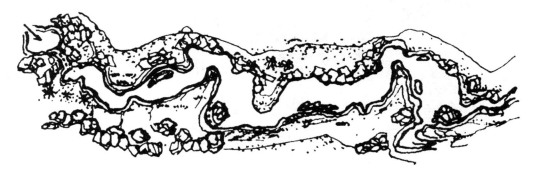

图 9-80 流水道线形的平面布置

流水的上游坡度宜大,下游宜小,在坡地上坡度宜大,在平地上宜小,给水多则坡度可大,给水少则坡度宜小。在流水坡度大的地方宜放置圆石块或卵石,坡度小的地方宜放置砂砾。水流的深度一般在 300 mm 左右。

流水道的横截面构造处理,应根据所处位置的土质而定。对于土岸,岸坡度宜较小,若为黏重不会崩溃的土壤,则可在岸边培植细草。对于土质松软易被水流冲刷的岸边,可做圆石堆砌的护坡。对于土质很差,水流冲刷作用很大的土质,可采用构筑人工沟岸,如图 9-81 所示。

2) 落水

凡利用自然水或人工水聚集一处,供水从高处跌落而形成水带,这种置水的景观叫做落水。根据落水的高度及跌落的形式,落水有瀑布、跌水、水帘幕、溢流、泄流、管流、壁泉等多种形式,其中瀑布是使用得较为广泛,构造最有代表性的落水。

瀑布一般由水槽、出水口、受水池及相应的循环水流系统所组成。图 9-82 为瀑布的基本构成简图。

水槽又叫蓄水坑,是提供水资源的设施,一般设于隐蔽的地方,与水源直接相通,并具有相当的水量不间断地充入。

出水口有时叫做水挡,是决定瀑布造型的主要设施。出水口应设在景点视野的中上方,并可以树木及景石进行布景处理。

出水口一般由坚硬耐冲刷的岩石制成,加设青铜或不锈钢堰唇,可使出水口平整光滑。瀑布面的内壁可用混凝土或钢筋混凝土做成,并用景石料装饰所有的可见面。

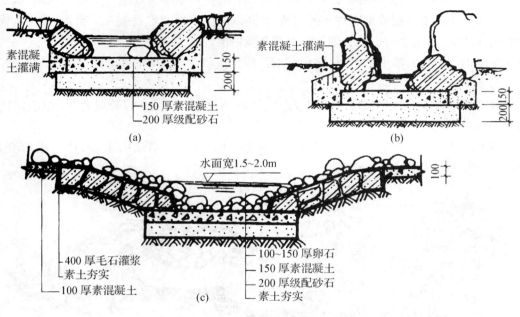

图 9-81 人工流水道沟岸(mm)

(a)自然山石草块小溪的结构;(b)峡谷溪流的结构;(c)卵石护岸小溪的结构

瀑布的两侧,宜布设景石或树木,以增进瀑布的艺术美观。

受水池又叫受布潭,以接受和消耗水流倾泻而下的冲击力。天然瀑布的落水处多为一个深潭,人造瀑布受水池的深度一般以落水不发生飞溅为准,其宽度为瀑身高度的三分之二以上。

瀑布循环水系统用于人力水源的造景方法中,以使用水泵抽取受水池中的水至水槽中,达到循环用水的目的,如图9-83所示。

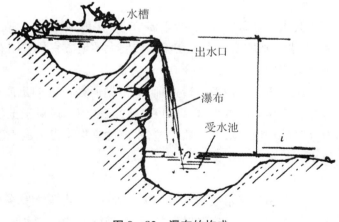

图 9-82 瀑布的构成

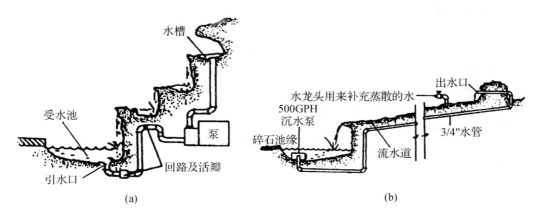

图 9-83 瀑布水循环系统示意图

(a) 水平式泵；(b) 沉水泵

3) 泉水

泉水是水压力的作用下从孔隙中挤落出水的一种水景形式。常见的有壁泉、山泉、水底泉、喷泉等几种形式。壁泉是水从岩壁、墙壁中的各个结构裂缝或砌筑孔隙中涓涓流出的水景。山泉是从天然山石裂缝流出滴滴细水的水景。水底泉是从池底基层中流出水流，微微冲击既有水体的水景。喷泉是利用压力使水从孔中喷向空中，再自由落下的一种人造水景。现主要介绍喷泉的构造做法。

喷泉由喷头、给水排水系统、水池、控制系统等部分组成。

喷头一般使用不锈钢或铜质材料组成，已为有关厂家专门生产。由于喷头喷口的断面形状、各喷头的组合处理不同，可以形成各种不同的喷泉水体造型。

水池是喷泉用水的储存设施，并作为喷头等设备安装的支承体。水池一般采用钢筋混凝土结构做成，并开设进水孔、排污孔、泄水孔，外表面常作贴面装饰处理，以衬托与美化喷泉水体造型。

喷泉的给水排水系统中的水源，有自来水直接供给、专门泵房给水、潜水泵循环供水、高水位水库给水等几种方式。喷泉的给水排水管网，主要由进水管、配水管、补充水管、溢流管和泄水管等组成，以保持和稳定水池中的水位。应该通过水量、流量、压力等数据的计算，设计给水排水系统的设备配置。图 9-84 为喷泉的水池管线示意图。

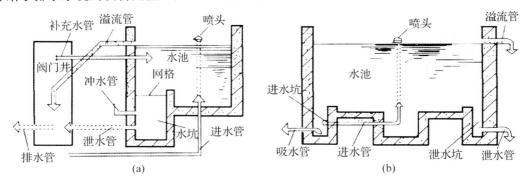

图 9-84 水池管线示意图

(a) 阀井式；(b) 集中式

喷泉的控制系统的功能是对喷泉的水量、时间和水体造型的控制,其控制方式有手阀控、继电器控和音响控三种。手阀控即在进水管上安装手动控制阀,以此来调节各管段中水的压力和流量,以形成所需的喷泉水体造型。通过继电器控制时间顺序、彩色灯、相应电磁阀的启闭,从而可以实现自动变换各种水体造型的设计目的。音响控制是利用声音来控制喷泉水体造型变化的一种自动控制,其原理是将声音信号转变为电信号,经放大等其他的处理后,以此控制相应水路上的电磁阀的启闭,从而控制喷头喷水的通断或大小,形成随乐声的不同而水体形状发生变化的喷水景观。

能力训练

1. 中式半亭抄绘

实训目的:通过对图 9-85 所示的中式古典半亭的抄绘,了解此类建筑的一般构造组成,知道有关构件(杆件)的功能情况,掌握中式古典亭类建筑构造特点。

抄绘内容:抄绘图 9-85 所示的平面仰视剖面图,比例 1:20,或抄绘剖面图,比例 1:15,建议采用 3 号或 2 号厚质绘图纸。在抄绘中,必须根据剖面线、投影线、尺寸线等不同情况,选择恰当的线型画出,注意各种图例的使用。

抄绘步骤:①阅读图 9-85 的内容,了解实习抄绘的目的、内容与要求。②根据比例和图幅的大小,依靠地平线和墙身中心线定出图面的位置,进行图面布局。布局中图面应处于图纸的中间位置。③按图 9-85 中的样图,用淡而细的铅笔稿画出所有内容。④使用深色线条绘制正图(可用铅笔或墨线笔),并正确应用各种线型和图例对相应内容的表示。⑤用标准字体书写相应的文字说明,并标出有关的尺寸。⑥书写图标,对图纸进行最后的修整和清洁处理。

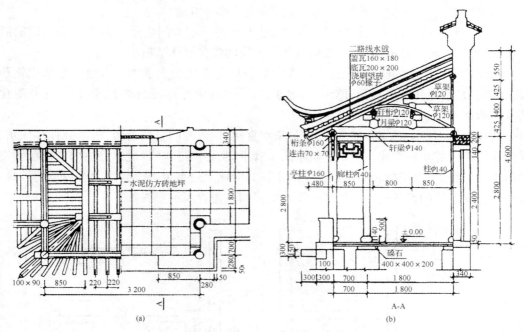

图 9-85 半亭范围(mm)

(a)平面图与仰视图;(b)剖面图

2. 园林小品测绘

测绘实训的目的:掌握测绘的基本步骤,会使用检测工具进行外形与具体尺寸的测定,能够对小品的结构、节点作相应的构造分析,绘制相应的测绘图,编制相应的测绘说明。

测绘实训的准备:①确定测绘的对象,可选择园林大门、景桥、现代亭、园林雕塑等园林建筑小品。②相应的量测具:主要为各种量具。③测绘记录板:用以临时固定测绘记录纸。

测绘实训的步骤:①踏勘现场,了解测绘对象的概况,初步确立实测的操作步骤。②画出小品的平面草图,进行平面形状和尺寸的测定。③画出小品的立面(一般为东、南、西、北4个立面)草图,进行立面形状与尺寸的测定。④画出小品的节点草图,进行相应的形状与尺寸检测,进行有关的构造分析。⑤记录相应的观察印象,说明小品的特点、所处的地形位置、景园中的作用、结构形式、构造组成、所用材料、色彩等情况,并尽可能拍摄相应的照片。⑥以1∶10～1∶50的比例,绘制平面、立面、剖面测绘图,以1∶3～1∶5的比例,绘制节点大样测图。⑦编写测绘说明,并进行照片的上版处理。

教学说明:测绘实训中以2～4人组成一个小组进行现场量测,测绘图纸与说明,应每人做出一套。

3. 现代亭构造设计

实训目的:综合应用学到的知识,提高园林建筑的构造处理能力,培养构造设计能力。

设计实训的任务:如图9-86所示,某现代亭的建筑设计方案的造型与基本尺寸,按照砖基础、钢筋混凝土屋架结构、水泥或石材坐凳、石材地坪装饰的构造设计要求,进行以下内容的构造设计:

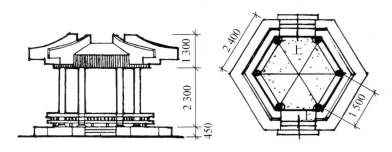

图 9 - 86　亭建筑方案图(mm)

(1) 基础部分
(2) 柱
(3) 屋盖
(4) 坐凳
(5) 地坪与踏步
(6) 构造设计说明

设计实训的要求:绘制相应图纸,标明相应的材料、尺寸与规格,说明相应的工艺操作要求。

教学建议:①可以根据教学时间的多少决定构造设计的深度或工作量。②可以采用大比例纵向剖面图的方式做此设计,或采用各组成部件(例如:基础、柱、屋盖、踏步与地坪、台阶、坐凳等)做此设计。③可以由2～3人组成一个小组完成整个亭的构造设计任务。

复习思考题

1. 如何确定景墙中基础的宽度与埋置深度?
2. 景墙的高度与宽度一般为多少? 墙垛设置的作用是什么? 墙垛的间距如何确定?
3. 说明抹灰墙顶装饰的一般构造做法。
4. 什么叫做勾缝? 勾缝有哪几种构造做法?
5. 什么叫做什锦窗? 什锦窗中的漏窗花饰如何做成?
6. 在景墙中,温度缝与构造缝在构造上有什么区别?
7. 说出园路的剖面构造图以及相应的要求。
8. 说明混凝土整体路面的构造做法。

9. 卵石路面的构造特征有哪些表现?
10. 什么叫做竖木路面?说明其构造做法。
11. 什么叫铺地?铺地设计中有什么要求?
12. 什么叫梯道?梯道由哪几个部分所组成?
13. 园梯有什么要求?
14. 花架上部的结构形式、垂直支撑方式各有哪些类型?
15. 说出花架的高度、柱间开间、坐凳高度的尺寸范围。
16. 廊由哪些部件所组成?各起什么作用?
17. 什么叫挂落?它起到什么作用?
18. 临水临空的栏杆起什么作用?可以使用哪些材料做成栏杆?
19. 什么叫做亭的台基?它起到什么作用?
20. 亭的梁架如何组成?起到什么作用?
21. 什么叫做钢筋混凝土仿亭?一般有哪些类别?
22. 宝顶起什么作用?美人靠设置在什么地方?一般有哪几种构造做法?
23. 构架亭有什么特点?一般使用哪些材料做成构架?
24. 园林造景的石材有哪几种?各有什么特色?
25. 什么叫做置石造景?如何固定置石造景的景石?
26. 假山由哪几个构造部分组成?各起什么作用?
27. 护坡、驳岸与挡土墙的结构特点是什么?
28. 喷泉由哪几个部分所组成?各起什么作用?

主要参考文献

[1] 《建筑设计资料集》编委会. 建筑设计资料集. 第2版. 北京:中国建筑工业出版社,1994
[2] 陈保胜. 建筑构造资料集(上). 北京:中国建筑工业出版社,1994
[3] 李必瑜,魏宏杨. 建筑构造(上册). 第4版. 北京:中国建材工业出版社,2008
[4] 杨维菊. 建筑构造设计(上册). 北京:中国建筑工业出版社,2009
[5] 武佩牛. 园林建筑材料与改造. 北京:中国建筑工业出版社,2007
[6] 赵庆双. 房屋建筑学. 北京:中国水利水电出版社,2007
[7] 胡伟,贾宁. 建筑设计基础. 南京:东南大学出版社,2005
[8] 陈福广,沈荣熹,徐洛屹. 墙体材料手册. 北京:中国建材工业出版社,2005
[9] 中国新型建筑材料公司,中国建材工业技术经济研究会新型建筑材料专业委员会. 新型建筑材料实用手册. 第2版. 北京:中国建筑工业出版社,1992
[10] 李继业. 建筑装饰材料. 北京:科学出版社,2002
[11] 钱晓倩. 土木工程材料. 杭州:浙江大学出版社,2003
[12] GB 50352—2005　民用建筑设计通则. 北京:中国建筑工业出版社,2005
[13] GB 50016—2014　建筑设计防火规范. 北京:中国计划出版社,2006
[14] GB 50037—1996　建筑地面设计规范. 北京:中国计划出版社,1996
[15] GB 13544—2003　烧结多孔砖. 北京:中国标准出版社,2003
[16] 中华人民共和国国家标准. 烧结空心砖和空心砌块(GB 13545—1992). 北京:中国标准出版社,1992
[17] 中华人民共和国国家标准. 普通混凝土小型空心砌块(GB 8239—1997). 北京:中国标准出版社,1997
[18] 中华人民共和国行业标准. 多孔砖建筑抗震设计与施工规程(JGJ 68—1990 条文说明). 北京:中国建筑工业出版社,1990
[19] 中华人民共和国行业标准. 粉煤灰砌块(JC 238—1991). 北京:中国标准出版社,1991
[20] 中华人民共和国行业标准. 混凝土小型空心砌块建筑技术规程(JGJ/T 14—1995). 北京:中国建筑工业出版社,1995
[21] 中国绝热隔声材料协会. 绝热材料与绝热工程实用手册. 北京:中国建材工业出版社,1998
[22] 田永复. 中国园林建筑施工技术. 第2版. 北京:中国建筑工业出版社,2003
[23] 刘卫斌,白平. 园林工程技术. 北京:高等教育出版社,2006
[24] 赵兵. 园林工程学. 南京:东南大学出版社,2003
[25] 王晓俊,等. 园林建筑设计. 南京:东南大学出版社,2003
[26] 唐学山,等. 园林设计. 北京:中国林业出版社,1997
[27] 吴为廉. 景园建筑工程规划与设计. 上海:同济大学出版社,1996
[28] 刘福智,等. 景园规划与设计. 北京:机械工业出版社,2003
[29] 袁海龙. 园林工程设计. 北京:化学工业出版社,2005
[30] 孙俭争. 古建筑假山. 北京:中国建筑工业出版社,2004